Namensreaktionen

Jie Jack Li

Namensreaktionen

Eine Sammlung von detaillierten Mechanismen und Anwendungen in der Synthese

Jie Jack Li
Discovery Chemistry
ChemPartner
San Francisco, USA

ISBN 978-3-031-52849-1   ISBN 978-3-031-52850-7 (eBook)
https://doi.org/10.1007/978-3-031-52850-7

Die Deutsche Nationalbibliothek verzeichnet diese Publikation in der Deutschen Nationalbibliografie; detaillierte bibliografische Daten sind im Internet über https://portal.dnb.de abrufbar.

Übersetzung der englischen Ausgabe: „Name Reactions" von Jie Jack Li, © Springer Nature Switzerland AG 2021. Veröffentlicht durch Springer International Publishing. Alle Rechte vorbehalten.

Dieses Buch ist eine Übersetzung des Originals in Englisch „Name Reactions", 6. Auflage, von Jie Jack Li, publiziert durch Springer Nature Switzerland AG im Jahr 2021. Die Übersetzung erfolgte mit Hilfe von künstlicher Intelligenz (maschinelle Übersetzung). Eine anschließende Überarbeitung im Satzbetrieb erfolgte vor allem in inhaltlicher Hinsicht, so dass sich das Buch stilistisch anders lesen wird als eine herkömmliche Übersetzung. Springer Nature arbeitet kontinuierlich an der Weiterentwicklung von Werkzeugen für die Produktion von Büchern und an den damit verbundenen Technologien zur Unterstützung der Autoren.

© Der/die Herausgeber bzw. der/die Autor(en), exklusiv lizenziert an Springer
Nature Switzerland AG 2024

Das Werk einschließlich aller seiner Teile ist urheberrechtlich geschützt. Jede Verwertung, die nicht ausdrücklich vom Urheberrechtsgesetz zugelassen ist, bedarf der vorherigen Zustimmung des Verlags. Das gilt insbesondere für Vervielfältigungen, Bearbeitungen, Übersetzungen, Mikroverfilmungen und die Einspeicherung und Verarbeitung in elektronischen Systemen.
Die Wiedergabe von allgemein beschreibenden Bezeichnungen, Marken, Unternehmensnamen etc. in diesem Werk bedeutet nicht, dass diese frei durch jedermann benutzt werden dürfen. Die Berechtigung zur Benutzung unterliegt, auch ohne gesonderten Hinweis hierzu, den Regeln des Markenrechts. Die Rechte des jeweiligen Zeicheninhabers sind zu beachten.
Der Verlag, die Autoren und die Herausgeber gehen davon aus, dass die Angaben und Informationen in diesem Werk zum Zeitpunkt der Veröffentlichung vollständig und korrekt sind. Weder der Verlag noch die Autoren oder die Herausgeber übernehmen, ausdrücklich oder implizit, Gewähr für den Inhalt des Werkes, etwaige Fehler oder Äußerungen. Der Verlag bleibt im Hinblick auf geografische Zuordnungen und Gebietsbezeichnungen in veröffentlichten Karten und Institutionsadressen neutral.

Planung/Lektorat: Charlotte Hollingworth
Springer Spektrum ist ein Imprint der eingetragenen Gesellschaft Springer Nature Switzerland AG und ist ein Teil von Springer Nature.
Die Anschrift der Gesellschaft ist: Gewerbestrasse 11, 6330 Cham, Switzerland

Wenn Sie dieses Produkt entsorgen, geben Sie das Papier bitte zum Recycling.

Prof. Dr. David R. Williams gewidmet

Vorwort

Five years have elapsed since the fifth edition was published. Much has happened since then. The author has migrated from academia back to industry. I have taken out some name reactions from the fifth edition because the book was physically getting too heavy and unwieldy. This change allows more space to expand and update the more popular name reactions. All references have been updated to 2020 when available.

As in previous editions, each reaction is delineated by detailed, step-by-step, electron-pushing mechanism, supplemented with the original and the latest references, especially review articles. Now with addition of many synthetic applications, it is not only an indispensable resource for senior undergraduate and graduate students to learn mechanisms and synthetic utility of name reactions and to prepare for their exams, but also a good reference book for all organic chemists in both industry and academia.

As always, I welcome your critique. Please send your comments to this email address: lijiejackli@hotmail.com.

Jie Jack Li
March 1, 2020
San Mateo, California

For the German Translation:
Taking advantage of an AI tool called DeepL, Spinger now has translated the 6th English version to German. I have gone to the Chemndraw and converted some English terms to German. I want to thank Dr. Felix Katzenburg for proofreading a large portion of the manuscript and provided invaluable lesson in chemical German wording.

Jie Jack Li
July 1, 2024
Ann Arbo, Michigan

Inhaltsverzeichnis

Vorwort V
Abkürzungen XV

Alder-Ene-Reaktion 1
Aldolkondensation 4
Arndt–Eistert-Homologisierung 8
Baeyer–Villiger Oxidation 11
Baker–Venkataraman-Umlagerung 14
Bamford–Stevens-Reaktion 17
Barbier-Reaktion 21
Barton–McCombie-Deoxygenierung 25
Beckmann-Umlagerung 28
    Abnormale Beckmann-Umlagerung 32
Benzilsäure-Umlagerung 34
Benzoin-Kondensation 37
Bergman Cyclisierung 40
Biginelli-Reaktion 43
Birch-Reduktion 46
Bischler–Napieralski-Reaktion 49
Brook-Umlagerung 52
Brown-Hydroborierung 55
Bucherer-Bergs-Reaktion 58
Büchner-Ring-Expansion 61
Buchwald–Hartwig-Aminierung 64
Burgess-Reagenz 69
Cadiot–Chodkiewicz-Kupplung 73
Cannizzaro-Reaktion 76
Catellani-Reaktion 79
Chan–Lam C–X Kupplungsreaktion 84
Chapman-Umlagerung 88
Chichibabin (Tschitschibabin) Pyridin Synthese 90
Chugaev-Eliminierung 93
Claisen-Kondensation 96
Claisen-Umlagerung 98
    para-Claisen-Umlagerung 101
    Abnormale Claisen-Umlagerung 104
    Eschenmoser-Claisen-Amid-Acetal-Umlagerung 107
    Ireland–Claisen (Silyl-Ketene-Acetal) Umlagerung 110
    Johnson–Claisen Orthoester-Umlagerung 113
Clemmensen-Reduktion 116
Cope-Eliminierung 119
Cope-Umlagerung 122
    Anionische Oxy-Cope-Umlagerung 125
    Oxy-Cope-Umlagerung 127

Siloxy-Cope-Umlagerung ... 129
Corey–Bakshi–Shibata (CBS) Reduktion ... 131
Corey–Chaykovsky-Reaktion ... 135
Corey–Fuchs-Reaktion ... 138
Curtius-Umlagerung ... 141
Dakin-Oxidation ... 145
Dakin–West-Reaktion ... 148
Darzens-Kondensation ... 152
de Mayo-Reaktion ... 155
Demjanov-Umlagerung ... 159
    Tiffeneau–Demjanov-Umlagerung ... 161
Dess–Martin Periodinane Oxidation ... 165
Dieckmann-Kondensation ... 170
Diels–Alder-Reaktion ... 174
    Hetero-Diels–Alder-Reaktion ... 178
    Inverse-Elektronenbedarf Diels–Alder-Reaktion ... 181
Dienon-Phenol-Umlagerung ... 184
Dötz-Reaktion ... 187
Eschweiler-Clarke-Methylierung ... 191
Favorskii-Umlagerung ... 195
    Quasi-Favorskii-Umlagerung ... 199
Ferrier-Carbocyclisierung ... 201
Ferrier Glycal Allylic Rearrangement ... 204
Fischer Indol-Synthese ... 208
Friedel–Crafts-Reaktion ... 212
    Friedel–Crafts-Acylierungsreaktion ... 212
    Friedel–Crafts Alkylierungsreaktion ... 216
Friedländer Quinolin-Synthese ... 218
Fries-Umlagerung ... 221
Gabriel-Synthese ... 224
    Ing–Manske Verfahren ... 228
Gewald Aminothiophen-Synthese ... 230
Glaser-Kupplung ... 234
    Eglinton-Kupplung ... 237
Gould–Jacobs-Reaktion ... 241
Grignard-Reaktion ... 245
Grob-Fragmentierung ... 249
Hajos–Wiechert Reaktion ... 252
Hantzsch Dihydropyridin-Synthese ... 255
Heck-Reaktion ... 258
Henry Nitroaldol Reaktion ... 262
Hiyama-Reaktion ... 265
Hofmann-Eliminierung ... 269
Hofmann-Umlagerung ... 271
Hofmann–Löffler–Freytag-Reaktion ... 274
Horner–Wadsworth–Emmons Reaktion ... 277

Still–Gennari Phosphonate ... 281
Houben–Hoesch-Reaktion ... 284
Hunsdiecker–Borodin Reaktion ... 287
Jacobsen–Katsuki-Epoxidierung ... 290
Jones Oxidation ... 294
    Collins Oxidation ... 297
    PCC Oxidation ... 299
    PDC-Oxidation ... 301
Julia–Kocienski Olefinierung ... 303
Julia–Lythgoe Olefinierung ... 307
Knoevenagel-Kondensation ... 310
Knorr Pyrazol Synthese ... 314
Koenig–Knorr Glycosidierung ... 317
Krapcho-Reaktion ... 322
Kröhnke Pyridin Synthese ... 324
Kumada-Reaktion ... 327
Lawesson's Reagenz ... 331
Leuckart–Wallach-Reaktion ... 335
Lossen-Umlagerung ... 338
McMurry-Kupplung ... 341
Mannich-Reaktion ... 344
Markovnikov-Regel ... 347
    Anti-Markovnikov's Regel ... 350
Martins Sulfuran-Dehydratisierungsreagenz ... 353
Meerwein-Ponndorf-Verley-Reduktion ... 357
Meisenheimer-Komplex ... 360
Meyer–Schuster-Umlagerung ... 363
Michael-Addition ... 366
Michaelis–Arbuzov Phosphonat-Synthese ... 370
Minisci-Reaktion ... 373
Mitsunobu-Reaktion ... 377
Miyaura Borylierung ... 381
Morita–Baylis–Hillman-Reaktion ... 385
Mukaiyama Aldol Reaktion ... 389
Mukaiyama-Michael-Addition ... 392
Mukaiyama-Reagenz ... 395
Nazarov Cyclisierung ... 399
Neber-Umlagerung ... 403
Nef-Reaktion ... 406
Negishi-Kreuzkupplungsreaktion ... 410
Newman–Kwart-Umlagerung ... 414
Nicholas Reaktion ... 417
Noyori Asymmetrische Hydrierung ... 420
Nozaki–Hiyama–Kishi Reaktion ... 424
Olefin-Metathese ... 428
Oppenauer Oxidation ... 433

Overman-Umlagerung 436
Paal–Knorr-Pyrrol-Synthese 440
Parham Cyclisierung 444
Passerini-Reaktion 447
Paternó–Büchi-Reaktion 450
Pauson–Khand-Reaktion 453
Payne-Umlagerung 456
Petasis-Reaktion 459
Peterson Olefinierung 463
Pictet–Spengler Tetrahydroisoquinoline Synthese 466
Pinacol-Umlagerung 469
Pinner-Reaktion 472
Polonovski-Reaktion 476
Polonovski–Potier-Reaktion 479
Prins-Reaktion 483
Pummerer-Umlagerung 488
Ramberg–Bäcklund-Reaktion 491
Reformatsky-Reaktion 494
Ritter-Reaktion 497
Robinson-Anlagerung 500
Sandmeyer-Reaktion 503
Schiemann-Reaktion 506
Schmidt-Umlagerung 509
Shapiro-Reaktion 512
Sharpless Asymmetrische Amino-Hydroxylierung 515
Sharpless Asymmetrische Dihydroxylierung 519
Sharpless Asymmetrische Epoxidation 523
Simmons–Smith-Reaktion 527
Smiles-Umlagerung 530
   Truce–Smiles-Umlagerung 534
Sommelet–Hauser-Umlagerung 537
Sonogashira-Reaktion 540
Stetter-Reaktion 543
Stevens-Umlagerung 547
Stille-Kupplung 550
Strecker-Aminosäure-Synthese 554
Suzuki–Miyaura-Kupplung 557
Swern Oxidation 560
Takai-Reaktion 563
Tebbe-Reagenz 567
Tsuji–Trost-Reaktion 570
Ugi-Reaktion 574
Ullmann-Kupplung 579
Vilsmeier-Haack-Reaktion 583
von Braun Reaktion 586
Wacker-Oxidation 588

Wagner–Meerwein-Umlagerung 592
Williamson-Ethersynthese 595
Wittig-Reaktion 598
    [1,2]-Wittig-Umlagerung 602
    [2,3]-Wittig-Umlagerung 605
Wolff-Umlagerung 608
Wolff–Kishner-Huang-Reaktion 611

Index 614

Abkürzungen

⬤—	Polymer support
1,10-phen	1,10-Phenanthroline
3CC	Three-component condensation
3CR	Three-component reaction
4CC	Four-component condensation
9-BBN	9-Borabicyclo[3.3.1]nonane
A	Adenosine
Ac	Acetyl
acac	Acetylacetonate
ACC	Acetyl-CoA carboxylase
ADDP	1,1′-(Azodicarbonyl)dipiperidine
AIBN	2,2′-Azobisisobutyronitrile
Alpine-borane®	*B*-Isopinocampheyl-9-borabicyclo[3.3.1]-nonane
AOM	*p*-Anisyloxymethyl = *p*-MeOC$_6$H$_4$OCH$_2$-
Ar	Aryl
ARA	Asymmetric reductive amination
ATH	Asymmetric transfer hydrogenation
ATPH	Tris(2,6-diphenyl)phenoxyaluminane
B:	Generic base
BBEDA	Bis-benzylidene ethylenediamine
bmim	1-Butyl-3-methylimidazolium
BINAP	2,2′-Bis(diphenylphosphino)-1,1′-binaphthyl
BINOL	1,1′-Bi-2-naphthaol
Bn	Benzyl
Boc	*tert*-Butyloxycarbonyl
BQ	Benzoquinone
BPR	Back pressure regulator
BT	Benzothiazole
Bz	Benzoyl
CAN	Cerium ammonium nitrate
CBS	Corey–Bakshi–Shibata reaction
Cbz	Benzyloxycarbonyl
CCB	Calcium channel blockers
CD4	Cluster of differentiation 4
CDK	Cyclin-dependent kinase
CFC	Continuous flow centrifugation
cod	1,5-Cyclooctadiene
COPC	Carbonyl–olefin [2 + 2] photocycloaddition
Cp	Cyclopentyl
CPME	Cyclopentyl methyl ether
CSA	Camphorsulfonic acid
CuTC	Copper thiophene-2-carboxylate
Cy	Cyclohexyl

DABCO	1,4-Diazabicyclo[2.2.2]octane
dba	Dibenzylideneacetone
DBU	1,8-Diazabicyclo[5.4.0]undec-7-ene
o-DCB	*ortho*-Dichlorobenzene
DCC	1,3-Dicyclohexylcarbodiimide
DCE	Dichloroethane
DDQ	2,3-Dichloro-5,6-dicyano-1,4-benzoquinone
de	Diastereoselctive excess
DEAD	Diethyl azodicarboxylate
DEL	DNA-encoded library
DET	Diethyl tartrate
Δ	Reaction heated under reflux
(DHQ)$_2$-PHAL	1,4-Bis(9-*O*-dihydroquinine)-phthalazine
(DHQD)$_2$-PHAL	1,4-Bis(9-*O*-dihydroquinidine)-phthalazine
DIAD	Diisopropyl azodidicarboxylate
DIBAL	Diisobutylaluminum hydride
DIC	*N,N'*-Diisopropylcarbodimide
DIPT	Diisopropyl tartrate
DIPEA	Diisopropylethylamine
DKR	Dynamic kinetic resolution
DLP	Dilauroyl peroxide
DMA	*N,N*-dimethylacetamide
DMAP	4-*N,N*-Dimethylaminopyridine
DME	1,2-Dimethoxyethane
DMF	*N,N*-Dimethylformamide
DMFDMA	*N,N*-Dimethylformamide dimethyl acetal
DMP	Dess–Martin periodinane
DMPU	*N,N'*-Dimethylpropyleneurea
DMS	Dimethylsulfide
DMSO	Dimethylsulfoxide
DMSY	Dimethylsulfoxonium methylide
DMT	Dimethoxytrityl
DPP-4	Dipeptidyl peptidase IV
DPPA	Diphenylphosphoryl azide
dppb	1,4-Bis(diphenylphosphino)butane
dppe	1,2-Bis(diphenylphosphino)ethane
dppf	1,1'-Bis(diphenylphosphino)ferrocene
dppp	1,3-Bis(diphenylphosphino)propane
dr	Diastereoselective ratio
DTBAD	Di-*tert*-butylazodicarbonate
DTBMP	2,6-Di-*tert*-butyl-4-methylpyridine
DTBP	Di-*tert*-butyl peroxide
E1	Unimolecular elimination
E1cB	2-Step, base-induced β-elimination *via* carbanion
E2	Bimolecular elimination
EAN	Ethylammonium nitrate

EDCI	1-Ethyl-3-(3-dimethylaminopropyl)carbodiimide
EDDA	Ethylenediamine diacetate
EDG	Electron-donating group
EDTA	Ethylenediaminetetraacetic acid
ee	Enantiomeric excess
Ei	Two groups leave at about the same time and bond to each other as they are doing so.
EMC	Meerwein–Eschenmoser–Claisen
ERK	Extracellular signal-regulated kinase
Eq	Equivalent
Equiv	Equivalent
Et	Ethyl
EtOAc	Ethyl acetate
EWG	Electron-withdrawing group
FEP	Fluorinated ethylene propene
Fmoc	Fluorenylmethyloxycarbonyl protecting group
fod	1,1,1,2,2,3,3-heptafluoro-7,7-dimethyl-4,6-octanedionate = Siever's reagent
FVP	Flash vacuum pyrolysis
HCV	Hepatitis virus C
HFIP	Hexafluoroisopropanol
HKR	Hydrolytic kinetic resolution
HMDS	Hexamethyldisilazane
HMPA	Hexamethylphosphoramide
HMTA	Hexamethylenetetramine
HMTTA	1,1,4,7,10,10-Hexamethyltriethylenetetramine
HOMO	Highest occupied molecular orbital
IBDA	Iodosobenzene diacetate, also known as PIDA
IBX	*o*-Iodoxybenzoic acid
IDH1	Isocitrate dehydrogenase 1
IEDDA	Inverse-electron-demand Diels–Alder
Imd	Imidazole
IMDA	Intramolecular Diels–Alder reaction
IPA	Isopropyl alcohol (Indian pale ale)
IPB	Insoluble polymer bound
IPr	Diidopropyl-phenylimidazolium derivative
JAK	Janus kinase
KHMDS	Potassium hexamethyldisilazide
LAH	Lithium aluminum hydride
LDA	Lithium diisopropylamide
LED	Light-emitting diode
LHMDS	Lithium hexamethyldisilazide
LUMO	Lowest unoccupied molecular orbital
LTMP	Lithium 2,2,6,6-tetramethylpiperidide
M	Metal
MBI	Mechanism-based inhibitors

m-CPBA	*m*-Chloroperoxybenzoic acid
MCRs	Multicomponent reactions
Mes	Mesityl
Mincle	Macrophage-inducible C-type lectin
MLCT	Metal to ligand charge transfer
MOM ether	Methoxymethyl ether
MPL	Medium pressure lamp
MPM	Methyl phenylmethyl
MPS	Morpholine-polysulfide
Ms	Methanesulfonyl (mesyl)
MS	Molecular sieves
MWI	Microwave irradiation
MTBE	Methyl *tertiary*-butyl ether
MVK	Methyl vinyl ketone
NaDA	Sodium diisopropylamide
NBE	Norbornene
NBS	*N*-Bromosuccinimide
NCL	Native chemical ligation
NCS	*N*-Chlorosuccinimide
nbd	2,5-Norbornadiene
NBE	Norbornene
Nf	Nonafluorobutanesulfonyl
NFSI	*N*-Fluorobenzenesulfonimide
NHC	*N*-Heterocyclic carbene
NIS	*N*-Iodosuccinimide
NMM	*N*-Methyl morpholine
NMO	*N*-Methylmorpholine N-oxide (NMMO)
NMP	1-Methyl-2-pyrrolidinone
Nos	Nosylate = 4-nitrobenzenesulfonyl = Ns
NRI	Noradrenaline reuptake inhibitor
N-PSP	*N*-Phenylselenophthalimide
N-PSS	*N*-Phenylselenosuccinimide
Nu	Nucleophile
Nuc	Nucleophile
Ns	Nosylate
PAR-1	Protease activated receptor-1
PARP	Poly(ADP-ribosyl) polymerase
PCC	Pyridinium chlorochromate
PDC	Pyridinium dichromate
PDI	Phosphinyl dipeptide isostere
PE	Premature ejaculation
PEG	Polyethylene glycol
PEPPSI	Pyridine-enhanced pre-catalyst preparation, stabilization, and initiation
phen	1,10-Phenanthroline
PIDA	Phenyliodine diacetate (same as IBDA)

Pin	Pinacol
Piv	Pivaloyl
PNB	*p*-Nitrobenzyl
PMB	*para*-Methoxybenzyl
PPA	Polyphosphoric acid
PPSE	Trimethylsilyl polyphosphate
PPTS	Pyridinium *p*-toluenesulfonate
PT	Phenyltetrazolyl
PTADS	Tetrakis[(*R*)-(+)-N-(*p*-dodecylphenylsulfonyl)prolinato]
PTSA	*p*-Toluenesulfonic acid
PyPh$_2$P	Diphenyl 2-pyridylphosphine
Pyr	Pyridine
rac	Racemic
Red-Al	Sodium bis(methoxy-ethoxy)aluminum hydride (SMEAH)
rr	*r*egioisomeric *r*atio
Salen	*N,N'*-Disalicylidene-ethylenediamine
SET	Single-electron transfer
SIBX	Stabilized IBX
SM	Starting material
SMC	Sodium methyl carbonate
SMEAH	Sodium bis(methoxy-ethoxy)aluminum hydride: trade name Red-Al
S$_N$1	Unimolecular nucleophilic substitution
S$_N$2	Bimolecular nucleophilic substitution
S$_N$Ar	Nucleophilic substitution on an aromatic ring
SSRI	Selective serotonin reuptake inhibitor
T3P	Propylphosphonic anhydride
TBABB	Tetra-*n*-butylammonium bibenzoate
TBAF	Tetra-*n*-butylammonium fluoride
TBAI	Tetra-*n*-butylammonium iodide
TBAO	1,3,3-Trimethyl-6-azabicyclo[3.2.1]octane
TBDMS	*tert*-Butyldimethylsilyl
TBDPS	*tert*-Butyldiphenylsilyl
TBHP	*tert*-Butyl hydroperoxide
TBS	*tert*-Butyldimethylsilyl
t-Bu	*tert*-Butyl
TDI	Thiophosphinyl dipeptide isostere
TDS	Thexyldimethylsilyl
TEA	Triethylamine
TEMPO	2,2,6,6-Tetramethylpiperidinyloxy
TEOC	Trimethysilylethoxycarbonyl
TES	Triethylsilyl
Tf	Trifluoromethanesulfonyl (triflate)
TFA	Trifluoroacetic acid
TFAA	Trifluoroacetic anhydride

TFE	Trifluoroethanol
TFEA	Trifluoroethyl trifluoroacetate
THF	Tetrahydrofuran
TFP	Tri-2-furylphosphine
TFPAA	Trifluoroperacetic acid
TIPS	Triisopropylsilyl
TMEDA	N,N,N',N'-Tetramethylethylenediamine
TMG	1,1,3,3-Tetramethylguanidine
TMOF	Trimethyl orthoformate
TMP	Tetramethylpiperidine
TMS	Trimethylsilyl
TMSCl	Trimethylsilyl chloride
TMSCN	Trimethylsilyl cyanide
TMSI	Trimethylsilyl iodide
TMSOTf	Trimethylsilyl triflate
TMU	Tetramethylurea
Tol	Toluene or tolyl
Tol-BINAP	2,2'-Bis(di-*p*-tolylphosphino)-1,1'-binaphthyl
TosMIC	(*p*-Tolylsulfonyl)methyl isocyanide
TPPO	Triphenylphosphine oxide
TrxR	Thioredoxin reductase
Ts	Tosyl
TsO	Tosylate
TTBP	2,4,6-Tri-*tert*-butylpyrimidine
UHP	Urea-hydrogen peroxide
VAPOL	2,2'-Diphenyl-(4-biphen-anthrol)
VMR	Vinylogous Mannich reaction
WERSA	Water extract of rice straw ash

Alder-Ene-Reaktion

Die Alder-Ene-Reaktion, auch bekannt als Hydro-Allyl-Addition, ist die Addition eines Enophils an ein Alken (Ene) *über* eine allylische Umlagerung. Das Vier-Elektronen-System, bestehend aus einer Alken-π-Bindung und einer allylischen C–H σ-Bindung, kann an einer pericyclischen Reaktion teilnehmen, bei der die Doppelbindung verschoben wird und neue C–H und C–C σ-Bindungen entstehen.

X=Y: C=C, C≡C, C=O, C=N, N=N, N=O, S=O, *usw*.

Beispiel 1 [5]

Beispiel 2, Hier ist das "Ene" ein Carbonyl des Aldehyds [7]

Beispiel 3, Intramolekulare Alder-Ene-Reaktion [8]

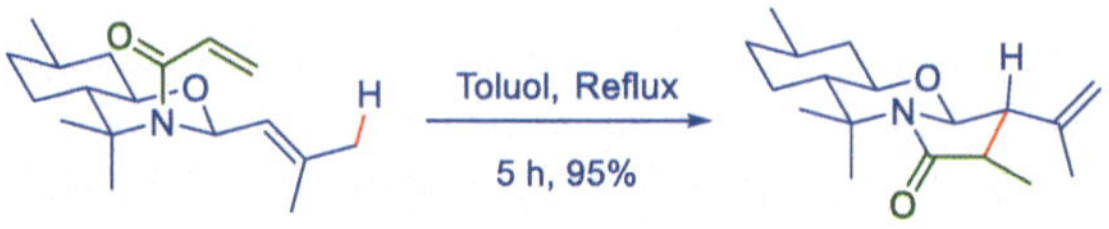

O
O
N
H
Toluol, Reflux
5 h, 95%
O
N
H
O

Beispiel 4, Kobalt-katalysierte Alder-Ene-Reaktion [9]

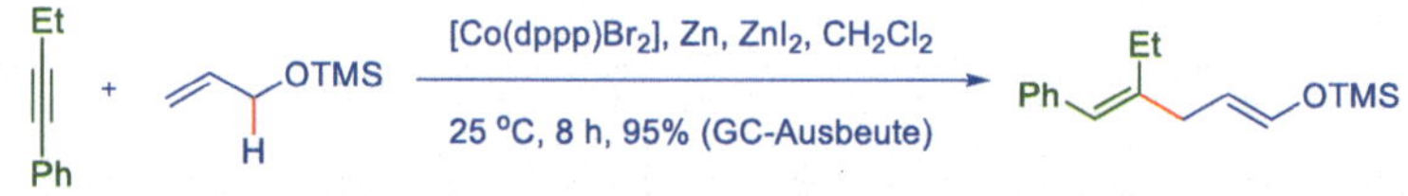

Et
Ph
+
OTMS
H
[Co(dppp)Br2], Zn, ZnI2, CH2Cl2
25 °C, 8 h, 95% (GC-Ausbeute)
Et
Ph
OTMS

Beispiel 5, Nitril-migrierende Alder-Ene-Reaktion [10]

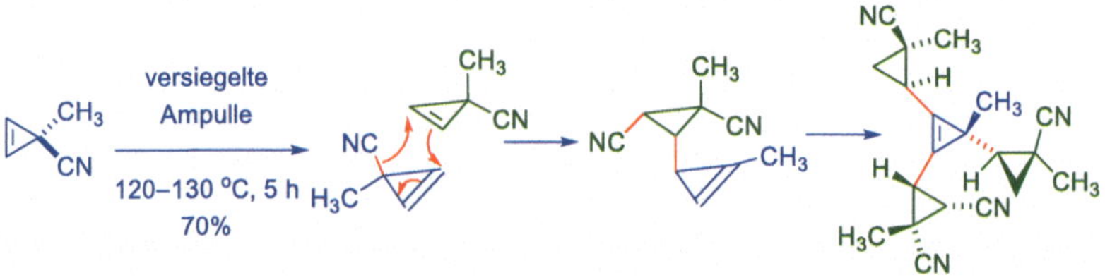

CH3
CN
versiegelte
Ampulle
120–130 °C, 5 h
70%
CH3
CN
NC
H3C
NC
CH3
CN
CH3
NC
CH3
H
CH3
CN
H
H
CH3
CN
H3C
CN

Beispiel 6 [11]

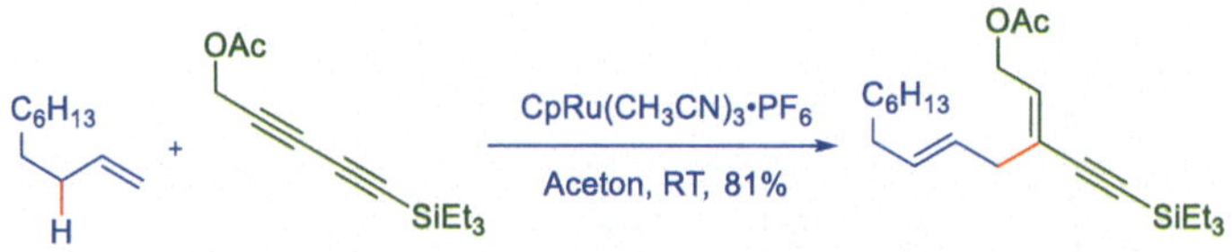

C6H13
H
+
OAc
SiEt3
CpRu(CH3CN)3•PF6
Aceton, RT, 81%
OAc
C6H13
SiEt3

Beispiel 7 [13]

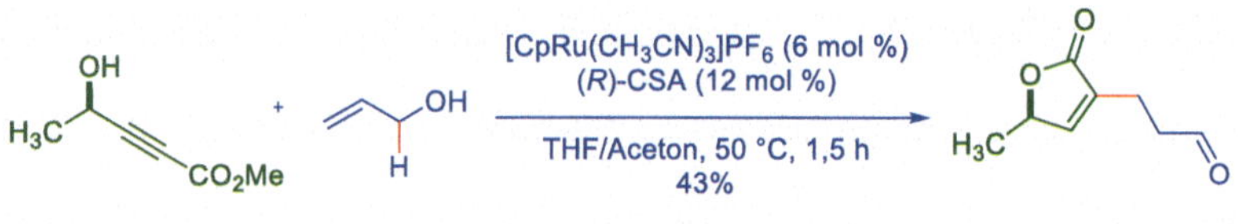

OH
H3C
CO2Me
+
OH
H
[CpRu(CH3CN)3]PF6 (6 mol %)
(R)-CSA (12 mol %)
THF/Aceton, 50 °C, 1,5 h
43%
O
O
H3C
O

Beispiel 8, Pd-katalysiertes intramolekulare Alder-Ene-Reaktion (BBEDA = Bis-Benzyliden-Ethylendiamin) [14]

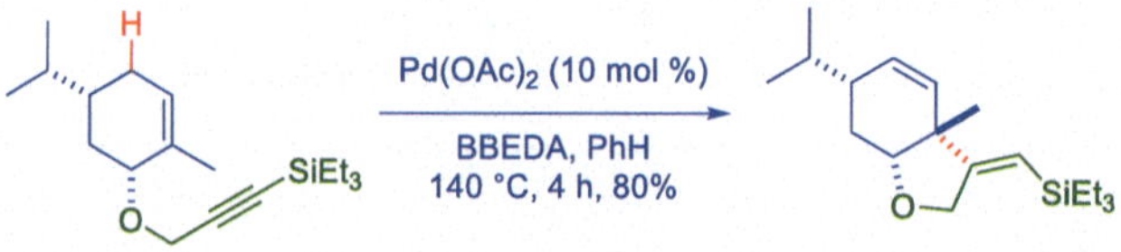

H
O
SiEt3
Pd(OAc)2 (10 mol %)
BBEDA, PhH
140 °C, 4 h, 80%
O
SiEt3

Beispiel 9, Alder-Ene-Reaktion, angetrieben durch hohe sterische Spannung und Bindungswinkelverzerrung [15]

Referenzen

1. Alder, K.; Pascher, F.; Schmitz, A. *Ber.* **1943**, *76*, 27 – 53. Kurt Alder (Deutschland, 1902 – 1958) teilte den Nobelpreis in Chemie im Jahr 1950 mit seinem Lehrer Otto Diels (Deutschland, 1876 – 1954) für die Entwicklung der Diensynthese.
2. Oppolzer, W. *Pure Appl. Chem.* **1981**, *53*, 1181 – 1201. (Übersichtsartikel).
3. Johnson, J. S.; Evans, D. A. *Acc. Chem. Res.* **2000**, *33*, 325 – 335. (Übersichtsartikel).
4. Mikami, K.; Nakai, T. In *Catalytic Asymmetric Synthesis;* 2nd Aufl.; Ojima, I., Hrsg.; Wiley – VCH: New York, **2000**, 543–568. (Übersichtsartikel).
5. Sulikowski, G. A.; Sulikowski, M. M. *e-EROS Encyclopedia of Reagents for Organic Synthesis* **2001**, Wiley: Chichester, UK.
6. Brummond, K. M.; McCabe, J. M. *The Rhodium(I)-Catalyzed Alder Ene Reaction.* In *Modern Rhodium-Catalyzed Or-ganic Reactions* **2005**, 151–172. (Übersichtsartikel).
7. Miles, W. H.; Dethoff, E. A.; Tuson, H. H.; Ulas, G. *J. Org. Chem.* **2005**, *70*, 2862–2865.
8. Pedrosa, R.; Andres, C.; Martin, L.; Nieto, J.; Roson, C. *J. Org. Chem.* **2005**, *70*, 4332–4337.
9. Hilt, G.; Treutwein, J. *Angew. Chem. Int. Ed.* **2007**, *46*, 8500–8502.
10. Ashirov, R. V.; Shamov, G. A.; Lodochnikova, O. A.; Litvynov, I. A.; Appolonova, S. A.; Plemenkov, V. V. *J. Org. Chem.* **2008**, *73*, 5985–5988.
11. Cho, E. J.; Lee, D. *Org. Lett.* **2008**, *10*, 257–259.
12. Curran, T. T. *Alder Ene Reaction.* In *Name Reactions for Homologations-Part II*; Li, J. J., Hrsg.; Wiley: Hoboken, NJ, **2009**, S. 2–32. (Übersichtsartikel).
13. Trost, B. M.; Quintard, A. *Org. Lett.* **2012**, *14*, 4698–4670.
14. Nugent, J.; Matousova, E.; Banwell, M. G.; Willis, A. C. *J. Org. Chem.* **2017**, *82*, 12569–12589.
15. Gupta, S.; Lin, Y.; Xia, Y.; Wink, D. J.; Lee, D. *Chem. Sci.* **2019**, *10*, 2212–2217.
16. Imino-ene-Reaktion: Hou, L.; Kang, T.; Yang, L.; Cao, W.; Feng, X. *Org. Lett.* **2020**, *22*, 1390–1395.

Aldolkondensation

Die Aldolkondensation ist die Kopplung eines Enolat-Ions mit einer Carbonyl-Verbindung zur Bildung eines β-Hydroxycarbonyls und manchmal, gefolgt von Dehydratisierung zur Bildung eines konjugierten Enons. Ein einfacher Fall ist die Addition eines Enolats an ein **Ald**ehyd zur Bildung eines Alkoh**ols**, daher der Name **Aldol**.

Beispiel 1 [3]

Beispiel 2 [8]

Beispiel 3, Enantioselektive Mukaiyama-Aldol-Reaktion [10]

Beispiel 4, Intermolekulare Aldol-Reaktion mit Organokatalysator [12]

Beispiel 5, Intramolekulare Aldol-Reaktion [13]

Beispiel 6, Intramolekulare vinyloge Aldol-Reaktion [ATPH = tris(2,6-diphenyl)phenoxyaluminan] [14]

Beispiel 7, Eine seltene stereospezifische Retro-Aldol-Reaktion [15]

Beispiel 8, Eine seltene intermolekulare vinyloge Aldol-Reaktion, TFE = Trifluorethanol [16]

Referenzen

1. Wurtz, C. A. *Bull. Soc. Chim. Fr.* **1872**, *17*, 436 – 442. Charles Adolphe Wurtz (1817 – 1884) wurde in Straßburg, Frankreich, geboren. Nach seiner Doktorarbeit verbrachte er ein Jahr bei Liebig im Jahr 1843. Im Jahr 1874 wurde Wurtz zum Lehrstuhl für Organische Chemie an der Sorbonne ernannt, wo er viele illustre Chemiker wie Crafts, Fittig, Friedel und van't Hoff ausbildete. Die Wurtz-Reaktion, bei der zwei Alkyl Halogenide werden mit Natrium behandelt, um eine neue Kohlenstoff – Kohlenstoffbindung zu bilden, wird nicht mehr als synthetisch nützlich angesehen, obwohl *die Aldolreaktion* die Wurtz 1872 entdeckte, ist zu einem Grundpfeiler in der organischen Synthese geworden. Alexander P. Borodin wird auch die Entdeckung der Aldolreaktion zusammen mit Wurtz zugeschrieben. 1872 kündigte er der Russischen Chemischen Gesellschaft die Entdeckung eines neuen Nebenprodukts in Aldehydreaktionen mit Eigenschaften wie denen eines Alkohols an, und er bemerkte Ähnlichkeiten mit Verbindungen, die bereits in Publikationen von Wurtz aus demselben Jahr diskutiert wurden.
2. Nielsen, A. T.; Houlihan, W. J. *Org. React.* **1968**, *16*, 1–438. (Übersichtsartikel).
3. Still, W. C.; McDonald, J. H., III. *Tetrahedron Lett.* **1980**, *21*, 1031–1034.
4. Mukaiyama, T. *Org. React.* **1982**, *28*, 203–331. (Übersichtsartikel).
5. Mukaiyama, T.; Kobayashi, S. *Org. React.* **1994**, *46*, 1–103. (Überblick über Zinn(II) Enolate).
6. Johnson, J. S.; Evans, D. A. *Acc. Chem. Res.* **2000**, *33*, 325–335. (Übersichtsartikel).
7. Denmark, S. E.; Stavenger, R. A. *Acc. Chem. Res.* **2000**, *33*, 432–440. (Übersichtsartikel).
8. Yang, Z.; He, Y.; Vourloumis, D.; Vallberg, H.; Nicolaou, K. C. *Angew. Chem. Int. Ed.* **1997**, *36*, 166 – 168.
9. Mahrwald, R. (Hrsg.) *Modern Aldol Reactions*, Wiley – VCH: Weinheim, Deutschland, **2004**. (Buch).
10. Desimoni, G.; Faita, G.; Piccinini, F. *Eur. J. Org. Chem.* **2006**, 5228 – 5230.
11. Guillena, G.; Najera, C.; Ramon, D. J. *Tetrahedron: Asymmetry* **2007**, *18*, 2249 – 2293. (Rezension zur enantioselektiven direkten Aldolreaktion unter Verwendung von Organokatalyse.)
12. Doherty, S.; Knight, J. G.; McRae, A.; Harrington, R. W.; Clegg, W. *Eur. J. Org. Chem.* **2008**, 1759–1766.
13. O'Brien, E. M.; Morgan, B. J.; Kozlowski, M. C. *Angew. Chem. Int. Ed.* **2008**, *47*, 6877–6880.
14. Gazaille, J. A.; Abramite, J. A.; Sammakia, T. *Org. Lett.* **2012**, *14*, 178–181.

15. Wang, J.; Deng, Z.-X.; Wang, C.-M.; Xia, P.-J.; Xiao, J.-A.; Xiang, H.-Y.; Chen, X.-Q.; Yang, H. *Org. Lett.* **2018,** *20*, 7535–7538.
16. Kutwal, M. S.; Dev, S.; Appayee, C. *Org. Lett.* **2019,** *21*, 2509–2513.
17. Vojackova, P.; Michalska, L.; Necas, M.; Shcherbakov, D.; Bottger, E. C.; Sponer, J.; Sponer, J. E.; Svenda, J. *J. Am. Chem. Soc.* **2020,** *142*, 7306–7311.

Arndt–Eistert-Homologisierung

Ein-Kohlenstoff-Homologisierung von Carbonsäuren mit Diazomethan.

Beispiel 1, Homologisierung einer Aminosäure [7]

Beispiel 2, Eine interessante Variation [9]

© Der/die Autor(en), exklusiv lizenziert an
Springer Nature Switzerland AG 2024
J. J. Li, *Namensreaktionen*, https://doi.org/10.1007/978-3-031-52850-7_3

Beispiel 3 [10]

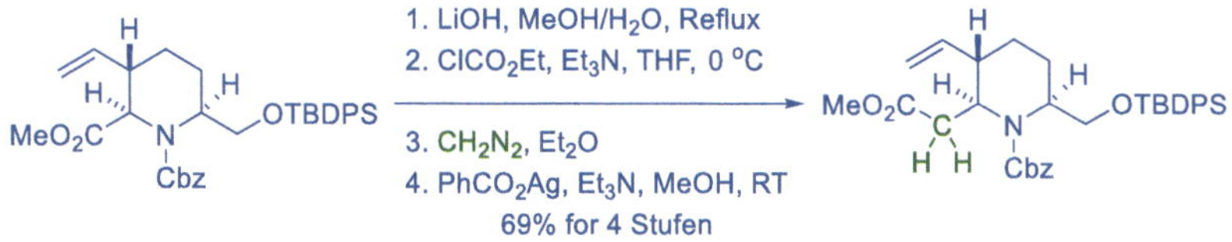

1. LiOH, MeOH/H₂O, Reflux
2. ClCO₂Et, Et₃N, THF, 0 °C
3. CH₂N₂, Et₂O
4. PhCO₂Ag, Et₃N, MeOH, RT
69% for 4 Stufen

Beispiel 4 [10]

THF, Et₃N, –20 °C
dann CH₂N₂, RT, 16 h
dann PhCO₂Ag, Et₃N,
MeOH, –20 °C, dann
RT, 16 h, 79%

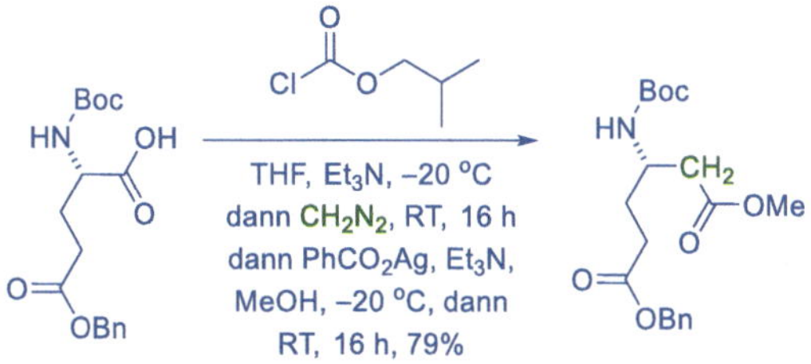

Beispiel 5, Kontinuierliche silberkatalysierte Arndt–Eistert-Reaktion/Wolff-Umlagerung [12]

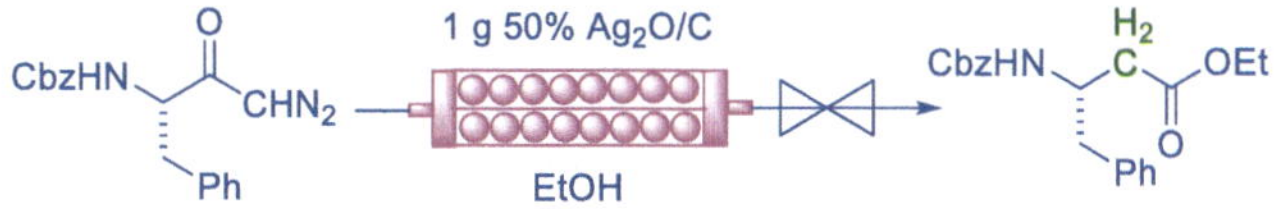

1 g 50% Ag₂O/C
EtOH

Beispiel 6, Arndt–Eistert-Reaktion/Wolff-Umlagerungssequenz [13]

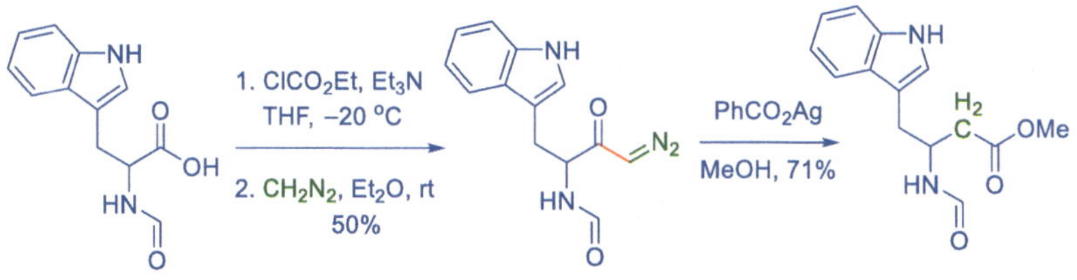

1. ClCO₂Et, Et₃N
   THF, –20 °C
2. CH₂N₂, Et₂O, rt
   50%

PhCO₂Ag
MeOH, 71%

Beispiel 7, α-Arylamino Diazoketone: Reaktion in Anwesenheit von Diazoketonen [14]

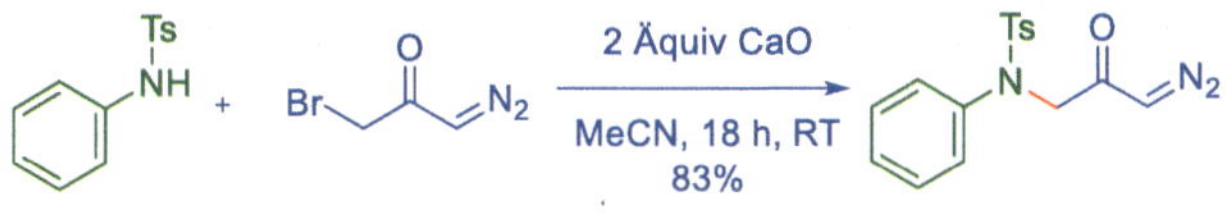

2 Äquiv CaO
MeCN, 18 h, RT
83%

Referenzen

1. Arndt, F.; Eistert, B. *Ber.* **1935,** *68,* 200–208. Fritz Arndt (1885 – 1969) wurde in Hamburg, Deutschland geboren. Er entdeckte die Arndt – Eistert Homologation an

der Universität Breslau, wo er die Synthese von Diazomethan und dessen Reaktionen mit Aldehyden, Ketonen und Säurechloriden ausgiebig untersuchte. Fritz Arndts Kettenrauchen von Zigarren sorgte dafür, dass seine Anwesenheit in den Laboren immer gut angekündigt war. Bernd Eistert (1902 – 1978), geboren in Ohlau, Schlesien, war Arndts Doktorand. Eistert trat später der I. G. Farbenindustrie bei, die nach dem Zerfall des Konglomerats durch die Alliierten nach dem Zweiten Weltkrieg zu BASF wurde.

2. Podlech, J.; Seebach, D. *Angew. Chem. Int. Ed.* **1995**, *34*, 471–472.
3. Matthews, J. L.; Braun, C.; Guibourdenche, C.; Overhand, M.; Seebach, D. In *Enantioselektive Synthese von β-Aminosäuren* Juaristi, E. ed.; Wiley-VCH: Weinheim, Deutschland, 1996, S. 105–126. (Übersichtsartikel).
4. Katritzky, A. R.; Zhang, S.; Fang, Y. *Org. Lett.* **2000**, *2*, 3789–3791.
5. Vasanthakumar, G.-R.; Babu, V. V. S. *Synth. Commun.* **2002**, *32*, 651–657.
6. Chakravarty, P. K.; Shih, T. L.; Colletti, S. L.; Ayer, M. B.; Snedden, C.; Kuo, H.; Tyagarajan, S.; Gregory, L.; Zakson-Aiken, M.; Shoop, W. L.; Schmatz, D. M.; Wyvratt, M. J.; Fisher, M. H.; Meinke, P. T. *Bioorg. Med. Chem. Lett.* **2003**, *13*, 147–150.
7. Gaucher, A.; Dutot, L.; Barbeau, O.; Hamchaoui, W.; Wakselman, M.; Mazaleyrat, J.-P. *Tetrahedron: Asymmetry* **2005**, *16*, 857–864.
8. Podlech, J. In *Enantioselektive Synthese von β-Aminosäuren (2. Auflage)* Wiley: Hoboken, NJ, **2005**, S. 93–106. (Übersichtsartikel).
9. Spengler, J.; Ruiz-Rodriguez, J.; Burger, K.; Albericio, F. *Tetrahedron Lett.* **2006**, *47*, 4557–4560.
10. Toyooka, N.; Kobayashi, S.; Zhou, D.; Tsuneki, H.; Wada, T.; Sakai, H.; Nemoto, H.; Sasaoka, T.; Garraffo, H. M.; Spande, T. F.; Daly, J. W. *Bioorg. Med. Chem. Lett.* **2007**, *17*, 5872–5875.
11. Fuchter, M. J. *Arndt–Eistert Homologation*. In *Name Reactions for Homologations-Part I*; Li, J. J., Ed.; Wiley: Hoboken, NJ, **2009**, S. 336–349. (Überprüfung).
12. Pinho, V. D.; Gutmann, B.; Kappe, C. O. *RSC Adv.* **2014**, *4*, 37419–37422.
13. Zarezin, D. P.; Shmatova, O. I.; Nenajdenko, V. G. *Org. Biomol. Chem.* **2018**, *16*, 5987–5998.
14. Castoldi, L.; Ielo, L.; Holzer, W.; Giester, G.; Roller, A.; Pace, V. *J. Org. Chem.* **2018**, *83*, 4336–4347.

Baeyer–Villiger Oxidation

Allgemeines Schema:

Die elektronenreichste Alkylgruppe (mehr substituiertes Kohlenstoff) wandert zuerst.

Die allgemeine Wanderungsordnung: tertiäres Alkyl > Cyclohexyl > sekundäres Alkyl > Benzyl > Phenyl > primäres Alkyl > Methyl >> H.

Für substituierte Aryle: p-MeO-Ar > p-Me-Ar > p-Cl-Ar > p-Br-Ar > p-O$_2$N-Ar

Beispiel 1, UHP = Harnstoff-Wasserstoffperoxid [4]

normales Produkt 26%, 82% ee

anormales Produkt 12%, > 99% ee

© Der/die Autor(en), exklusiv lizenziert an
Springer Nature Switzerland AG 2024
J. J. Li, *Namensreaktionen*, https://doi.org/10.1007/978-3-031-52850-7_4

Beispiel 2, Chemoselektiv über Lactam [5]

Beispiel 3, Chemoselektiv über Lacton [6]

Beispiel 4, Chemoselektiv über Ester [8]

Beispiel 5, Eine Trifluorperessigsäure (TFPAA)-vermittelte Tandemreaktion [11]

Beispiel 6, Hochskalierte Syntheseroute zu Entecavir [12]

Beispiel 7, Ein-Topf-Baeyer-Villiger-Oxidation/allylische Oxidation [13]

(+)-Salimabromid

Referenzen

1. v. Baeyer, A.; Villiger, V. *Ber.* **1899,** *32*, 3625–3633. Adolf von Baeyer (1835 – 1917) war einer der bedeutendsten organischen Chemiker der Geschichte. Er trug zu vielen Bereichen des Feldes bei. Die Baeyer – Drewson Indigo-Synthese ermöglichte die Kommerzialisierung von synthetischem Indigo. Eine weitere Berühmtheit von Baeyer ist seine Synthese von Barbitursäure, benannt nach seiner damaligen Freundin, Barbara. Baeyers wahre Freude war in seinem Labor und er verabscheute jede Außenarbeit, die ihn von seiner Bank wegbrachte. Als ein Besucher Neid ausdrückte, dass das Schicksal so viel von Baeyers Arbeit mit Erfolg gesegnet hatte, erwiderte Baeyer trocken: "Herr Kollege, ich experimentiere mehr als Sie." Als Wissenschaftler war Baeyer frei von Eitelkeit. Im Gegensatz zu anderen gelehrten Meistern seiner Zeit (zum Beispiel Liebig), war er immer bereit, unwillig die Verdienste anderer anzuerkennen. Baeyers berühmter grünlich-schwarzer Hut war ein Teil seiner ständigen Garderobe und er hatte eine Ritual, seinen Hut zu kippen, wenn er neuartige Verbindungen bewunderte. Adolf von Baeyer erhielt den Nobelpreis in Chemie im Jahr 1905 im Alter von siebzig. Sein Lehrling, Emil Fischer, gewann ihn im Jahr 1902, als er fünfzig war, drei Jahre vor seinem Lehrer. Victor Villiger (1868 – 1934), geboren in der Schweiz, ging nach München und arbeitete elf Jahre lang mit Adolf von Baeyer.
2. Krow, G. R. *Org. React.* **1993,** *43*, 251–798. (Übersichtsartikel).
3. Renz, M.; Meunier, B. *Eur. J. Org. Chem.* **1999,** 737–750. (Übersichtsartikel).
4. Wantanabe, A.; Uchida, T.; Ito, K.; Katsuki, T. *Tetrahedron Lett.* **2002,** *43*, 4481–4485.
5. Laurent, M.; Ceresiat, M.; Marchand-Brynaert, J. *J. Org. Chem.* **2004,** *69*, 3194–3197.
6. Brady, T. P.; Kim, S. H.; Wen, K.; Kim, C.; Theodorakis, E. A. *Chem. Eur. J.* **2005,** *11*, 7175–7190.
7. Curran, T. T. *Baeyer – Villiger Oxidation.* In *Name Reactions for Functional Group Transformations*; Li, J. J., Hrsg.; Wiley: Hoboken, NJ, **2007,** S. 160–182. (Übersichtsartikel).
8. Demir, A. S.; Aybey, A. *Tetrahedron* **2008,** *64*, 11256–11261.
9. Zhou, L.; Liu, X.; Ji, J.; Zhang, Y.; Hu, X.; Lin, L.; Feng, X. *J. Am. Chem. Soc.* **2012,** *134*, 17023–17026. (Entsymmetrisierung und kinetische Auflösung).
10. Uyanik, M.; Ishihara, K. *ACS Catal.* **2013,** *3*, 513–520. (Übersichtsartikel).
11. Wang, B.-L.; Gao, H.-T.; Li, W.-D. Z. *J. Org. Chem.* **2015,** *80*, 5296–5301.
12. Xu, H.; Wang, F.; Xue, W.; Zheng, Y.; Wang, Q.; Qiu, F. G.; Jin, Y. *Org. Process Res. Dev.* **2018,** *22*, 377–384.
13. Palm, A.; Knopf, C.; Schmalzbauer, B.; Menche, D. *Org. Lett.* **2019,** *21*, 1939–1942.
14. Ma, X.; Liu, Y.; Du, L.; Zhou, J.; Marko, I. E. *Nat. Commun.* **2020,** *1*, 914.

Baker–Venkataraman-Umlagerung

Base-katalysierte Acyltransferreaktion, die α-Acyloxyketone zu β-Diketonen umwandelt, die als Substrate zur Herstellung von Flavonen (Flavonoide) dienen.

Beispiel 1, Carbamoyl Baker–Venkataraman-Umlagerung [5]

Beispiel 2, Carbamoyl Baker–Venkataraman-Umlagerung, gefolgt von Cyclisierung [6]

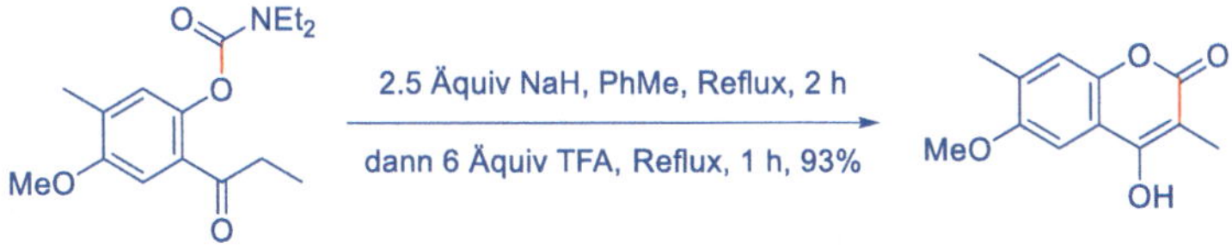

2.5 Äquiv NaH, PhMe, Reflux, 2 h
dann 6 Äquiv TFA, Reflux, 1 h, 93%

Beispiel 3, Baker–Venkataraman-Umlagerung [9]

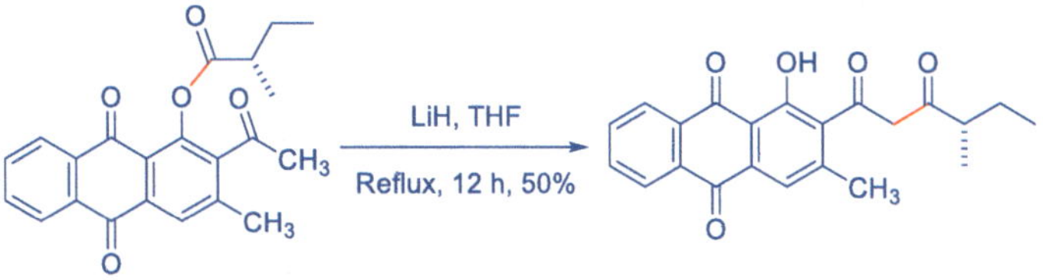

LiH, THF
Reflux, 12 h, 50%

Beispiel 4, Baker–Venkataraman-Umlagerung [10]

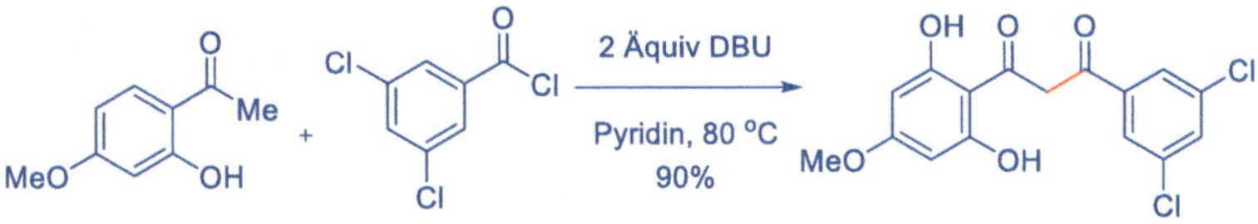

2 Äquiv DBU
Pyridin, 80 °C
90%

Beispiel 5, In Anwesenheit eines C-Aryl Glykosids [11]

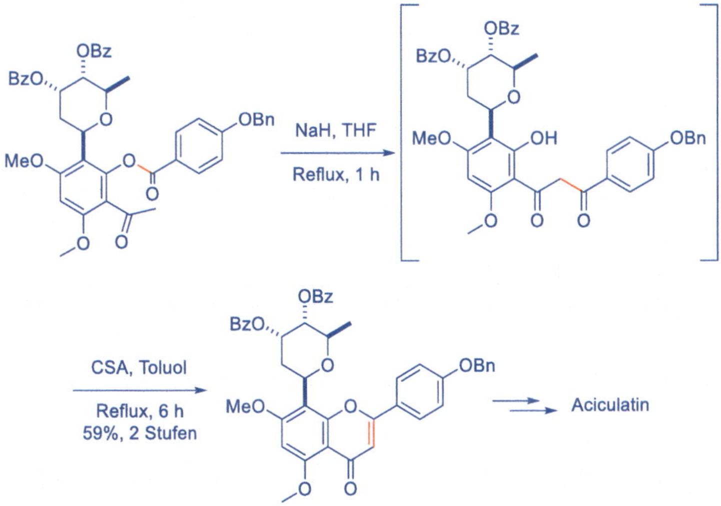

NaH, THF
Reflux, 1 h

CSA, Toluol
Reflux, 6 h
59%, 2 Stufen

⟶ Aciculatin

Beispiel 6, Weiche Enolisierung Baker–Venkataraman Umlagerung [12]

Referenzen

1. Baker, W. *J. Chem. Soc.* **1933**, 1381 – 1389. Wilson Baker (1900 – 2002) wurde in Runcorn, England, geboren. Er studierte Chemie in Manchester unter Arthur Lapworth und in Oxford unter Robinson. Im Jahr 1943 bestätigte Baker als Erster, dass Penicillin Schwefel enthält, worauf Robinson kommentierte: „Das ist eine Feder in deinem Hut, Baker." Baker begann seine unabhängige akademische Karriere an der Universität von Bristol. Er ging 1965 als Leiter der School of Chemistry in den Ruhestand. Baker war ein bekannter Chemiker Hundertjähriger, der 47 Jahre im Ruhestand verbrachte!
2. (a) Chadha, T. C.; Mahal, H. S.; Venkataraman, K. *Curr. Sci.* **1933**, *2*, 214–215. (b) Mahal, H. S.; Venkataraman, K. *J. Chem. Soc.* **1934**, 1767 – 1771. K. Venkataraman studierte unter Robert Robinson in Manchester. Er kehrte nach Indien zurück und stieg später zum Direktor des Nationalen Chemischen Labors in Poona auf. Er ist auch als der „Vater der Farbstoffindustrie" in Indien bekannt.
3. Kraus, G. A.; Fulton, B. S.; Wood, S. H. *J. Org. Chem.* **1984**, *49*, 3212–3214.
4. Reddy, B. P.; Krupadanam, G. L. D. *J. Heterocycl. Chem.* **1996**, *33*, 1561–1565.
5. Kalinin, A. V.; da Silva, A. J. M.; Lopes, C. C.; Lopes, R. S. C.; Snieckus, V. *Tetrahedron Lett.* **1998**, *39*, 4995 – 4998.
6. Kalinin, A. V.; Snieckus, V. *Tetrahedron Lett.* **1998**, *39*, 4999 – 5002.
7. Santos, C. M. M.; Silva, A. M. S.; Cavaleiro, J. A. S. *Eur. J. Org. Chem.* **2003**, 4575–4585.
8. Krohn, K.; Vidal, A.; Vitz, J.; Westermann, B.; Abbas, M.; Green, I. *Tetrahedron: Asymmetry* **2006**, *17*, 3051–3057.
9. Yu, Y.; Hu, Y.; Shao, W.; Huang, J.; Zuo, Y.; Huo, Y.; An, L.; Du, J.; Bu, X. *E. J. Org. Chem.* **2011**, 4551–4563.
10. Yao, C.-H.; Tsai, C.-H.; Lee, J.-C. *J. Nat. Prod.* **2016**, 1719–1723.
11. St-Gelais, A.; Alsarraf, J.; Legault, J.; Gauthier, C.; Pichette, A. *Org. Lett.* **2018**, *20*, 7424 – 7428.
12. Kshatriya, R.; Jejurkar, V. P.; Saha, S. *Tetrahedron* **2018**, *74*, 811–833. (Überprüfung).
13. Liu, Q.; Mu, Y.; An, Q.; Xun, J.; Ma, J.; Wu, W.; Xu, M.; Xu, J.; Han, L.; Huang, X. *Bioorg. Chem.* **2020**, *94*, 103420.

Bamford–Stevens-Reaktion

Die Bamford–Stevens-Reaktion und die Shapiro-Reaktion teilen einen ähnlichen mechanistischen Weg. Erstere verwendet eine Base wie Na, NaOMe, LiH, NaH, NaNH$_2$, Hitze, *usw.*, während letztere Basen wie Alkyllithium und Grignard-Reagenzien verwendet. Als Ergebnis liefert die Bamford–Stevens-Reaktion mehr substituierte Olefine als die thermodynamischen Produkte, während die Shapiro-Reaktion im Allgemeinen weniger substituierte Olefine als die kinetischen Produkte liefert.

In protischem Lösungsmittel (S–H):

In aprotischem Lösungsmittel:

Beispiel 1, Tandem Bamford-Stevens/thermische aliphatische Claisen-Umlagerungssequenz [6]

Das Ausgangsmaterial *N*-aziridinyl imine ist auch bekannt als Eschenmoser-Hydrazone.

Beispiel 2, Thermische Bamford-Stevens [6]

Beispiel 3 [7]

Beispiel 4 [8]

Beispiel 5, Diazoestersynthese aus Arylsulfonylhydrazonen mittels in-flow Bamford–Stevens Reaktionen [11]

CFC = Kontinuierliche Fließzentrifugation

Beispiel 6, Synthese des Carben-Vorläufers [12]

Beispiel 7, Mikrowellenvermittelte Synthese von Fulleren-Akzeptoren für organische Photovoltaik [12]

Referenzen

1. Bamford, W. R.; Stevens, T. S. M. *J. Chem. Soc.* **1952,** 4735 – 4740. Thomas Stevens (1900 – 2000), ein weiterer hundertjähriger Chemiker, wurde in Renfrew, Schottland geboren. Er und sein Student W. R. Bamford veröffentlichten diese Arbeit an der Universität von Sheffield, UK. Stevens trug auch zu einer anderen Namensreaktion, der McFadyen – Stevens Reaktion, bei.
2. Felix, D.; Müller, R. K.; Horn, U.; Joos, R.; Schreiber, J.; Eschenmoser, A. *Helv. Chim. Acta* **1972,** *55,* 1276–1319.
3. Shapiro, R. H. *Org. React.* **1976,** *23,* 405 – 507. (Übersichtsartikel).
4. Adlington, R. M.; Barrett, A. G. M. *Acc. Chem. Res.* **1983,** *16,* 55 – 59. (Überblick über die Shapiro-Reaktion).
5. Chamberlin, A. R.; Bloom, S. H. *Org. React.* **1990,** *39,* 1 – 83. (Übersichtsartikel).
6. Sarkar, T. K.; Ghorai, B. K.
7. Chandrasekhar, S.; Rajaiah, G.; Chandraiah, L.; Swamy, D. N. *Synlett* **2001,** 1779 – 1780.
8. Aggarwal, V. K.; Alonso, E.; Hynd, G.; Lydon, K. M.; Palmer, M. J.; Porcelloni, M.; Studley, J. R. *Angew. Chem. Int. Ed.* **2001,** *40,* 1430–1433.
9. May, J. A.; Stoltz, B. M. *J. Am. Chem. Soc.* **2002,** *124,* 12426–12427.
10. Humphries, P. *Bamford–Stevens-Reaktion.* In *Name Reactions for Homologations-Part II*; Li, J. J., Hrsg.; Wiley: Hoboken, NJ, **2009,** S. 642–652. (Übersichtsartikel).

11. Bartrum, H. E.; Blakemore, D. C.; Moody, C. J.; Hayes, C. J. *Chem. Eur. J.* **2011**, *17*, 9586–9589.
12. Rosenberg, M.; Schrievers, T.; Brinker, U. H. *J. Org. Chem.* **2016**, *81*, 12388 – 12400.
13. Campisciano, V.; Riela, S.; Noto, R.; Gruttadauria, M.; Giacalone, F. *RSC Adv.* **2014**, *108*, 63200–63207.
14. Meichsner, E.; Nierengarten, I.; Holler, M.; Chesse, M.; Nierengarten, J.-F. *Helv. Chim. Acta* **2018**, *101*, e180059.
15. Jana, S.; Li, F.; Empel, C.; Verspeek, D.; Aseeva, P.; Koenigs, R. M. *Chem. Eur. J.* **2020**, *26*, 2586–2591.

Barbier-Reaktion

Die Barbier-Reaktion ist eine organische Reaktion zwischen einem Alkylhalogenid und einer Carbonylgruppe als Elektrophil in Gegenwart von Magnesium, Aluminium, Zink, Indium, Zinn oder dessen Salzen. Das Reaktionsprodukt ist ein primärer, sekundärer oder tertiärer Alkohol. *Vgl.* Grignard-Reaktion.

Nach herkömmlicher Weisheit, [3] wird das organometallische Zwischenprodukt (M = Mg, Li, Sm, Zn, La, *usw.*.) erzeugt *in situ*, das zwischenzeitig durch die Carbonylverbindung eingefangen wird. Jedoch scheinen jüngste experimentelle und theoretische Studien darauf hinzudeuten, dass die Barbier-Kupplungsreaktion über einen Einzelektronentransfer (SET) verläuft.

Erzeugung des organometallischen Zwischenprodukts *in situ* :

SET = Einzelelektronentransfer

Ionischer Mechanismus,

Mechanismus des Einzelelektronentransfers:

Beispiel 1 [6]

Beispiel 2 [9]

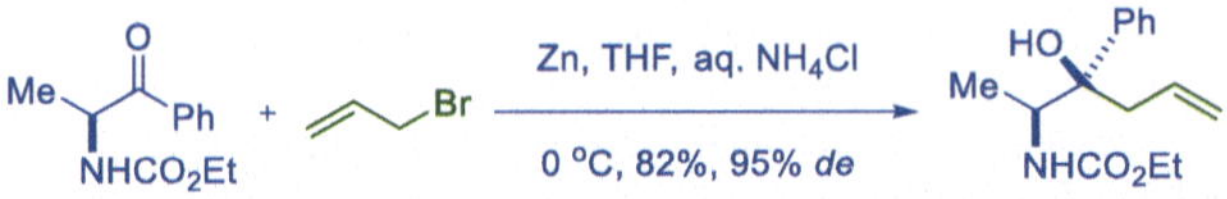

(reaction scheme: Me-C(=O)-Ph with NHCO₂Et + allyl-Br → Zn, THF, aq. NH₄Cl, 0 °C, 82%, 95% de → homoallyl alcohol product with HO, Ph, Me, NHCO₂Et)

Beispiel 3 [10]

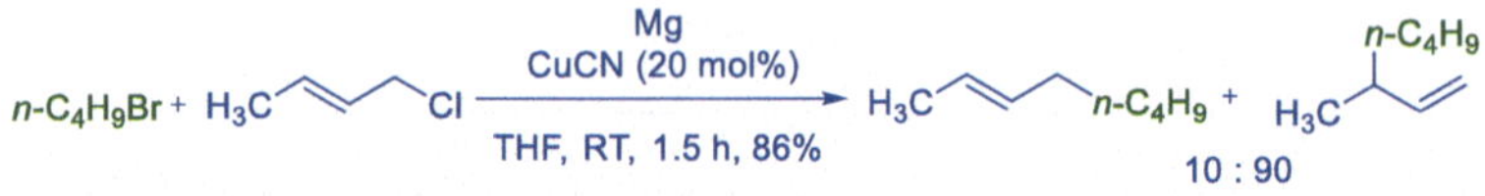

(reaction scheme: n-C₄H₉Br + H₃C-CH=CH-CH₂-Cl → Mg, CuCN (20 mol%), THF, RT, 1.5 h, 86% → H₃C-CH=CH-CH₂-n-C₄H₉ + H₃C-CH(n-C₄H₉)-CH=CH₂, 10 : 90)

Beispiel 4, Intramolekulare Barbier-Reaktion [11]

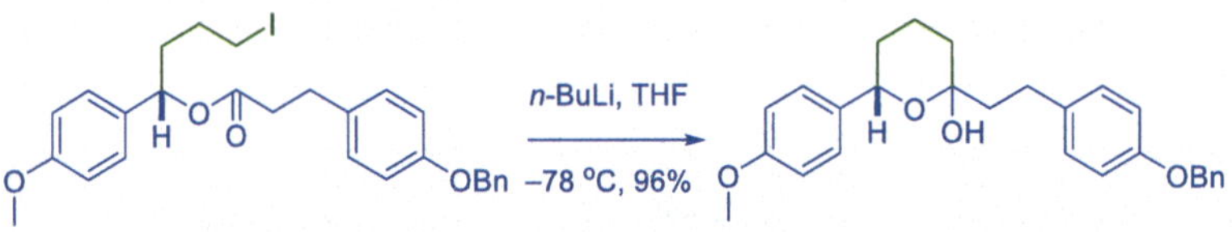

(reaction scheme: iodide substrate → n-BuLi, THF, –78 °C, 96% → cyclized tetrahydropyran product)

Beispiel 5, Die folgende Abfolge von 5 Schritten kann auch in einem Topf durchgeführt werden [12]

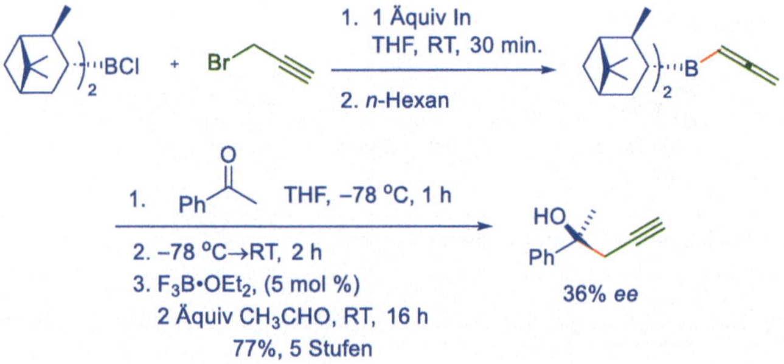

(reaction scheme: (Ipc)₂BCl + Br-C≡CH → 1. 1 Äquiv In, THF, RT, 30 min. 2. n-Hexan → (Ipc)₂B-CH=C=CH₂ (allenyl boron))

(reaction scheme: 1. Ph-C(=O)-Me, THF, –78 °C, 1 h; 2. –78 °C → RT, 2 h; 3. F₃B·OEt₂ (5 mol %), 2 Äquiv CH₃CHO, RT, 16 h; 77%, 5 Stufen → homopropargyl alcohol Ph-C(OH)-CH₂-C≡CH, 36% ee)

Beispiel 6, Ein Cuprat-Barbier-Protokoll zur Überwindung von Spannung und sterischer Hinderung [13]

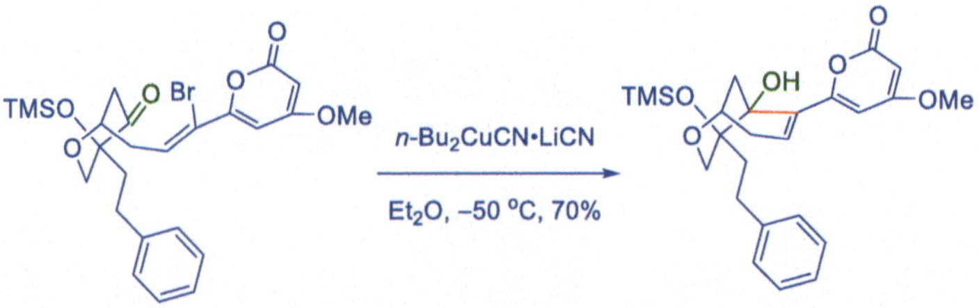

(reaction scheme: TMSO-substrate with Br and pyranone-OMe → n-Bu₂CuCN·LiCN, Et₂O, –50 °C, 70% → coupled product)

Beispiel 7, CpTiCl₂ als verbessertes Titanocen(III) Katalysator [14]

Manganstaub reduziert CpTiCl₃ zu CpTiCl₂

Beispiel 8, Co(I)-katalysierte Barbier-Reaktion eines aromatischen Halogenids mit einem aromatischen Aldehyd oder einem Imin [15]

Referenzen

1. Barbier, P. *C. R. Hebd. Séances Acad. Sci.* **1899**, *128*, 110–111. Phillippe Barbier (1848 – 1922) wurde in Luzy, Nièvre, Frankreich geboren. Er studierte Terpenoide mit Zink und Magnesium. Barbier schlug seinem Studenten, Victor Grignard, die Verwendung von Magnesium vor, der später das Grignard-Reagenz entdeckte und 1912 den Nobelpreis gewann.
2. Grignard, V. *C. R. Hebd. Séances Acad. Sci.* **1900**, *130*, 1322–1324.
3. Moyano, A.; Pericás, M. A.; Riera, A.; Luche, J.-L. *Tetrahedron Lett.* **1990**, *31*, 7619–7622. (Theoretische Studie).
4. Alonso, F.; Yus, M. *Rec. Res. Dev. Org. Chem.* **1997**, *1*, 397–436. (Übersichtsartikel).
5. Russo, D. A. *Chem. Ind.* **1996**, *64*, 405–409. (Übersichtsartikel).
6. Basu, M. K.; Banik, B. *Tetrahedron Lett.* **2001**, *42*, 187–189.
7. Sinha, P.; Roy, S. *Chem. Commun.* **2001**, 1798–1799.
8. Lombardo, M.; Gianotti, K.; Licciulli, S.; Trombini, C. *Tetrahedron* **2004**, *60*, 11725–11732.
9. Resende, G. O.; Aguiar, L. C. S.; Antunes, O. A. C. *Synlett* **2005**, 119–120.
10. Erdik, E.; Kocoglu, M. *Tetrahedron Lett.* **2007**, *48*, 4211–4214.
11. Takeuchi, T.; Matsuhashi, M.; Nakata, T. *Tetrahedron Lett.* **2008**, *49*, 6462–6465.
12. Hirayama, L. C.; Haddad, T. D.; Oliver, A. G.; Singaram, B. *J. Org. Chem.* **2012**, *77*, 4342–4353.
13. Rizzo, A.; Tauner, D. *Org. Lett.* **2018**, *20*, 1841–1844.
14. Roldan-Molina, E.; Padial, N. M.; Lezama, L.; Oltra, J. E. *Eur. J. Org. Chem.* **2018**, 5997–6001.
15. Presset, M.; Paul, J.; Cherif, G. N.; Ratnam, N.; Laloi, N.; Leonel, E.; Gosmini, C.; Le Gall, E. *Chem. Eur. J.* **2019**, *25*, 4491–4495.

16. Beaver, M. G.; Shi, Xi.; Riedel, J.; Patel, P.; Zeng, A.; Corbett, M. T.; Robinson, J. A.; Parsons, A. T.; Cui, S.; Baucom, K.; und weitere. *Org. Process Res. Dev.* **2020,** *24*, 490 – 499.

Barton–McCombie-Deoxygenierung

Deoxygenierung von Alkoholen durch radikale Spaltung ihrer entsprechenden Thiocarbonyl-Derivate.

AIBN = 2,2′-Azobisisobutyronitril

Beispiel 1 [2]

Beispiel 2 [5]

Beispiel 3 [6]

Beispiel 4 [7]

Beispiel 5 [8]

Beispiel 6, CPME = Cyclopentylmethylether [10]

Beispiel 7 [11]

Referenzen

1. Barton, D. H. R.; McCombie, S. W. *J. Chem. Soc., Perkin Trans. 1* **1975,** 1574–1585. Stuart McCombie, ein Barton-Student, lieh sowohl Substrat als auch Tri- *N*-butylstannan von anderen Gruppenmitgliedern, um die erste Barton–McCombie-Deoxygenierungsreaktion durchzuführen. Er arbeitete viele Jahre bei Schering – Plough, ist aber jetzt im Ruhestand, nachdem das Unternehmen von Merck gekauft wurde.
2. Gimisis, T.; Ballestri, M.; Ferreri, C.; Chatgilialoglu, C.; Boukherroub, R.; Manuel, G. *Tetrahedron Lett.* **1995,** *36,* 3897–3900.
3. Zard, S. Z. *Angew. Chem. Int. Ed.* **1997,** *36,* 673–685.
4. Lopez, R. M.; Hays, D. S.; Fu, G. C. *J. Am. Chem. Soc.* **1997,** *119,* 6949–6950.
5. Boussaguet, P.; Delmond, B.; Dumartin, G.; Pereyre, M. *Tetrahedron Lett.* **2000,** *41,* 3377–3380.
6. Gómez, A. M.; Moreno, E.; Valverde, S.; López, J. C. *Eur. J. Org. Chem.* **2004,** 1830–1840.
7. Deng, H.; Yang, X.; Tong, Z.; Li, Z.; Zhai, H. *Org. Lett.* **2008,** *10,* 1791–1793.
8. Mancuso, J. *Barton–McCombie deoxygenation.* In *Name Reactions for Homologations-Part I*; Li, J. J., Hrsg.; Wiley: Hoboken, NJ, **2009,** S. 614–632. (Übersichtsartikel).
9. McCombie, S. W.; Motherwell, W. B.; Tozer, M. J. *Die Barton–McCombie-Reaction,* In *Org. React.* **2012,** *77,* S. 161–591. (Übersichtsartikel).
10. Sulake, R. S.; Lin, H.-H.; Hsu, C.-Y.; Weng, C.-F.; Chen, C. *J. Org. Chem.* **2015,** *80,* 6044–6051.
11. Satyanarayana, V.; Chaithanya Kumar, G.; Muralikrishna, K.; Singh Yadav, J. *Tetrahedron Lett.* **2018,** *59,* 2828–2830.
12. McCombie, S. W.; Quiclet-Sire, B.; Zard, S. Z. *Tetrahedron* **2018,** *74,* 4969–4979. (Überblick über den Mechanismus).
13. Wu, J.; Baer, R. M.; Guo, L.; Noble, A.; Aggarwal, V. K. *Angew. Chem. Int. Ed.* **2019,** *58,* 18830–18834.

Beckmann-Umlagerung

Säurevermittelte Isomerisierung von Oximen zu Amiden.

In protischer Säure:

der Substituent wandert *trans* zur Abgangsgruppe

Mit PCl₅:

Wiederum wandert der Substituent *trans* zur Abgangsgruppe

Beispiel 1, Mikrowellen (MW) Reaktion [3]

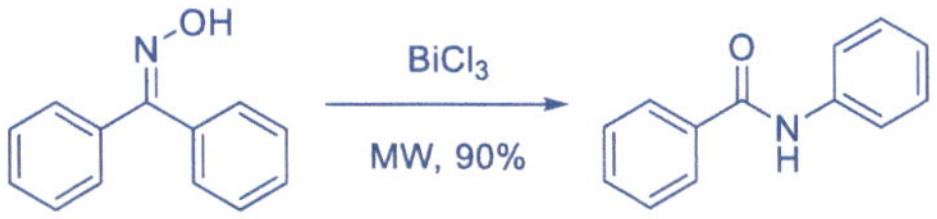

Ph₂C=N-OH → (BiCl₃, MW, 90%) → PhC(O)NHPh

Beispiel 2 [4]

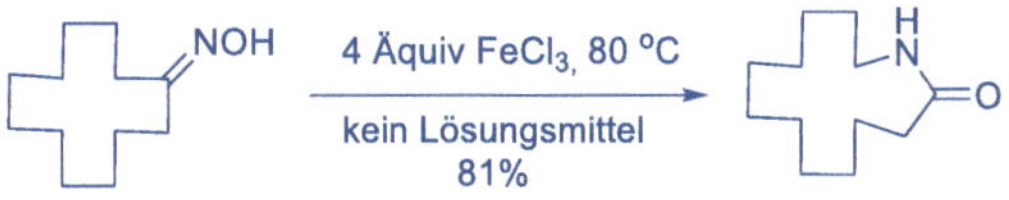

Cyclododecanon-Oxim → (4 Äquiv FeCl₃, 80 °C, kein Lösungsmittel, 81%) → Lactam

Beispiel 3 [6]

Isophoron-Oxim (syn) → (PPA, 72%) → Lactam A | Isophoron-Oxim (anti) → (PPA, 21%) → Lactam B

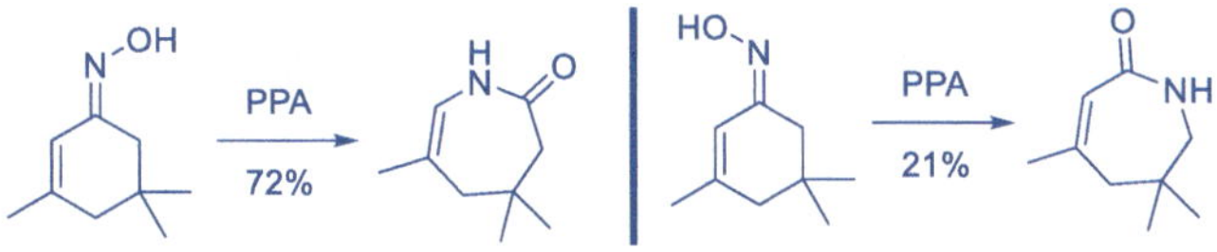

PPA = Polyphosphorsäure

Beispiel 4 [8]

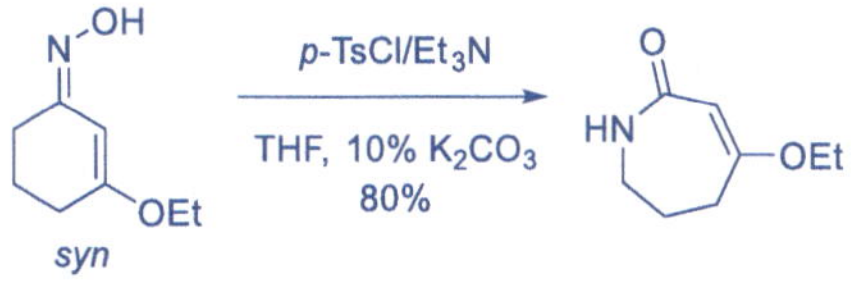

3-Ethoxycyclohex-2-enon-Oxim (syn) → (p-TsCl/Et₃N, THF, 10% K₂CO₃, 80%) → 4-Ethoxy-Lactam

Beispiel 5, Radikalische Beckmann-Umlagerung [11]

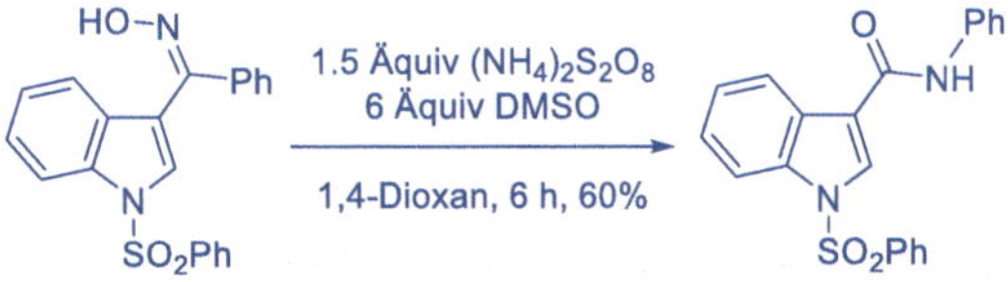

3-(Hydroxyimino(phenyl)methyl)-1-(phenylsulfonyl)-1H-indol → (1.5 Äquiv (NH₄)₂S₂O₈, 6 Äquiv DMSO, 1,4-Dioxan, 6 h, 60%) → N-Phenyl-amid

Beispiel 6, Organokatalytische Beckmann-Umlagerung mit einem Boronsäure/Perfluorpinacol-System unter Umgebungsbedingungen [12]

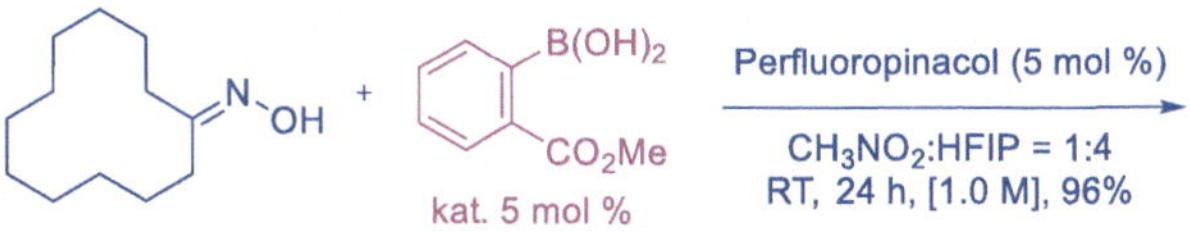

Cyclododecanon-Oxim + 2-(CO₂Me)-C₆H₄-B(OH)₂ (kat. 5 mol %) → (Perfluoropinacol (5 mol %), CH₃NO₂:HFIP = 1:4, RT, 24 h, [1.0 M], 96%)

HFIP = Hexafluorisopropanol

Beispiel 7, Neue Andrographolid Beckmann-Umlagerungsderivate [13]

Referenzen

1. Beckmann, E. *Chem. Ber.* **1886**, *89*, 988. Ernst Otto Beckmann (1853 – 1923) wurde in Solingen, Deutschland, geboren. Er studierte Chemie und Pharmazie in Leipzig. Neben der Beckmann-Umlagerung von Oximen zu Amiden ist sein Name mit dem Beckmann-Thermometer verbunden, das zur Messung von Gefrier- und Siedepunktdepressionen zur Bestimmung von Molekulargewichten verwendet wird.
2. Gawley, R. E. *Org. React.* **1988**, *35*, 1–420. (Übersichtsartikel).
3. Thakur, A. J.; Boruah, A.; Prajapati, D.; Sandhu, J. S. *Synth. Commun.* **2000**, *30*, 2105–2011.
4. Khodaei, M. M.; Meybodi, F. A.; Rezai, N.; Salehi, P. *Synth. Commun.* **2001**, *31*, 2047–2050.
5. Torisawa, Y.; Nishi, T.; Minamikawa, J.-i. *Bioorg. Med. Chem. Lett.* **2002**, *12*, 387–390.
6. Hilmey, D. G.; Paquette, L. A. *Org. Lett.* **2005**, *7*, 2067–2069.
7. Fernández, A. B.; Boronat, M.; Blasco, T.; Corma, A. *Angew. Chem. Int. Ed.* **2005**, *44*, 2370–2373.
8. Collison, C. G.; Chen, J.; Walvoord, R. *Synthesis* **2006**, 2319–2322.
9. Kumar, R. R.; Vanitha, K. A.; Balasubramanian, M. *Beckmann Rearrangment. In Name Reactions for Homologations-Part II*; Li, J. J., Ed.; Wiley: Hoboken, NJ, **2009**, S. 274–292. (Überprüfung).
10. Faraldos, J. A.; Kariuki, B. M.; Coates, R. M. *Org. Lett.* **2011**, *13*, 836–839.
11. Mahajan, P. S.; Humne, V. T.; Tanpure, S. D.; Mhaske, S. B. *Org. Lett.* **2016**, *18*, 3450–3453.
12. Mo, X.; Morgan, T. D. R.; Ang, H. T.; Hall, D. G. *J. Am. Chem. Soc.* **2018**, *140*, 5264–5271.

13. Wang, W.; Wu, Y.; Yang, K.; Wu, C.; Tang, R.; Li, H.; Chen, L. *Eur. J. Med. Chem.* **2019**, *173*, 282–293.
14. Zhang, Y.; Shen, S.; Fang, H.; Xu, T. *Org. Lett.* **2020,** *22*, 1244–1248.

Abnormale Beckmann-Umlagerung

Findet statt, wenn das wandernde Fragment (z. B. R¹) vom Zwischenprodukt abgeht und ein Nitril als stabiles Produkt hinterlässt.

Beispiel 1 [9]

Beispiel 2 [10]

Referenzen

1. Cao, L.; Sun, J.; Wang, X.; Zhu, R. *Tetrahedron* **2007**, *63*, 5036–5041.
2. Wang, C.; Rath, N. P.; Covey, D. F. *Tetrahedron* **2007**, *63*, 7977–7984.
3. Gui, J.; Wang, Y.; Tian, H.; Gao, Y.; Tian, W. *Tetrahedron Lett.* **2014**, *55*, 4233–4235.

4. Alhifthi, A.; Harris, B. L.; Goerigk, L.; White, J. M.; Williams, S. J. *Org. Biomol. Chem.* **2017,** *15,* 0105–10115.

Benzilsäure-Umlagerung

Umlagerung von Benzil zu Benzilsäure *via* Arylwanderung.

Endprotonierung (vor der Aufarbeitung) des Carboxylats zur Bildung des Benzilatanions treibt die Reaktion voran.

Beispiel 1 [3]

Beispiel 2 [6]

Beispiel 3, Retro-Benzilsäure-Umlagerung [7]

Beispiel 4, Cyclobutan-1,2-dione (Computergestützte Chemie) [9]

Beispiel 5, Biomimetische Benzilsäure-Umlagerung [10]

Beispiel 6, Benzoquinon-Ansamycin umgewandelt in Cyclopentenon-haltiges Ansamycin-Macrolactam über die Benzilsäure-Umlagerung [11]

Geldanamycin D

Mccrearmycin B

Beispiel 7, Biomimetische Benzilsäure-Umlagerung [12]

Referenzen

1. Liebig, J. *Justus Liebigs Ann. Chem.* **1838**, 27. Justus von Liebig (1803 – 1873) verfolgte seinen Doktortitel in organischer Chemie in Paris unter der Anleitung von Joseph Louis Gay-Lussac (1778 – 1850). Er wurde zum Lehrstuhl für Chemie an der Universität Giessen ernannt, was bei mehreren der bereits dort arbeitenden Professoren eine heftige Eifersucht auslöste, weil er so jung war. Glücklicherweise würde die Zeit beweisen, dass die Wahl für die Abteilung eine kluge war. Liebig würde Giessen bald von einer verschlafenen Universität zu einer Mekka der organischen Chemie in Europa verwandeln. Liebig gilt heute als der Vater der organischen Chemie. Viele klassische Namensreaktionen wurden in der Zeitschrift veröffentlicht, die immer noch seinen Namen trägt, *Justus Liebigs Annalen der Chemie.* [2]
2. Zinin, N. *Justus Liebigs Ann. Chem.* **1839**, *31*, 329.
3. Georgian, V.; Kundu, N. *Tetrahedron* **1963**, *19*, 1037 – 1049.
4. Robinson, J. M.; Flynn, E. T.; McMahan, T. L.; Simpson, S. L.; Trisler, J. C.; Conn, K. B. *J. Org. Chem.* **1991**, *56*, 6709 – 6712.
5. Fohlisch, B.; Radl, A.; Schwetzler-Raschke, R.; Henkel, S. *Eur. J. Org. Chem.* **2001**, 4357 – 4365.
6. Patra, A.; Ghorai, S. K.; De, S. R.; Mal, D. *Synthesis* **2006**, *15*, 2556 – 2562.
7. Selig, P.; Bach, T. *Angew. Chem. Int. Ed.* **2008**, *47*, 5082 – 5084.
8. Kumar, R. R.; Balasubramanian, M. *Benzilic Acid Rearrangement in Name Reactions for Homologations-Part II*; Li, J. J., Hrsg.; Wiley: Hoboken, NJ, **2009**, S. 395–405. (Übersichtsartikel).
9. Sultana, N.; Fabian, W. M. F. *Beilstein J. Org. Chem.* **2013**, *9*, 594–601.
10. Xiao, M.; Wu, W.; Wei, L.; Jin, X.; Yao, X.; Xie, Z. *Tetrahedron* **2015**, *71*, 3705–3714.
11. Wang, X.; Zhang, Y.; Ponomareva, L. V.; Qiu, Q.; Woodcock, R.; Elshahawi, S. I.; Chen, X.; Zhou, Z.; Hatcher, B. E.; Hower, J. C.; et al. *Angew. Chem. Int. Ed.* **2017**, *56*, 2994 – 2998.
12. Noack, F.; Hartmayer, B.; Heretsch, P. *Synthesis* **2018**, *50*, 809–820.
13. Novak, A. J. E.; Grigglestone, C. E.; Trauner, D. *J. Am. Chem. Soc.* **2019**, *141*, 15515–15518.

Benzoin-Kondensation

Cyanid-katalysierte Kondensation von Arylaldehyd zu Benzoin. Heutzutage wird Cyanid meist durch Thiazoliumsalze oder *N*- heterozyklische Carbene ersetzt. *Vgl.* Stetter-Reaktion.

Beispiel 1 [2]

Beispiel 2 [7]

Beispiel 3 [7]

Beispiel 4, Mit Brook-Umlagerung [9]

Beispiel 5 [10]

Beispiel 6 [12]

furfural aus Biomasse

30 mol% Et₃N, EtOH, Reflux, 6 h, 60%

furoin racemisch

Beispiel 7, *N*-Heterozyklisches Carben (NHC)-katalysierte Kreuz-Benzoin-Reaktion, die in substratgesteuerter Diastereoselektivitätsumkehr resultiert [13]

Beispiel 8, *N*-Heterozyklisches Carben (NHC)-katalysierte asymmetrische Benzoin-Reaktion in Wasser [14]

Referenzen

1. Lapworth, A. J. *J. Chem. Ges.* **1903**, *83*, 995–1005. Arthur Lapworth (1872 – 1941) wurde in Schottland geboren. Er war eine Figur in der Entwicklung der modernen Sicht auf Mechanismen organischer Reaktionen. Lapworth untersuchte die Benzoin-Kondensation am Chemischen Department, The Goldsmiths' Institute, New Cross, UK.
2. Buck, J. S.; Ide, W. S. *J. Am. Chem. Soc.* **1932**, *54*, 3302–3309.
3. Ide, W. S.; Buck, J. S. *Org. React.* **1948**, *4*, 269 – 304. (Überprüfung).
4. Stetter, H.; Kuhlmann, H. *Org. React.* **1991**, *40*, 407 – 496. (Überprüfung).
5. White, M. J.; Leeper, F. J. *J. Org. Chem.* **2001**, *66*, 5124–5131.
6. Hachisu, Y.; Bode, J. W.; Suzuki, K. *J. Am. Chem. Soc.* **2003**, *125*, 8432–8433.
7. Enders, D.; Niemeier, O. *Synlett* **2004**, 2111–2114.
8. Johnson, J. S. *Angew. Chem. Int. Ed.* **2004**, *43*, 1326 – 1328. (Überprüfung).
9. Linghu, X.; Potnick, J. R.; Johnson, J. S. *J. Am. Chem. Soc.* **2004**, *126*, 3070–3071.
10. Enders, D.; Han, J. *Tetrahedron: Asymmetry* **2008**, *19*, 1367–1371.
11. Cee, V. J. *Benzoin-Condensation*. In *Name Reactions for Homologations-Part I*; Li, J. J., Ed.; Wiley: Hoboken, NJ, **2009**, S. 381–392. (Überprüfung).
12. Kabro, A.; Escudero-Adan, E. C.; Grushin, V. V.; van Leeuwen, P. W. N. M. *Org. Lett.* **2012**, *14*, 4014–4017.
13. Duan, A.; Fell, J. S.; Yu, P.; Lam, C. Y.-h.; Gravel, M.; Houk, K. N. *J. Org. Chem.* **2019**, *84*, 13565–13571.

Bergman Cyclisierung

Bildung eines substituierten Benzols durch 1,4-Benzen-diyl-Diradikalbildung aus Enediyne *via* Elektrozyklisierung.

Enediyne   1,4-Benzen-diyl-Diradikal

Beispiel 1 [6]

Beispiel 2 [7]

Beispiel 3, Wolff-Umlagerung gefolgt von Bergman Cyclisierung [8]

hv oder Δ, ROH

7 : 4

Wann R = i-Pr, 54%:31%

Beispiel 4 [10]

142 °C, $t_{1/2}$ = 14.4 h

Beispiel 5 [12]

20% 1,4-Cyclohexadien

PhCl, 180 °C, 48 h, 65%

Hauptprodukt Nebenprodukt

Haupt : Neben = 9:1

Beispiel 5 [13]

trockenes DMSO, 90 °C

8 h, 80%

Beispiel 6, Barrierefreie nukleophile Addition zu p-Benzynen [15]

LiBr, Pivalinsäure

DMSO, 65 °C, 3 Tage
Gesamtertrag, 96%

Beispiel 7, Barrierefreie nukleophile Addition zu *p*-Benzynen [14]

Referenzen

1. Jones, R. R.; Bergman, R. G. *J. Am. Chem. Soc.* **1972**, *94*, 660 – 661. Robert G. Bergman (1942 –) ist Professor an der University of California, Berkeley. Seine Entdeckung der Bergman-Cyclisierung wurde weit vor der Entdeckung der Anti-Krebs-Eigenschaften von Ene-Diyne abgeschlossen.
2. Bergman, R. G. *Acc. Chem. Res.* **1973**, *6*, 25 – 31. (Überprüfung).
3. Myers, A. G.; Proteau, P. J.; Handel, T. M. *J. Am. Chem. Soc.* **1988**, *110*, 7212 – 7214.
4. Yus, M.; Foubelo, F. *Rec. Res. Dev. Org. Chem.* **2002**, *6*, 205 – 280. (Überprüfung).
5. Basak, A.; Mandal, S.; Bag, S. S. *Chem. Rev.* **2003**, *103*, 4077 – 4094. (Überprüfung).
6. Bhattacharyya, S.; Pink, M.; Baik, M.-H.; Zaleski, J. M. *Angew. Chem. Int. Ed.* **2005**, *44*, 592 – 595.
7. Zhao, Z.; Peacock, J. G.; Gubler, D. A.; Peterson, M. A. *Tetrahedron Lett.* **2005**, *46*, 1373 – 1375.
8. Karpov, G. V.; Popik, V. V. *J. Am. Chem. Soc.* **2007**, *129*, 3792 – 3793.
9. Kar, M.; Basak, A. *Chem. Rev.* **2007**, *107*, 2861 – 2890. (Überprüfung).
10. Lavy, S.; Pérez-Luna, A.; Kündig, E. P. *Synlett* **2008**, 2621 – 2624.
11. Pandithavidana, D. R.; Poloukhtine, A.; Popik, V. V. *J. Am. Chem. Soc.* **2009**, *131*, 351 – 356.
12. Spence, J. D.; Rios, A. C.; Frost, M. A.; et al. *J. Org. Chem.* **2012**, *77*, 10329 – 10339.
13. Das, E.; Basak, A. *Tetrahedron* **2013**, *69*, 2184–2192.
14. Williams, D. E.; Bottriell, H.; Davies, J.; Tietjen, I.; Brockman, M. A.; Andersen, R. J. *Org. Lett.* **2015**, *17*, 5304–5307.
15. Das, E.; Basak, S.; Anoop, A.; Chand, S.; Basak, A. *J. Org. Chem.* **2019**, *84*, 2911 – 2921.
16. Das, E.; Basak, A. *J. Org. Chem.* **2020**, *85*, 2697 – 2703.

Biginelli-Reaktion

Auch bekannt als Biginelli-Pyrimidon-Synthese. Ein-Pott-Kondensation von einem aromatischen Aldehyd, Harnstoff und β-Dicarbonyl-Verbindung in saurer ethanolischer Lösung und Erweiterung einer solchen Kondensation davon. Es gehört zu einer Klasse von Transformationen, die als Mehrkomponentenreaktionen (MCRs) bezeichnet werden.

Beispiel 1 [4]

Beispiel 2 [5]

Beispiel 3, Mikrowellen (µW)-induzierte Biginelli Kondensation [9]

Beispiel 4 [10]

Beispiel 5, Dual-Organokatalyse-System [13]

Kat. A = *trans*-4,5-Methanoprolin   Kat. B = Chinidinharnstoff

Referenzen

1. Biginelli, P. *Ber.* **1891**, *24*, 1317. Pietro Biginelli (1860 – 1937) veröffentlichte diese Arbeit am Instituto Superiore di Santitá (Staatliches Medizinisches Institut) in Rom, Italien kurz nachdem er das Labor von Hugo Schiff (von der Schiff Basis-Ruhm) in Florenz beigetreten war. Als Student in Turin, Biginelli von Icilio Guareschi, der die Guareschi-Reaktion entdeckte.
2. Kappe, C. O. *Tetrahedron* **1993**, *49*, 6937 – 6963. (Überprüfung).
3. Kappe, C. O. *Acc. Chem. Res.* **2000**, *33*, 879 – 888. (Rezension).
4. Kappe, C. O. *Eur. J. Med. Chem.* **2000**, *35*, 1043 – 1052. (Rezension).
5. Ghorab, M. M.; Abdel-Gawad, S. M.; El-Gaby, M. S. A. *Farmaco* **2000**, *55*, 249 – 255.
6. Bose, D. S.; Fatima, L.; Mereyala, H. B. *J. Org. Chem.* **2003**, *68*, 587 – 590.
7. Kappe, C. O.; Stadler, A. *Org. React.* **2004**, *68*, 1 – 116. (Rezension).
8. Limberakis, C. *Biginelli Pyrimidone Synthesis* in *Name Reactions in Heterocyclic Chemistry*; Li, J. J., Hrsg.; Wiley: Hoboken, NJ, **2005**, S. 509 – 520. (Rezension).
9. Banik, B. K.; Reddy, A. T.; Datta, A.; Mukhopadhyay, C. *Tetrahedron Lett.* **2007**, *48*, 7392 – 7394.
10. Wang, R.; Liu, Z.-Q. *J. Org. Chem.* **2012**, *77*, 3952 – 3958.
11. Nagarajaiah, H.; Mukhopadhyay, A.; Moorthy, J. N. *Tetrahedron Lett.* **2016**, *57*, 5135 – 5149.
12. Kaur, R.; Chaudhary, S.; Kumar, K.; Gupta, M. K.; Rawal, R. K. *Eur. J. Med. Chem.* **2017**, *132*, 108 – 134.
13. Yu, H.; Xu, P.; He, H.; Zhu, J.; Lin, H.; Han, S. *Tetrahedron: Asymmetry* **2017**, *28*, 257 – 265.
14. Yu, S.; Wu, J.; Lan, H.; Gao, L.; Qian, H.; Fan, K.; Yin, Z. *Org. Lett.* **2020**, *22*, 102 – 105.

Birch-Reduktion

Die Birch-Reduktion ist die 1,4-Reduktion von Aromaten zu ihren entsprechenden Cyclohexadienen durch Alkalimetalle (Li, K, Na) gelöst in flüssigem Ammoniak in Gegenwart eines Alkohols.

Benzolring mit einem elektronenspendenden Substituenten:

Radikal-Anion

Benzolring mit einem elektronenziehenden Substituenten:

Radikal-Anion

Beispiel 1, Birch-Reduktive Alkylierung [4]

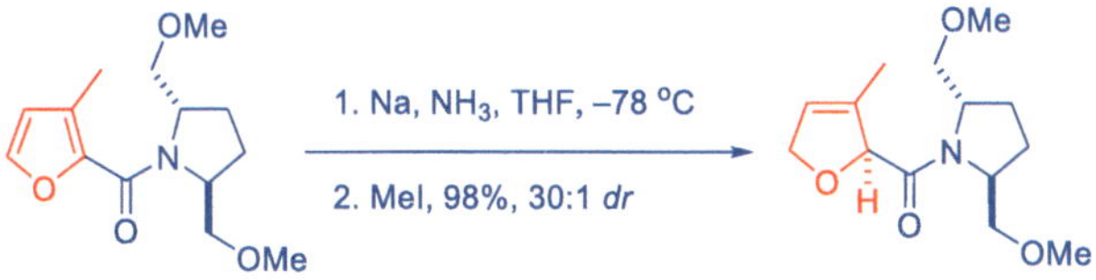

1. Na, NH$_3$, THF, −78 °C
2. MeI, 98%, 30:1 dr

Beispiel 2 [7]

Na, NH$_3$, THF
−78 °C, quant.

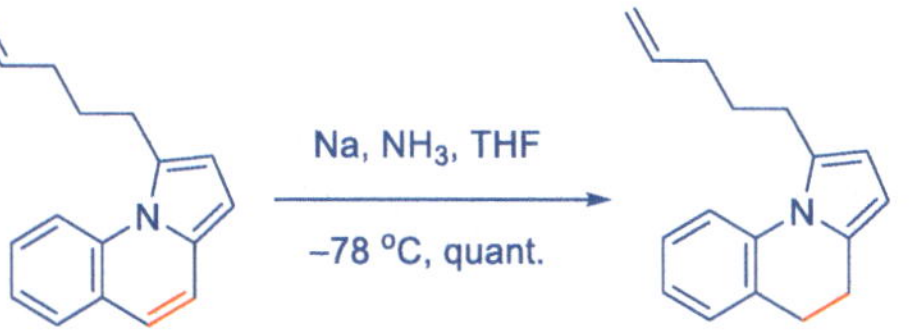

Beispiel 3, Vollständig reduzierte Produkte [8]

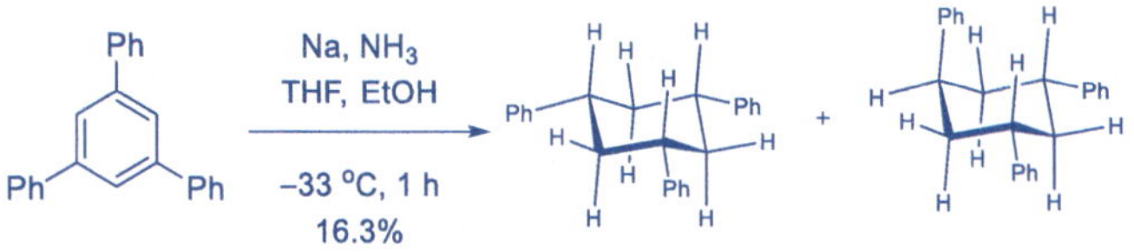

Na, NH$_3$
THF, EtOH
−33 °C, 1 h
16.3%

Beispiel 4, Birch-Reduktive Alkylierung [9]

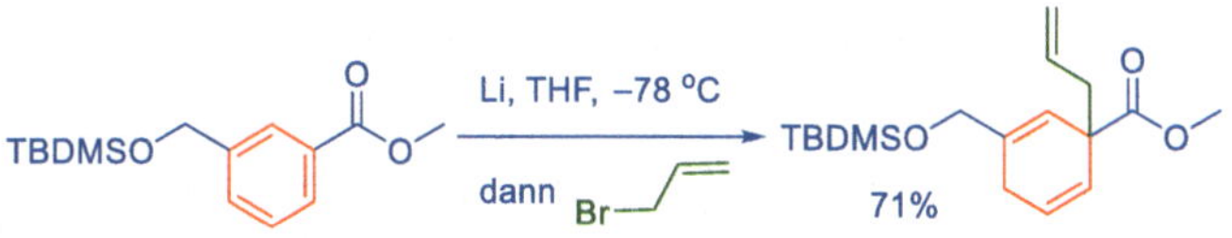

Li, THF, −78 °C
dann Br⁀
71%

Beispiel 5 [10]

6 Äquiv Li, t-BuOH
NH$_3$, −78 °C, 5 h

1. H$_2$SO$_4$, THF, 2 h
2. H$_2$, Pd/C, EtOAc, rt, 18 h
87% über 3 Stufen

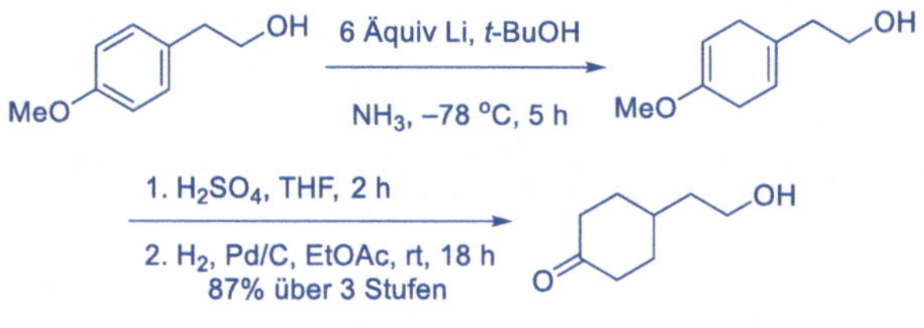

Beispiel 6, Chemoselektive ammoniakfreie Birch- Reduktion [11]

Beispiel 7, Dirigierte Birch-Reduktion ermöglicht durch eine intramolekulare Protonenquelle [12]

Die Hydroxylgruppe dient als intramolekulare Protonenquelle.

Beispiel 8, Birch-Reduktion von α,β-ungesättigten Imid [13]

Referenzen

1. Birch, A. J. *J. Chem. Soc.* **1944**, 430–436. Arthur Birch (1915 – 1995), ein Australier, entwickelte die "Birch- Reduktion" an der Oxford University während des Zweiten Weltkriegs im Labor von Robert Robinson. Die Birch-Reduktion war entscheidend für die Entdeckung der Antibabypillen und vieler anderer Medikamente.
2. Rabideau, P. W.; Marcinow, Z. *Org. React.* **1992**, *42*, 1–334. (Übersichtsartikel).
3. Birch, A. J. *Pure Appl. Chem.* **1996**, *68*, 553–556. (Rezension).
4. Donohoe, T. J.; Guillermin, J.-B. *Tetrahedron Lett.* **2001**, *42*, 5841–5844.
5. Pellissier, H.; Santelli, M. *Org. Prep. Proced. Int.* **2002**, *34*, 611–642. (Rezension).
6. Subba Rao, G. S. R. *Pure Appl. Chem.* **2003**, *75*, 1443–1451. (Rezension).
7. Kim, J. T.; Gevorgyan, V. *J. Org. Chem.* **2005**, *70*, 2054–2059.
8. Gealis, J. P.; Müller-Bunz, H.; Ortin, Y. *Chem. Eur. J.* **2008**, *14*, 1552–1560.
9. Fretz, S. J.; Hadad, C. M.; Hart, D. J.; Vyas, S.; Yang, D. *J. Org. Chem.* **2013**, *78*, 83–92.
10. Desrat, S.; Remeur, C.; Roussi, F. *Org. Biomol. Chem.* **2015**, *13*, 5520 – 5531.
11. Lei, P.; Ding, Y.; Zhang, X.; Adijiang, A.; Li, H.; Ling, Y.; An, J. *Org. Lett.* **2018**, *20*, 3439–3442.
12. Zhu, X.; McAtee, C. C.; Schindler, C. S. *J. Am. Chem. Soc.* **2019**, *141*, 3409 – 3413.
13. Sengupta, A.; Hosokawa, S. *Synlett* **2019**, *30*, 709 – 712.

Bischler–Napieralski-Reaktion

Dihydroisoquinoline aus β-Phenethylamiden in siedendem Phosphoroxychlorid.

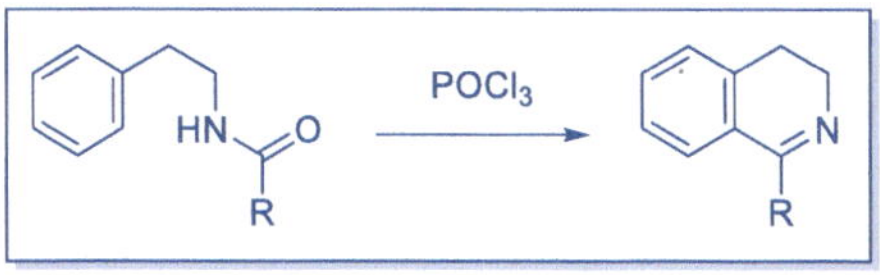

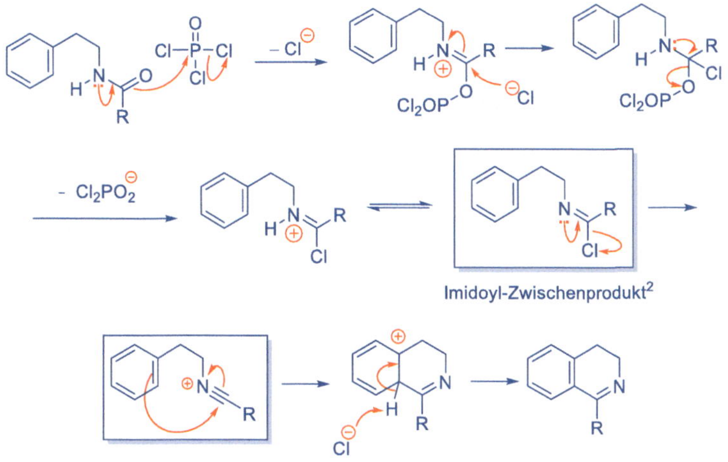

Imidoyl-Zwischenprodukt [2]

Nitriliumsalz-Zwischenprodukt [2]

Beispiel 1 [3]

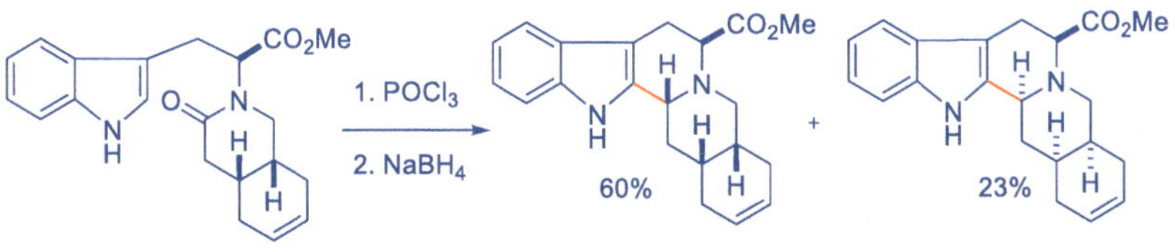

Beispiel 2 [5]

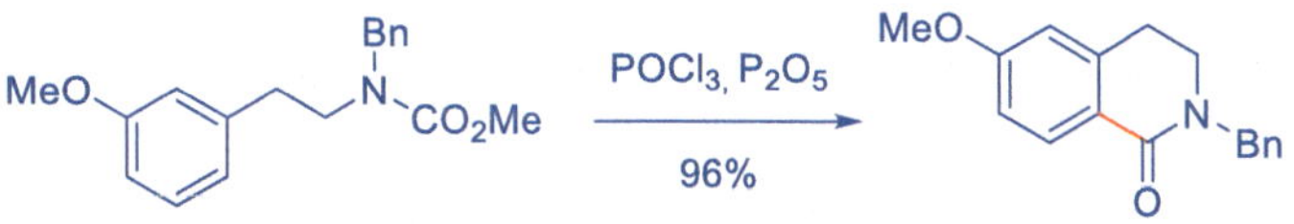

Beispiel 3 [7]

Beispiel 4 [8]

Beispiel 5 [10]

Beispiel 6, Eine beispiellose Bischler–Napieralski (B–N) Reaktion [11]

Beispiel 7, Direkte Beobachtung von Zwischenprodukten in der Bischler–Napieralski-Reaktion [12]

Beispiel 8, Eine neue Bischler–Napieralski-Reaktion [13]

Referenzen

1. Bischler, A.; Napieralski, B. *Ber.* **1893**, *26*, 1903–1908. Augustus Bischler entdeckte die Bischler–Napieralski-Reaktion während seiner Studien zu Alkaloiden bei Basel Chemical Works, Schweiz mit seinem Mitarbeiter, B. Napieralski. Bernard Napieralski war mit der Universität Zürich verbunden.
2. Mechanistische Studien: (a) Fodor, G.; Gal, J.; Phillips, B. A. *Angew. Chem. Int. Ed. Engl.* **1972**, *11*, 919–920. (b) Nagubandi, S.; Fodor, G. *J. Heterocycl. Chem.* **1980**, *17*, 1457–1463. (c) Fodor, G.; Nagubandi, S. *Tetrahedron* **1980**, *36*, 1279–1300.
3. Aubé, J.; Ghosh, S.; Tanol, M. *J. Am. Chem. Soc.* **1994**, *116*, 9009–9018.
4. Sotomayor, N.; Domínguez, E.; Lete, E. *J. Org. Chem.* **1996**, *61*, 4062–4072.
5. Wang, X.-j.; Tan, J.; Grozinger, K. *Tetrahedron Lett.* **1998**, *39*, 6609–6612.
6. Ishikawa, T.; Shimooka, K.; Narioka, T.; Noguchi, S.; Saito, T.; Ishikawa, A.; Yamazaki, E.; Harayama, T.; Seki, H.; Yamaguchi, K. *J. Org. Chem.* **2000**, *65*, 9143–9151.
7. Banwell, M. G.; Harvey, J. E.; Hockless, D. C. R.; Wu, A. W. *J. Org. Chem.* **2000**, *65*, 4241–4250.
8. Capilla, A. S.; Romero, M.; Pujol, M. D.; Caignard, D. H.; Renard, P. *Tetrahedron* **2001**, *57*, 8297–8303.
9. Wolfe, J. P. *Bischler–Napieralski Reaktion.* In *Name Reactions in Heterocyclic Chemistry*; Li, J. J., Hrsg.; Wiley: Hoboken, NJ, **2005**, S. 376 – 385. (Übersichtsartikel).
10. Ho, T.-L.; Lin, Q.-x. *Tetrahedron* **2008**, *64*, 10401–10405.
11. Buyck, T.; Wang, Q.; Zhu, J. *Org. Lett.* **2012**, *14*, 1338–1341.
12. White, K. L.; Mewald, M.; Movassaghi, M. *J. Org. Chem.* **2015**, *80*, 7403–7411.
13. Xie, C.; Luo, J.; Zhang, Y.; Zhu, L.; Hong, R. *Org. Lett.* **2017**, *19*, 3592–3595.
14. Min, L.; Yang, W.; Weng, Y.; Zheng, W.; Wang, X.; Hu, Y. *Org. Lett.* **2019**, *21*, 2574–2577.
15. Amer, M. M.; Olaizola, O.; Carter, J.; Abas, H.; Clayden, J. *Org. Lett.* **2020**, *22*, 253–256.

Brook-Umlagerung

Umlagerung von α-Silyl-Oxyanionen zu α-Silyloxy-Carbanionen *über* einen reversiblen Prozess, der ein pentakoordiniertes Siliziumintermediat beinhaltet, ist als [1,2]-Brook-Umlagerung oder [1,2]-Silyl-Migration bekannt.

[1,2]-Brook-Umlagerung

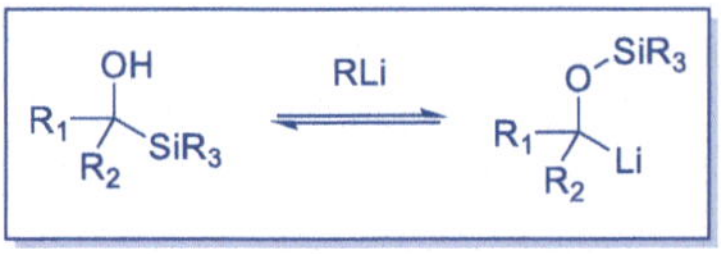

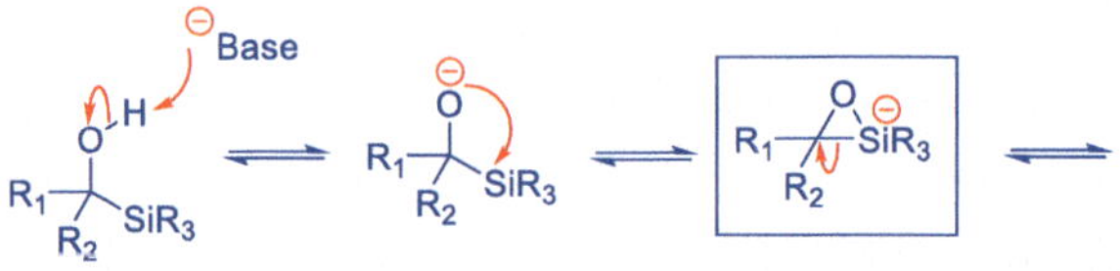

pentakoordiniertes Siliziumintermediat

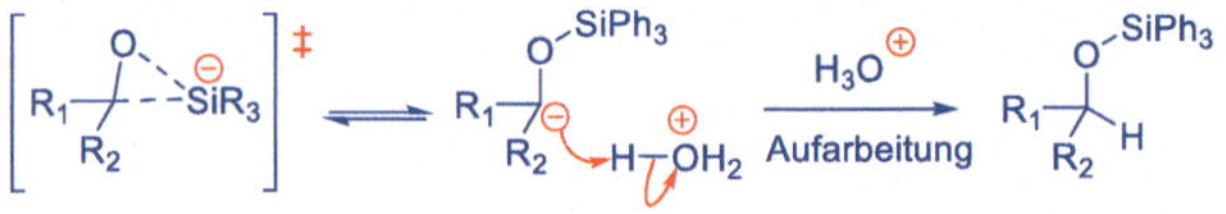

[1,3]-Brook-Umlagerung

[1,4]-Brook-Umlagerung

Beispiel 1 [6]

J. J. Li, *Namensreaktionen*, https://doi.org/10.1007/978-3-031-52850-7_16

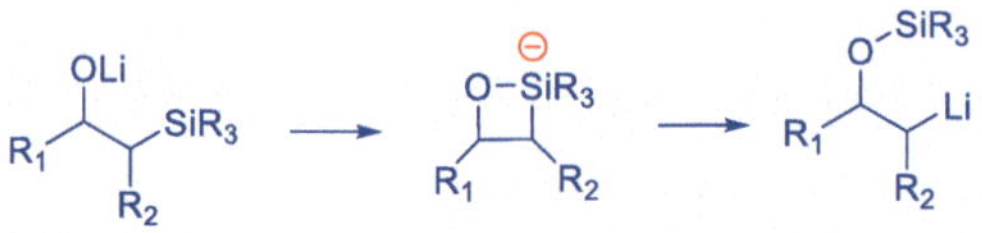

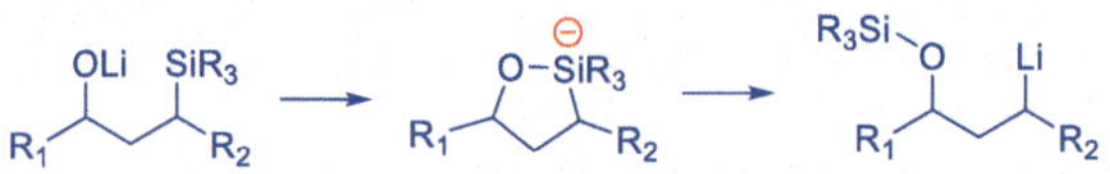

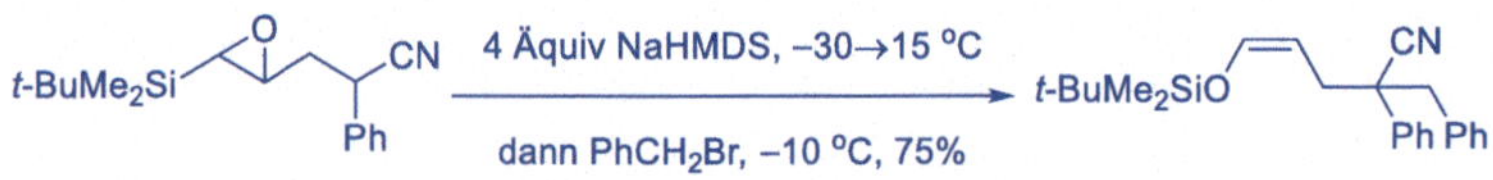

Beispiel 2, [1,2]-Brook-Umlagerung gefolgt von einer retro-[1,5]-Brook-Umlagerung [8]

Beispiel 3, [1,5]-Brook-Umlagerung [9]

Beispiel 4, Retro-[1,4]-Brook-Umlagerung [10]

Beispiel 5, Retro-Brook-Umlagerung [12]

Beispiel 6, Retro-Brook-Umlagerung [13]

Alternativ:

Beispiel 7, Cyclopropane aus Brook-Umlagerung [14]

Alternativ:

Referenzen

1. Brook, A. G. *J. Am. Chem. Soc.* **1958**, *80*, 1886 – 1889. Adrian G. Brook (1924 – 2013) wurde in Toronto, Kanada, geboren. Er war Professor in den Lash Miller Chemical Laboratories, Universität von Toronto, Kanada.
2. Brook, A. G. *Acc. Chem. Res.* **1974**, *7*, 77 – 84. (Übersichtsartikel).
3. Bulman Page, P. C.; Klair, S. S.; Rosenthal, S. *Chem. Soc. Rev.* **1990**, *19*, 147 – 195. (Übersichtsartikel).
4. Fleming, I.; Ghosh, U. *J. Chem. Ges., Perkin Trans. 1* **1994**, 257 – 262.
5. Moser, W. H. *Tetraeder* **2001**, *57*, 2065 – 2084. (Überprüfung).
6. Okugawa, S.; Takeda, K. *Org. Lett.* **2004**, *6*, 2973 – 2975.
7. Matsumoto, T.; Masu, H.; Yamaguchi, K.; Takeda, K. *Org. Lett.* **2004**, *6*, 4367 – 4369.
8. Clayden, J.; Watson, D. W.; Chambers, M. *Tetraeder* **2005**, *61*, 3195 – 3203.
9. Smith, A. B., III; Xian, M.; Kim, W.-S.; Kim, D.-S. *J. Am. Chem. Soc.* **2006**, *128*, 12368-12369.
10. Mori, Y.; Futamura, Y.; Horisaki, K. *Angew. Chem. Int. Ed.* **2008**, *47*, 1091-1093.
11. Greszler, S. N.; Johnson, J. S. *Org. Lett.* **2009**, *11*, 827-830.
12. He, Y.; Hu, H.; Xie, X.; She, X. *Tetraeder* **2013**, *69*, 559 – 563.
13. Chari, J. V.; Ippoliti, F. M.; Garg, N. K. *J. Org. Chem.* **2019**, *84*, 3652–3655.
14. Tang, F; Ma, P.-J.; Yao, Y.; Xu, Y.-J.; Lu, C.-D. *Chem. Commun.* **2019**, *55*, 3777–3780.
15. Lee, N.; Tan, C.-H.; Leow, D. *Asian J. Org. Chem.* **2019**, *8*, 25–31. (Rezension).
16. Kondoh, A.; Aita, K.; Ishikawa, S.; Terada, M. *Org. Lett.* **2020**, *22*, 2105–2110.

Brown-Hydroborierung

Addition von Boranen zu Olefinen gefolgt von alkalischer Oxidation der Organoboran-Addukte zur Herstellung von Alkoholen. Die Regiochemie folgt der anti-Markovnikov-Regel.

Beispiel 1 [2]

Beispiel 2 [7]

Beispiel 3 [8]

Beispiel 4, Asymmetrische Hydroborierung, nbd = 2,5-Norbornadien [10]

Beispiel 5 [11]

Beispiel 6, Doppelschlag: Ein-Topf-CBS-Reduktion/Brown Hydroborierung [12]

Beispiel 7, Die ausgezeichnete Diastereoselektivität der Brown Hydroborierung resultierte wahrscheinlich aus der vollständigen Abschirmung der oberen Fläche der Doppelbindung durch zwei Piperidinringe [13]

Beispiel 8, Einfach, aber erledigt die Arbeit [14]

Referenzen

1. Brown, H. C.; Tierney, P. A. *J. Am. Chem. Soc.* **1958**, *80*, 1552 – 1558. Herbert C. Brown (USA, 1912 – 2004) begann seine akademische Karriere an der Wayne State University und wechselte zur Purdue University, wo er den Nobelpreis für Chemie im Jahr 1981 mit Georg Wittig (Deutschland, 1897 – 1987) für ihre Entwicklung organischer Bor- und Phosphorverbindungen teilte.
2. Nussim, M.; Mazur, Y.; Sondheimer, F. *J. Org. Chem.* **1964**, *29*, 1120 – 1131.
3. Pelter, A.; Smith, K.; Brown, H. C. *Borane-Reagent,* Academic Press: New York, **1972**. (Buch).
4. Brewster, J. H.; Negishi, E. *Scirence* **1980**, *207*, 44 – 46. (Übersichtsartikel).
5. Fu, G. C.; Evans, D. A.; Muci, A. R. *Adv. Catal. Proc.* **1995**, *1*, 95–121. (Übersichtsartikel).
6. Hayashi, T. *Umfassende Asymmetrische Catalysis I – III* **1995**, *1*, 351–364. (Übersichtsartikel).
7. Clay, J. M.; Vedejs, E. *J. Am. Chem. Soc.* **2005**, *127*, 5766 – 5767.
8. Carter K. D.; Panek J. S. *Org. Lett.* **2004**, *6*, 55 – 57.
9. Clay, J. M. *Brown Hydroboration Reaction.* In *Name Reactions for Functional Group Transfor-mations*; Li, J. J., Hrsg.; Wiley: Hoboken, NJ, **2007**, S. 183 – 188. (Übersichtsartikel).
10. Smith, S. M.; Thacker, N. C.; Takacs, J. M. *J. Am. Chem. Soc.* **2008**, *130*, 3734 – 3735.
11. Anderson, L. L.; Woerpel, K. A. *Org. Lett.* **2009**, *11*, 425 – 428.
12. Cheng, S.-L.; Jiang, X.-L.; Shi, Y.; Tian, W.-S. *Org. Lett.* **2015**, *17*, 2346 – 2349.
13. Chen, Z.-T.; Xiao, T.; Tang, P.; Zhang, D.; Qin, Y. *Tetrahedron* **2018**, *74*, 1129 – 1134.
14. Reddy, M. S.; Manikanta, G.; Krishna, P. R. *Synthesis* **2019**, *51*, 1427 – 1434.
15. Srinivasu, K.; Nagaiah, K.; Yadav, J. S. *ChemistrySelect* **2020**, *5*, 2763 – 2766.

Bucherer-Bergs-Reaktion

Bildung von Hydantoinen aus Carbonylverbindungen mit Kaliumcyanid (KCN) und Ammoniumcarbonat [$(NH_4)_2CO_3$] oder aus Cyanohydrinen und Ammoniumcarbonat. Sie gehört zur Kategorie der Mehrkomponentenreaktionen (MCRs).

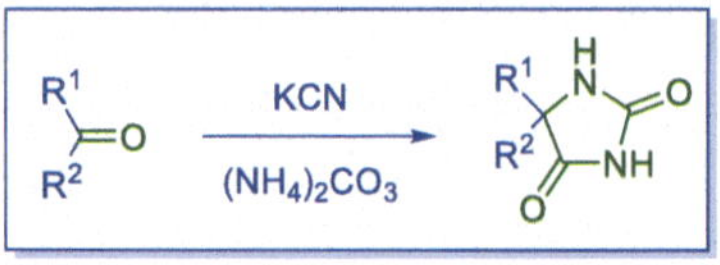

$(NH_4)_2CO_3 = 2\,NH_3 + CO_2 + H_2O$

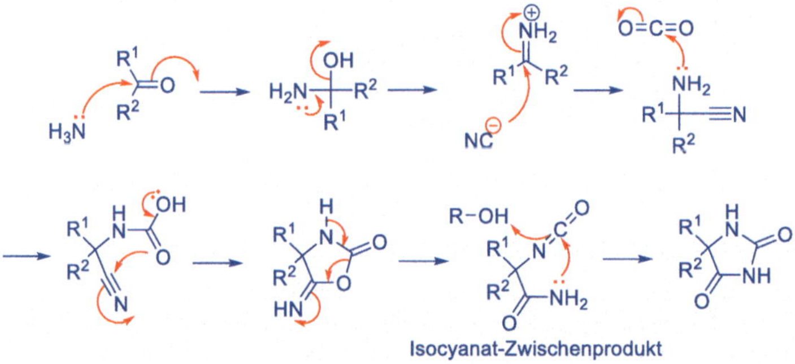

Isocyanat-Zwischenprodukt

Beispiel 1 [5]

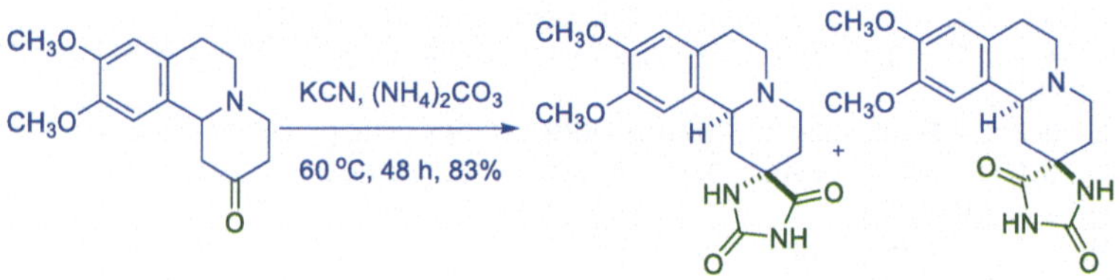

Beispiel 2 [6]

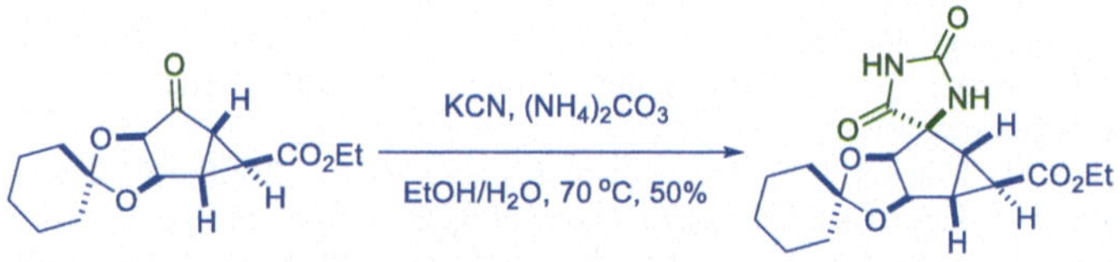

© Der/die Autor(en), exklusiv lizenziert an
Springer Nature Switzerland AG 2024
J. J. Li, *Namensreaktionen*, https://doi.org/10.1007/978-3-031-52850-7_18

Beispiel 3, In Anwesenheit von Borsäure [7]

Beispiel 4 [9]

Beispiel 5 [11]

Beispiel 6, Aus β-Ketoester [12]

Beispiel 7, Derivatisierung von Naturproduktextrakten über die Bucherer-Bergs-Reaktion [13]

Curcumenon → derivatisiertes Curcumenon

Beispiel 8, Ferrocenylhydantoin [14]

Referenzen

1. Bergs, H. Ger. Pat. 566, 094, **1929**. Hermann Bergs arbeitete bei I. G. Farben in Deutschland.
2. Bucherer, H. T., Steiner, W. *J. Prakt. Chem.* **1934**, *140*, 291–316. (Mechanismus).
3. Ware, E. *Chem. Rev.* **1950**, *46*, 403–470. (Übersichtsartikel).
4. Wieland, H. In *Houben – Weyls Methoden der organischen Chemie*, Bd. XI/2, **1958**, S. 371. (Rezension).
5. Menéndez, J. C.; Díaz, M. P.; Bellver, C. *Eur. J. Med. Chem.* **1992**, *27*, 61–66.
6. Domínguez, C.; Ezquerra, A.; Prieto, L.; Espada, M.; Pedregal, C. *Tetrahedron: Asymmetry* **1997**, *8*, 511–514.
7. Zaidlewicz, M.; Cytarska, J.; Dzielendziak, A.; Ziegler-Borowska, M. *ARKIVOC* **2004**, *iii*, 11 – 21.
8. Li, J. J. *Bucherer–Bergs Reaction*. In *Name Reactions in Heterocyclic Chemistry*, Li, J. J., Hrsg.; Wiley: Hoboken, NJ, **2005**, S. 266 – 274. (Rezension).
9. Sakagami, K.; Yasuhara, A.; Chaki, S.; Yoshikawa, R.; Kawakita, Y.; Saito, A.; Taguchi, T.; Nakazato, A. *Bioorg. Med. Chem.* **2008**, *16*, 4359–4366.
10. Wuts, P. G. M.; Ashford, S. W.; Conway, B.; Havens, J. L.; Taylor, B.; Hritzko, B.; Xiang, Y.; Zakarias, P. S. *Org. Process Res. Dev.* **2009**, *13*, 331–335.
11. Oba, M.; Shimabukuro, A.; Ono, M.; Doi, M.; Tanaka, M. *Tetrahedron: Asymmetry* **2013**, *24*, 464–467.
12. Šmit, B. M.; Pavlović, R. Z. *Tetrahedron* **2015**, *71*, 1101–1108.
13. Tomohara, K.; Ito, T.; Furusawa, K.; Hasegawa, N.; Tsuge, K.; Kato, A.; Adachi, I. *Tetrahedron Lett.* **2017**, *58*, 3143–3147.
14. Bisello, A.; Cardena, R.; Rossi, S.; Crisma, M.; Formaggio, F.; Santi, S. *Organometal.* **2017**, *36*, 2190–2197.
15. Lamberth, C. *Bioorg. Med. Chem.* **2020**, *28*, 115471.

Büchner-Ring-Expansion

Reaktion eines Phenylrings mit einem Diazoessigsäureester zu einem Cyclohepta-2,4,6-triencarbonsäureester. Die intramolekulare Büchner Reaktion ist nützlicher in der Synthese. *Vgl.* Pfau–Platter Azulen Synthese.

Rhodium Carbenoid

Beispiel 1, Intramolekulare Büchner-Reaktion [7]

Beispiel 2, Intramolekulare Büchner-Reaktion [8]

Beispiel 3, Intramolekulare Büchner-Reaktion innerhalb des Grubbs' Katalysators [9]

Beispiel 4, Intermolekulare Büchner-Reaktion [10]

Ar = Ph, oder 3-Thienyl

Beispiel 5, Intramolekulare Büchner-Ringerweiterung [12]

Beispiel 6, regioselektive und enantioselektive intermolekulare Büchner Ringerweiterung im Durchfluss, PTADS = Tetrakis[(R)-(+)-N-(p-dodecylphenylsulfonyl)-prolinato] [13]

BPR = Rückdruckregler

Beispiel 7, Intermolekulare Büchner-Ringerweiterung im Durchfluss [14]

IPB Cu-BOX = unlöslicher polymergebundener Cu-bis(oxazoline) Ligand

Beispiel 8, Cyclopropanierung durch gold- oder zinkkatalysierte retro-Büchner Reaktion bei Raumtemperatur [15]

Referenzen

1. Büchner, E. *Ber.* **1896**, *29*, 106–109. Eduard Büchner (1860–1917) gewann 1907 den Nobelpreis für seine Arbeit an Fermentation. Sein Name ist mit den Büchner-Trichtern verewigt, die wir immer noch täglich in organischen Laboren verwenden.
2. von E. Doering, W.; Knox, L. H. *J. Am. Chem. Soc.* **1957**, *79*, 352–356.
3. Marchand, A. P.; Brockway, N. M. *Chem. Rev.* **1974**, *74*, 431–469. (Überprüfung).
4. Anciaux, A. J.; Demoncean, A.; Noels, A. F.; Hubert, A. J.; Warin, R.; Teyssié, P. *J. Org. Chem.* **1981**, *46*, 873–876.
5. Duddeck, H.; Ferguson, G.; Kaitner, B.; Kennedy, M.; McKervey, M. A.; Maguire, A. R. *J. Chem. Soc., Perkin Trans. 1* **1990**, 1055–1063.
6. Doyle, M. P.; Hu, W.; Timmons, D. J. *Org. Lett.* **2001**, *3*, 933–935.
7. Manitto, P.; Monti, D.; Speranza, G. *J. Org. Chem.* **1995**, *60*, 484–485.
8. Crombie, A. L; Kane, J. L., Jr.; Shea, K. M.; Danheiser, R. L. *J. Org. Chem.* **2004**, *69*, 8652–8667.
9. Galan, B. R.; Gembicky, M.; Dominiak, P. M.; Keister, J. B.; Diver, S. T. *J. Am. Chem. Soc.* **2005**, *127*, 15702–15703.
10. Panne, P.; Fox, J. M. *J. Am. Chem. Soc.* **2007**, *129*, 22–23.
11. Gomes, A. T. P. C.; Leão, R. A. C.; Alonso, C. M. A.; Neves, M. G. P. M. S.; Faustino, M. A. F.; Tomé, A. C.; Silva, A.M. S.; Pinheiro, S.; de Souza, M. C. B. V.; Ferreira, V. F.; Cavaleiro, J. A. S. *Helv. Chim. Acta* **2008**, *91*, 2270–2283.
12. Foley, D. A.; O'Leary, P.; Buckley, N. R.; Lawrence, S. E.; Maguire, A. R. *Tetrahedron* **2013**, *69*, 1778–1794.
13. Fleming, G. S.; Beeler, A. B. *Org. Lett.* **2017**, *19*, 5268–5271.
14. Crowley, D. C.; Lynch, D.; Maguire, A. R. *J. Org. Chem.* **2018**, *83*, 3794–3805.
15. Mato, M.; Herlé, B.; Echavarren, A. M. *Org. Lett.* **2018**, *20*, 4341–4345.
16. Hoshi, T.; Ota, E.; Inokuma, Y.; Yamaguchi, J. *Org. Lett.* **2019**, *21*, 10081–10084.

Buchwald–Hartwig-Aminierung

Die Buchwald–Hartwig Aminierung ist eine äußerst allgemeine Methode zur Erzeugung eines aromatischen Amins aus einem Arylhalogenid oder einem Arylsulfonat. Das Schlüsselmerkmal dieser Methodik ist die Verwendung von katalytischem Palladium moduliert durch verschiedene elektronenreiche Liganden. Starke Basen, wie Natrium *tert*-butoxid, sind essentiell für den Katalysatorumsatz.

$$R^1\text{-Ar-X} + HN(R^2)(R^3) \xrightarrow[NaO\textit{t}\text{-Bu}]{\text{kat. L}_n\text{Pd(0)}} R^1\text{-Ar-N}(R^2)(R^3)$$

X = I, Br, Cl, OSO$_2$R

Mechanismus:

$$\text{4-}t\text{Bu-C}_6\text{H}_4\text{-Br} + \text{Pyrrol-NH} \xrightarrow[NaO\textit{t}\text{-Bu, PhMe, }\Delta]{Pd(OAc)_2,\ dppf} \text{4-}t\text{Bu-C}_6\text{H}_4\text{-N(Pyrrol)}$$

Ar–Br $\xrightarrow[\text{oxidative Addition}]{Pd(0)}$ Ar–Pd(II)–Br $\xrightarrow[\text{Liganden austausch} \; -\text{HBr}]{\text{Pyrrol-NH}}$ Ar–Pd(II)–N(Pyrrol) $\xrightarrow[-Pd(0)]{\text{reduktive Eliminierung}}$ Ar–N(Pyrrol)

Der katalytische Zyklus wird auf der nächsten Seite gezeigt.

Beispiel 1 [3]

$$R^1\text{-Ar-I} + HN(R^2)(R^3) \xrightarrow[\substack{NaO\textit{t}\text{-Bu, Dioxan} \\ 65\text{–}100\,°C,\ 2\text{–}24\ h \\ 18\text{–}79\%}]{\substack{0.5\ \text{mol\% Pd}_2(\text{dba})_3 \\ 2\ \text{mol\% P}(o\text{-tol})_3}} R^1\text{-Ar-N}(R^2)(R^3)$$

R^1 = EWG or EDG
amin = 2° zyklisch oder azyklisch
amin = 1° Aliphatisch: geringe Ausbeute, sofern nicht R^1 *ortho*

Katalytischer Zyklus:

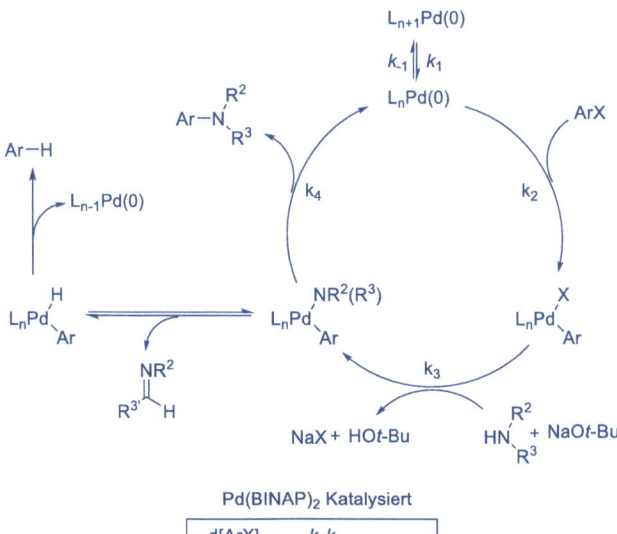

Pd(BINAP)$_2$ Katalysiert

$$\frac{-d[ArX]}{dt} = \frac{k_1 k_2}{k_{-1}[L]} [ArX][Pd]$$

Beispiel 2 [4]

R^1–(Ar)–X + HNR^{2}R^3 → R^1–(Ar)–NR^{2}R^3

5 mol% (dppf)PdCl$_2$
15 mol% dppf

NaOt-Bu, THF
100 °C (geschossence Gefäß)
3 h, 80–96%
(11 Beispiele)

X = Br or I
R^1 = EWG or EDG
Amin = 2° azyklisch (ein Beispiel)
Amin = 1° aliphatisch oder aromatisch

dppf (Fe, Cp$_2$, PPh$_2$)

Beispiel 3, Buchwald–Hartwig Aminierung bei Raumtemperatur [9]

R^1–(Ar)–Br + HNR^{2}R^3 → R^1–(Ar)–NR^{2}R^3

1–2 mol% Pd(dba)$_2$
(t-Bu)$_3$P (P/Pd = 0.8/1)

NaOt-Bu, PhMe
22 °C, 1–6 h
81–99%

R^1 = EDG or EWG
Amin = 2° zyklisch oder azyklisch: aromatisch, aliphatisch oder Azole
Amin = 1° Aniline: keine aliphatischen

Beispiel 4 [10]

4-methoxy-2-methylbromobenzene + n-HexNH₂ → N-hexyl-4-methoxy-2-methylaniline

Conditions: 0.25 mol% Pd₂(dba)₃, 0.75 mol% rac-BINAP, NaOt-Bu (1.4 Äquiv), PhMe, 80 °C, 18–23 h, 94%

Beispiel 5 [11]

4-chloroanisole + morpholine → 4-(4-methoxyphenyl)morpholine

Conditions: 0.5 mol% Pd₂(dba)₃, 1 mol% Ligand, 1.4 eq. NaOt-Bu, PhMe, 100 °C, 24 h, 92%

Ligand = i-Bu/i-Bu/i-Bu substituted P,N-cage ligand

Beispiel 6 [12]

Methyl 2-iodobenzoate + 4-(trifluoromethoxy)aniline → methyl 2-((4-(trifluoromethoxy)phenyl)amino)benzoate

Conditions: Pd(OAc)₂, Cs₂CO₃, DPE-Phos, PhMe, 95 °C, 95%

DPE-Phos = bis[(2-diphenylphosphino)phenyl] ether

Beispiel 7, Aminierung von flüchtigen Aminen [14]

tert-butyl 4-(6-bromopyridin-2-yl)piperazine/piperidine-1-carboxylate + R₁NHR₂ → aminated product

X = N, CH₂

Conditions: 5 Äquiv R₁NHR₂, 5 mol% Pd(OAc)₂, 10 mol% dppp, 2 Äquiv NaOt-Bu, 80 °C, 14 h, geschlossenes Gefäß, 55–98%

Beispiel 8 [15]

3-methoxyaniline + tert-butyl 2,6-dichloroisonicotinate → tert-butyl 2-chloro-6-((3-methoxyphenyl)amino)isonicotinate

Conditions: 1 mol% Pd(OAc)₂, 2 mol% XPhos, 1.4 Äquiv NaOt-Bu, Toluol, RT, 4 Tage, 67%

XPhos =

Beispiel 9, Bei der Synthese des HCV NS5A Polymeraseinhibitors Pibrentasvir. Kopplung zwischen einem Arylchlorid und einem Amid [17]

Pd$_2$(dba)$_3$, Xantphos
Cs$_2$CO$_3$, Dioxan
100 °C, 54%

Referenzen

1. (a) Paul, F.; Patt, J.; Hartwig, J. F. *J. Am. Chem. Soc.* **1994**, *116*, 5969–5970. John Hartwig erwarb seinen Ph.D. an der University of California-Berkeley im Jahr 1990 unter der Leitung von Robert Bergman und Richard Anderson. Er wechselte von der Yale University zur University of Illinois in Urbana-Champaign im Jahr 2006 und wechselte von UI-UC zur UC Berkeley im Jahr 2011. Hartwig und Buchwald entdeckten diese Chemie unabhängig voneinander. (b) Mann, G.; Hartwig, J. F. *J. Org. Chem.* **1997**, *62*, 5413–5418. (c) Mann, G.; Hartwig, J. F. *Tetrahedron Lett.* **1997**, *38*, 8005–8008.
2. (a) Guram, A. S.; Buchwald, S. L. *J. Am. Chem. Soc.* **1994**, *116*, 7901–7902. Stephen Buchwald erhielt seinen Ph.D. im Jahr 1982 unter Jeremy Knowles an der Harvard University. Er ist derzeit Professor am MIT. (b) Palucki, M.; Wolfe, J. P.; Buchwald, S. L. *J. Am. Chem. Soc.* **1996**, *118*, 10333–10334.
3. Wolfe, J. P.; Buchwald, S. L. *J. Org. Chem.* **1996**, *61*, 1133–1135.
4. Driver, M. S.; Hartwig, J. F. *J. Am. Chem. Soc.* **1996**, *118*, 7217–7218.
5. Wolfe, J. P.; Wagaw, S.; Marcoux, J.-F.; Buchwald, S. L. *Acc. Chem. Res.* **1998**, *31*, 805–818. (Übersichtsartikel).
6. Hartwig, J. F. *Acc. Chem. Res.* **1998**, *31*, 852–860. (Überprüfung).
7. Frost, C. G.; Mendonça, P. *J. Chem. Soc., Perkin Trans. 1* **1998**, 2615 – 2624. (Überprüfung).

8. Yang, B. H.; Buchwald, S. L. *J. Organomet. Chem.* **1999,** *576*, 125 – 146. (Überprüfung).
9. Hartwig, J. F.; Kawatsura, M.; Hauck, S. I.; Shaughnessy, K. H.; Alcazar-Roman, L. M. *J. Org. Chem.* **1999,** *64*, 5575 – 5580.
10. Wolfe, J. P.; Buchwald, S. L. *Org. Syn.* **2002,** *78*, 23 – 30.
11. Urgaonkar, S.; Verkade, J. G. *J. Org. Chem.* **2004,** *69*, 9135 – 9142.
12. Csuk, R.; Barthel, A.; Raschke, C. *Tetrahedron* **2004,** *60*, 5737 – 5750.
13. Janey, J. M. *Buchwald–Hartwig Amination,* In *Name Reactions for Functional Group Transfor-mations*; Li, J. J., Corey, E. J. Hrsg.; Wiley: Hoboken, NJ, **2007,** S. 564 – 609. (Überprüfung).
14. Li, J. J.; Wang, Z.; Mitchell, L. H. *J. Org. Chem.* **2007,** *72*, 3606–3607.
15. Lorimer, A. V.; O'Connor, P. D.; Brimble, M. A. *Synthesis* **2008,** 2764–2770.
16. Witt, A.; Teodorovic, P.; Linderberg, M.; Johansson, P.; Minidis, A. *Org. Process Res. Dev.* **2013,** *17*, 672–678.
17. (a) Rodgers, J. D.; Shepard, S.; Li, Y.-L.; Zhou, J.; Liu, P.; Meloni, D.; Xia, M. WO 2009114512 (2009); (b) Kobierski, M. E.; Kopach, M. E.; Martinelli, J. R.; Varie, D. L.; Wilson, T. M.; WO 2016205487 (2016).
18. Weber, P.; Biafora, A.; Dopplu, A.; Bongard, H.-J.; Kelm, H.; Goossen, L. J. *Org. Process Res. Dev.* **2019,** *23*, 1462–1470.
19. Kashani, S. K.; Jessiman, J. E.; Newman, S. G. *Org. Process Res. Dev.* **2020,** *24*, 1948-1954.

Burgess-Reagenz

Das Burgess-Reagenz [Methyl-N-(triethylammoniumsulfonyl)carbamat], ein neutrales, weißes kristallines Feststoff, ist effizient bei der Erzeugung von Olefinen aus sekundären und tertiären Alkoholen, wo der thermolytische Ei-Mechanismus erster Ordnung (während der Eliminierung - die beiden Gruppen verlassen etwa zur gleichen Zeit und binden gleichzeitig aneinander) vorherrscht.

Vorbereitung [2]

Mechanismus der Dehydratisierung [5]

Beispiel 1, Bei primären Alkoholen wird die Hydroxylgruppe nicht eliminiert, sondern unterliegt einer Substitution [3]

Beispiel 2, Dehydratisierung [6]

Beispiel 3, Dehydratisierung [7]

Beispiel 4 [8]

Beispiel 5, Cyclodehydratisierung gefolgt von einer neuartigen Carbamoylsulfonylierung [10]

Beispiel 6, Das Burgess-Reagenz erleichtert die Alkoholoxidation in DMSO [12]

Beispiel 7, Burgess-Reagenz-vermittelte Ringexpansion [13]

Referenzen

1. (a) Atkins, G. M., Jr.; Burgess, E. M. *J. Am. Chem. Soc.* **1968**, *90*, 4744–4745. (b) Burgess, E. M.; Penton, H. R., Jr.; Taylor, E. A., Jr. *J. Am. Chem. Soc.* **1970**, *92*, 5224–5226. (c) Atkins, G. M., Jr.; Burgess, E. M. *J. Am. Chem. Soc.* **1972**, *94*, 6135–6141. (d) Burgess, E. M.; Penton, H. R., Jr.; Taylor, E. A. *J. Org. Chem.* **1973**, *38*, 26–31.
2. (a) Burgess, E. M.; Penton, H. R., Jr.; Taylor, E. A.; Williams, W. M. *Org. Synth. Coll. Edn.* **1987**, *6*, 788–791. (b) Duncan, J. A.; Hendricks, R. T.; Kwong, K. S. *J. Am. Chem. Soc.* **1990**, *112*, 8433–8442.
3. Wipf, P.; Xu, W. *J. Org. Chem.* **1996**, *61*, 6556–6562.
4. Lamberth, C. *J. Prakt. Chem.* **2000**, *342*, 518–522. (Rezension).
5. Khapli, S.; Dey, S.; Mal, D. J. *Indian Inst. Sci.* **2001**, *81*, 461–476. (Rezension).
6. Miller, C. P.; Kaufman, D. H. *Synlett* **2000**, *8*, 1169–1171.
7. Keller, L.; Dumas, F.; D'Angelo, J. *Eur. J. Org. Chem.* **2003**, 2488–2497.
8. Nicolaou, K. C.; Snyder, S. A.; Longbottom, D. A.; Nalbandian, A. Z.; Huang, X. *Chem. Eur. J.* **2004**, *10*, 5581–5606.

9. Holsworth, D. D. *Das Burgess-Dehydratisierungsreagenz*. In *Namensreaktionen für Funktionsgruppentransformationen*; Li, J. J., Hrsg.; Wiley: Hoboken, NJ, **2007**, S. 189 – 206. (Rezension).
10. Li, J. J.; Li, J. J.; Li, J.; et al. *Org. Lett.* **2008,** *10*, 2897–2900.
11. Werner, L.; Wernerova, M.; Hudlicky, T. et al. *Adv. Synth. Catal.* **2012,** *354*, 2706–2712.
12. Sultane, P. R.; Bielawski, C. W. *J. Org. Chem.* **2017,** *82*, 1046–1052.
13. Badarau, E.; Robert, F.; Massip, S.; Jakob, F.; Lucas, S.; Frormann, S.; Ghosez, L. *Tetrahedron* **2018,** *74*, 5119–5128.
14. Widlicka, D. W.; Gontcharov, A.; Mehta, R.; Pedro, D. J.; North, R. *Org. Process Res. Dev.* **2019,** *23*, 1970–1978.

Cadiot–Chodkiewicz-Kupplung

Bis-Acetylen-Synthese aus Alkinylhalogeniden und Alkinyl-Kupfer-Reagenzien.

Vgl. Castro–Stephens-Reaktion.

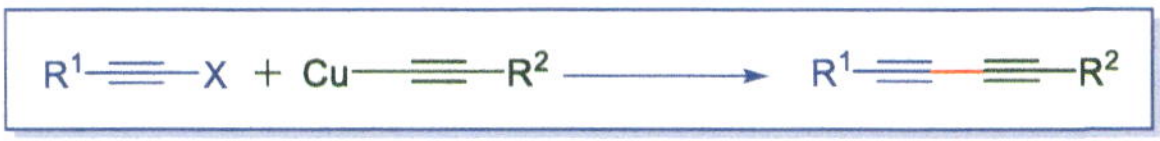

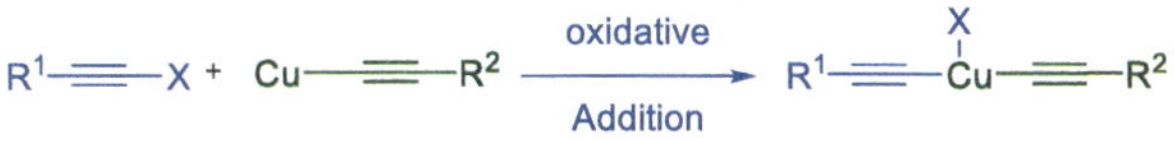

Cu(III) Zwischenprodukt

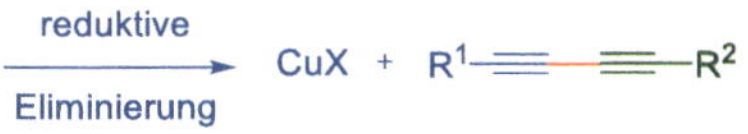

Beispiel 1 [3]

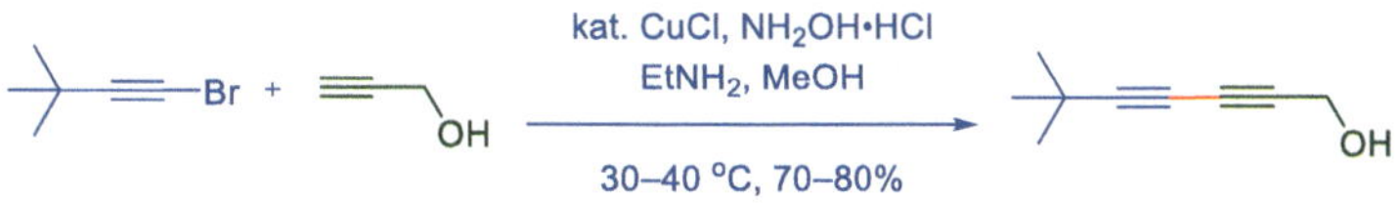

Beispiel 2 [7]

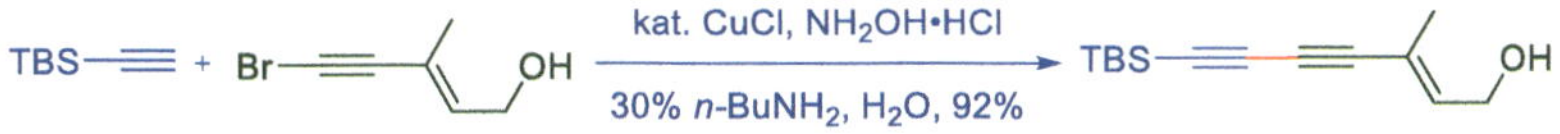

Beispiel 3 [9]

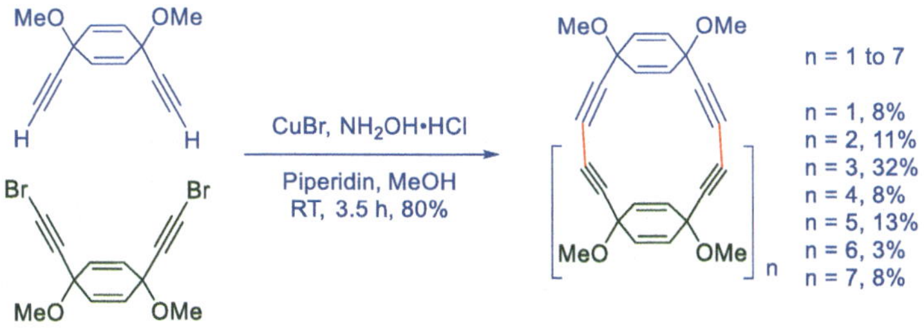

n = 1 to 7
n = 1, 8%
n = 2, 11%
n = 3, 32%
n = 4, 8%
n = 5, 13%
n = 6, 3%
n = 7, 8%

Beispiel 4, Cadiot–Chodkiewicz aktive Vorlagensynthese von Rotaxanen und schaltbaren molekularen Shuttles mit schwachen interkomponenten Interaktionen [10]

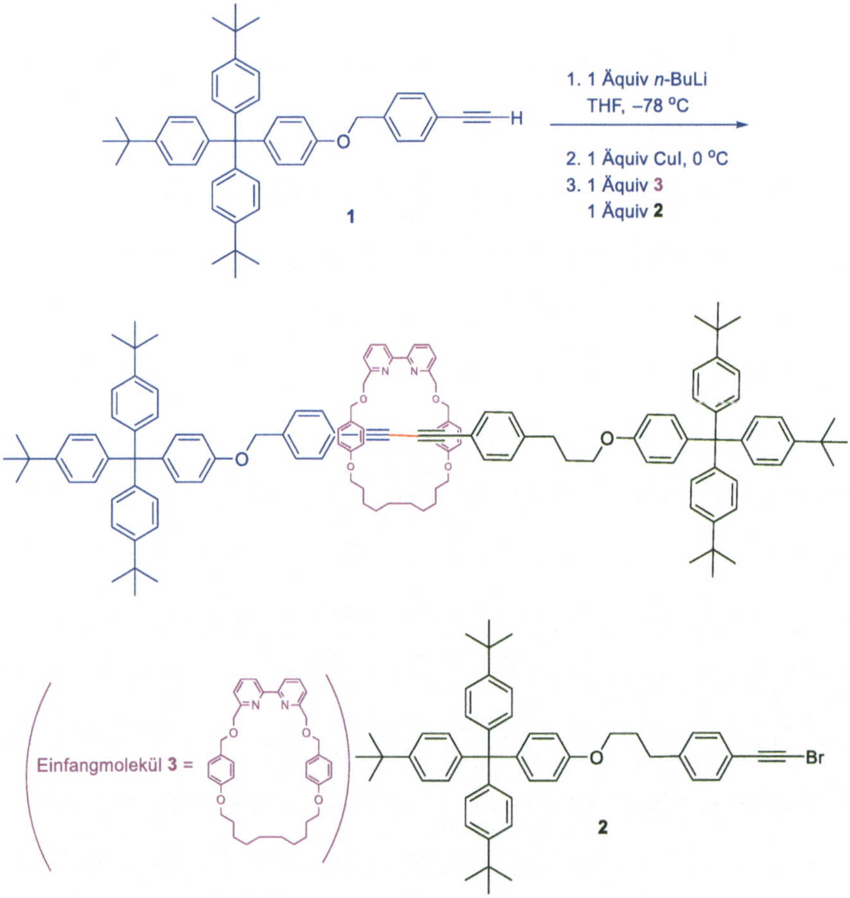

1. 1 Äquiv n-BuLi
   THF, −78 °C
2. 1 Äquiv CuI, 0 °C
3. 1 Äquiv **3**
   1 Äquiv **2**

Beispiel 5, Gold-katalysierte Cadiot–Chodkiewicz-Kreuzkupplung von terminalen Alkinen mit Alkinyl-Hypervalent-Jod-Reagenzien [13]

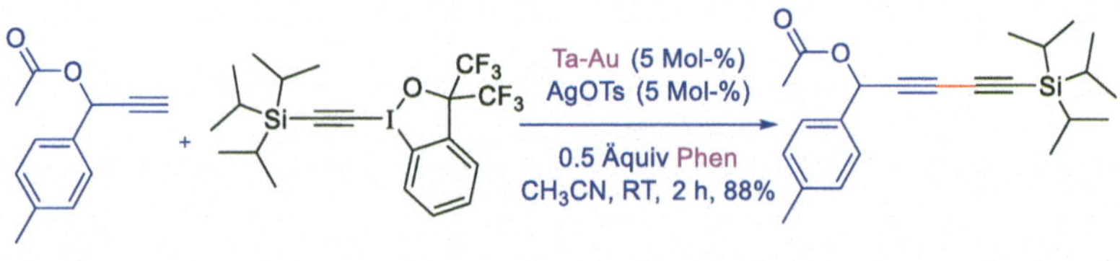

Ta-Au (5 Mol-%)
AgOTs (5 Mol-%)
0.5 Äquiv Phen
CH_3CN, RT, 2 h, 88%

Ta-Au = Ph₃P-Au-N(benzotriazole) Tf⁻

Phen = 1,10-Phenanthrolin

Beispiel 6, Cadiot–Chodkiewicz-Kreuzkupplung ist überlegen gegenüber der Sonogashi-Kupplung in diesem Fall: [14]

CuCl, NH$_2$OH·HCl, n-BuNH$_2$, CH$_2$Cl$_2$, 0 °C, 90%

Referenzen

1. Chodkiewicz, W.; Cadiot, P. *C. R. Hebd. Seances Acad. Sci.* **1955**, *241*, 1055–1057. Sowohl Paul Cadiot (1923–) als auch Wladyslav Chodkiewicz (1921–) waren französische Chemiker.
2. Cadiot, P.; Chodkiewicz, W. In *Chemie der Acetylene;* Viehe, H. G., Hrsg.; Dekker: New York, **1969**, 597–647. (Übersichtsartikel).
3. Gotteland, J.-P.; Brunel, I.; Gendre, F.; Désiré, J.; Delhon, A.; Junquéro, A.; Oms, P.; Halazy, S. *J. Med. Chem.* **1995**, *38*, 3207–3216.
4. Bartik, B.; Dembinski, R.; Bartik, T.; Arif, A. M.; Gladysz, J. A. *New J. Chem.* **1997**, *21*, 739–750.
5. Montierth, J. M.; DeMario, D. R.; Kurth, M. J.; Schore, N. E. *Tetrahedron* **1998**, *54*, 11741–11748.
6. Negishi, E.-i.; Hata, M.; Xu, C. *Org. Lett.* **2000**, *2*, 3687–3689.
7. Marino, J. P.; Nguyen, H. N. *J. Org. Chem.* **2002**, *67*, 6841–6844.
8. Utesch, N. F.; Diederich, F.; Boudon, C.; Gisselbrecht, J.-P.; Gross, M. *Helv. Chim. Acta* **2004**, *87*, 698–718.
9. Bandyopadhyay, A.; Varghese, B.; Sankararaman, S. *J. Org. Chem.* **2006**, *71*, 4544–4548–4548.
10. Berna, J.; Goldup, S. M.; Lee, A.-L.; Leigh, D. A.; Symes, M. D.; Teobaldi, G.; Zerbetto, F. *Angew. Chem. Int. Ed.* **2008**, *47*, 4392–4396.
11. Glen, P. E.; O'Neill, J. A. T.; Lee, A.-L. *Tetrahedron* **2013**, *69*, 57–68.
12. Sindhu, K. S.; Thankachan, A. P.; Sajitha, P. S.; Anilkumar, G. *Org. Biomol. Chem.* **2015**, *13*, 6891–6905. (Überprüfung).
13. Li, X.; Xie, X.; Sun, N.; Liu, Y. *Angew. Chem. Int. Ed.* **2017**, *56*, 6994–6998.
14. Kanikarapu, S.; Marumudi, K.; Kunwar, A. C.; Yadav, J. S.; Mohapatra, D. K. *Org. Lett.* **2017**, *19*, 4167–4170.
15. Geng, J.; Ren, Q.; Chang, C.; Xie, X.; Liu, J.; Du, Y. *RSC Adv.* **2019**, *9*, 10253–10263.
16. Radhika, S.; Harry, N. A.; Neetha, M.; Anilkumar, G. *Org. Biomol. Chem.* **2019**, *17*, 9081–9094. (Überprüfung).
17. Kaldhi, D.; Vodnala, N.; Gujjarappa, R.; Kabi, A. K.; Nayak, S.; Malakar, C. C. *Tetrahedron Lett.* **2020**, *61*, 151775.

Cannizzaro-Reaktion

Base-induzierte Disproportionierung zwischen zwei Aldehyden zur Erzeugung eines Alkohols und einer Carbonsäure. Wenn das Ausgangsmaterial ein α-Ketoaldehyd ist, kann auch eine intramolekulare Cannizzaro-Disproportionierungsreaktion auftreten (siehe Beispiele 1, 5 und 6). Aldehyde sind aromatische Aldehyde, Formaldehyd oder andere aliphatische Aldehyde ohne α-Wasserstoff.

Pfad A:

Endgültige Deprotonierung der Carbonsäure treibt die Reaktion voran.

Pfad B:

Beispiel 1, Intramolekulare Cannizzaro-Disproportionierungsreaktion [3]

Beispiel 2 [4]

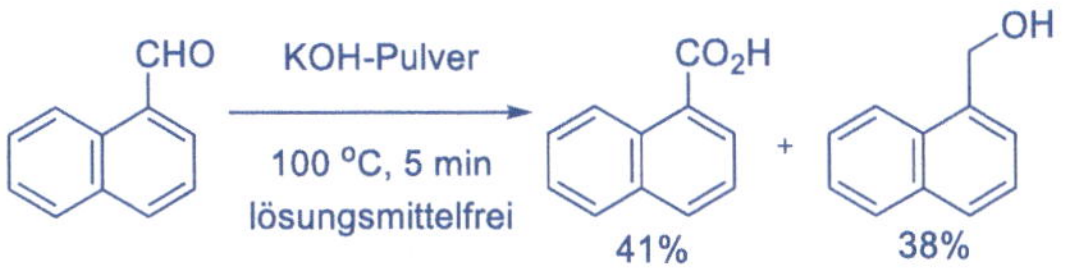

[Reaktion: Naphthalin-1-carbaldehyd mit KOH-Pulver, 100 °C, 5 min, lösungsmittelfrei → Naphthalin-1-carbonsäure (41 %) + 1-Naphthylmethanol (38 %)]

Beispiel 3 [6]

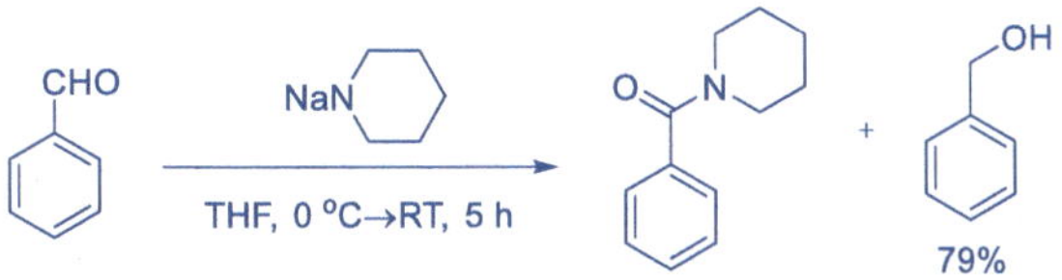

[Reaktion: Benzaldehyd mit NaN(Piperidin), THF, 0 °C→RT, 5 h → N-Benzoylpiperidin + Benzylalkohol (79 %)]

Beispiel 4 [8]

[Reaktion: 3-Nitrobenzaldehyd mit 1 Äquiv TMG, H$_2$O, RT, 10 h → 3-Nitrobenzylalkohol (42 %) + 3-Nitrobenzoesäure (43 %)]

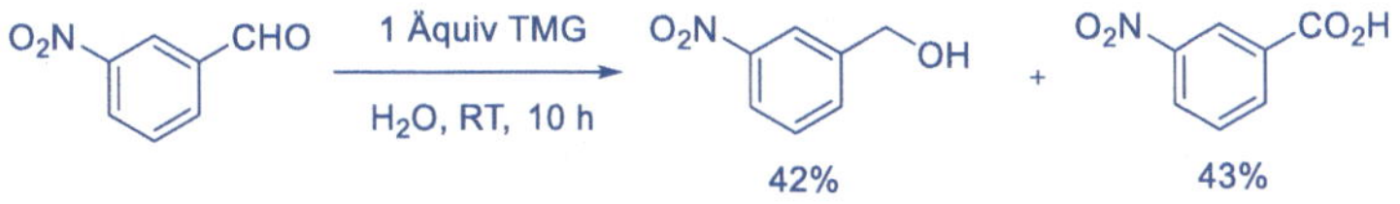

TMG = 1,1,3,3-Tetramethylguanidin, eine organische Base

Beispiel 5, Desymmetrisierung durch intramolekulare Cannizzaro-Reaktion [9]

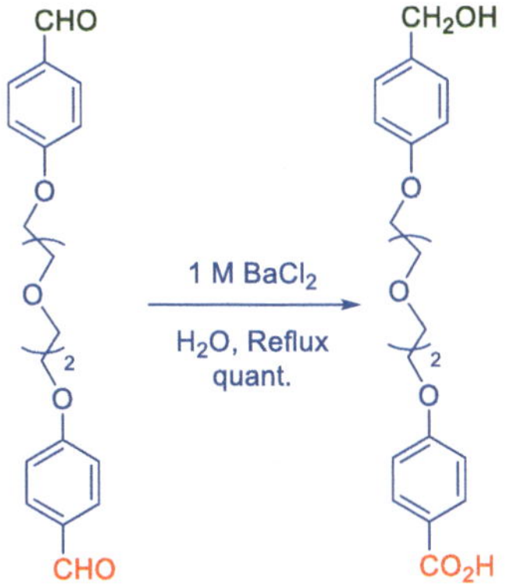

[Reaktion: Bis-aldehyd mit Polyethylenglykol-Linker, 1 M BaCl$_2$, H$_2$O, Reflux, quant. → Alkohol/Carbonsäure-Produkt]

Beispiel 6, Intramolekulare aza-Cannizzaro-Reaktion [11]

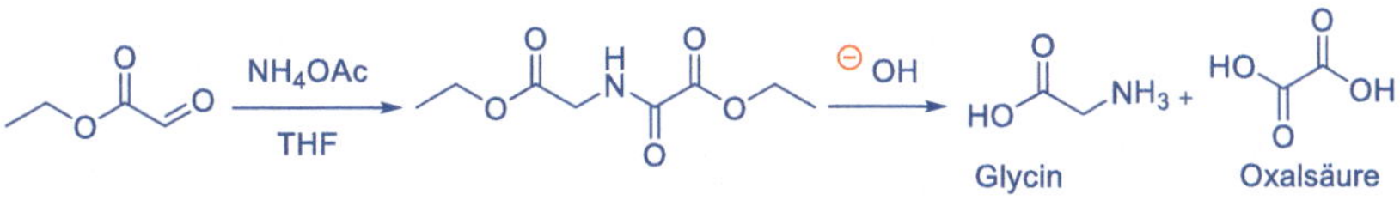

[Reaktion: Ethylglyoxylat mit NH$_4$OAc, THF → Zwischenprodukt → mit $^{\ominus}$OH → Glycin + Oxalsäure]

Beispiel 7, Kugelmühle Cannizzaro-Reaktion [12]

Referenzen

1. Cannizzaro, S. *Ann.* **1853**, *88*, 129–130. Stanislao Cannizzaro (1826–1910) wurde in Palermo, Sizilien, Italien geboren. Im Jahr 1847 musste er wegen seiner Teilnahme am Sizilianischen Aufstand nach Paris fliehen. Nach seiner Rückkehr nach Italien entdeckte er die Disproportionierungsreaktion am Collegio Nazionale di Alessandria (Piemont) mit Bittermandelöl (Benzaldehyd) und Pottasche (Kaliumhydroxid) als Basis. Politische Interessen brachten Cannizzaro in den Italienischen Senat und er wurde später dessen Vizepräsident.
2. Geissman, T. A. *Org. React.* **1944**, *1*, 94–113. (Übersichtsartikel).
3. Russell, A. E.; Miller, S. P.; Morken, J. P. *J. Org. Chem.* **2000**, *65*, 8381–8383.
4. Yoshizawa, K.; Toyota, S.; Toda, F. *Tetrahedron Lett.* **2001**, *42*, 7983–7985.
5. Reddy, B. V. S.; Srinvas, R.; Yadav, J. S.; Ramalingam, T. *Synth. Commun.* **2002**, *32*, 219–223.
6. Ishihara, K.; Yano, T. *Org. Lett.* **2004**, *6*, 1983–1986.
7. Curini, M.; Epifano, F.; Genovese, S.; Marcotullio, M. C.; Rosati, O. *Org. Lett.* **2005**, *7*, 1331–1333.
8. Basavaiah, D.; Sharada, D. S.; Veerendhar, A. *Tetrahedron Lett.* **2006**, *47*, 5771–5774.
9. Ruiz-Sanchez, A. J.; Vida, Y.; Suau, R.; Perez-Inestrosa, E. *Tetrahedron* **2008**, *64*, 11661–11665.
10. Shen, M.-G.; Shang, S.-B.; Song, Z.-Q.; Wang, D.; Rao, X.-P.; Gao, H.; Liu, H. *J. Chem. Res.* **2013**, *37*, 51–52.
11. Sud, A.; Chaudhari, P. S.; Agarwal, I.; Mohammad, A. B.; Dahanukar, V. H.; Bandichhor, R. *Tetrahedron Lett.* **2017**, *58*, 1891–1894.
12. Chacon-Huete, F.; Messina, C.; Chen, F.; Cuccia, L.; Ottenwaelder, X.; Forgione, P. *Green Chem.* **2018**, *20*, 5261–5265.
13. Janczewski, L.; Walczak, M.; Fraczyk, J.; Kaminski, Z. J.; Kolesinska, B. *Synth. Commun.* **2019**, *49*, 3290–3300.

Catellani-Reaktion

Selektive *ortho*-Alkylierung und -Arylierung von Aryljodiden können durch die kooperative katalytische Wirkung von Palladium und Norbornen erreicht werden.[1] Der erste berichtete Fall war die *ortho*-Dialkylierung von Aryljodiden, gefolgt von der Heck-Reaktion.[2] Hier reagiert ein Aryljodid mit freien *o*-Positionen mit einem aliphatischen Jodid und einem terminalen Olefin in Gegenwart von Palladium/Norbornen (NBE) als Katalysator und einer Base, um ein 2,6-substituiertes Vinylaren zu liefern. Analog führt ein Aryljodid mit einem substituierten *o*- Position zu einem Vinylaren, das zwei verschiedene *ortho* Gruppen enthält.[3]

Beispiel 1, Eine Dreikomponentenreaktion, die den Aufbau von drei benachbarten C–C-Bindungen durch C–I- und C–H-Aktivierung ermöglicht.[2]

Mechanismus für die Reaktion eines *o*-substituierten Aryljodids: Pd(0), Pd(II) und Pd(IV) Zwischenprodukte und katalytische Rolle von Palladium und Norbornen.[1-3]

Der Mechanismus beinhaltet die anfängliche oxidative Addition eines *o*-substituierten Aryljodids zu Pd(0), gefolgt von einer stereoselektiven Norbornen (NBE) Insertion, die zum *cis*, *exo* Komplex **2** führt. β-Hydrogen Eliminierung wird durch geometrische

Einschränkungen verhindert, und ein fünfgliedriger Palladazyklus (**3**) bildet sich leicht durch intramolekulare C–H-Aktivierung. Oxidative Addition eines Alkyljodids zu **3** liefert ein Pd(IV) Zwischenprodukt (**4**) welches durch reduktive Elimination durch selektive Migration der Alkylgruppe auf den aromatischen Ring zu Form **5** führt. Norbornen Deinsertion tritt spontan an diesem Punkt auf, wahrscheinlich aufgrund von sterischer Hinderung, was zu 2,6-disubstituierten Phenylpalladium(II) Spezies (**6**) führt, die schließlich mit dem terminalen Olefin reagieren, um das organische Produkt und Pd(0) zu befreien. Alternativ kann die Sequenz durch andere bekannte Reaktionen der Aryl-Pd-Bindung wie die Suzuki- oder Sonogashira-Kupplungen, Wasserstoffolyse, Aminierung oder Cyanierung. Die beschriebene Methodik kann auch auf ringbildende Reaktionen ausgedehnt werden. [1e] Daher ist die Reaktion sehr vielseitig und bietet unzählige Möglichkeiten zum Aufbau vieler Arten von funktionalisierten aromatischen Verbindungen.

Beispiel 2, Die Synthese von kondensierten aromatischen Verbindungen durch die abschließende intramolekulare Heck-Reaktion wurde erstmals von der Lautens Gruppe berichtet. [4,1e]

Beispiel 3, Die hohe Toleranz gegenüber Funktionsgruppen ermöglichte einen Schlüsselschritt zur Synthese eines Vorläufers von (+)-Linoxepin durch Lautens. [5]

ortho -Arylierung eines Aryljodids führt zur Konstruktion eines Biaryl-Motivs ist auch möglich, vorausgesetzt, dass das Ausgangs-Aryljodid einen *ortho* -Substituenten trägt. Der *o* -Substituent in Palladacyclen vom Typ **3** ist unverzichtbar für die gezielte Lenkung des Angriffs eines Arylhalogenids auf die aromatische Stelle (*ortho* -Effekt). [1,6]

Beispiel 4, Aryl-Aryl-Kupplung kombiniert mit Heck- Reaktion. [7]

Beispiel 5. Die unsymmetrische Kupplung eines Aryljodids, das eine *o* -Elektronen-donierende Gruppe trägt, eines Arylbromids, das einen Elektronen-ziehenden Substituenten enthält, und eines terminalen Olefins veranschaulicht die Bedeutung der korrekten Abstimmung der elektronischen Eigenschaften der beiden Aryl- Halogenide für die Selektivitätskontrolle. [8]

Beispiel 6, Interne Chelatisierung zu Pd(IV) [9] kann den *ortho* -Effekt aufheben. [10]

Beispiel 7, Synthese von Benzo[1,6]naphthyridinonen [11]

Beispiel 8, Iterative C–H-Bis-Silylierung [12]

Beispiel 9, Borono-Catellani-Arylierung für unsymmetrische Biaryl- Synthese [13,14]

Referenzen

1. (a) Tsuji, J. Palladium-Reagenzien und -Katalysatoren – Neue Perspektiven für das 21. Jahrhundert, 2004, John Wiley & Sons, S. 409–416. (b) Catellani, M. *Synlett* **2003**, 298–313. (c) Catellani, M. *Top. Organomet. Chem.* **2005**, *14*, 21–53. (d) Catellani, M.; Motti, E.; Della Ca', N. *Acc. Chem. Res.* **2008**, *41*, 1512–1522. (e) Martins, A.; Mariampillai, B.; Lautens, M. *Top Curr Chem* **2010**, *292*, 1–33. (f) Chiusoli, G. P.; Catellani, M.; Costa, M.; Motti, E.; Della Ca', N.; Maestri, G. *Coord. Chem. Rev.* **2010**, *254*, 456–469. Marta Catellani und ihre Mitarbeiter an der Universität von Parma entdeckten einen eleganten Zugang zur Synthese von o,o -disubstituierten Vinylarenen ausgehend von Aryljodiden. Die Reaktion nutzt ein Mehrkomponenten-Protokoll, bei dem zusammen mit den Reaktanden und dem Katalysator, Norbornen oder ein anderes gespanntes Olefin verwendet wird. Letzteres ist essentiell, da es durch Aktivierung von drei benachbarten Positionen des Arens in den komplexen katalytischen Zyklus eintritt und am Ende des Prozesses recycelt wird.
2. (a) Catellani, M.; Frignani, F.; Rangoni, A. *Angew. Chem. Int. Ed. Engl.* **1997**, *36*, 119-122. (b) Catellani, M.; Fagnola, M. C. *Angew. Chem. Int. Ed. Engl.* **1994**, *33*, 2421–2422.
3. Catellani, M;. Cugini, F. *Tetrahedron*, **1999**, *55*, 6595–6602.
4. (a) Lautens, M.; Piguel, S.; Dahlmann, M. *Angew. Chem. Int. Ed. Engl.* **2000**, *39*, 1045–1046. (b) Lautens, M.; Paquin, J.-F.; Piguel, S. *J. Org. Chem.* **2001**, *66*, 8127–8134. (c) Lautens, M.; Paquin, J.-F.; Piguel, S. *J. Org. Chem.* **2002**, *67*, 3972–3974.
5. Weinstabl, H.; Suhartono, M.; Qureshi, Z.; Lautens, M. *Angew. Chem. Int. Ed.* **2013**, *125*, 5413–5416.
6. Maestri, G.; Motti, E.; Della Ca', N.; Malacria, M.; Derat, E.; Catellani, M. *J. Am. Chem. Soc.* **2011**, *133*, 8574–8585.
7. Motti, E.; Ippomei, G.; Deledda, S.; Catellani, M. *Synthesis* **2003**, 2671–2678.
8. Faccini, F.; Motti, E.; Catellani, M. *J. Am. Chem. Soc.* **2004**, *126*, 78–79.
9. Vicente, J.; Arcas, A.; Juliá-Hernández, F.; Bautista, D. *Angew. Chem. Int. Ed.* **2011**, *50*, 6896–6899.
10. Della Ca', N.; Maestri, G.; Malacria, M.; Derat, E.; Catellani, M. *Angew. Chem. Int. Ed.* **2011**, *50*, 12257–12261.
11. Elsayed, M. S. A.; Griggs, B.; Cushman, M. *Org. Lett.* **2018**, *20*, 5228–5232.
12. Lv, W.; Yu, J.; Ge, B.; Wen, S.; Cheng, G. *J. Org. Chem.* **2018**, *83*, 12683–12693.

13. Chen, S.; Liu, Z.-S.; Yang, T.; Hua, Y.; Zhou, Z.; Cheng, H.-G.; Zhou, Q. *Angew. Chem. Int. Ed.* **2018**, *57*, 7161–7165.
14. Wang, P.; Chen, S.; Zhou, Z.; Cheng, H.-G.; Zhou, Q. *Org. Lett.* **2019**, *21*, 323–3327.
15. Cheng, H.-G.; Chen, S.; Chen, R.; Zhou, Q. *Angew. Chem. Int. Ed.* **2019**, *58*, 5832–5844. (Review).

Chan–Lam C–X Kupplungsreaktion

Arylierung, Vinylierung und Alkylierung einer breiten Palette von NH/OH/SH Substraten durch oxidative Kreuzkupplung mit Boronsäuren in der Anwesenheit von katalytischem Kupfer(II)-acetat und einer, schwachen Base an Luft. Die Reaktion funktioniert für Amide, Amine, Amidine, Aniline, Azide, Azole, Hydantoine, Hydrazine, Imide, Imines, Nitroso, Pyrazinone, Pyridine, Purine, Pyrimidine, Sulfonamide, Sulfinates, Sulfoximines, Harnstoffe, Alkohole, Phenole, Thiole, *usw*. Die Boronsäuren können durch Siloxane, Stannane oder andere Organometalloide ersetzt werden. Der milde Zustand dieser Reaktion ist ein Vorteil gegenüber Buchwald–Hartwig's Pd-katalysierter Kreuzkupplung mit Halogeniden, Obwohl Boronsäuren teurer sind als Halogenide, hat sich die Chan-Lam C-X Bindungs-Kreuzkupplungsreaktion als eine leistungsstarke und beliebte Methode herausgestellt, ähnlich der Suzuki-Miyaura-Kreuzkupplungsreaktion zur Bildung von C–C Bindungen.

$$Ar-M + H-XR \xrightarrow[\text{schwache Base, MS, Luft}]{\text{kat. Cu(AcO)}_2} Ar-XR$$

$M = B(OH)_2, R(OR)_2, B(OR)_3^-, BF_3^-, SnMe_3, Si(OR)_3.$
$X = N, O, S, Se, Te, F, Cl, Br, I.$

Vorgeschlagener Mechanismus: [4]

Beispiel 1 [1a,d]

Beispiel 2 [5]

Beispiel 3 [6]

Beispiel 4 [14]

93% (begünstigt durch α-Ester, Acetal, geringere Ausbeute)

Beispiel 5 [15]

Beispiel 6, Chan-Lam-Kupplung zwischen Arylboroxinen und Enolaten als sp^3-Kohlenstoffnukleophile [18]

Beispiel 7, Verwendung von tertiären Trifluorboraten [20]

Referenzen

1. (a) Chan, D. M. T.; Monaco, K. L.; Wang, R.-P.; Winters, M. P. *Tetrahe dron Lett.* **1998**, *39*, 2933–2936. (b) Lam, P. Y. S.; Clark, C. G.; Saubern, S.; Adams, J.; Winters, M. P.; Chan, D. M. T.; Combs, A. *Tetrahedron Lett.* **1998**, *39*, 2941–2949. Dominic Chan ist ein Chemiker bei DuPont Crop Protection, Wilming ton, DE, USA. Er hat seine Doktorarbeit bei Prof. Barry Trost an der University of Wisconson, Madison, gemacht. Patrick Lam ist Forschungsleiter bei Bristol-Myers Squibb (BMS), Princeton, NJ, USA. Er war früher bei DuPont Pharmaceuticals Company. Er hat seine Doktorarbeit bei Prof. Louis Friedrich an der University of Rochester und seine Postdoc-Forschung bei Prof. Michael Jung und dem verstorbenen Prof. Don ald Cram in UCLA gemacht. (c) Evans, D. A.; Katz, J. L.; West, T. R. *Tetrahedron Lett.* **1998**, *39*, 2937–2940. Prof. Evans' Gruppe erfuhr von der Entdeckung dieser Reaktion auf einem National Organic Symposium Poster und war wegen ihres langjährigen Interesses an der Vancomycin-Gesamtsynthese an der O-Arylierung interessiert. (d) Lam, P. Y. S.; Clark, C. G.; Saubern, S.; Adams, J.; Averill, K. M.; Chan, D. M. T.; Combs, A. *Synlett* **2000**, 674–676. (e) Lam, P. Y. S.; Bonne, D.; Vincent, G.; Clark, C. G.; Combs, A. P. *Tetrahedron Lett.* **2003**, *44*, 1691–1694.
2. Übersichtsartikel: (a) Qiao, J. X.; Lam, P. Y. S. *Synlett* **2011**, 829–856; (b) Chan, D. M. T.; Lam, P. Y. S., Buchkapitel in *Boronic Acids* Hall, Hrsg. **2005**, Wiley-VCH, 205– 240. (c) Ley, S. V.; Thomas, A. W. *Angew. Chem., Int. Ed. Engl.* **2003**, *42*, 5400– 5449.
3. Katalytisches Kupfer: (a) Lam, P. Y. S.; Vincent, G.; Clark, C. G.; Deudon, S.; Jadhav, P. K. *Tetrahedron Lett.* **2001**, *42*, 3415–3418. (b) Antilla, J. C.; Buch wald, S. L. *Org. Lett.* **2001**, *3*, 2077–2079. (c) Quach, T. D.; Batey, R. A. *Org. Lett.* **2003**, *5*, 4397–4400. (d) Collman, J. P.; Zhong, M. *Org. Lett.* **2000**, *2*, 1233–1236. (e) Lan, J.-B.; Zhang, G.-L.; Yu, X.-Q.; You, J.-S.; Chen, L.; Yan, M.; Xie, R.-G. *Synlett* **2004**, 1095–1097.
4. Mechanismus (Ein Teil der mechanistischen Arbeit aus Shannons Labor wurde von BMS finanziert und in Zusammenarbeit mit BMS durchgeführt: (a) Huffman, L. M.; Stahl, S. S.

J. Am. Chem. Soc. **2008**, *130*, 9196–9197. (b) King, A. E.; Brunold, T. C.; Stahl, S. S. *J. Am. Chem. Soc.* **2009**, *131*, 5044. (c) King, A. E.; Huffman, L. M.; Casitas, A.; Costas, M.; Ribas, X.; Stahl, S. S. *J. Am. Chem. Soc.* **2010**, *132*, 12068–12073. (d) Casita, A.; King, A. E.; Prella, T.; Costas, M.; Stahl, S. S.; Ribas, X. *J. Chem. Sci.* **2010**, *1*, 326–330.

5. Vinylboronsäuren: Lam, P. Y. S.; Vincent, G.; Bonne, D.; Clark, C. G. *Tetrahedron Lett.* **2003**, *44*, 4927–4931.
6. Intramolekular: Decicco, C. P.; Song, Y.; Evans, D.A. *Org. Lett.* **2001**, *3*, 1029–1032.
7. Festphasensynthese: (a) Combs, A. P.; Saubern, S.; Rafalski, M.; Lam, P. Y. S. *Tetrahedron Lett.* **1999**, *40*, 1623–1626. (b) Combs, A. P.; Tadesse, S.; Rafalski, M.; Haque, T. S.; Lam, P. Y. S. *J. Comb. Chem.* **2002**, *4*, 179–182.
8. Boronate/Borate: (a) Chan, D. M. T.; Monaco, K. L.; Li, R.; Bonne, D.; Clark, C. G.; Lam, P. Y. S. *Tetrahedron Lett.* **2003**, *44*, 3863–3865. (b) Yu, X. Q.; Yamamoto, Y.; Miyuara, N. *Chem. Asian J.* **2008**, *3*, 1517–1522.
9. Siloxane: (a) Lam, P. Y. S.; Deudon, S.; Averill, K. M.; Li, R.; He, M. Y.; DeShong, P.; Clark, C. G. *J. Am. Chem. Soc.* **2000**, *122*, 7600–7601. (b) Lam, P. Y. S.; Deudon, S.; Hauptman, E.; Clark, C. G. *Tetrahedron Lett.* **2001**, *42*, 2427–2429.
10. Stannane: Lam, P. Y. S.; Vincent, G.; Bonne, D.; Clark, C. G. *Tetrahedron Lett.* **2002**, *43*, 3091–3094.
11. Thiole: (a) Herradura, P. S.; Pendora, K. A.; Guy, R. K. *Org. Lett.* **2000**, *2*, 2019–2022. (b) Savarin, C.; Srogl, J.; Liebeskind, L. S. *Org. Lett.* **2002**, *4*, 4309–4312. (c) Xu, H.-J.; Zhao, Y.-Q.; Feng, T.; Feng, Y.-S. *J. Org. Chem.* **2012**, *77*, 2878–2884.
12. Sulfinat: (a) Beaulieu, C.; Guay. D.; Wang, C.; Evans, D. A. *Tetrahedron Lett.* **2004**, *45*, 3233–3236. (b) Huang, H.; Batey, R. A. *Tetrahedron.* **2007**, *63*, 7667–7672. (c) Kar, A.; Sayyed, L.A.; Lo, W.F.; Kaiser, H.M.; Beller, M.; Tse, M. K. *Org. Lett.* **2007**, *9*, 3405–3408.
13. Sulfoximine: Moessner, C.; Bolm, C. *Org. Lett.* **2005**, *7*, 2667–2669.
14. β-Lactam: Wang, W.; et al. *Bio. Med. Chem. Lett.* **2008**, *18*, 1939–1944.
15. Cyclopropylboronsäure: Tsuritani, T.; Strotman, N. A.; Yamamoto, Y.; Kawasaki, M.; Yasuda, N.; Mase, T. *Org. Lett.* **2008**, *10*, 1653–1655.
16. Alkohole: Quach, T. D.; Batey, R. A. *Org. Lett.* **2003**, *5*, 1381–1384.
17. Fluoride: (a) Ye, Y.; Sanford, M. S. *J. Am. Chem. Soc.* **2013**, *135*, 4648–4651. (b) Fier, P. S.; Luo, J.; Hartwig, J. F. *J. Am. Chem. Soc.* **2013**, *135*, 2552–2559.
18. Moon, P. J.; Halperin, H. M.; Lundgren, R. J. *Angew. Chem., Int. Ed. Engl.* **2016**, *55*, 1894–1898.
19. Vantourout, J. C.; Law, R. P.; Isidro-Llobet, A.; Atkinson, S. J.; Watson, A. J. B. *J. Org. Chem.* **2016**, *81*, 3942–3950.
20. Harris, M. R.; Li, Q.; Lian, Y.; Xiao, J.; Londregan, A. T. *Org. Lett.* **2017**, *19*, 2450–2453.
21. Ando, S.; Hirota, Y.; Matsunaga, H.; Ishizuka, T. *Tetrahedron Lett.* **2019**, *60*, 1277–1280.
22. Clerc, A.; Beneteau, V.; Pale, P.; Chassaing, S. *ChemCatChem* **2020**, *12*, 2060–2065.

Chapman-Umlagerung

Thermische Aryl-Umlagerung von *O*-Aryliminoethern zu Amiden.

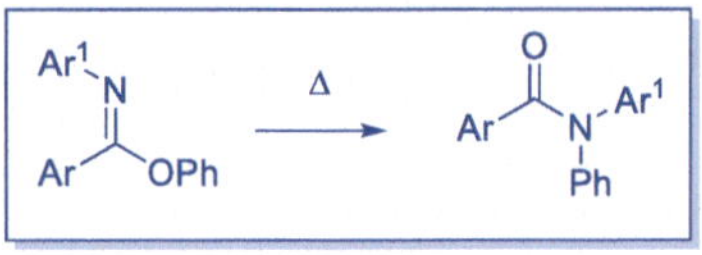

Mechanismus:

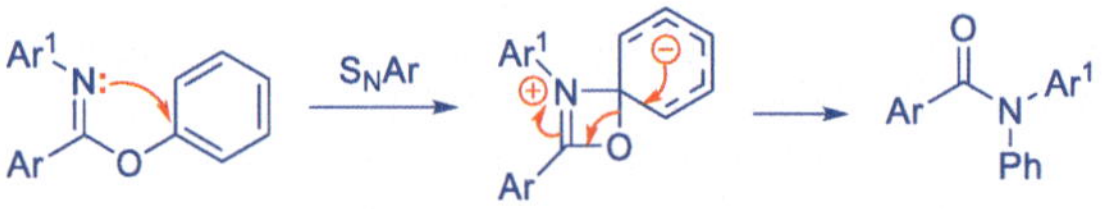

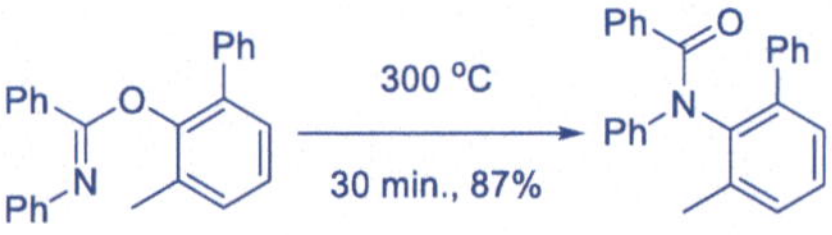

Oxazet-Zwischenprodukt

Beispiel 1 [2]

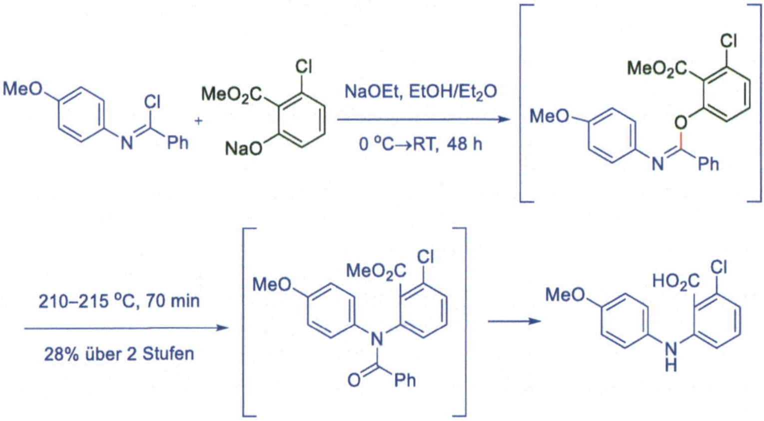

210–215 °C, 70 min

28% über 2 Stufen

Beispiel 2 [4]

Beispiel 3, Doppelte Chapman-Umlagerung [9]

Beispiel 4, Chapman-ähnliche thermische Umlagerung [11]

Beispiel 5, Chapman-ähnliche thermische Umlagerung [12]

Referenzen

1. Chapman, A. W. *J. Chem. Soc.* **1925,** *127*, 1992 – 1998. Arthur William Chapman wurde 1898 in London, England geboren. Er war Dozent für organische Chemie und später von 1944 bis 1963 Rektor der Universität Sheffield.
2. Dauben, W. G.; Hodgson, R. L. *J. Am. Chem. Soc.* **1950,** *72*, 3479 – 3480.
3. Schulenberg, J. W.; Archer, S. *Org. React.* **1965,** *14*, 1 – 51. (Übersichtsartikel).
4. Relles, H. M. *J. Org. Chem.* **1968,** *33*, 2245 – 2253.
5. Shawali, A. S.; Hassaneen, H. M. *Tetrahedron* **1972,** *28*, 5903 – 5909.
6. Kimura, M.; Okabayashi, I.; Isogai, K. *J. Heterocycl. Chem.* **1988,** *25,* 315 – 320.
7. Farouz, F.; Miller, M. J. *Tetrahedron Lett.* **1991,** *32*, 3305 – 3308.
8. Dessolin, M.; Eisenstein, O.; Golfier, M.; Prange, T.; Sautet, P. *J. Chem. Soc., Chem. Commun.* **1992,** 132 – 134.
9. Marsh, A.; Nolen, E. G.; Gardinier, K. M.; Lehn, J. M. *Tetrahedron Lett.* **1994,** *35*, 397 – 400.
10. Almeida, R.; Gomez-Zavaglia, A.; Kaczor, A.; Cristiano, M. L. S.; Eusebio, M. E. S.; Maria, T. M. R.; Fausto, R. *Tetrahedron* **2008,** *64,* 3296 – 3305.
11. Noorizadeh, S.; Ozhand, A. *Chin. J. Chem.* **2010,** *28*, 1876 – 1884.
12. Patel, Sh. S.; Chandna, N.; Kumar, S.; Jain, N. *Org. Biomol. Chem.* **2016,** *14,* 56836 – 5689.
13. Fang, J.; Ke, M.; Huang, G.n; Tao, Y.; Cheng, D.; Chen, F.-E. *RSC Adv.* **2019,** *16*, 9270 – 9280.

Chichibabin (Tschitschibabin) Pyridin Synthese

Auch bekannt als die Tschitschibabin-Reaktion. Kondensation von Aldehyden mit Ammoniak zur Herstellung von Pyridinen.

Beispiel 1 [3]

© Der/die Autor(en), exklusiv lizenziert an
Springer Nature Switzerland AG 2024
J. J. Li, *Namensreaktionen*, https://doi.org/10.1007/978-3-031-52850-7_27

Beispiel 2 [7]

Beispiel 3 [8]

Beispiel 4, Eine abnormale Tschitschibabin-Reaktion [9]

Beispiel 5, Radiomarkierte Tschitschibabin-Reaktion [11]

Beispiel 6, Radiomarkierte Tschitschibabin-Reaktion [13]

Referenzen

1. Chichibabin, A. E. *J. Russ. Phys. Chem. Soc.* **1906**, *37*, 1229. Alexei E. Tschitschibabin (1871 – 1945) wurde in Kuzemino, Russland, geboren. Er war Markovnikovs Lieblingsschüler. Markovnikovs Nachfolger, Zelinsky (bekannt durch die Hell–Volhard–Zelinsky-Reaktion) wollte nicht mit dem Schüler zusammenarbeiten und gab Chichibabin ein negatives Urteil über seine Doktorarbeit, was Chichibabin den Spitznamen "der Autodidakt" einbrachte.
2. Frank, R. L.; Riener, E. F. *J. Am. Chem. Soc.* **1950**, *72*, 4182–4183.
3. Weiss, M. *J. Am. Chem. Soc.* **1952**, *74*, 200–202.
4. Kessar, S. V.; Nadir, U. K.; Singh, M. *Indian J. Chem.* **1973**, *11*, 825–826.
5. Shimizu, S.; Abe, N.; Iguchi, A.; Dohba, M.; Sato, H.; Hirose, K.-I. *Microporous Mesoporous Materials* **1998**, *21*, 447–451.
6. Galatasis, P. *Chichibabin (Tschitschibabin) Pyridine Synthesis*. In *Name Reactions in Heterocyclic Chemistry*; Li, J. J., Ed.; Wiley: Hoboken, NJ, **2005**, S. 308 – 309. (Übersichtsartikel).
7. Snider, B. B.; Neubert, B. J. *Org. Lett.* **2005**, *7*, 2715–2718.
8. Wang, X.-L.; Li, Y.-F.; Gong, C.-L.; Ma, T.; Yang, F.-C. *J. Fluorine Chem.* **2008**, *129*, 56–63.
9. Burns, N. Z.; Baran, P. S. *Angew. Chem. Int. Ed.* **2008**, *47*, 205–208.
10. Allais, C.; Grassot, J.-M.; Rodriguez, J.; Constantieux, T. *Chem. Rev.* **2014**, *114*, 10829–10868. (Rezension).
11. Tanigawa, T.; Komatsu, A.; Usuki, T. *Bioorg. Med. Chem. Lett.* **2015**, *25*, 2046–2049.
12. Khan, F. A. K.; Zaheer, Z.; Sangshetti, J. N.; Patil, R. H.; Farooqui, M. *Bioorg. Med. Chem. Lett.* **2017**, *27*, 567–573.
13. Fuse, W.; Imura, A.; Tanaka, N.; Usuki, T. *Tetrahedron Lett.* **2019**, *60*, 928–930.

Chugaev-Eliminierung

Thermische Eliminierung von Xanthogenat-Estern zu Olefinen.

Beispiel 1 [4]

Beispiel 2 [5]

Beispiel 3, Chugaev *syn-* Eliminierung wird gefolgt von einer intramolekularen Ene-Reaktion [6]

Beispiel 4, Aromatisierung durch Chugaev-Eliminierung [10]

Beispiel 5, Doppelte Chugaev-Eliminierung [11]

Referenzen

1. Chugaev, L. *Ber.* **1899**, *32*, 3332. Lev A. Chugaev (1873 – 1922) wurde in Moskau, Russland, geboren. Er war Professor für Chemie in Petrograd, eine Position, die einst Dimitri Mendeleyev und Paul Walden innehatten. Neben Terpenoiden, untersuchte Chugaev auch Nickel- und Platinchemie. Er widmete sein Leben vollständig der Wissenschaft. Das Licht in Chugaevs Studierzimmer würde unweigerlich bis 4 oder 5 Uhr morgens brennen.
2. Harano, K.; Taguchi, T. *Chem. Pharm. Bull.* **1975**, *23*, 467–472.
3. Ho, T.-L.; Liu, S.-H. *J. Chem. Soc., Perkin Trans. 1* **1984**, 615–617.
4. Fu, X.; Cook, J. M. *Tetrahedron Lett.* **1990**, *31*, 3409–3412.

5. Meulemans, T. M.; Stork, G. A.; Macaev, F. Z.; Jansen, B. J. M.; de Groot, A. *J. Org. Chem.* **1999**, *64*, 9178–9188.
6. Nakagawa, H.; Sugahara, T.; Ogasawara, K. *Org. Lett.* **2000**, *2*, 3181–3183.
7. Fuchter, M. J. *Chugaev Elimination. In Name Reactions for Functional Group Transformations*; Li, J. J., Hrsg.; Wiley: Hoboken, NJ, **2007**, S. 334–342. (Übersichtsartikel).
8. Ahmed, S.; Baker, L. A.; Grainger, R. S.; Innocenti, P.; Quevedo, C. E. *J. Org. Chem.* **2008**, *73*, 8116–8119.
9. Tang, P.; Wang, L.; Chen, Q.-F.; Chen, Q.-H.; Jian, X.-X.; Wang, F.-P. *Tetrahedron* **2012**, *68*, 5031–5036.
10. He, S.; Hsung, R. P.; Presser, W. R.; Ma, Z.-X.; Haugen, B. J. *Org. Lett.* **2014**, *16*, 2180–2183.
11. Fukaya, K.; Kodama, K.; Tanaka, Y.; Yamazaki, H.; Sugai, T.; Yamaguchi, Y.; Watanabe, A.; Oishi, T.; Sato, T.; Chida, N. *Org. Lett.* **2015**, *17*, 2574–2577.
12. Burroughs, L.; Ritchie, J.; Woodward, S. *Tetrahedron* **2016**, *72*, 1686–1689.
13. He, W.; Ding, Y.; Tu, J.; Que, C.; Yang, Z.; Xu, J. *Org. Biomol. Chem.* **2018**, *16*, 1659–1666.
14. Langlais, M.; Coutelier, O.; Destarac, M. **2019**, *60*, 1522–1525

Claisen-Kondensation

Basekatalysierte Kondensation von Estern zur Bereitstellung von β-Ketoestern.

Beispiel 1 [4]

Beispiel 2 [6]

Beispiel 3, Retro-Claisen-Kondensation [9]

Beispiel 4, Lösungsmittelfreie Claisen-Kondensation [10]

KOt-Bu, 100 °C, 30 min.
Lösungsmittelfrei, 51%

● = ^{13}C

Beispiel 5, Intramolekulare Claisen-Kondensation (Dieckmann-Kondensation) [11]

NaOEt, EtOH
Reflux
Michael-Addition

intramolekulare
Claisen-
Kondensation

Beispiel 6, Vinyloge Claisen-Kondensation

LDA, THF
−78 °C→RT, 68%

Referenzen

1. Claisen, R. L.; Lowman, O. *Ber.* **1887**, *20*, 651. Rainer Ludwig Claisen (1851-1930), geboren in Köln, Deutschland, hatte wahrscheinlich den besten Stammbaum in der Geschichte der organischen Chemie. Er war Lehrling bei Kekulé, Wöhler, von Baeyer und Fischer, bevor er seine eigene unabhängige Forschung begann.
2. Hauser, C. R.; Hudson, B. E. *Org. React.* **1942**, *1*, 266–302. (Überprüfung).
3. Schäfer, J. P.; Bloomfield, J. J. *Org. React.* **1967**, *15*, 1–203. (Überprüfung).
4. Yoshizawa, K.; Toyota, S.; Toda, F. *Tetrahedron Lett.* **2001**, *42*, 7983–7985.
5. Heath, R. J.; Rock, C. O. *Nat. Prod. Rep.* **2002**, *19*, 581–596. (Überprüfung).
6. Honda, Y.; Katayama, S.; Kojima, M.; Suzuki, T. *Org. Lett.* **2002**, *4*, 447–449.
7. Mogilaiah, K.; Reddy, N. V. *Synth. Commun.* **2003**, *33*, 73–78.
8. Linderberg, M. T.; Moge, M.; Sivadasan, S. *Org. Process Res. Dev.* **2004,** *8,* 838–845.
9. Kawata, A.; Takata, K.; Kuninobu, Y.; Takai, K. *Angew. Chem. Int. Ed.* **2007**, *46*, 7793–7795.
10. Iida, K.; Ohtaka, K.; Komatsu, T.; Makino, T.; Kajiwara, M. *J. Labelled Compd. Radiopharm.* **2008,** *51,* 167–169.
11. Song, Y. Y.; He, H. G.; Li, Y.; Deng, Y. *Tetrahedron Lett.* **2013,** *54*, 2658–2660.
12. Reber, K. P.; Burdge, H. E. *J. Nat. Prod.* **2018**, *81*, 292–297.

Claisen-Umlagerung

Die Claisen, *para* -Claisen-, Belluš–Claisen-; Corey–Claisen-, Eschenmoser–Claisen-, Ireland–Claisen-, Kazmaier–Claisen-, Saucy–Claisen-; Orthoester-Johnson–Claisen- sowie die Carroll-Umlagerung, gehören zur Kategorie der *[3,3]-sigmatropen Umlagerungen*. Die Claisen-Umlagerung ist ein konzertierter Prozess, sodass die Elektronenpaarverschiebungen hier ist nur illustrativ sind.

Beispiel 1 [7]

Beispiel 2 [8]

Beispiel 3 [9]

Beispiel 4, Asymmetrische Claisen-Umlagerung [10]

98% Ausbeute, > 90% de, 99% ee

Beispiel 5, Asymmetrische Claisen-Umlagerung [11]

73%, 96% ee

Beispiel 6 [13]

Beispiel 7, Einführung der Prenylgruppe [14]

37%, 3 Stufen

Referenzen

1. Claisen, L. *Ber.* **1912,** *45,* 3157–3166.
2. Rhoads, S. J.; Raulins, N. R. *Org. React.* **1975,** *22,* 1 – 252. (Überprüfung).
3. Wipf, P. In *Umfassende organische Synthese;* Trost, B. M.; Fleming, I., Hrsg.; Pergamon, **1991,** *Bd. 5,* 827–873. (Überprüfung).
4. Ganem, B. *Angew. Chem. Int. Ed.* **1996,** *35,* 937–945. (Überprüfung).
5. Ito, H.; Taguchi, T. *Chem. Soc. Rev.* **1999,** *28,* 43 – 50. (Überprüfung).
6. Castro, A. M. M. *Chem. Rev.* **2004,** *104,* 2939 – 3002. (Überprüfung).
7. Jürs, S.; Thiem, J. *Tetrahedron: Asymmetry* **2005,** *16,* 1631–1638.
8. Vyvyan, J. R.; Oaksmith, J. M.; Parks, B. W.; Peterson, E. M. *Tetrahedron Lett.* **2005,** *46,* 2457–2460.

9. Nelson, S. G.; Wang, K. *J. Am. Chem. Soc.* **2006,** *128*, 4232–4233.
10. Körner, M.; Hiersemann, M. *Org. Lett.* **2007,** *9*, 4979–4982.
11. Uyeda, C.; Jacobsen, E. N. *J. Am. Chem. Soc.* **2008,** *130*, 9228–9229.
12. Williams, D. R.; Nag, P. P. *Claisen and Related Rearrangements.* In *Name Reactions for Homologations-Part II*; Li, J. J., Hrsg.; Wiley: Hoboken, NJ, **2009,** S. 33–43. (Übersichtsartikel).
13. Alwarsh, S.; Ayinuola, K.; Dormi, S. S.; McIntosh, M. C. *Org. Lett.* **2013,** *15*, 3–5.
14. Ito, S.; Kitamura, T.; Arulmozhiraja, S.; Manabe, K.; Tokiwa, H.; Suzuki, Y. *Org. Lett.* **2019,** *21*, 2777–2781.
15. Miro, J.; Ellwart, M.; Han, S.-J.; Lin, H.-H.; Toste, F. D.; Gensch, T.; Sigman, M. S.; Han, S.-J. *J. Am. Chem. Soc.* **2020,** *142*, 6390–6399.

para - *Claisen-Umlagerung*

Weitere Umlagerung des normalen *ortho*- Claisen-Umlagerungsprodukts ergibt das *para*-Claisen-Umlagerungsprodukt.

Mechanismus 1:

Mechanismus 2:

Mechanismus 3:

Beispiel 1 [6]

Beispiel 2 [7]

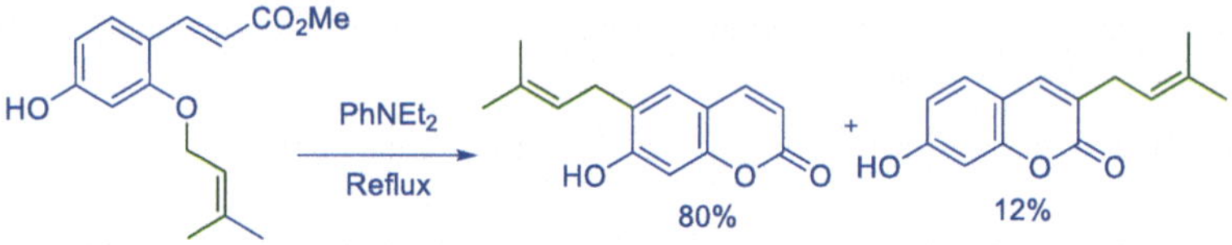

Beispiel 3 [8]

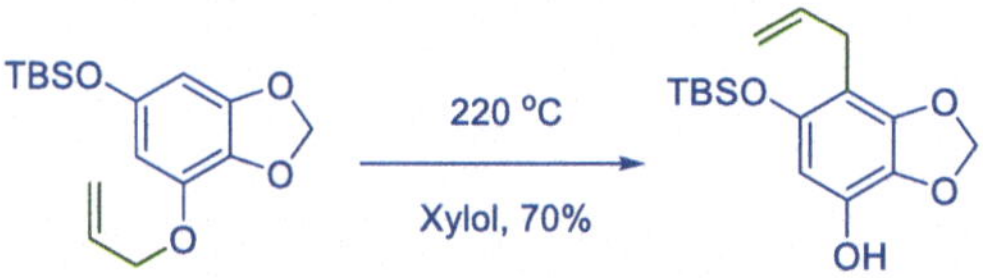

Beispiel 4 [10]

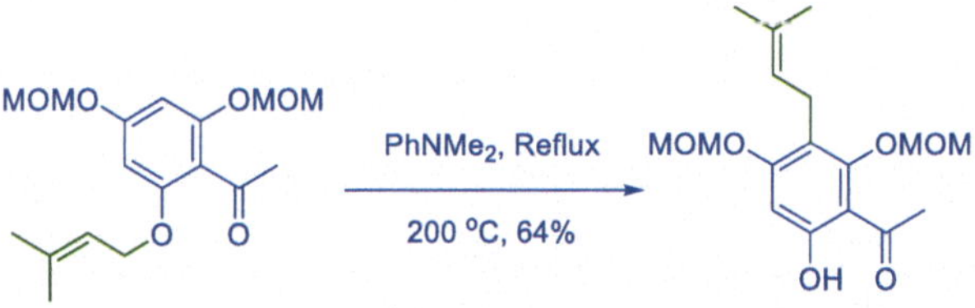

Beispiel 5 [11]

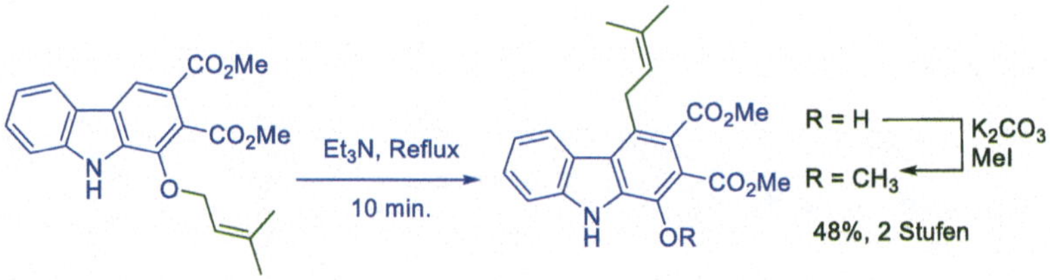

Beispiel 6, fod = 1,1,1,2,2,3,3-heptafluoro-7,7-dimethyl-4,6-octandionat = Siever's Reagenz [12]

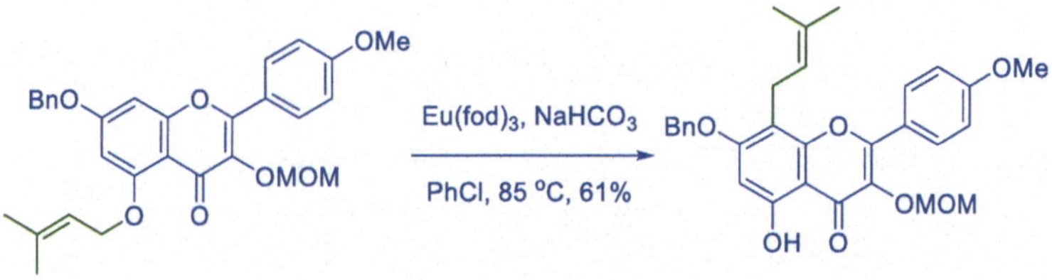

Referenzen

1. Alexander, E. R.; Kluiber, R. W. *J. Am. Chem. Soc.* **1951,** *73*, 4304–4306.
2. Rhoads, S. J.; Raulins, R.; Reynolds, R. D. *J. Am. Chem. Soc.* **1953,** *75*, 2531–2532.
3. Dyer, A.; Jefferson, A.; Scheinmann, F. *J. Org. Chem.* **1968,** *33*, 1259–1261.
4. Murray, R. D. H.; Lawrie, K. W. M. *Tetrahedron* **1979,** *35*, 697–699.
5. Cairns, N.; Harwood, L. M.; Astles, D. P. *J. Chem. Ges., Chem. Komm.* **1986,** 1264–1266.
6. Kilényi, S. N.; Mahaux, J.-M.; van Durme, E. *J. Org. Chem.* **1991,** *56*, 2591–2594.
7. Cairns, N.; Harwood, L. M.; Astles, D. P. *J. Chem. Ges., Perkin Trans. 1* **1994,** 3101–3107.
8. Pettus, T. R. R.; Inoue, M.; Chen, X.-T.; Danishefsky, S. J. *J. Am. Chem. Soc.* **2000,** *122*, 6160–6168.
9. Al-Maharik, N.; Botting, N. P. *Tetrahedron* **2003,** *59*, 4177–4181.
10. Khupse, R. S.; Erhardt, P. W. *J. Nat. Prod.* **2007,** *70*, 1507–1509.
11. Jana, A. K.; Mal, D. *Chem. Komm.* **2010,** *46*, 4411–4413.
12. Mei, Q.; Wang, C.; Zhao, Z.; Yuan, W.; Zhang, G. *Beilst. J. Org. Chem.* **2015,** *11*, 1220–1225.
13. Wang, Z.; Wang, H.; Ren, P.; Wang, M. *J. Macromol. Sci. Teil A* **2019,** *56*, 794–802.

Abnormale Claisen-Umlagerung

Weitere Umlagerung des normalen Claisen-Umlagerungsprodukts mit dem β-Kohlenstoff, der an den Ring angehängt wird.

Beispiel 1 [3]

Beispiel 2, Enantioselektive aromatische Claisen-Umlagerung [4]

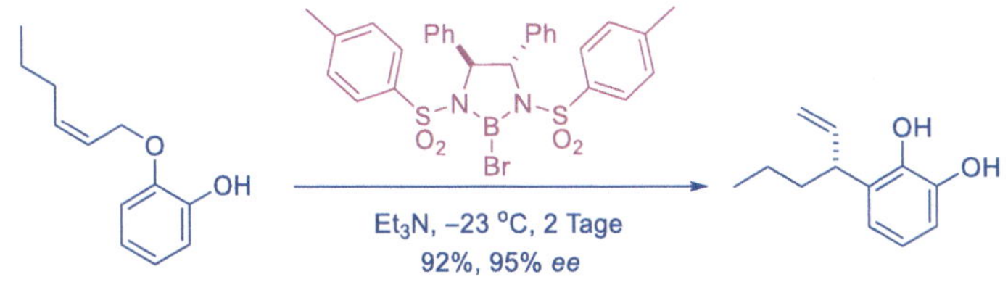

Beispiel 3 [5]

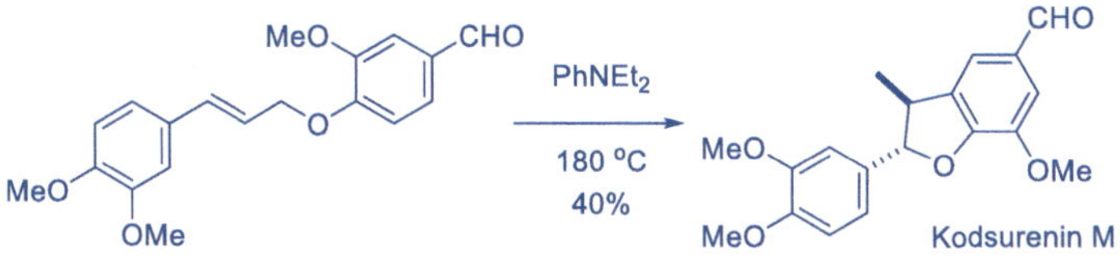

Kodsurenin M

Beispiel 4 [6]

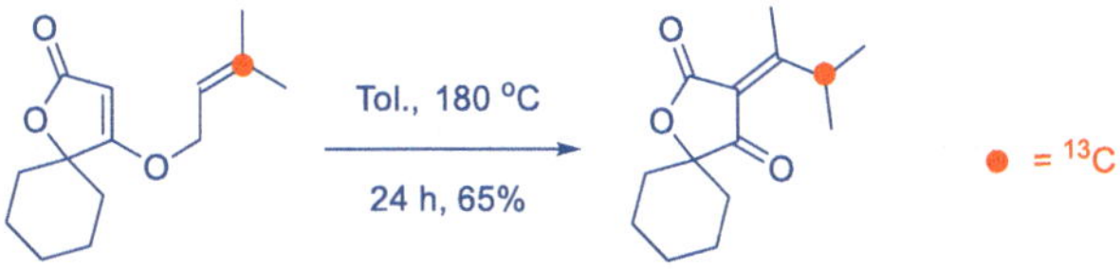

● = ^{13}C

Beispiel 5 [7]

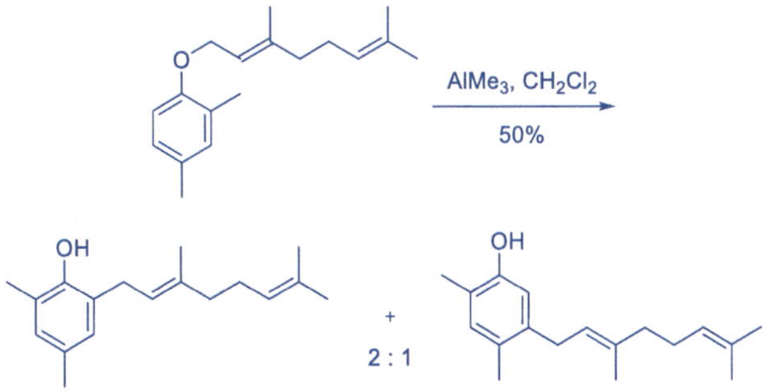

Beispiel 6 [10]

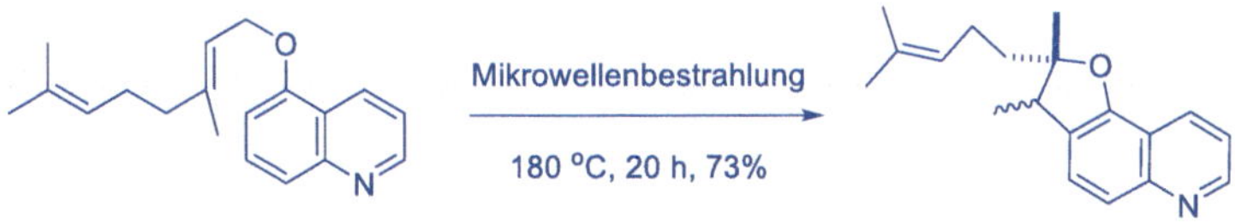

Mikrowellenbestrahlung

180 °C, 20 h, 73%

Beispiel 7 [11]

[reaction scheme: 4-formyl-2-methoxyphenyl prenyl ether + PhNMe₂, 185 °C, 26 h, geschossenes Gefäß, 32% → 3-(1,1-dimethylallyl)-4-hydroxy-5-methoxybenzaldehyde-type product]

Referenzen

1. Hansen, H.-J. In *Mechanisms of Molecular Migrations;* Bd. 3, Thyagarajan, B. S., Hrsg.; Wiley-Interscience: New York, **1971,** S. 177–236. (Übersichtsartikel).
2. Kilényi, S. N.; Mahaux, J.-M.; van Durme, E. *J. Org. Chem.* **1991,** *56,* 2591–2594.
3. Fukuyama, T.; Li, T.; Peng, G. *Tetrahedron Lett.* **1994,** *35,* 2145–2148.
4. Ito, H.; Sato, A.; Taguchi, T. *Tetrahedron Lett.* **1997,** *38,* 4815–4818.
5. Yi, W. M.; Xin, W. A.; Fu, P. X. *J. Chem. Soc., (S),* **1998,** 168.
6. Schobert, R.; Siegfried, S.; Gordon, G.; Mulholland, D.; Nieuwenhuyzen, M. *Tetrahedron Lett.* **2001,** *42,* 4561–4564.
7. Wipf, P.; Rodriguez, S. *Ad. Synth. Catal.* **2002,** *344,* 434–440.
8. Puranik, R.; Rao, Y. J.; Krupadanam, G. L. D. *Indian J. Chem., Sect. B* **2002,** *41B,* 868–870.
9. Williams, D. R.; Nag, P. P. *Claisen and Related Rearrangements. In Name Reactions for Homologations-Part II*; Li, J. J., Ed.; Wiley: Hoboken, NJ, **2009,** S. 33–87. (Übersichtsartikel).
10. Torincsi, M.; Kolonits, P.; Fekete, J.; Novak, L. *Synth.Commun.* **2012,** *42,* 3187–3199.
11. He, J.; Li, J.; Liu, Z.-Q. *Med. Chem. Res.* **2013,** *22,* 2847–2854.

Eschenmoser-Claisen-Amid-Acetal-Umlagerung

[3,3]-Sigmatrope Umlagerung von *N,O*-Ketenacetale zu γ,δ-ungesättigten Amiden. Da Eschenmoser von Meerweins Beobachtungen zum Austausch von Amid inspiriert wurde, ist die Eschenmoser-Claisen-Umlagerung manchmal auch als Meerwein-Eschenmoser-Claisen (EMC) Umlagerung bekannt.

Beispiel 1 [4]

Beispiel 2 [5]

Beispiel 3 [6]

Beispiel 4 [8]

Beispiel 5 [9]

Beispiel 6, Anwendung in der Totalsynthese [11]

Beispiel 7, Eine einstufige diastereoselektive Meerwein-Eschenmoser-Claisen (EMC) Umlagerung [15]

Referenzen

1. Meerwein, H.; Florian, W.; Schön, N.; Stopp, G. *Ann.* **1961,** *641*, 1 – 39.
2. Wick, A. E.; Felix, D.; Steen, K.; Eschenmoser, A. *Helv. Chim. Acta* **1964,** *47*, 2425–2429. Albert Eschenmoser (Schweiz, 1925 – Juli, 2023) ist bekannt für seine Arbeit unter vielen anderen, die monumentale Totalsynthese von Vitamin B $_{12}$ mit R. B. Woodward im Jahr 1973. Er hatte Lehraufträge an der ETH Zürich und am Scripps Research Institute in La Jolla, CA.
3. Wipf, P. In *Comprehensive Organic Synthesis;* Trost, B. M.; Fleming, I., Hrsg.; Pergamon, **1991,** *Bd. 5*, 827–873. (Übersichtsartikel).
4. Konno, T.; Nakano, H.; Kitazume, T. *J. Fluorine Chem.* **1997,** *86*, 81–87.
5. Metz, P.; Hungerhoff, B. *J. Org. Chem.* **1997,** *62*, 4442–4448.
6. Kwon, O. Y.; Su, D. S.; Meng, D. F.; Deng, W.; D'Amico, D. C.; Danishefsky, S. J. *Angew. Chem. Int. Ed.* **1998,** *37*, 1877–1880.
7. Ito, H.; Taguchi, T. *Chem. Soc. Rev.* **1999,** *28*, 43–50. (Übersichtsartikel).
8. Loh, T.-P.; Hu, Q.-Y. *Org. Lett.* **2001,** *3*, 279–281.
9. Castro, A. M. M. *Chem. Rev.* **2004,** *104*, 2939–3002. (Übersichtsartikel).
10. Williams, D. R.; Nag, P. P. *Claisen und verwandte Umlagerungen.* In *Namensreaktionen für Homologationen-Teil II*; Li, J. J., Hrsg.; Wiley: Hoboken, NJ, **2009,** S. 60–68. (Übersichtsartikel).
11. Walkowiak, J.; Tomas-Szwaczyk, M.; Haufe, G.; Koroniak, H. *J. Fluorine Chem.* **2012,** *143*, 189–197.
12. Yoshida, M.; Kasai, T.; Mizuguchi, T.; Namba, K. *Synlett* **2014,** *25*, 1160–1162.
13. Das, M. K.; De, S.; Shubhashish; B., A. *Org. Biomol. Chem.* **2015,** *13*, 3585–3588.
14. Zhang, X.; Cai, X.; Huang, B.; Guo, L.; Gao, Z.; Jia, Y. *Angew. Chem. Int. Ed.* **2019,** *58*, 13380–13384.
15. Yu, H.; Zong, Y.; Xu, T. *Chem. Sci.* **2020,** *511*, 656–660.

Ireland–Claisen (Silyl-Ketene-Acetal) Umlagerung

Umlagerung von Allyl-Trimethylsilyl-Ketene-Acetal, hergestellt durch Reaktion von Allyl-Ester-Enolaten mit Trimethylsilylchlorid, zu γ,δ-ungesättigten Carbonsäuren. Die Irland-Claisen-Umlagerung scheint gegenüber den anderen Varianten der Claisen-Umlagerung in Bezug auf die Kontrolle der E/Z-Selektivität und die milden Bedingungen vorteilhaft zu sein.

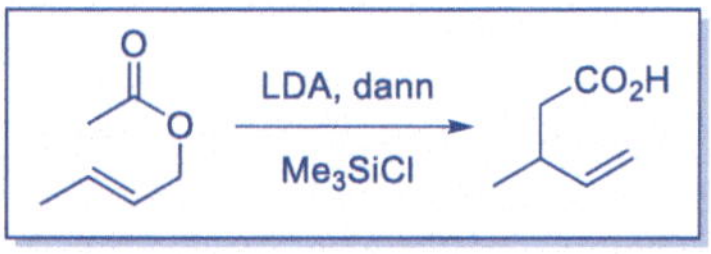

Beispiel 1 [2]

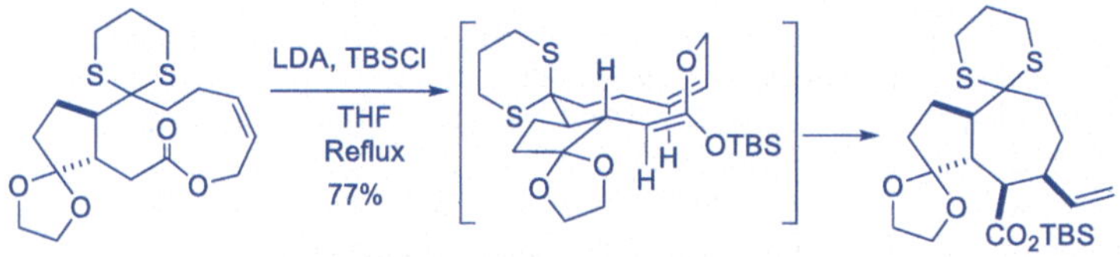

Beispiel 2 [3]

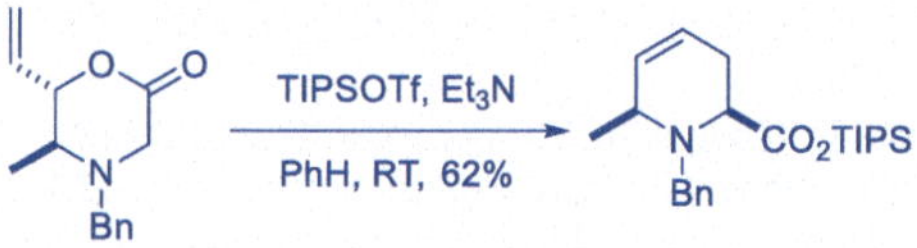

Beispiel 3, Enantioselektive Ester-Enolat–Claisen Umlagerung [6]

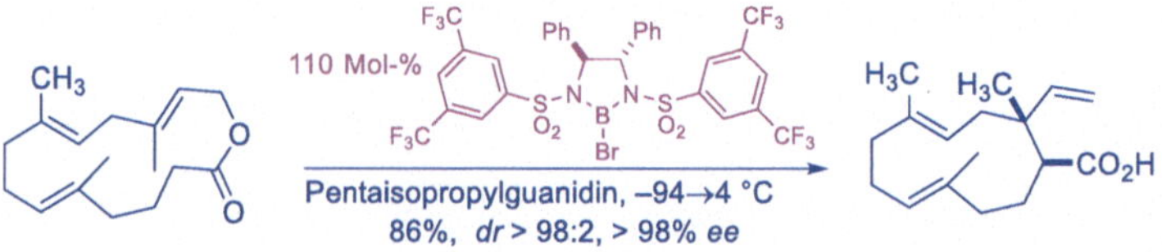

Beispiel 4, Eine modifizierte Ireland–Claisen Umlagerung [8]

Beispiel 5 [9]

Beispiel 6, Chiralität-übertragende Ireland–Claisen Umlagerung [11]

Beispiel 7, Stereodivergenz in der Ireland-Claisen-Umlagerung von α-Alkoxyestern [12]

Beispiel 8, Eine hoch diastereoselektive Ireland-Claisen-Umlagerung [15]

Referenzen

1. Ireland, R. E.; Mueller, R. H. *J. Am. Chem. Soc.* **1972,** *94*, 5897–5898. Auch *J. Am. Chem. Soc.* **1976,** *98*, 2868–2877. Robert E. Ireland erhielt seinen Doktortitel von William S. Johnson, bevor er Professor an der University of Virginia und später am California Institute of Technology wurde. Er ist jetzt im Ruhestand.
2. Begley, M. J.; Cameron, A. G.; Knight, D. W. *J. Chem. Soc., Perkin Trans. 1* **1986,** 1933–1938.
3. Angle, S. R.; Breitenbucher, J. G. *Tetrahedron Lett.* **1993,** *34*, 3985–3988.
4. Pereira, S.; Srebnik, M. *Aldrichimica Acta* **1993,** *26*, 17–29. (Übersichtsartikel).
5. Ganem, B. *Angew. Chem. Int. Ed.* **1996,** *35*, 936–945. (Übersichtsartikel).
6. Corey, E.; Kania, R. S. *J. Am. Chem. Soc.* **1996,** *118,* 1229–1230.
7. Chai, Y.; Hong, S.-p.; Lindsay, H. A.; McFarland, C.; McIntosh, M. C. *Tetrahedron* **2002,** *58*, 2905–2928. (Übersichtsartikel).
8. Churcher, I.; Williams, S.; Kerrad, S.; Harrison, T.; Castro, J. L.; Shearman, M. S.; Lewis, H. D.; Clarke, E. E.; Wrigley, J. D. J.; Beher, D.; Tang, Y. S.; Liu, W. *J. Med. Chem.* **2003,** *46*, 2275–2278.
9. Fujiwara, K.; Goto, A.; Sato, D.; Kawai, H.; Suzuki, T. *Tetrahedron Lett.* **2005,** *46*, 3465–3468.
10. Williams, D. R.; Nag, P. P. *Claisen and Related Rearrangements.* In *Name Reactions for Homologations-Part II*; Li, J. J., Hrsg.; Wiley: Hoboken, NJ, **2009**, S. 45–51. (Übersichtsartikel).
11. Nogoshi, K.; Domon, D.; Fujiwara, K.; Kawamura, N.; Katoono, R.; Kawai, H.; Suzuki, T. *Tetrahedron Lett.* **2013,** *54*, 676–680.
12. Crimmins, M. T.; Knight, J. D.; Williams, P. S.; Zhang, Y. *Org. Lett.* **2014,** *16*, 2458–2461.
13. Anugu, R. R.; Mainkar, P. S.; Sridhar, B.; Chandrasekhar, S. *Org. Biomol. Chem.* **2016,** *14*, 1332–1337.
14. Podunavac, M.; Lacharity, J. J.; Jones, K. E.; Zakarian, A. *Org. Lett.* **2018,** *20*, 4867–4870.
15. Zavesky, B. P.; De Jesus Cruz, P.; Johnson, J. S. *Org. Lett.* **2020,** *22*, 3537-3541.

Johnson–Claisen Orthoester-Umlagerung

Beim Erhitzen eines allylischen Alkohols mit einem Überschuss an Trialkylorthoacetat in Gegenwart von Spuren einer schwachen Säure entsteht ein gemischtes Orthoester. Mechanistisch verliert der Orthoester einen Alkohol, um das Ketenacetal zu erzeugen, das eine [3,3]-sigmatrope Umlagerung durchläuft, die schließlich einen γ,δ-ungesättigten Ester liefert.

Beispiel 1 [2]

Beispiel 2 [3]

Beispiel 3 [4]

Beispiel 4 [9]

Beispiel 5 [10]

Beispiel 6. Skalierbare mikrowellenunterstützte Johnson–Claisen-Umlagerung [11]

Referenzen

1. Johnson, W. S.; Werthemann, L.; Bartlett, W. R.; Brocksom, T. J.; Li, T.-T.; Faulkner, D. J.; Peterson, M. R. *J. Am. Chem. Soc.* **1970**, *92*, 741–743. William S. Johnson (1913 – 1995) wurde in New Rochelle, New York, geboren. Er erwarb seinen Doktortitel in nur zwei Jahren in Harvard unter Louis Fieser. Er war 20 Jahre lang Professor an der University of Wisconsin, bevor er an die Stanford University wechselte, wo ihm der Aufbau der modernen Chemieabteilung von Stanford zugeschrieben wird.
2. Paquette, L.; Ham, W. H. *J. Am. Chem. Soc.* **1987**, *109*, 3025–3036.
3. Cooper, G. F.; Wren, D. L.; Jackson, D. Y.; Beard, C. C.; Galeazzi, E.; Van Horn, A. R.; Li, T. T. *J. Org. Chem.* **1993**, *58*, 4280–4286.
4. Schlama, T.; Baati, R.; Gouverneur, V.; Valleix, A.; Falck, J. R.; Mioskowski, C. *Angew. Chem. Int. Ed.* **1998**, *37*, 2085–2087.
5. Giardiná, A.; Marcantoni, E.; Mecozzi, T.; Petrini, M. *Eur. J. Org. Chem.* **2001**, 713–718.
6. Funabiki, K.; Hara, N.; Nagamori, M.; Shibata, K.; Matsui, M. *J. Fluorine Chem.* **2003**, *122*, 237–242.
7. Montero, A.; Mann, E.; Herradón, B. *Eur. J. Org. Chem.* **2004**, 3063–3073.
8. Scaglione, J. B.; Rath, N. P.; Covey, D. F. *J. Org. Chem.* **2005**, *70*, 1089–1092.

9. Zartman, A. E.; Duong, L. T.; Fernandez-Metzler, C.; Hartman, G. D.; Leu, C.-T.; Prueksaritanont, T.; Rodan, G. A.; Rodan, S. B.; Duggan, M. E.; Meissner, R. S. *Bioorg. Med. Chem. Lett.* **2005,** *15*, 1647–1650.
10. Hicks, J. D.; Roush, W. R. *Org. Lett.* **2008,** *10*, 681–684.
11. Williams, D. R.; Nag, P. P. *Claisen and Related Rearrangements.* In *Name Reactions for Homologations-Part II*; Li, J. J., Hrsg.; Wiley: Hoboken, NJ, **2009,** S. 68–72. (Übersichtsartikel).
12. Sydlik, S. A.; Swager, T. M. *Adv. Funct. Mater.* **2013,** *23,* 1873–1882.
13. Egami, H.; Tamaoki, S.; Abe, M.; Ohneda, N.; Yoshimura, T.; Okamoto, T.; Odajima, H.; Mase, N.; Takeda, K.; Hamashima, Y. *Org. Process Res. Dev.* **2018,** *22,* 1029–1033.
14. Zhou, Y.-G.; Wong, H. N. C.; Peng, X.-S. *J. Org. Chem.* **2020,** *85*, 967–976.

Clemmensen-Reduktion

Reduktion von Aldehyden oder Ketonen zu den entsprechenden Methylenverbindungen unter Verwendung von amalgamiertem Zink in Salzsäure.

Der Zink-Carbenoid-Mechanismus: [3]

Radikal-Anion

Zink-Carbenoid

Der Radikal-Anion-Mechanismus:

Radikal-Anion

Beispiel 1 [5]

Beispiel 2 [6]

Beispiel 3 [7]

Beispiel 4 [9]

Beispiel 5, Clemensen reduktive Umordnung [10]

Beispiel 6, Reduktive Lacton-Alkylierung [11]

Beispiel 7, Hin zur Synthese von Dibarrelan [12]

Referenzen

1. Clemmensen, E. *Ber.* **1913**, *46*, 1837–1843. Erik C. Clemmensen (1876 – 1941) wurde in Odense, Dänemark geboren. Er erhielt den M.S. Abschluss vom Royal Polytechnic Institut in Kopenhagen. Im Jahr 1900 wanderte Clemmensen in die Vereinigten Staaten aus und arbeitete für Parke, Davis und Company in Detroit (zufälligerweise, der erste Arbeitgeber dieses Autors!) als Forschungschemiker für 14 Jahre, wo er die Reduktion von Carbonylverbindungen mit amalgamiertem Zink entdeckte. Clemmensen gründete später einige chemische Unternehmen und war der Präsident eines von ihnen, der Clemmensen Chemical Corporation in Newark, New Jersey.
2. Martin, E. L. *Org. React.* **1942**, *1*, 155–209. (Übersichtsartikel).
3. Vedejs, E. *Org. React.* **1975**, *22*, 401–422. (Übersichtsartikel).
4. Talpatra, S. K.; Chakrabarti, S.; Mallik, A. K.; Talpatra, B. *Tetrahedron* **1990**, *46*, 6047–6052.
5. Martins, F. J. C.; Viljoen, A. M.; Coetzee, M.; Fourie, L.; Wessels, P. L. *Tetrahedron* **1991**, *47*, 9215–9224.
6. Naruse, M.; Aoyagi, S.; Kibayashi, C. *J. Chem. Soc., Perkin Trans. 1* **1996**, 1113–1124.
7. Alessandrini, L.; et al. *Steroids* **2004**, *69*, 789–794.
8. Dey, S. P.; et al. *J. Indian Chem. Soc.* **2008**, *85*, 717–720.
9. Xu, S.; Toyama, T.; Nakamura, J.; Arimoto, H. *Tetraeder Let.* **2010**, *51*, 4534–4537.
10. Zhang, J.; Wang, Y.-Q.; Wang, X.-W.; Li, W.-D. Z. *J. Org. Chem.* **2013**, *78*, 6154–6162.
11. Cao, J.; Perlmutter, P. *Org. Lett.* **2015**, *15*, 4327–4329.
12. Suzuki, T.; Okuyama, H.; Takano, A.; Suzuki, S.; Shimizu, I.; Kobayashi, S. *J. Org. Chem.* **2014**, *79*, 2803–2808.
13. Sanchez-Viesca, F.; Berros, M.; Gomez, R. *Am. J. Chem.* **2018**, *8*, 8–12.
14. Oyama, K.-i.; Kimura, Y.; Iuchi, S.; Koga, N.; Yoshida, K.; Kondo, T. *RSC Adv.* **2019**, *9*, 31435–31439.

Cope-Eliminierung

Thermische Eliminierung von *N*-Oxiden zu Olefinen und *N*-Hydroxylaminen.

Beispiel 1, Festphasen-Cope-Eliminierung [5]

Beispiel 2 [6]

Beispiel 3 [8]

Beispiel 4, Retro-Cope-Eliminierung [9]

Beispiel 5 [12]

Beispiel 6, Anwendung in der medizinischen Chemie [13]

Beispiel 7 [13]

Beispiel 8, Ähnlich wie Beispiel 3 [14]

1. 1.1 Äquiv m-CPBA
CH$_2$Cl$_2$, –40 °C → RT, 12 h

2. BzCl, Et$_3$N, DMAP
CH$_2$Cl$_2$, 0 °C, 30 min
52%

Referenzen

1. Cope, A. C.; Foster, T. T.; Towle, P. H. *J. Am. Chem. Soc.* **1949**, *71*, 3929 – 3934. Arthur Clay Cope (1909 – 1966) wurde in Dunreith, Indiana geboren. Er war Professor und Leiter am MIT, wo er die Cope-Eliminierungsreaktion entdeckte nachdem er am Bryn Mawr College und der Columbia University unterrichtet hatte, wo er die Cope-Umlagerung entdeckte. Der Arthur Cope Award ist ein prestigeträchtiger Preis in organischer Chemie, der von der American Chemical Society vergeben wird.
2. Cope, A. C.; Trumbull, E. R. *Org. React.* **1960**, *11*, 317 – 493. (Übersichtsartikel).
3. DePuy, C. H.; King, R. W. *Chem. Rev.* **1960**, *60*, 431 – 457. (Übersichtsartikel).
4. Gallagher, B. M.; Pearson, W. H. *Chemtracts: Org. Chem.* **1996**, *9*, 126 – 130. (Übersichtsartikel).
5. Sammelson, R. E.; Kurth, M. J. *Tetrahedron Lett.* **2001**, *42*, 3419 – 3422.
6. Vasella, A.; Remen, L. *Helv. Chim. Acta.* **2002**, *85*, 1118 – 1127.
7. Garcia Martinez, A.; Teso Vilar, E.; Garcia Fraile, A.; de la Moya Cerero, S.; Lora Maroto, B. *Tetrahedron: Asymmetry* **2002**, *13*, 17–19.
8. O'Neil, I. A.; Ramos, V. E.; Ellis, G. L.; Cleator, E.; Chorlton, A. P.; Tapolczay, D. J.; Kalindjian, S. B. *Tetrahedron Lett.* **2004**, *45*, 3659–3661.
9. Henry, N.; O'Meil, I. A. *Tetrahedron Lett.* **2007**, *48*, 1691–1694.
10. Fuchter, M. J. Cope Elimination Reaction. In *Name Reactions for Functional Group Transformations*; Li, J. J., Hrsg.; Wiley: Hoboken, NJ, **2007**, S. 342–353. (Übersichtsartikel).
11. Bourgeois, J.; Dion, I.; Cebrowski, P. H.; Loiseau, F.; Bedard, A.-C.; Beauchemin, A. M. *J. Am. Chem. Soc.* **2009**, *131*, 874–875.
12. Miyatake-Ondozabal, H.; Bannwart, L. M.; Gademann, K. *Chem. Commun.* **2013**, *49*, 1921–1923.
13. Chrovian, C. C.; Soyode-Johnson, A.; Peterson, A. A.; Gelin, C. F.; Deng, X.; Dvorak, C. A.; Carruthers, N. I.; Lord, B.; Fraser, I.; Aluisio, L.; et al. *J. Med. Chem.* **2018**, *61*, 207–223.
14. Hegmann, N.; Prusko, L.; Diesendorf, N.; Heinrich, M. R. *Org. Lett.* **2018**, *20*, 7825–7829.
15. Grassl, S.; Chen, Y.-H.; Hamze, C.; Tuellmann, C. P.; Knochel, P. *Org. Lett.* **2019**, *21*, 494–497.
16. Grassl, S.; Knochel, P. *Org. Lett.* **2020**, *22*, 1947–1950.

Cope-Umlagerung

Die Cope-, aza-Cope-, anionische oxy-Cope- und oxy-Cope-Umlagerungen gehören zur Kategorie der *[3,3]-sigmatropen Umlagerungen*. Da es sich um einen konzertierten Prozess handelt, sind die durch die Pfeile dargestellten Elektronenpaarverschiebungen hier nur illustrativ. Diese Reaktion ist ein Gleichgewichtsprozess. *Vgl.* Claisen-Umlagerung.

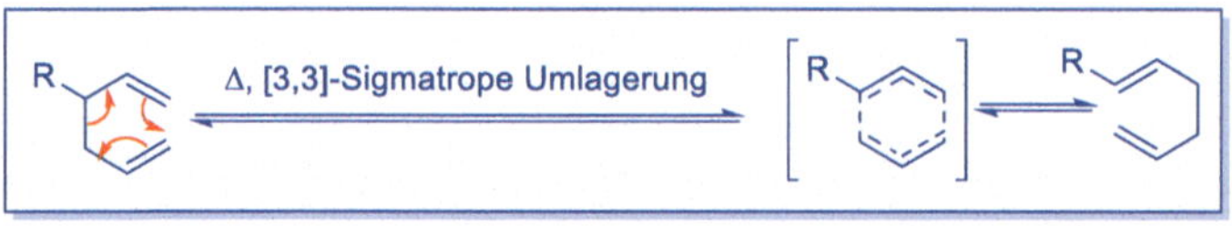

Beispiel 1 [4]

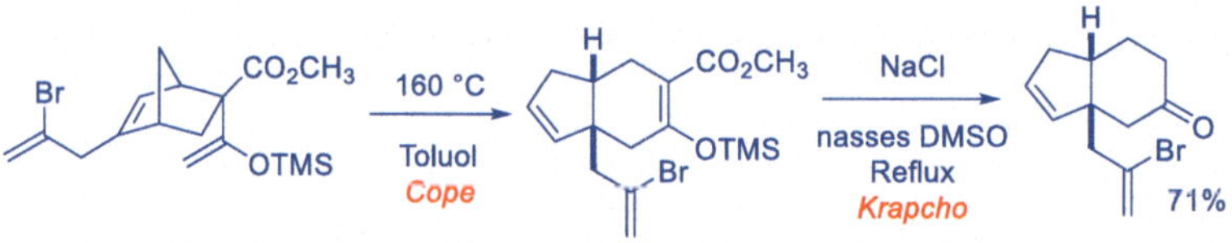

Beispiel 2 [6]

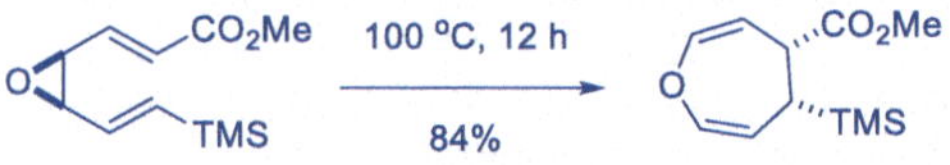

Beispiel 3 [9]

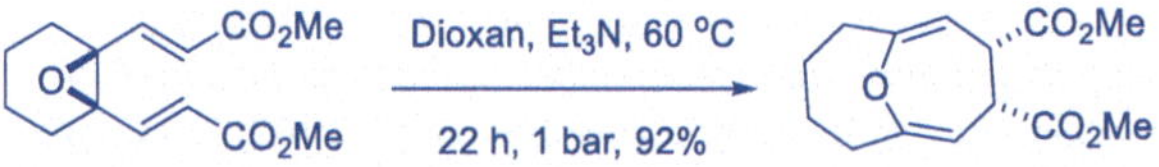

Beispiel 4 [10]

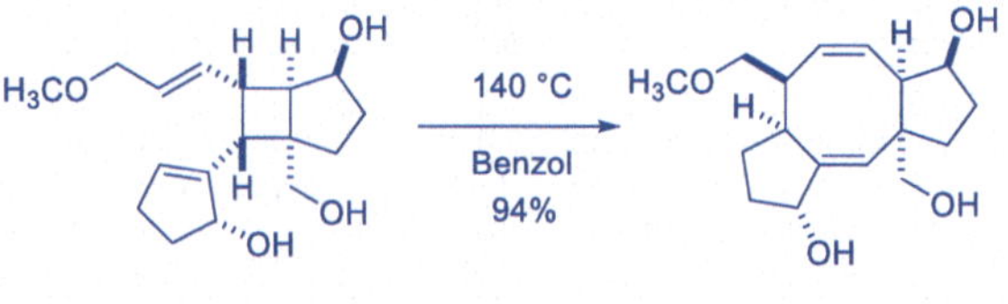

Beispiel 5 [11]

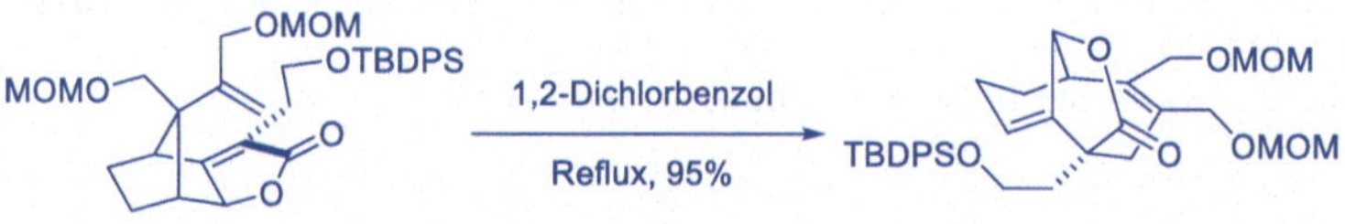

© Der/die Autor(en), exklusiv lizenziert an
Springer Nature Switzerland AG 2024
J. J. Li, *Namensreaktionen*, https://doi.org/10.1007/978-3-031-52850-7_33

Beispiel 6 [12]

Beispiel 7 [14]

Beispiel 8 [15]

Beispiel 9, Allylierung, gefolgt von 2-aza-Cope Umlagerung [16]

83% Ausbeute
95% ee

Referenzen

1. Cope, A. C.; Hardy, E. M. *J. Am. Chem. Soc.* **1940**, *62*, 441-444.
2. Frey, H. M.; Walsh, R. *Chem. Rev.* **1969**, *69*, 1030124. (Übersichtsartikel).
3. Rhoads, S. J.; Raulins, N. R. *Org. React.* **1975**, *22*, 10252. (Übersichtsartikel).
4. Wender, P. A.; Schaus, J. M. White, A. W. *J. Am. Chem. Soc.* **1980**, *102*, 6159–6161.
5. Hill, R. K. In *Comprehensive Organic Synthesis* Trost, B. M.; Fleming, I., Eds.; Per- gamon, **1991**, Vol. 5, 7850826. (Übersichtsartikel).
6. Chou, W.-N.; White, J. B.; Smith, W. B. *J. Am. Chem. Soc.* **1992**, *114*, 465804667.
7. Davies, H. M. L. *Tetrahedron* **1993**, *49*, 520305223. (Übersichtsartikel).
8. Miyashi, T.; Ikeda, H.; Takahashi, Y. *Acc. Chem. Res.* **1999**, *32*, 815 – 824. (Übersichtsartikel).
9. Von Zezschwitz, P.; Voigt, K.; Lansky, A.; Noltemeyer, M.; De Meijere, A. *J. Org. Chem.* **1999**, *64*, 3806–3812.
10. Lo, P. C.-K.; Snapper, M. L. *Org. Lett.* **2001**, *3*, 2819–2821.
11. Clive, D. L. J.; Ou, L. *Tetrahedron Lett.* **2002**, *43*, 4559–4563.
12. Malachowski, W. P.; Paul, T.; Phounsavath, S. *J. Org. Chem.* **2007**, *72*, 6792–6796.
13. Mullins, R. J.; McCracken, K. W. *Cope and Related Rearrangements.* In *Name Reactions for Homologations-Part II*; Li, J. J., Hrsg.; Wiley: Hoboken, NJ, **2009**, S. 88–135. (Übersichtsartikel).
14. Ren, H.; Wulff, W. D. *Org. Lett.* **2013**, *15*, 242–245.
15. Yamada, T.; Yoshimura, F.; Tanino, K. *Tetrahedron Lett.* **2013**, *54*, 522–525.
16. Wei, L.; Zhu, Q.; Xiao, L.; Tao, H.-Y.; Wang, C.-J. *Nat. Commun.* **2019**, *10*, 1–12.
17. Wang, Y.; Cai, P.-J.; Yu, Z.-X. *J. Am. Chem. Soc.* **2020**, *142*, 2777–2786.

Anionische Oxy-Cope-Umlagerung

Beispiel 1 [1]

Beispiel 2 [4]

Beispiel 3 [5]

X = OCH₂CH₂TMS
X = SPh

0 °C; 71%
−78 °C; 85%

Beispiel 4 [8]

Beispiel 5 [9]

Beispiel 6 [11]

Referenzen

1. Wender, P. A.; Sieburth, S. M.; Petraitis, J. J.; Singh, S. K. *Tetrahedron* **1981**, *37*, 3967–3975.
2. Wender, P. A.; Ternansky, R. J.; Sieburth, S. M. *Tetrahedron Lett.* **1985**, *26*, 4319–4322.
3. Paquette, L. A. *Tetrahedron* **1997**, *53*, 13971 – 14020. (Übersichtsartikel).
4. Corey, E. J.; Kania, R. S. *Tetrahedron Lett.* **1998**, *39*, 741–744.
5. Paquette, L. A.; Reddy, Y. R.; Haeffner, F.; Houk, K. N. *J. Am. Chem. Soc.* **2000**, *122*, 740–741.
6. Voigt, B.; Wartchow, R.; Butenschön, H. *Eur. J. Org. Chem.* **2001**, 2519–2527.
7. Hashimoto, H.; Jin, T.; Karikomi, M.; Seki, K.; Haga, K.; Uyehara, T. *Tetrahedron Lett.* **2002**, *43*, 3633–3636.
8. Gentric, L.; Hanna, I.; Huboux, A.; Zaghdoudi, R. *Org. Lett.* **2003**, *5*, 3631–3634.
9. Jones, S. B.; He, L.; Castle, S. L. *Org. Lett.* **2006**, *8*, 3757–3760.
10. Mullins, R. J.; McCracken, K. W. *Cope and Related Rearrangements*. In *Name Reactions for Homologations-Part II*; Li, J. J., Hrsg.; Wiley: Hoboken, NJ, **2009**, S. 88–135. (Übersichtsartikel).
11. Taber, D. F.; Gerstenhaber, D. A.; Berry, J. F. *J. Org. Chem.* **2013**, *76*, 7614–7617.
12. Roosen, P. C.; Vanderwal, C. D. *Org. Lett.* **2014**, *16*, 368–4371.
13. Anagnostaki, E. E.; Demertzidou, V. P.; Zografos, A. L. *Chem. Commun.* **2015**, *51*, 2364–2367.
14. Fujimoto, Y.; Yanai, H.; Matsumoto, T. *Synlett* **2016**, *27*, 2229–2232.
15. Simek, M.; Bartova, K.; Pohl, R.; Cisarova, I.; Jahn, U. *Angew. Chem. Int. Ed.* **2020**, *59*, 6160–6165.

Oxy-Cope-Umlagerung

Während die anionischen Oxy-Cope-Umlagerungen bei niedriger Temperatur funktionieren, erfordern die Oxy-Cope-Umlagerungen hohe Temperaturen, führen jedoch in eine thermodynamische Senke.

Beispiel 1 [2]

Beispiel 2 [3]

Beispiel 3 [4]

Beispiel 4 [6]

Beispiel 5 [8]

[Reaktionsschema: Ausgangsverbindung mit HO-Gruppe, Toluol, 120 °C, 7 h, 42% → Furanogermenon]

Beispiel 6, Thermisch induzierte Oxy-Cope-Ringerweiterung [9]

[Reaktionsschema: Ausgangsverbindung mit CO$_2$Bn und HO-Gruppe, PhCl, Reflux, geschlossenes Gefäß, 12–18 h, 91% → Produkt]

Referenzen

1. Paquette, L. A. *Angew. Chem. Int. Ed.* **1990**, *29*, 609 – 626. (Übersichtsartikel).
2. Paquette, L. A.; Backhaus, D.; Braun, R. *J. Am. Chem. Soc.* **1996**, *118*, 11990–11991.
3. Srinivasan, R.; Rajagopalan, K. *Tetrahedron Lett.* **1998**, *39*, 4133–4136.
4. Schneider, C.; Rehfeuter, M. *Chem. Eur. J.* **1999**, *5*, 2850–2858.
5. Schneider, C. *Synlett* **2001**, 1079 – 1091. (Übersichtsartikel über die Siloxy-Cope-Umlagerung).
6. DiMartino, G.; Hursthouse, M. B.; Light, M. E.; Percy, J. M.; Spencer, N. S.; Tolley, M. *Org. Biomol. Chem.* **2003**, *1*, 4423–4434.
7. Mullins, R. J.; McCracken, K. W. *Cope and Related Rearrangements*. In *Name Reactions for Homologations-Part II*; Li, J. J., Hrsg.; Wiley: Hoboken, NJ, **2009**, S. 88–135. (Übersichtsartikel).
8. Anagnostaki, E. E.; Zografos, A. L. *Org. Lett.* **2013**, *15*, 152–155.
9. Massaro, N. P.; Stevens, J. C.; Chatterji, A.; Sharma, I. *Org. Lett.* **2018**, *20*, 7585–7589.
10. Tang, Q.; Fu, K.; Ruan, P.; Dong, S.; Su, Z.; Liu, X.; Feng, X. *Angew. Chem. Int. Ed.* **2019**, *58*, 11846–11851.
11. Emmetiere, F.; Grenning, A. J. *Org. Lett.* **2020**, *22*, 842–847.

Siloxy-Cope-Umlagerung

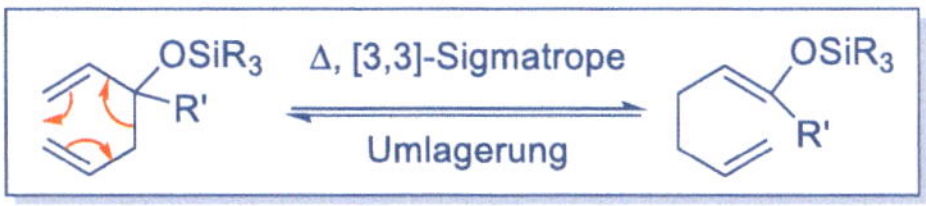

Beispiel 1 [1]

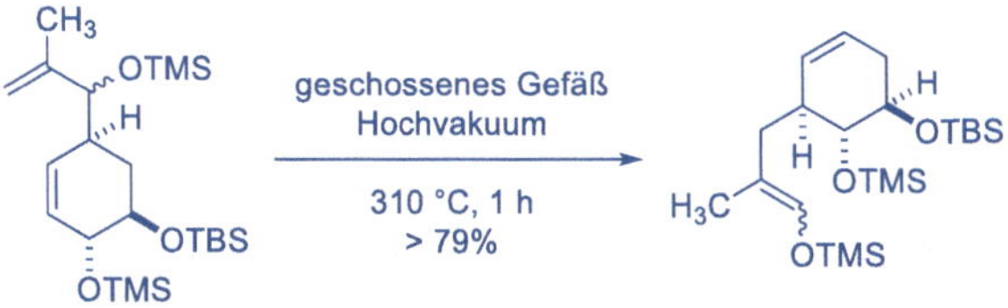

Beispiel 2 [2]

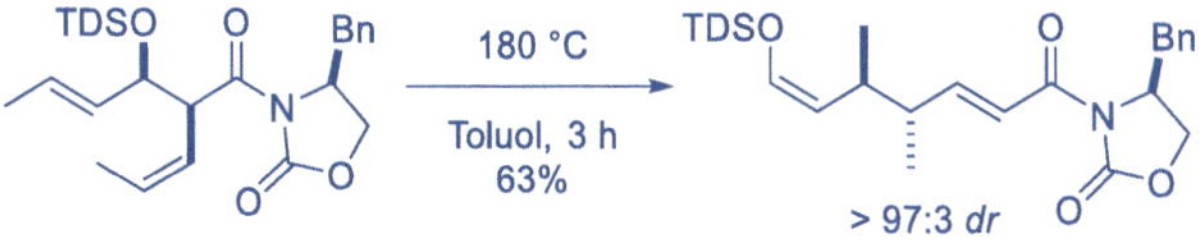

TDS = thexyldimethylsilyl

Beispiel 3 [3]

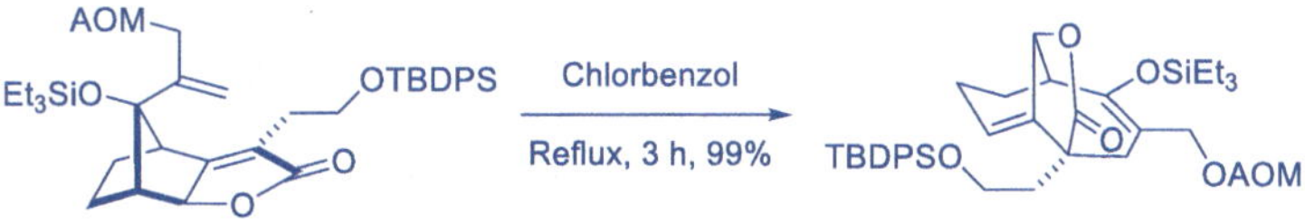

AOM = p-Anisyloxymethyl = p-MeOC$_6$H$_4$OCH$_2$-

Beispiel 4 [4]

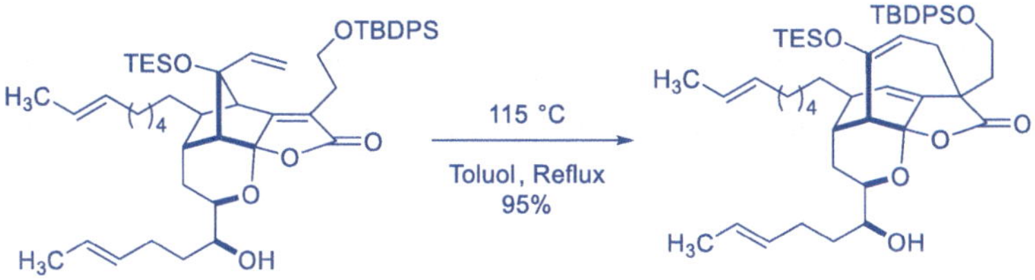

Beispiel 5, Tandem-Aldol-Reaktion/Siloxy-Cope-Umlagerung [6]

Referenzen

1. Askin, D.; Angst, C.; Danishefsky, D. J. *J. Org. Chem.* **1987**, *52*, 622–635.
2. Schneider, C. *Eur. J. Org. Chem.* **1998**, 1661–1663.
3. Clive, D. L. J.; Sun, S.; Gagliardini, V.; Sano, M. K. *Tetrahedron Lett.* **2000**, *41*, 6259–6263.
4. Bio, M. M.; Leighton, J. L. *J. Org. Chem.* **2003**, *68*, 1693–1700.
5. Mullins, R. J.; McCracken, K. W. *Cope und verwandte Umlagerungen*. In *Namensreaktionen für Homologationen-Teil II*; Li, J. J., Ed.; Wiley: Hoboken, NJ, **2009**, pp 88–135. (Übersichtsartikel).
6. Davies, H. M. L.; Lian, Y. *Acc. Chem. Res.* **2012**, *45*, 923–935. (Übersichtsartikel).

Corey–Bakshi–Shibata (CBS) Reduktion

Das CBS (Corey–Bakshi–Shibata) Reagenz ist ein chiraler Katalysator, der von Prolin abgeleitet ist. Auch bekannt als Coreys Oxazaborolidin, wird es in der enantioselektiven Boran-Reduktion von Ketonen, asymmetrischen Diels – Alder Reaktionen und [3 + 2] Cycloadditionen verwendet.

Synthese [1,3]

Beispiel 1 [6]

Beispiel 2 [9]

Der Mechanismus und der katalytische Zyklus: [1,3]

Beispiel 3 [11]

Beispiel 4, Asymmetrische [3 + 2]-Cycloaddition [10]

Beispiel 5 [13]

Beispiel 6, Anwendung in der Totalsynthese von Alkaloid [14]

Beispiel 7, CBS-Reduktion in Mikroreaktor-System [15]

Referenzen

1. (a) Corey, E. J.; Bakshi, R. K.; Shibata, S. *J. Am. Chem. Soc.* **1987**, *109*, 5551–5553. (b) Corey, E. J.; Bakshi, R. K.; Shibata, S.; Chen, C.-P.; Singh, V. K. *J. Am. Chem. Soc.* **1987**, *109*, 7925–7926. (c) Corey, E. J.; Shibata, S.; Bakshi, R. K. *J. Org. Chem.* **1988**, *53*, 2861–2863.
2. Rezensionen: (a) Corey, E. J. *Pure Appl. Chem.* **1990**, *62*, 1209–1216. (b) Wallbaum, S.; Martens, J. *Tetrahedron: Asymm.* **1992**, *3*, 1475–1504. (c) Singh,

V. K. *Synthesis* **1992,** 605–617. (d) Deloux, L.; Srebnik, M. *Chem. Rev.* **1993,** *93,* 763–784. (e) Taraba, M.; Palecek, J. *Chem. Listy* **1997,** *91,* 9–22. (f) Corey, E. J.; Helal, C. J. *Angew. Chem. Int. Ed.* **1998,** *37,* 1986–2012. (g) Corey, E. J. *Angew. Chem. Int. Ed.* **2002,** *41,* 1650–1667. (h) Itsuno, S. *Org. React.* **1998,** *52,* 395–576. (i) Cho, B. T. *Aldrichimica Acta* **2002,** *35,* 3–16. (j) Glushkov, V. A.; Tolstikov, A. G. *Russ. Chem. Rev.* **2004,** *73,* 581–608. (k) Cho, B.T. *Tetrahedron* **2006,** *62,* 7621–7643.
3. (a) Mathre, D. J.; Thompson, A. S.; Douglas, A. W.; Hoogsteen, K.; Carroll, J. D.; Corley, E. G.; Grabowski, E. J. J. *J. Org. Chem.* **1993,** *58,* 2880–2888. (b) Xavier, L. C.; Mohan, J. J.; Mathre, D. J.; Thompson, A. S.; Carroll, J. D.; Corley, E. G.; Desmond, R. *Org. Synth.* **1997,** *74,* 50–71.
4. Corey, E. J.; Helal, C. J. *Tetrahedron Lett.* **1996,** *37,* 4837–4840.
5. Clark, W. M.; Tickner-Eldridge, A. M.; Huang, G. K.; Pridgen, L. N.; Olsen, M. A.; Mills, R. J.; Lantos, I.; Baine, N. H. *J. Am. Chem. Soc.* **1998,** *120,* 4550–4551.
6. Cho, B. T.; Kim, D. J. *Tetrahedron: Asymmetry* **2001,** *12,* 2043–2047.
7. Price, M. D.; Sui, J. K.; Kurth, M. J.; Schore, N. E. *J. Org. Chem.* **2002,** *67,* 8086–8089.
8. Degni, S.; Wilen, C.-E.; Rosling, A. *Tetrahedron: Asymmetry* **2004,** *15,* 1495–1499.
9. Watanabe, H.; Iwamoto, M.; Nakada, M. *J. Org. Chem.* **2005,** *70,* 4652–4658.
10. Zhou, G.; Corey, E. J. *J. Am. Chem. Soc.* **2005,** *127,* 11958–11959.
11. Yeung, Y.-Y.; Hong, S.; Corey, E. J. *J. Am. Chem. Soc.* **2006,** *128,* 6310–6311.
12. Patti, A.; Pedotti, S. *Tetrahedron: Asymmetry* **2008,** *19,* 1891–1897.
13. Sridhar, Y.; Srihari, P. *Eur. J. Org. Chem.* **2013,** 578–587.
14. Bhoite, S. P.; Kamble, R. B.; Suryavanshi, G. M. *Tetrahedron Lett.* **2015,** *56,* 4704–4705.
15. De Angelis, S.; De Renzo, M.; Carlucci, C.; Degennaro, L.; Luisi, R. *Org. Biomol. Chem.* **2016,** *14,* 4304–4311.
16. Hughes, D. L. *Org. Process Res. Dev.* **2018,** *22,* 574–584. (Übersichtsartikel).
17. Cannon, J. S. *Org. Lett.* **2018,** *20,* 3883–3887.
18. Zhou, Y.-G.; Wong, H. N. C.; Peng, X.-S. *J. Org. Chem.* **2020,** *85,* 967–976.

Corey–Chaykovsky-Reaktion

Die Corey–Chaykovsky-Reaktion beinhaltet die Reaktion eines Schwefylids, entweder Dimethylsulfoxoniummethylid **1** (Coreys Ylid) oder Dimethylsulfoniummethylid **2**, mit einem Elektrophil **3** wie Carbonyl, Olefin, Imin oder Thiocarbonyl, um das entsprechende Epoxid, Cyclopropan, Aziridin oder Thiiran **4** zu liefern.

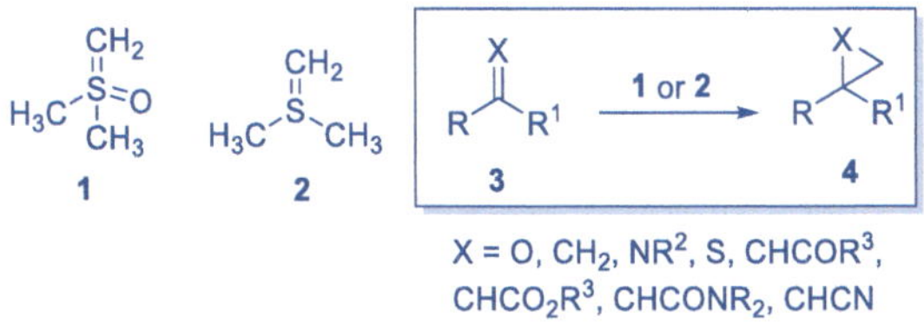

$X = O, CH_2, NR^2, S, CHCOR^3, CHCO_2R^3, CHCONR_2, CHCN$

Synthese [1]

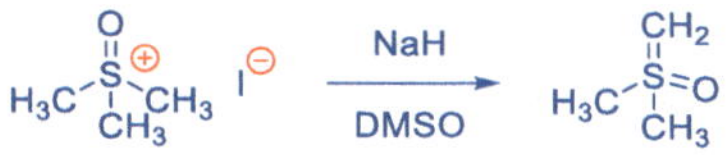

Mechanismus [1]

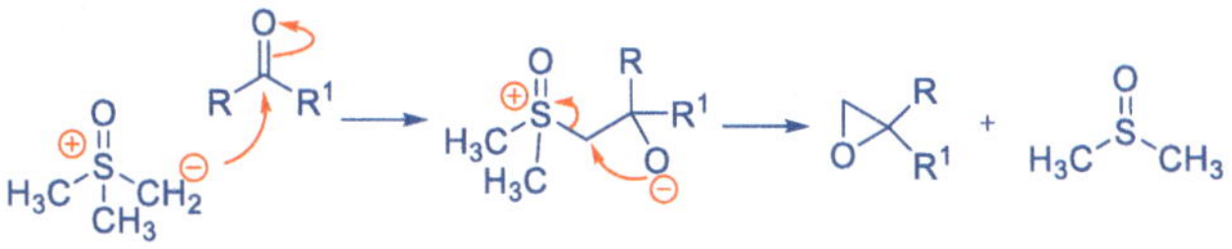

Beispiel 1, Epoxid aus Ketone [11]

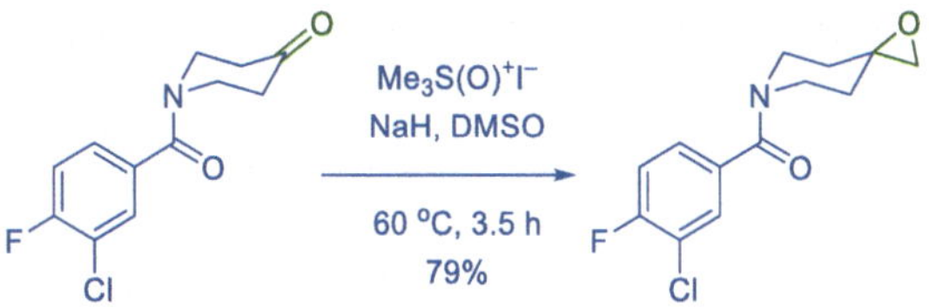

Beispiel 2, Cyclopropan aus Olefin [9]

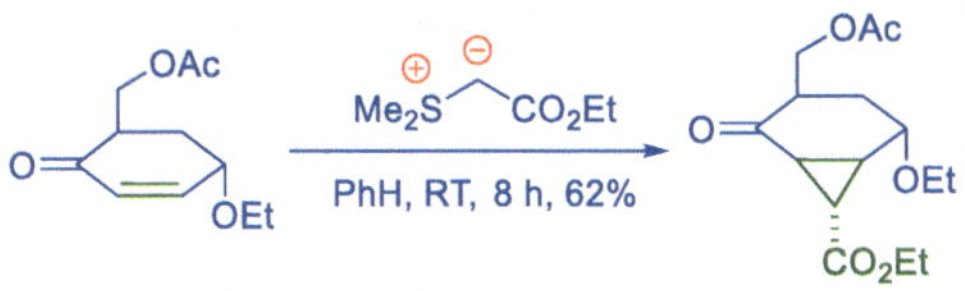

Beispiel 3, Aziridin aus aza-Corey–Chaykovsky Reaktion [9]

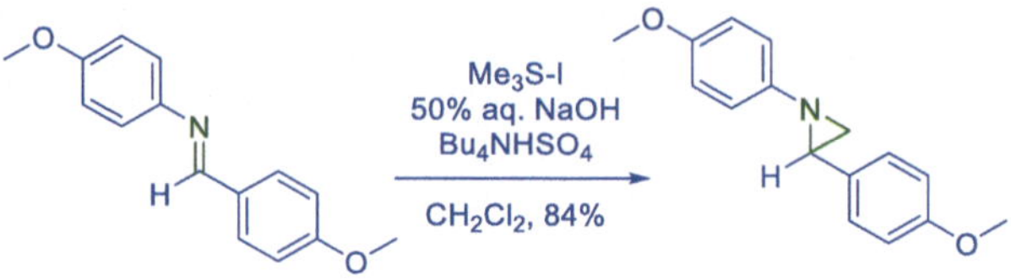

Me₃S-I
50% aq. NaOH
Bu₄NHSO₄
CH₂Cl₂, 84%

Beispiel 4 [12]

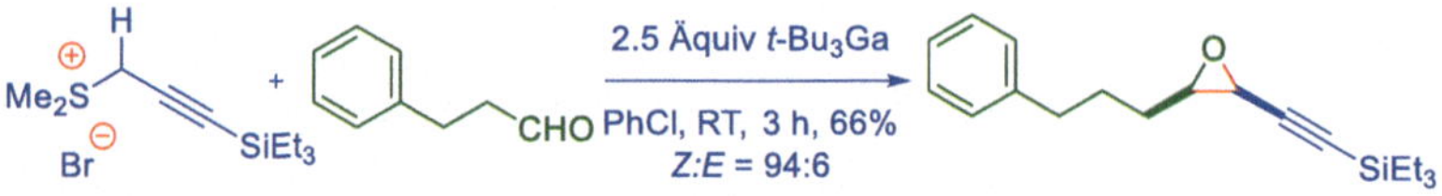

2.5 Äquiv t-Bu₃Ga
PhCl, RT, 3 h, 66%
Z:E = 94:6

Beispiel 5 [13]

4 Äquiv (CH₃)₃SOI
n-BuLi, THF
60 °C, 4 h

50%   20%

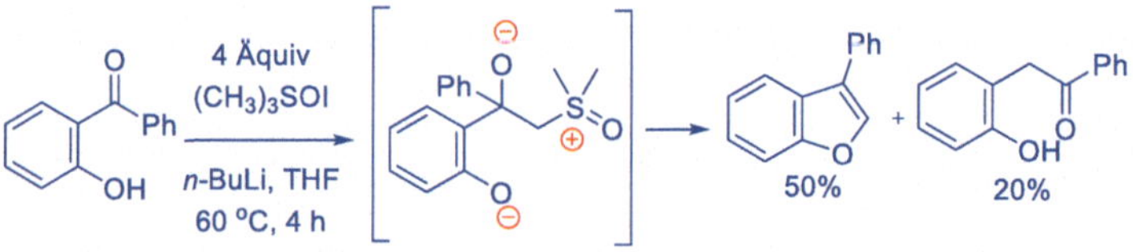

Beispiel 6, Cyclopropan aus Olefin [14]

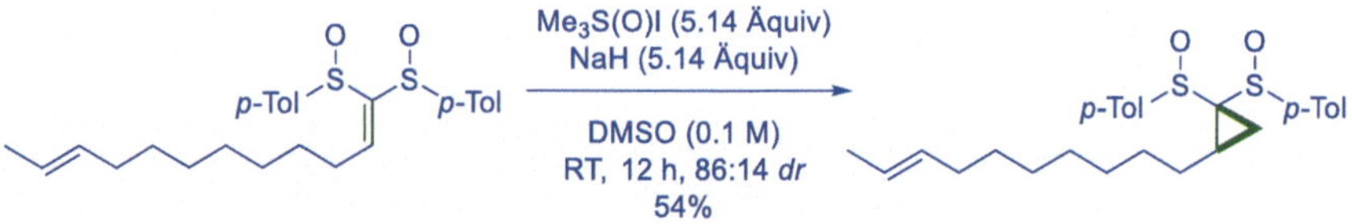

Me₃S(O)I (5.14 Äquiv)
NaH (5.14 Äquiv)
DMSO (0.1 M)
RT, 12 h, 86:14 dr
54%

Beispiel 7, Diastereoselektive Aziridinierung von Ketimino Ester [15]

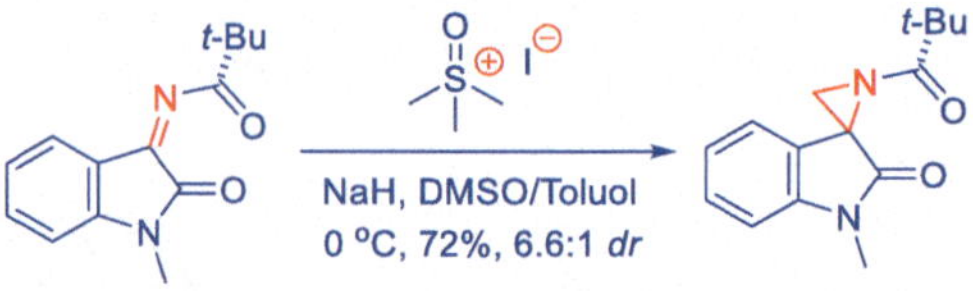

NaH, DMSO/Toluol
0 °C, 72%, 6.6:1 dr

Beispiel 8, Corey–Chaykovsky-Reaktion für den einstufigen Zugang zu Spirocyclopropyloxindolen [17]

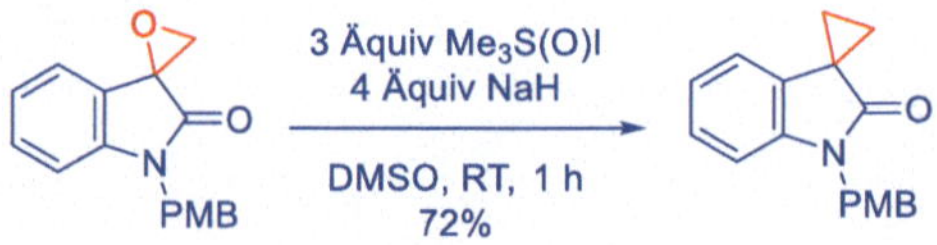

3 Äquiv Me₃S(O)I
4 Äquiv NaH
DMSO, RT, 1 h
72%

Referenzen

1. (a) Corey, E. J.; Chaykovsky, M. *J. Am. Chem. Soc.* **1962**, *84*, 867–868. (b) Corey, E. J.; Chaykovsky, M. *J. Am. Chem. Soc.* **1962**, *84*, 3782. (c) Corey, E. J.; Chaykovsky, M. *Tetrahedron Lett.* **1963**, 169–171. (d) Corey, E. J.; Chaykovsky, M. *J. Am. Chem. Soc.* **1964**, *86*, 1639–1640. (e) Corey, E. J.; Chaykovsky, M. *J. Am. Chem. Soc.* **1965**, *87*, 1353–1364.
2. Okazaki, R.; Tokitoh, N. In *Encyclopedia of Reagents in Organic Synthesis;* Paquette, L. A., Hrsg.; Wiley: New York, **1995**, S. 2139–2141. (Übersichtsartikel).
3. Ng, J. S.; Liu, C. In *Encyclopedia of Reagents in Organic Synthesis;* Paquette, L. A., Hrsg.; Wiley: New York, **1995**, S. 2159–2165. (Übersichtsartikel).
4. Trost, B. M.; Melvin, L. S., Jr. *Sulfur Ylides;* Academic Press: New York, **1975**. (Übersichtsartikel).
5. Block, E. *Reactions of Organosulfur Compounds* Academic Press: New York, **1978**. (Übersichtsartikel).
6. Gololobov, Y. G.; Nesmeyanov, A. N. *Tetrahedron* **1987**, *43*, 2609–2651. (Übersichtsartikel).
7. Aubé, J. In *Comprehensive Organic Synthesis;* Trost, B. M.; Fleming, I., Hrsg.; Pergamon: Oxford, **1991**, *Bd. 1*, S. 820–825. (Übersichtsartikel).
8. Li, A.-H.; Dai, L.-X.; Aggarwal, V. K. *Chem. Rev.* **1997**, *97*, 2341 – 2372. (Übersichtsartikel).
9. Tewari, R. S.; Awatsthi, A. K.; Awasthi, A. *Synthesis* **1983**, 330 – 331.
10. Vacher, B.; Bonnaud, B. Funes, P.; Jubault, N.; Koek, W.; Assie, M.-B.; Cosi, C.; Kleven, M. *J. Med. Chem.* **1999**, *42*, 1648 – 1660.
11. Li, J. J. *Corey–Chaykovsky Reaction*. In *Name Reactions in Heterocyclic Chemistry*; Li, J. J., Hrsg.; Wiley: Hoboken, NJ, **2005**, S. 1 – 14. (Übersichtsartikel).
12. Nishimura, Y.; Shiraishi, T.; Yamaguchi, M. *Tetrahedron Lett.* **2008**, *49*, 3492 – 3495.
13. Chittimalla, S. K.; Chang, T.-C.; Liu, T.-C.; Hsieh, H.-P.; Liao, C.-C. *Tetrahedron* **2008**, *64*, 2586 – 2595.
14. Palko, J. W.; Buist, P. H.; Manthorpe, J. M. *Tetrahedron: Asymmetry* **2013**, *24*, 165 – 168.
15. Marsini, M. A.; Reeves, J. T.; Desrosiers, J.-N.; Herbage, M. A.; Savoie, J.; Li, Z.; Fandrick, K. R.; Sader, C. A.; McKibben, B.; Gao, D. A.; et al. *Org. Lett.* **2015**, *17*, 5614 – 5617.
16. Yarmoliuk, D. V.; Serhiichuk, D.; Smyrnov, V.; Tymtsunik, A. V.; Hryshchuk, O. V.; Kuchkovska, Y.; Grygorenko, O. O. *Tetrahedron Lett.* **2018**, *59*, 4611 – 4615.
17. Hajra, S.; Roy, S.; Saleh, S. A. *Org. Lett.* **2018**, *20*, 4540 – 54544.
18. Zhang, Z.-W.; Li, H.-B.; Li, J.; Wang, C.-C.; Feng, J.; Yang, Y.-H.; Liu, S. *J. Org. Chem.* **2020**, *85*, 537 – 547.

Corey–Fuchs-Reaktion

Ein-Kohlenstoff-Homologation eines Aldehyds zu einem Dibromolefin, welches mit *N*-BuLi behandelt wird, um ein terminales Alkin zu erzeugen.

Beispiel 1 [3]

Beispiel 2 [7]

Beispiel 3 [8]

Beispiel 4 [10]

Beispiel 5 [12]

Beispiel 6 [12]

Beispiel 7, Vorbereitung von terminalen Alkinen als Sonogashira-Vorläufer [14]

Beispiel 8, Großtechnisches Verfahren Corey–Fuchs-Reaktion [16]

Referenzen

1. Corey, E. J.; Fuchs, P. L. *Tetrahedron Lett.* **1972**, *13*, 3769–3772. Phil Fuchs ist Professor an der Purdue University.
2. Für die Synthese von 1-Bromalkinen siehe Grandjean, D.; Pale, P.; Chuche, J. *Tetrahedron Lett.* **1994**, *35*, 3529–3530.
3. Gilbert, A. M.; Miller, R.; Wulff, W. D. *Tetrahedron* **1999**, *55*, 1607–1630.
4. Muller, T. J. J. *Tetrahedron Lett.* **1999**, *40*, 6563–6566.
5. Serrat, X.; Cabarrocas, G.; Rafel, S.; Ventura, M.; Linden, A.; Villalgordo, J. M. *Tetrahedron: Asymmetry* **1999**, *10*, 3417–3430.
6. Okamura, W. H.; Zhu, G.-D.; Hill, D. K.; Thomas, R. J.; Ringe, K.; Borchardt, D. B.; Norman, A. W.; Mueller, L. J. *J. Org. Chem.* **2002**, *67*, 1637–1650.
7. Tsuboya, N.; Hamasaki, R.; Ito, M.; Mitsuishi, M. *J. Mater. Chem.* **2003**, *13*, 511–513
8. Zeng, X.; Zeng, F.; Negishi, E.-i. *Org. Lett.* **2004**, *6*, 3245–3248.
9. Quéron, E.; Lett, R. *Tetrahedron Lett.* **2004**, *45*, 4527–4531.
10. Sahu, B.; Muruganantham, R.; Namboothiri, I. N. N. *Eur. J. Org. Chem.* **2007**, 2477–2489.
11. Han, X. *Corey–Fuchs Reaction.* In *Name Reactions for Homologations-Part I*; Li, J. J., Hrsg.; Wiley: Hoboken, NJ, **2009**, S. 393–403. (Übersichtsartikel).
12. Pradhan, T. K.; Lin, C. C.; Mong, K. K. T. *Synlett* **2013**, *24*, 219–222.
13. Thomson, P. F.; Parrish, D.; Pradhan, P.; Lakshman, M. K. *J. Org. Chem.* **2015**, *80*, 7435–7446
14. Dumpala, M.; Theegala, S.; Palakodety, R. K. *Tetrahedron Lett.* **2017**, *58*, 1273–1275.
15. Martynow, J.; Hanselmann, R.; Duffy, E.; Bhattacharjee, A. *Org. Process Res. Dev.* **2019**, *23*, 1026–1033.

Curtius-Umlagerung

Alkyl-, Vinyl- und Aryl-substituierte Acylazide durchlaufen eine thermische 1,2-Kohlenstoff-zu-Stickstoff-Migration unter Abspaltung von Stickstoff — die Curtius-Umlagerung — und bilden Isocyanate. Die Reaktion der Isocyanat-Produkte mit Nukleophilen, oft *in situ*, liefert Carbamate, Harnstoffe und andere *N*-Acyl-Derivate. Alternativ führt die Hydrolyse der Isocyanate zu primären Aminen.

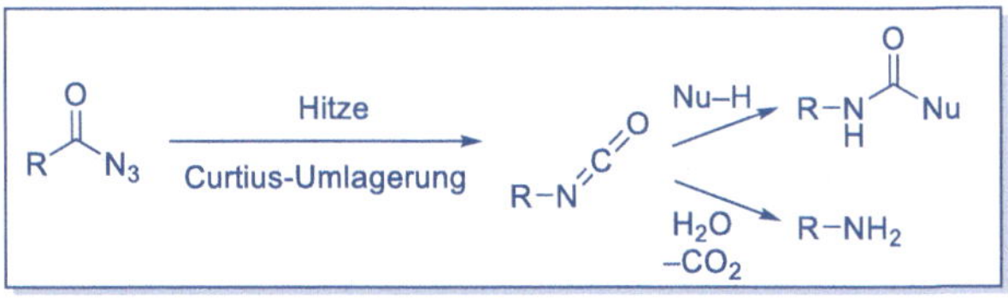

Die thermische Umordnung:

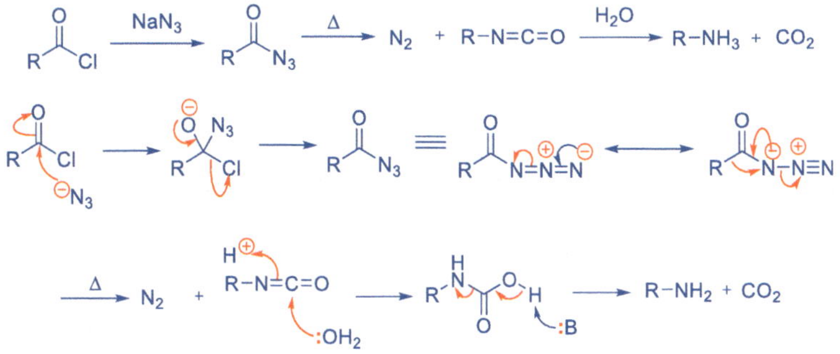

Isocyanat-Zwischenprodukt

Die photochemische Umordnung:

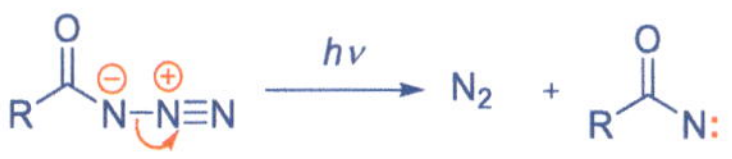

Nitren

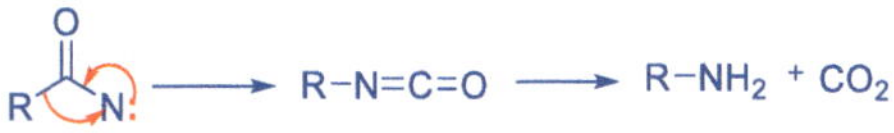

Beispiel 1, Die Shioiri-Ninomiya-Yamada-Modifikation [2]

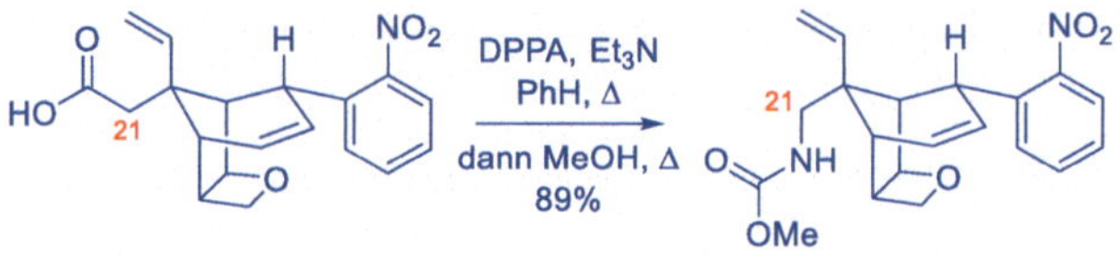

HO
O
21
H
NO2
DPPA, Et3N
PhH, Δ
dann MeOH, Δ
89%
O
NH
OMe

DPPA = Diphenylphosphorylazid

Beispiel 2 [3]

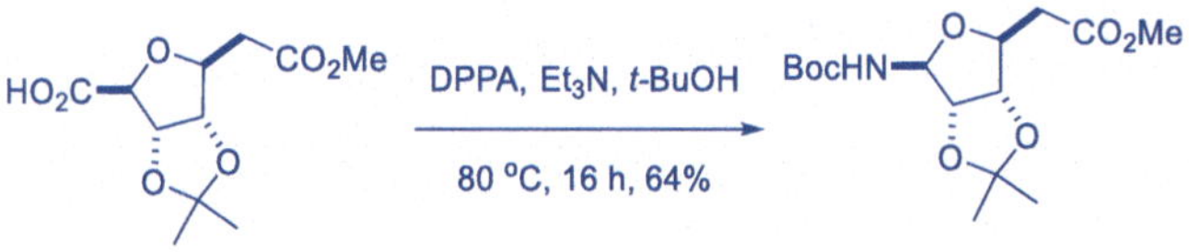

HO2C
CO2Me
DPPA, Et3N, t-BuOH
80 °C, 16 h, 64%
BocHN

Beispiel 3 [4]

CO2H
EtO(CO)Cl, dann NaN3
EtOH, PhH, Reflux, 55%
NHCO2Et

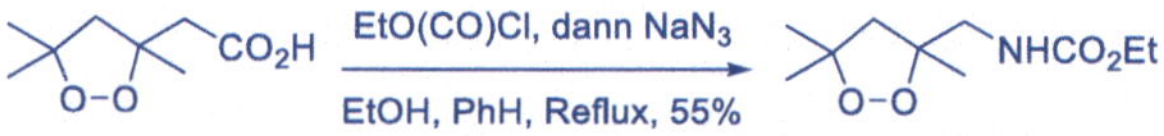

Beispiel 4, Die Weinstock-Variante der Curtius-Umordnung [6]

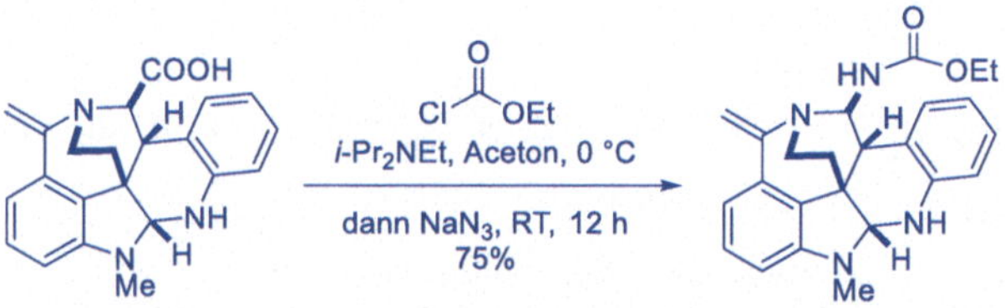

COOH
Cl
OEt
i-Pr2NEt, Aceton, 0 °C
dann NaN3, RT, 12 h
75%
NH
Me
HN

Beispiel 5 [7]

Ph
Cl
1. n-Bu3SnN3
PhBr, 0 °C to RT
30 min., 97%
2. t-BuOH/o-Xylol
Δ, 6 h, 77%
NHBoc

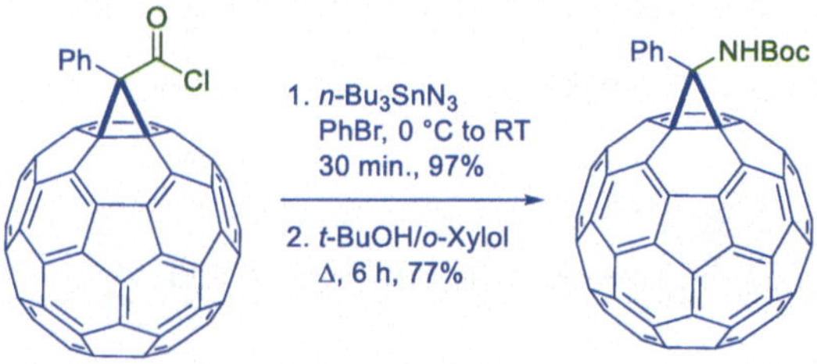

Beispiel 6, Die Lebel-Modifikation [8]

Beispiel 7, Nutzen in der Totalsynthese [9]

Referenzen

1. Curtius, T. *Ber.* **1890**, *23*, 3033 – 3041. Theodor Curtius (1857 – 1928) wurde in Duisburg, Deutschland, geboren. Er studierte Musik, bevor er zur Chemie unter Bunsen, Kolbe und von Baeyer wechselte und Victor Meyer als Professor für Chemie in Heidelberg nachfolgte. Er entdeckte Diazoesigsäureester, Hydrazin, Pyrazolin-Derivate und viele Stickstoff-Heterozyklen. Curtius sang auch in Konzerten und komponierte Musik.
2. Ng, F. W.; Lin, H.; Danishefsky, S. J. *J. Am. Chem. Soc.* **2002**, *124*, 9812-9824.
3. van Well, R. M.; Overkleeft, H. S.; van Boom, J. H.; Coop, A.; Wang, J. B.; Wang, H.; van der Marel, G. A.; Overhand, M. *Eur. J. Org. Chem.* **2003**, 1704–1710.
4. Dussault, P. H.; Xu, C. *Tetrahedron Lett.* **2004**, *45*, 7455–7457.
5. Holt, J.; Andreassen, T.; Bakke, J. M. *J. Heterocycl. Chem.* **2005**, *42*, 259–264.
6. Crawley, S. L.; Funk, R. L. *Org. Lett.* **2006**, *8*, 3995–3998.
7. Tada, T.; Ishida, Y.; Saigo, K. *Synlett* **2007**, 235–238.
8. Sawada, D.; Sasayama, S.; Takahashi, H.; Ikegami, S. *Eur. J. Org. Chem.* **2007**, 1064–1068.
9. Rojas, C. M. *Curtius Rearrangements. In Name Reactions for Homologations-Part II*; Li, J. J., Hrsg.; Wiley: Hoboken, NJ, **2009**, S. 136–163. (Übersichtsartikel).
10. Koza, G.; Keskin, S.; Özer, M. S.; Cengiz, B. *Tetrahedron* **2013**, *69*, 395–409.
11. Ghosh, A. K.; Sarkar, A.; Brindisi, M. *Org. Biomol. Chem.* **2018**, *16*, 2006–2027. (Übersichtsartikel).

12. Ghosh, A. K.; Brindisi, M.; Sarkar, A. *ChemMedChem* **2018,** *13,* 2351–2373. (Übersichtsartikel).
13. Hartrampf, N.; Winter, N.; Pupo, G.; Stoltz, B. M.; Trauner, D. *J. Am. Chem. Soc.* **2018,** *140,* 8675–8680.

Dakin-Oxidation

Oxidation von Arylaldehyden oder Arylketonen zu Phenolen unter Verwendung von basischen Wasserstoffperoxid-Bedingungen. *Vgl.* Eine Variante der Baeyer-Villiger-Oxidation.

Beispiel 1 [6]

Beispiel 2 [7]

Beispiel 3, Verbessertes lösungsmittelfreies Dakin-Oxidationsprotokoll [9]

© Der/die Autor(en), exklusiv lizenziert an
Springer Nature Switzerland AG 2024
J. J. Li, *Namensreaktionen*, https://doi.org/10.1007/978-3-031-52850-7_38

Beispiel 4 [10]

Beispiel 5, Aerobe organokatalytische Oxidation: Flavin-Katalysatorumsatz durch Hantsch's Ester [11]

Beispiel 6, Eintopf-Synthese von Tryptanthrin [12]

Isatosäureanhydrid

Tryptanthrin

Beispiel 7, Verwendung von „Wasserextrakt aus Reisstrohasche" (WERSA) als Katalysatoren (wirklich!) [13]

Referenzen

1. Dakin, H. D. *Am. Chem. J.* **1909**, *42*, 477 – 498. Henry D. Dakin (1880 – 1952) wurde in London, England, geboren. Während des Ersten Weltkriegs erfand er seine Hypochloritlösung (Dakin's Lösung), die ein beliebtes Antiseptikum zur Behandlung von Wunden wurde. Nach dem Krieg emigrierte er nach New York, wo er die B-Vitamine untersuchte.
2. Hocking, M. B.; Bhandari, K.; Shell, B.; Smyth, T. A. *J. Org. Chem.* **1982**, *47*, 4208 – 4215.
3. Matsumoto, M.; Kobayashi, H.; Hotta, Y. *J. Org. Chem.* **1984**, *49*, 4740 – 4741.
4. Zhu, J.; Beugelmans, R.; Bigot, A.; Singh, G. P.; Bois-Choussy, M. *Tetrahedron Lett.* **1993**, *34*, 7401 – 7404.
5. Guzmán, J. A.; Mendoza, V.; García, E.; Garibay, C. F.; Olivares, L. Z.; Maldonado, L. A. *Synth. Commun.* **1995**, *25*, 2121 – 2133.
6. Varma, R. S.; Naicker, K. P. *Org. Lett.* **1999**, *1*, 189 – 191.
7. Lawrence, N. J.; Rennison, D.; Woo, M.; McGown, A. T.; Hadfield, J. A. *Bioorg. Med. Chem. Lett.* **2001**, *11*, 51 – 54.
8. Teixeira da Silva, E.; Camara, C. A.; Antunes, O. A. C.; Barreiro, E. J.; Fraga, C. A. M. *Synth. Commun.* **2008**, *38*, 784 – 788.
9. Alamgir, M.; Mitchell, P. S. R.; Bowyer, P. K.; Kumar, N.; Black, D. St. C. *Tetrahedron* **2008**, *64*, 7136 – 7142.
10. Chen, S.; Foss, F. W. *Org. Lett.* **2012**, *14*, 5150 – 5153.
11. Abe, T.; Itoh, T.; Choshi, T.; Hibino, S.; Ishikura, M. *Tetrahedron Lett.* **2014**, *55*, 5268 – 5270.
12. Saikia, B.; Borah, P. *RSC Adv.* **2015**, *5*, 105583 – 105586.
13. Pak, Y. L.; Park, S. J.; Song, G.; Yim, Y.; Kang, Hyuk; K., Hwan M.; Bouffard, J.; Yoon, J. *Anal. Chem.* **2018**, *90*, 12937 – 12943.
14. Gao, D.; Jin, F.; Lee, J. K.; Zare, R. N. *Chem. Sci.* **2019**, *10*, 10974 – 10978.

Dakin–West-Reaktion

Die direkte Umwandlung einer α-Aminosäure in das entsprechende α-Acetylamino-Alkyl-Methylketon, *über* Oxazolon (Azalacton) Zwischenprodukte. Die Reaktion verläuft in Gegenwart von Essigsäureanhydrid und einer Base, wie Pyridin, unter Entwicklung von CO_2. Die Reaktion racemisiert das gezeigte chirale Zentrum.

a. Von Dakin und West vorgeschlagener Mechanismus [1]

Oxazolon (Azalacton) Zwischenprodukt

b. Von Levene und Steiger vorgeschlagener Mechanismus [2]

c. Von Wiley vorgeschlagener Mechanismus für die Reaktion von *N*-Acetyl Sarcosin [3]

Beispiel 1 [5]

Beispiel 2 [7]

Beispiel 3, Eine grüne Dakin–West-Reaktion unter Verwendung des Heteropolysäure-Katalysators, Acetonitril ist ein Reaktant [9]

Beispiel 4, Eine diastereoselektive Trifluoracetylierung von hoch substituierten Pyrrolidinen [12]

Beispiel 5, Enantioselektive Dakin–West-Reaktion [13]

1. Kat. (10 mol%), 1.17 Äquiv DCC
1.5 Äquiv Ac$_2$O, Tol., RT, 72 h

2. 1.3 Äquiv AcOH, RT, 96 h
67%, 58% ee

Kat. =

Beispiel 6, Dakin–West-Reaktion zur Herstellung von Trifluormethyl acylloin [14]

TFAA, Pyr.
Tol., 80 °C, 88%
200 Gramm-Skala

Referenzen

1. Dakin, H. D.; West, R. *J. Biol. Chem.* **1928,** *78,* 91, 745, und 757. Im Jahr 1928 berichteten Henry Dakin und Rudolf West, ein Arzt, über die Reaktion von α-Aminosäuren mit Essigsäureanhydrid zur Herstellung von α-Acetamidoketonen *über* Azalacton-Zwischenprodukte. Interessanterweise hatten ein Jahr vor diesem Artikel von Dakin und West, Levene und Steiger sowohl Tyrosin als auch α-Phenylalanin als "abnormale" Produkte beobachtet, wenn sie unter diesen Bedingungen acetyliert wurden. [2,3] Leider waren sie langsam bei der Identifizierung der Produkte und verpassten die Gelegenheit, durch eine Namensreaktion verewigt zu werden.
2. Levene, P. A.; Steiger, R.E. *J. Biol. Chem.* **1928,** *79,* 95–103.
3. Wiley, R. H. *Sci.* **1950,** *79,* 95–103.
4. Buchanan, G. L. *Chem. Soc. Rev.* **1988,** *17,* 91–109. (Übersichtsartikel).
5. Kawase, M.; Hirabayashi, M.; Koiwai, H.; Yamamoto, K.; Miyamae, H. *Chem. Commun.* **1998,** 641–642.
6. Fischer, R. W.; Misun, M. *Org. Process Res. Dev.* **2001,** *5,* 581–588.
7. Godfrey, A. G.; Brooks, D. A.; Hay, L. A.; Peters, M.; McCarthy, J. R.; Mitchell, D. *J. Org. Chem.* **2003,** *68,* 2623–2632.
8. Khodaei, M. M.; Khosropour, A. R.; Fattahpour, P. *Tetrahedron Lett.* **2005,** *46,* 2105–2108.
9. Rafiee, E.; Tork, F.; Joshaghani, M. *Bioorg. Med. Chem. Lett.* **2006,** *16,* 1221–1226.
10. Tiwari, A. K.; Kumbhare, R. M.; Agawane, S. B.; Ali, A. Z.; Kumar, K. V. *Bioorg. Med. Chem. Lett.* **2008,** *18,* 4130–4132.

11. Dalla-Vechia, L.; Santos, V. G.; Godoi, M. N.; Cantillo, D.; Kappe, C. O.; Eberlin, M. N.; de Souza, R. O. M. A.; Miranda, L. S. M. *Org. Biomol. Chem.* **2012,** *10*, 9013–9020. (Mechanismus).
12. Baumann, M.; Baxendale, I. R. *J. Org. Chem.* **2016,** *81*, 11898–11908.
13. Wende, R. C.; Seitz, A.; Niedek, D.; Schuler, S. M. M.; Hofmann, C.; Becker, J.; Schreiner, P. R. *Angew. Chem. Int. Ed.* **2016,** *55,* 2719–2723.
14. Allison, Brett D.; Mani, Neelakandha S. *ACS Omega* **2017,** *2,* 397–408.
15. Dalla Vechia, L.; de Souza, R. O. M. A.; de Mariz e Miranda, L. S. *Tetrahedron* **2018,** *74*, 4359–4371. (Übersichtsartikel).

Darzens-Kondensation

α,β-Epoxyester (Glycidester) aus basisch katalysierter Kondensation von α-Haloestern mit Carbonylverbindungen.

Beispiel 1 [4]

Beispiel 2 [6]

Beispiel 3, das Carbonyl wurde durch den Phenylring ersetzt, um die Protonen acider zu machen [10]

Beispiel 4, Eine Variation [11]

L =

Beispiel 5, Substratgesteuerte stereoselektive Darzens-Reaktion [12]

Beispiel 6, Asymmetrische Darzens-Reaktion zwischen Isatin und Diazoacetamid [13]

Beispiel 7, Darzens-Kondensation/Friedel–Crafts-Alkylierung Kaskade [14]

Beispiel 8, Asymmetrischer vinyloger aza-Darzens-Ansatz zu Vinylaziridinen [15]

Beispiel 9, Enantioselektive aza-Darzens-Reaktion [16]

Kat. = (structure shown: phosphonium catalyst with OTBDPS group, NH-C(=O)-C(tBu)-NHBoc amide, and P⁺Ph₂-CH₂-(3,5-difluorophenyl) Br⁻)

Referenzen

1. Darzens, G. A. *Compt. Rend. Acad. Sci.* **1904**, *139,* 1214–1217. George Auguste Darzens (1867 – 1954), geboren in Moskau, Russland, studierte an der École Polytechnique in Paris und blieb dort als Professor.
2. Newman, M. S.; Magerlein, B. J. *Org. React.* **1949**, *5*, 413–441. (Übersichtsartikel).
3. Ballester, M. *Chem. Rev.* **1955**, *55*, 283–300. (Übersichtsartikel).
4. Hunt, R. H.; Chinn, L. J.; Johnson, W. S. *Org. Syn. Coll. IV*, **1963**, 459.
5. Rosen, T. *Darzens Glycidic Ester Condensation*, In *Comprehensive Organic Synthesis*; Trost, B. M.; Fleming, I., Hrsg.; Pergamon: Oxford, **1991**, *Bd. 2*, S. 409–439. (Übersichtsartikcl).
6. Enders, D.; Hett, R. *Synlett* **1998**, 961–962.
7. Davis, F. A.; Wu, Y.; Yan, H.; McCoull, W.; Prasad, K. R. *J. Org. Chem.* **2003**, *68*, 2410–2419.
8. Myers, B. J. *Darzens Glycidic Ester Condensation*. In *Name Reactions in Heterocyclic Chemistry*; Li, J. J., Hrsg.; Wiley: Hoboken, NJ, **2005**, S. 15–21. (Übersichtsartikel).
9. Achard, T. J. R.; Belokon, Y. N.; Ilyin, M.; Moskalenko, M.; North, M.; Pizzato, F. *Tetrahedron Lett.* **2007**, *48*, 2965–2969.
10. Demir, A. S.; Emrullahoglu, M.; Pirkin, E.; Akca, N. *J. Org. Chem.* **2008**, *73*, 8992–8997.
11. Liu, G.; Zhang, D.; Li, J.; Xu, G.; Sun, J. *Org. Biomol. Chem.* **2013**, *11*, 900–904.
12. Tanaka, K.; Kobayashi, K.; Kogen, H. *Org. Lett.* **2016**, *18*, 1920–1923.
13. Chai, G.-L.; Han, J.-W.; Wong, H. N. C. *J. Org. Chem.* **2017**, *82*, 12647–12654.
14. Chogii, I.; Das, P.; Delost, M. D.; Crawford, M. N.; Njardarson, J. T. *Org. Lett.* **2018**, *20*, 4942–4945.
15. Mamedov, V. A.; Mamedova, V. L.; Kadyrova, S. F.; Galimullina, V. R.; Khikmatova, Gul'naz Z.; Korshin, D. E.; Gubaidullin, A. T.; Krivolapov, D. B.; Rizvanov, I. Kh.; Bazanova, O. B.; et al. *J. Org. Chem.* **2018**, *83*, 13132–13145.
16. Pan, J.; Wu, J.-H.; Zhang, H.; Ren, X.; Tan, J.-P.; Zhu, L.; Zhang, H.-S.; Jiang, C.; Wang, T. *Angew. Chem. Int. Ed.* **2019**, *58,* 7425–7430.
17. Bierschenk, S. M.; Bergman, R. G.; Raymond, K. N.; Toste, F. D. *J. Am. Chem. Soc.* **2020**, *142,* 733–737.

de Mayo-Reaktion

Photochemische [2 + 2]-Cyclisierung von Enonen mit Olefinen, die von einer Retro-Aldolreaktion gefolgt, um 1,5-Diketone zu liefern.

Kopf-an-Schwanz-Ausrichtung liefert das Hauptprodukt: [1b]

Kopf-an-Kopf-Ausrichtung liefert das kleinere Regioisomer:

Beispiel 1 [3]

1. $h\nu$, Cyclohexan, 83%
2. H_2 (3 atm), Pd/C (10%) HOAc, RT, 18 h, 83%

Beispiel 2 [6]

Beispiel 3 [9]

Beispiel 4 [10]

R = H	70%	100	:	0
R = Me	58%	50	:	50
R = t-Bu	72%	0	:	100

Beispiel 5, Alkin-de Mayo-Reaktion gefolgt von Ring Expansion [15]

Beispiel 6, über [2 + 2]-Cycloaddition [16]

Beispiel 7, Intermolekulare photochemische [2 + 2]-Cycloaddition [17]

Referenzen

1. (a) de Mayo, P.; Takeshita, H.; Sattar, A. B. M. A. *Proc. Chem. Soc., London* **1962**, 119. Paul de Mayo erhielt seinen Doktortitel von Sir Derek Barton am Birkbeck College, Universität von London. Später wurde er Professor an der University of Western Ontario in London, Ontario, Kanada, wo er die de Mayo-Reaktion entdeckte. (b) Challand, B. D.; Hikino, H.; Kornis, G.; Lange, G.; de Mayo, P. *J. Org. Chem.* **1969**, *34*, 794–806.
2. de Mayo, P. *Acc. Chem. Res.* **1971**, *4*, 41–48. (Übersichtsartikel).
3. Oppolzer, W.; Godel, T. *J. Am. Chem. Soc.* **1978**, *100*, 2583–2584.
4. Oppolzer, W. *Pure Appl. Chem.* **1981**, *53*, 1181–1201. (Übersichtsartikel).
5. Kaczmarek, R.; Blechert, S. *Tetrahedron Lett.* **1986**, *27*, 2845–2848.
6. Disanayaka, B. W.; Weedon, A. C. *J. Org. Chem.* **1987**, *52*, 2905–2910.
7. Crimmins, M. T.; Reinhold, T. L. *Org. React.* **1993**, *44*, 297–588. (Übersichtsartikel).
8. Quevillon, T. M.; Weedon, A. C. *Tetrahedron Lett.* **1996**, *37*, 3939–3942.
9. Minter, D. E.; Winslow, C. D. *J. Org. Chem.* **2004**, *69*, 1603–1606.
10. Kemmler, M.; Herdtweck, E.; Bach, T. *Eur. J. Org. Chem.* **2004**, 4582–4595.
11. Wu, Y.-J. *de Mayo Reaction in Name Reactions* in *Carbocyclic Ring Formations*, Li, J. J., Hrsg., Wiley: Hoboken, NJ, 2010; S. 451–488. (Übersichtsartikel).
12. Kärkäs, M. D.; Porco, J. A.; Stephenson, C. R. J. *Chem. Rev.* **2016**, *116*, 9683–9747. (Übersichtsartikel).
13. Poplata, S.; Tröster, A.; Zou, Y.-Q.; Bach, T. *Chem. Rev.* **2016**, *116*, 9748–9815. (Übersichtsartikel).
14. Tymann, D.; Tymann, D. C.; Bednarzick, U.; Iovkova-Berends, L.; Rehbein, J.; Hiersemann, M. *Angew. Chem. Int. Ed.* **2018**, *57*, 15553–15557.
15. Martinez-Haya, R.; Marzo, L.; König, B. *Chem. Comm.* **2018**, *54*, 11602–11605.
16. Petz, S.; Allmendinger, L.; Mayer, P.; Wanner, K. T. *Tetrahedron* **2019**, *75*, 2755–2762.

17. Gu, J.-H.; Wang, W.-J.; Chen, J.-Z.; Liu, J.-S.; Li, N.-P.; Cheng, M.-Ji.; Hu, L.-J.; Li, C.-C.; Ye, W.-C.; Wang, L. *Org. Lett.* **2020,** *22,* 1796–1800.

Demjanov-Umlagerung

CarbokationischeUmlagerung von primären Aminen *via* Diazotisierung zur Herstellung von Alkoholen durch C – C-Bindungsmigration. Die Demjanov-Umlagerung wurde weitgehend durch die einfacher durchzuführende Tiffeneau–Demjanov-Umlagerung ersetzt.

Beispiel 1 [3]

Beispiel 2 [6]

Beispiel 3 [7]

Beispiel 4 [8]

Referenzen

1. Demjanov, N. J.; Lushnikov, M. *J. Russ. Phys. Chem. Soc.* **1903**, *35*, 26 – 42. Nikolai J. Demjanov (1861 – 1938) war ein russischer Chemiker.
2. Smith, P. A. S.; Baer, D. R. *Org. React.* **1960,** *11*, 157 – 188. (Überprüfung).
3. Diamond, J.; Bruce, W. F.; Tyson, F. T. *J. Org. Chem.* **1965**, *30*, 1840 – 184.
4. Kotani, R. *J. Org. Chem.* **1965**, *30*, 350 – 354.
5. Diamond, J.; Bruce, W. F.; Tyson, F. T. *J. Org. Chem.* **1965**, *30*, 1840 – 1844.
6. Nakazaki, M.; Naemura, K.; Hashimoto, M. *J. Org. Chem.* **1983**, *48*, 2289 – 2291.
7. Fattori, D.; Henry, S.; Vogel, P. *Tetrahedron* **1993**, *49*, 1649 – 1664.
8. Kürti, L.; Czakó, B.; Corey, E. J. *Org. Lett.* **2008**, *10*, 5247 – 5250.
9. Curran, T. T. *Demjanov und Tiffeneau–Demjanov Umlagerung*. In *Namensreaktionen für Homologationen-Teil II*; Li, J. J., Hrsg.; Wiley: Hoboken, NJ, **2009**, S. 2–32. (Übersichtsartikel).

Tiffeneau–Demjanov-Umlagerung

Carbokationische Umlagerung von β-Aminoalkoholen *via* Diazotisierung zur Herstellung von Carbonylverbindungen durch C – C Bindungsmigration.

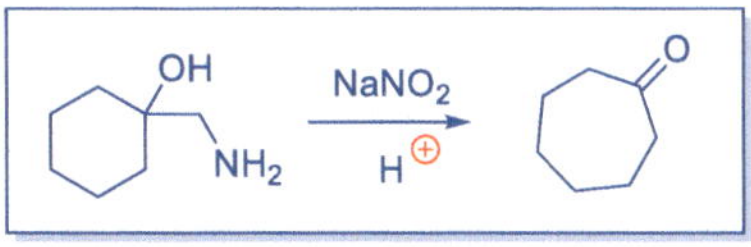

Schritt 1, Erzeugung von N_2O_3

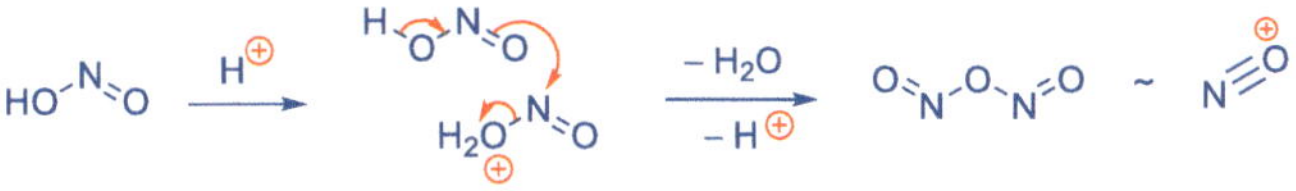

N-Nitrosonium-Ion

Schritt 2, Umwandlung von Amin zu Diazoniumsalz

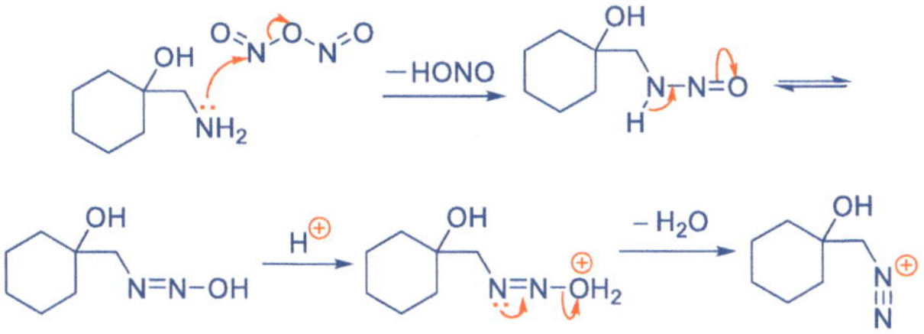

Schritt 3, Ring-Erweiterung *über* Umlagerung

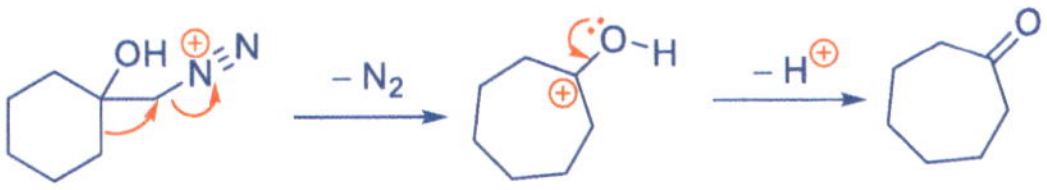

Beispiel 1 [5]

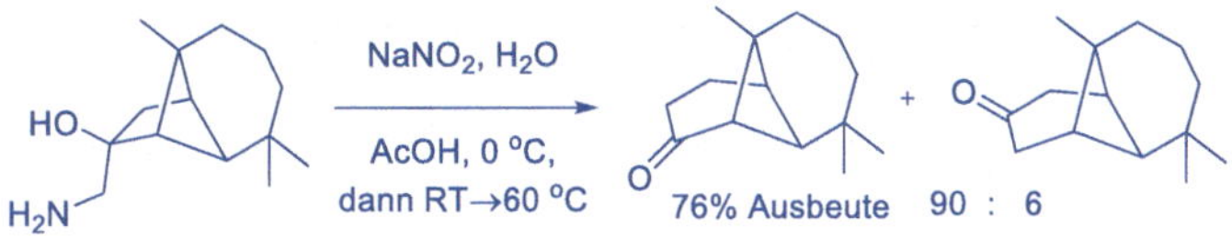

76% Ausbeute   90 : 6

Beispiel 2 [6]

Beispiel 3 [7]

Beispiel 4 [9]

Beispiel 5, In der Totalsynthese von Echinopinen [12]

Beispiel 6, Ring-Erweiterung des *N*-Boc-Piperidons [13]

Beispiel 7, Chemo- und regionselektive Tiffeneau–Demjanov-Umlagerung [14]

Beispiel 8, Eintopfreaktion von zyklischem *N*-Sulfonylimin mit Diazointermediat, das aus *N*-Tosylhydrazon erzeugt wurde [15]

Beispiel 9, Von sieben- zu achtgliedrigem Ring [16]

Referenzen

1. Tiffeneau, M.; Weill, P.; Tehoubar, B. *Compt. Rend.* **1937**, *205*, 54–56.
2. Smith, P. A. S.; Baer, D. R. *Org. React.* **1960**, *11*, 157–188. (Überprüfung).
3. Parham, W. E.; Roosevelt, C. S. *J. Org. Chem.* **1972**, *37*, 1975–1979.
4. Jones, J. B.; Price, P. *Tetrahedron* **1973**, *29*, 1941–1947.
5. Miyashita, M.; Yoshikoshi, A. *J. Am. Chem Soc.* **1974**, *96*, 1917–1925.
6. Steinberg, N. G.; Rasmusson, G. H. *J. Org. Chem.* **1984**, *49*, 4731–4733.
7. Stern, A. G.; Nickon, A. *J. Org. Chem.* **1992**, *57*, 5342–5352.
8. Fattori, D.; Henry, S.; Vogel, P. *Tetrahedron* **1993**, *49*, 1649–1664. (Überprüfung).

9. Chow, L.; McClure, M.; White, J. *Org. Biomol. Chem.* **2004,** *2*, 648–650.
10. Curran, T. T. *Demjanov and Tiffeneau–Demjanov Rearrangement. In Name Reactions for Homologations-Part II*; Li, J. J., Hrsg.; Wiley: Hoboken, NJ, **2009,** S. 293–304. (Überprüfung).
11. Shi, L.; Meyer, K.; Greaney, M. F. *Angew. Chem. Int. Ed.* **2010,** *49,* 9250 – 9253.
12. Xu, W.; Wu, S.; Zhou, L.; Liang, G. *Org. Lett.* **2013,** *15*, 1978 – 1981.
13. Nortcliffe, A.; Moody, C. J. *Bioorg. Med. Lett.* **2015,** *23*, 2730 – 2735.
14. Alves, L. C.; Ley, S. V.; Brocksom, T. J. *Org. Biomol. Chem.* **2015,** *13*, 7633–7642.
15. Xia, A.-J.; Kang, T.-R.; He, L. *Angew. Chem. Int. Ed.* **2016,** *55,* 1441–1444.
16. Liu, J.; Zhou, X.; Wang, C.; Fu, W.; Chu, W. *Chem. Comm.* **2016,** *52,* 5152–5155.
17. Kohlbacher, S. M.; Ionasz, V.-S.; Ielo, L.; Pace, V. *Monat. Chem.* **2019,** *150,* 2011–2019.

Dess–Martin Periodinane Oxidation

Oxidation von Alkoholen zu den entsprechenden Carbonylverbindungen mit Triacetoxyperiodinan. Das Dess–Martin-Periodinan (DMP), 1,1,1-Triacetoxy-1,1-dihydro-1,2-benziodoxol-3(1H)-one, ist eines der nützlichsten Oxidationsmittel für die Umwandlung von primären und sekundären Alkoholen in ihre entsprechenden Aldehyd- oder Ketonprodukte.

Vorbereitung, [1,2] die Oxone-Vorbereitung ist viel sicherer und einfacher als $KBrO_3$. Das daraus resultierende IBX-Zwischenprodukt hat sich als weit weniger explosiv erwiesen [12]

Allerdings wird das Dess–Martin-Periodinan durch Feuchtigkeit zu o-Iodoxybenzoesäure (IBX) hydrolysiert, die ein stärkeres Oxidationsmittel ist [3]

Mechanismus [1]

Beispiel 1 [6]

Beispiel 2, Eine untypische Dess–Martin-Periodinan (DMP)-Reaktivität [7]

Beispiel 3 [10]

Beispiel 4 [11]

Beispiel 5 [12]

Beispiel 6, In der Totalsynthese von (−)-Maoecrystal [13]

Beispiel 7, Als terminales Oxidationsmittel in einer Wacker-artigen Oxidation [14]

Beispiel 8, Iodoxybenzoesäuretosylat (IBX-OTs) als Alternative zu DMP [15]

Beispiel 9, In der Totalsynthese von Hestisin-Typ C_{20}-Diterpenoid-Alkaloiden: *Die Dess–Martin-Oxidation wurde bei 80 °C durchgeführt* ! [16]

Beispiel 10, In der Totalsynthese von Cephalostatin 1: Verdünnung war der Schlüssel, um Selektivität gegenüber den beiden sekundären Alkohole zu erzielen(0,08 M, 86:3) [17]

Referenzen

1. Dess, D. B.; Martin, J. C. *J. Org. Chem.* **1983**, *48*, 4155 – 4156. James Cullen (J. C.) Martin (1928 – 1999) hatte eine ausgezeichnete Karriere, die 36 Jahre sowohl an der University of Illinois at Urbana-Champaign als auch an der Vanderbilt University umfasste. J. C.'s formale Ausbildung in physikalischer organischer Chemie bei Don Pearson an der Vanderbilt und P. D. Bartlett in Harvard bereitete ihn gut auf seine frühen Studien über Carbokationen und Radikale vor. Es war jedoch sein Interesse am Verständnis der Grenzen der chemischen Bindung, das zu seinen bahnbrechenden Untersuchungen über hypervalente Verbindungen der Hauptgruppenelemente führte. Über einen Zeitraum von 20 Jahren synthetisierten die Martin-Labore erfolgreich beispiellose chemische Strukturen aus Schwefel, Phosphor, Silizium und Brom, während der "Heilige Gral" des stabilen pentakoordinierten Kohlenstoffs unerreichbar blieb. Obwohl die meisten dieser Studien von J. C.'s Faszination für ungewöhnliche Bindungsschemata angetrieben wurden, waren sie nicht ohne praktischen Wert. Zwei hypervalente Verbindungen, Martin's Sulfuran (für Dehydratisierung) und das Dess – Martin-Periodinane (DMP) haben weite Anwendung in der synthetischen organischen Chemie gefunden. J. C. Martin und sein Student Daniel Dess entwickelten diese Methodik an der University of Illinois in Urbana. (Martin's Biographie wurde freundlicherweise von Prof. Scott E. Denmark zur Verfügung gestellt). (b) Dess, D. B.; Martin, J. C. *J. Am. Chem. Soc.* **1991**, *113*, 7277 – 7287.
2. Ireland, R. E.; Liu, L. *J. Org. Chem.* **1993**, *58*, 2899.
3. Meyer, S. D.; Schreiber, S. L. *J. Org. Chem.* **1994**, *59*, 7549 – 7552.
4. Frigerio, M.; Santagostino, M.; Sputore, S. *J. Org. Chem.* **1999**, *64*, 4537 – 4538.
5. Nicolaou, K. C.; Zhong, Y.-L.; Baran, P. S. *Angew. Chem. Int. Ed.* **2000**, *39*, 622 – 625.
6. Bach, T.; Kirsch, S. *Synlett* **2001**, 1974 – 1976.

7. Bose, D. S.; Reddy, A. V. N. *Tetrahedron* **2003,** *44*, 3543 – 3545.
8. Tohma, H.; Kita, Y. *Adv. Synth. Cat.* **2004,** *346*, 111 – 124. (Übersichtsartikel).
9. Holsworth, D. D. *Dess – Martin Oxidation.* In *Name Reactions for Functional Group Transformations*; Li, J. J., Ed.; Wiley: Hoboken, NJ; **2007,** S. 218–236. (Übersichtsartikel).
10. More, S. S.; Vince, R. *J. Med. Chem.* **2008,** *51*, 4581 – 4588.
11. Crich, D.; Li, M.; Jayalath, P. *Carbohydrate Res.* **2009,** *344*, 140 – 144.
12. Howard, J. K.; Hyland, C. J. T.; Just, J.; J. A. *Org. Lett.* **2013,** *15*, 1714–1717.
13. Cernijenko, A.; Risgaard, R.; Baran, P. S. *J. Am. Chem Soc.* **2016,** *138*, 9425–9428.
14. Chaudhari, D. A.; Fernandes, R. A. *J. Org. Chem.* **2016,** *81*, 2113 – 2121.
15. Yusubov, M. S.; Postnikov, P. S.; Yusubova, R. Ya.; Yoshimura, A.; Juerjens, G.; Kirschning, A.; Zhdankin, V. V. *Adv. Synth. Cat.* **2017,** *359*, 3207 – 3216.
16. Pflueger, J. J.; Morrill, L. C.; de Gruyter, J. N.; Perea, M. A.; Sarpong, R. *Org. Lett.* **2017,** *19*, 4632–4635.
17. Shi, Y.; Xiao, Q.; Lan, Q.; Wang, D.-H.; Jia, L.-Q.; Tang, X.-H.; Zhou, T.; Li, M.; Tian, W.-S. *Tetrahedron* **2019,** *75*, 1722–1738.
18. Zheng, Q.; Maksimovic, I.; Upad, A.; Guber, D.; David, Y. *J. Org. Chem.* **2020,** *85*, 1691 – 1697.

Dieckmann-Kondensation

Die Dieckmann-Kondensation ist die intramolekulare Version der Claisen-Kondensation.

Beispiel 1 [4]

Beispiel 2, gefolgt von Decarboxylierung [6]

Beispiel 3 [7]

Beispiel 4 [8]

Beispiel 5, Michael–Dieckmann-Kondensation [10]

Beispiel 6, zur Vorbereitung von Oseltamivir [10]

oseltamivir (Tamiflu)

Beispiel 7, Auf der OberflächeEs scheint die rotierte die Doppelbindung zu rotieren, während in Wirklichkeit eine. Aber in Wirklichkeit, rotierte sie als Eeinfache bBindung in einer der Resonanzstrukturen rotiert [11]

Beispiel 8, Aus einem Enol und einem Ester [12]

Beispiel 9, Dieckmann-Kondensation in großem Maßstab (5,44 Kg) [13]

Beispiel 10, Gramm-Maßstab Synthese eines Trizykluses [14]

Referenzen

1. Dieckmann, W. *Ber.* **1894**, *27*, 102. Walter Dieckman (1869 – 1925), geboren in Hamburg, Deutschland, studierte bei E. Bamberger in München. Nachdem er als Assistent von von Baeyer in seinem privaten Labor gearbeitet hatte, wurde er Professor in München. Im Alter von 56 Jahren starb er, während er in seinem chemischen Labor an der Bayerischen Akademie der Wissenschaften arbeitete.

2. Davis, B. R.; Garratt, P. J. *Comp. Org. Synth.* **1991**, *2*, 795–863. (Übersichtsartikel).
3. Shindo, M.; Sato, Y.; Shishido, K. *J. Am. Chem. Soc.* **1999**, *121*, 6507–6508.
4. Rabiczko, J.; Urbańczyk-Lipkowska, Z.; Chmielewski, M. *Tetrahedron* **2002**, *58*, 1433–1441.
5. Ho, J. Z.; Mohareb, R. M.; Ahn, J. H.; Sim, T. B.; Rapoport, H. *J. Org. Chem.* **2003**, *68*, 109–114.
6. de Sousa, A. L.; Pilli, R. A. *Org. Lett.* **2005**, *7*, 1617–1617.
7. Bernier, D.; Brueckner, R. *Synthesis* **2007**, 2249–2272.
8. Koriatopoulou, K.; Karousis, N.; Varvounis, G. *Tetrahedron* **2008**, *64*, 10009–10013.
9. Takao, K.-i.; Kojima, Y.; Miyashita, T.; Yashiro, K.; Yamada, T.; Tadano, K.-i. *Heterocycles* **2009**, *77*, 167–172.
10. Garrido, N. M.; Nieto, C. T.; Diez, D. *Synlett* **2013**, *24*, 169–172.
11. Ohashi, T.; Hosokawa, S. *Org. Lett.* **2018**, *20*, 3021–3024.
12. Bruckner, S.; Weise, M.; Schobert, R. *J. Org. Chem.* **2018**, *83*, 10805–10812.
13. Xu, H.; Yin, W.; Liang, H.; Nan, Y.; Qiu, F.; Jin, Y. *Org. Process Res. Dev.* **2019**, *23*, 990–997.
14. Hugelshofer, C. L.; Palani, V.; Sarpong, R. *J. Am. Chem. Soc.* **2019**, *141*, 8431–8435.
15. Gao, J.; Rao, P.; Xu, K.; Wang, S.; Wu, Y.; He, C.; Ding, H. *J. Am. Chem. Soc.* **2020**, *142*, 4592–4597.

Diels–Alder-Reaktion

Die Diels–Alder-Reaktion, die Diels–Alder-Reaktion mit inversem Elektronenbedarf sowie die hetero-Diels–Alder-Reaktion gehören zur Kategorie der *[4+2]-Cycloadditionsreaktionen*, die konsertierte Prozesse sind. Die Pfeile sind hier lediglich ein Merkhilfe.

Dien   Dienophil   Addukt

EDG = electron-donating Group (dt.: Elektronenspendende Gruppe); EWG = electron-withdrawing Group (dt.: Elektronenziehende Gruppe)

Beispiel 1, Intramolekulare Diels–Alder-Reaktion zur Herstellung eines Zwischenprodukts für Scherring–Ploughs Thrombinrezeptor (auch bekannt als Protease-aktivierter Rezeptor-1, PAR-1) Antagonist, Vorapaxar (Zontivity) [6]

1. Xylol, 215 °C, 7 h, 49%
2. DBU, THF, 1 h, 98%

Vorapaxar (Zontivität)
PAR-1-Rezeptor Gegner

Beispiel 2 [7]

Danishefsky Dien

Hydroquinon
180 °C, 1,5 h, 62%

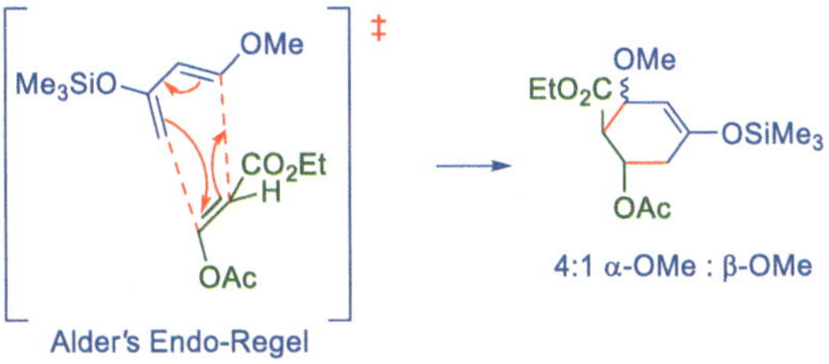

Alder's Endo-Regel

4:1 α-OMe : β-OMe

Beispiel 3, Intramolekulare Diels–Alder-Reaktion [8]

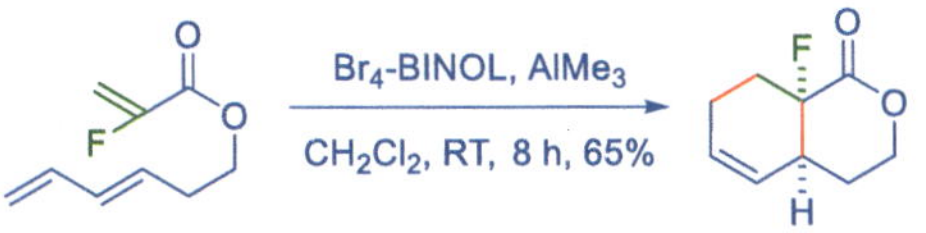

Br$_4$-BINOL, AlMe$_3$
CH$_2$Cl$_2$, RT, 8 h, 65%

Beispiel 4, Asymmetrische Diels–Alder-Reaktion unter Verwendung eines CBS-ähnlichen Katalysators [9]

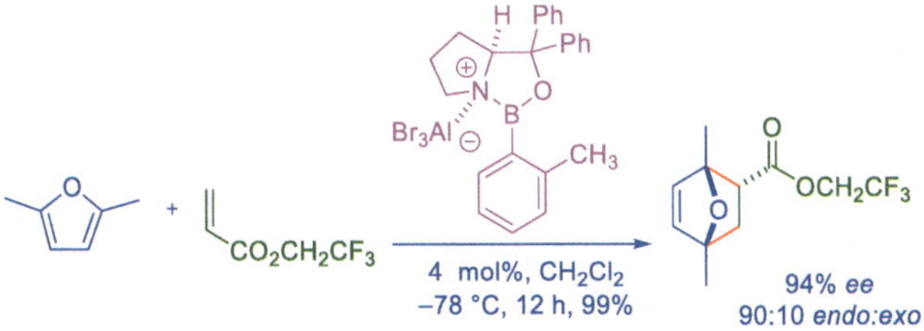

4 mol%, CH$_2$Cl$_2$
−78 °C, 12 h, 99%
94% ee
90:10 endo:exo

Beispiel 5, Retro-Diels–Alder-Reaktion [10]

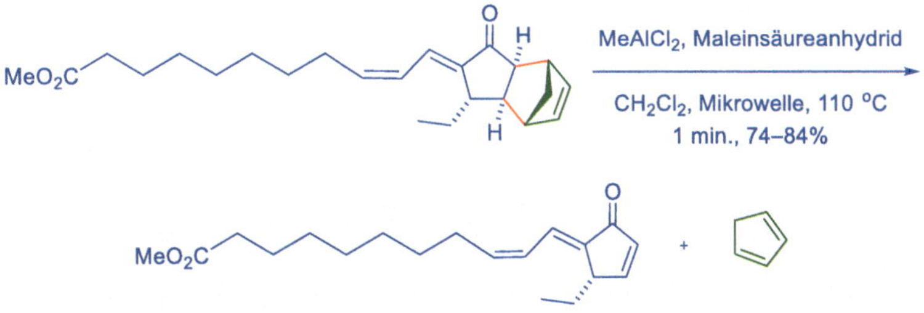

MeAlCl$_2$, Maleinsäureanhydrid
CH$_2$Cl$_2$, Mikrowelle, 110 °C
1 min., 74–84%

Beispiel 6, Intramolekulare Diels-Alder-Reaktion [11]

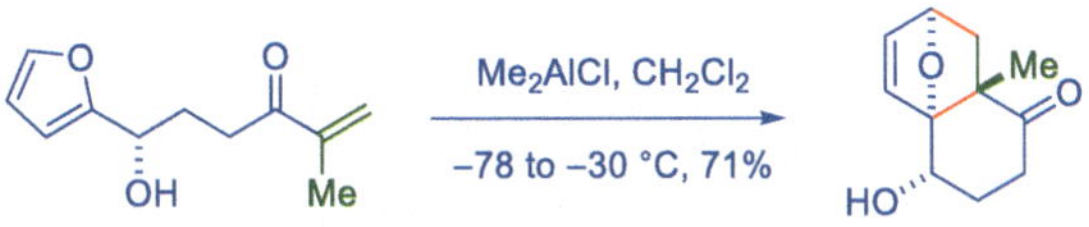

Me$_2$AlCl, CH$_2$Cl$_2$
−78 to −30 °C, 71%

Beispiel 7 [12]

Beispiel 8, Intramolekulare Diels-Alder-Cyclisierung [13]

Beispiel 9, Aus der Totalsynthese von Catharidin [14]

Beispiel 10, *exo*-Selektive intermolekulare Diels-Alder-Reaktion [15]

exo:endo = 1 : 0.02
de = 96%

Referenzen

1. Diels, O.; Alder, K. *Ann.* **1928**, *460*, 98–122. Otto Diels (Deutschland, 1876 – 1954) und sein Student, Kurt Alder (Deutschland, 1902 – 1958), teilten den

Nobelpreis in Chemie im Jahr 1950 für die Entwicklung der Diensynthese. In diesem Artikel beanspruchten sie ihr Territorium bei der Anwendung der Diels-Alder-Reaktion in der Totalsynthese: „Wir behalten uns ausdrücklich die Anwendung der von uns entwickelten Reaktion zur Lösung solcher Probleme vor."

2. Oppolzer, W. In *Comprehensive Organic Synthesis;* Trost, B. M.; Fleming, I., Hrsg.; Pergamon, **1991,** *Bd. 5,* 315–399. (Übersichtsartikel).
3. Weinreb, S. M. In *Comprehensive Organic Synthesis;* Trost, B. M.; Fleming, I., Hrsg.; Pergamon, **1991,** *Bd. 5,* 401–449. (Übersichtsartikel).
4. (a) Rickborn, B. *The retro-Diels-Alder reaction. Part I. C-C dienophiles* in *Org. React.* Wiley: Hoboken, NJ, **1998,** *52.* (b) Rickborn, B. *The retro-Diels-Alder reaction. Part II. Dienophiles with one or more heteroatom* in *Org. React.* Wiley: Hoboken, NJ, **1998,** *53.*
5. Corey, E. J. *Angew. Chem. Int. Ed.* **2002,** *41,* 1650–1667. (Überprüfung).
6. (a) Chackalamannil, S.; Asberon, T.; Xia, Y.; Doller, D.; Clasby, M. C.; Czarniecki, M. F. US Patent 6,063,847 (2000). (b) Chelliah, M. V.; Chackalamannil, S.; Xia, Y.; Eagen, K.; Clasby, M. C.; Gao, X.; Greenlee, W.; Ahn, H.-S.; Agans-Fantuzzi, J.; Boykow, G.; et al. *J. Med. Chem.* **2007,** *50,* 5147–5160.
7. Wang, J.; Morral, J.; Hendrix, C.; Herdewijn, P. *J. Org. Chem.* **2001,** *66,* 8478–8482.
8. Saito, A.; Yanai, H.; Sakamoto, W.; Takahashi, K.; Taguchi, T. *J. Fluorine Chem.* **2005,** *126,* 709–714.
9. Liu, D.; Canales, E.; Corey, E. J. *J. Am. Chem. Soc.* **2007,** *129,* 1498–1499.
10. Iqbal, M.; Duffy, P.; Evans, P.; Cloughley, G.; Allan, B.; Lledo, A.; Verdaguer, X.; Riera, A. *Org. Biomol. Chem.* **2008,** *6,* 4649–4661.
11. Gao, S.; Wang, Q.; Chen, C. *J. Am. Chem. Soc.* **2009,** *131,* 1410–1412.
12. Martin, R. M.; Bergman, R. G.; Ellman, J. A. *Org. Lett.* **2013,** *15,* 444–447.
13. Xu, J.; Lin, B.; Jiang, X.; Jia, Z.; Wu, J.; Dai, W.-M. *Org. Lett.* **2019,** *21,* 830–834.
14. Davidson, M. G.; Eklov, B. M.; Wuts, P.; Loertscher, B. M.; Schow, S. R. WO2019070980 (2019).
15. Minamino, K.; Murata, M.; Tsuchikawa, H. *Org. Lett.* **2019,** *21,* 8970–8975.
16. Dyan, O. T.; Borodkin, G. I.; Zaikin, P. A. *Eur. J. Org. Chem.* **2019,** 7271–7306. (Überprüfung).
17. Farley, C. M.; Sasakura, K.; Zhou, Y.-Y.; Kanale, V. V.; Uyeda, C. *J. Am. Chem. Soc.* **2020,** *142,* 4598–4603.

Hetero-Diels–Alder-Reaktion

Heterodien-Addition an Dienophil oder Heterodienophil-Addition an Dien. Typische Hetero-Diels–Alder-Reaktionen sind die Aza-Diels–Alder-Reaktion und die Oxo-Diels–Alder-Reaktion.

Beispiel 1,

Beispiel 2, Heterodienophil-Addition an Dien [1]

Beispiel 3, Ähnlich der Boger-Pyridin-Synthese [2]

Beispiel 4, Verwendung des Rawal-Diens [4]

Beispiel 5, Auch ähnlich der Boger-Pyridin-Synthese [6]

n = 1, 75%
n = 2, 65%
n = 3, 54%
n = 4, 30%

Beispiel 6, Asymmetrische Hetero-Diels–Alder-Reaktion [7]

Beispiel 7, Asymmetrische Hetero-Diels–Alder-Reaktion [8]

rr = regioisomeric ratio

Beispiel 8, Asymmetrische Hetero-Diels–Alder-Reaktion [10]

Beispiel 9, Enantioselektive intramolekulare Oxa-Diels–Alder-Reaktion [11]

Ar = 2,4-Me$_2$-4-Ph-C$_6$H$_2$ (10 mol %)

Et$_2$O (0.10 M), 55 °C

90% Ausbeute, *dr*, 81:19, *er*, 93:7

Referenzen

1. Wender, P. A.; Keenan, R. M.; Lee, H. Y. *J. Am. Chem. Soc.* **1987**, *109*, 4390–4392.
2. Boger, D. L. In *Comprehensive Organic Synthesis;* Trost, B. M.; Fleming, I., Hrsg.; Pergamon, **1991**, *Bd. 5*, 451–512. (Rezension).
3. Boger, D. L.; Baldino, C. M. *J. Am. Chem. Soc.* **1993**, *115*, 11418–11425.
4. Huang, Y.; Rawal, V. H. *Org. Lett.* **2000**, *2*, 3321–3323.
5. Jørgensen, K. A. *Eur. J. Org. Chem.* **2004**, 2093–2102. (Rezension).
6. Lipińska, T. M. *Tetrahedron* **2006**, *62*, 5736–5747.
7. Evans, D. A.; Kvaerno, L.; Dunn, T. B.; Beauchemin, A.; Raymer, B.; Mulder, J. A.; Olhava, E. J.; Juhl, M.; Kagechika, K.; Favor, D. A. *J. Am. Chem. Soc.* **2008**, *130*, 16295–16309.
8. Liu, B.; Li, K.-N.; Luo, S.-W.; Huang, J.-Z.; Pang, H.; Gong, L.-Z. *J. Am. Chem. Soc.* **2013**, *135*, 3323–3326.
9. Heravi, M. M.; Ahmadi, T.; Ghavidel, M.; Heidari, B.; Hamidi, H. *RSC Adv.* **2015**, *123*, 101999–102075. (Rezension).
10. Iwasaki, K.; Sasaki, S.; Kasai, Y.; Kawashima, Y.; Sasaki, S.; Ito, T.; Yotsu-Yamashita, M.; Sasaki, M. *J. Org. Chem.* **2017**, *82*, 13204–13219.
11. Ukis, R.; Schneider, C. *J. Org. Chem.* **2019**, *84*, 7175–7188.

Inverse-Elektronenbedarf Diels–Alder-Reaktion

Die Diels-Alder-Reaktion mit inversem Elektronenbedarf (IEDDA) verwendet Diene mit Elektronen-entziehenden Gruppen (EWG) und Dienophile mit Elektronen-spendenden Gruppen (EDG).

Beispiel 1, Katalytische asymmetrische IEDDA [2]

98% dr, 95% ee

76% 2 Stufen

Beispiel 2, Katalytische asymmetrische IEDDA [3]

Oxodiene

70–90% Ausbeute
95–99% ee

Beispiel 3, Katalytische asymmetrische IEDDA [4]

Beispiel 4, IEDDA [5]

Beispiel 5, IEDDA [6]

Beispiel 6, Anwendung von IEDDA in der Synthese von DNA-kodierten Bibliotheken (engl.: DNA-encoded Libraries, DEL) [7]

Beispiel 7, Oxa-Diels–Alder Reaktion mit inversem Elektronenbedarf (oxa-IEDDA) [8]

Beispiel 8, IEDDA durchgeführt in Liposomen [9]

Referenzen

1. Boger, D. L.; Patel, M. *Prog. Heterocycl. Chem.* **1989**, *1*, 30–64. (Übersichtsartikel).
2. Gao, X.; Hall, D. G. *J. Am. Chem. Soc.* **2005**, *127*, 1628–1629.
3. He, M.; Uc, G. J.; Bode, J. W. *J. Am. Chem. Soc.* **2006**, *128*, 15088–15089.
4. Esquivias, J.; Gomez Arrayas, R.; Carretero, J. C. *J. Am. Chem. Soc.* **2007**, *129*, 1480–1481.
5. Dang, A.-T.; Miller, D. O.; Dawe, L. N.; Bodwell, G. J. *Org. Lett.* **2008**, *10*, 233–236.
6. Xu, G.; Zheng, L.; Dang, Q.; Bai, X. *Synthesis* **2013**, *45*, 743–752.
7. Li, H.; Sun, Z.; Wu, W.; Wang, X.; Zhang, M.; Lu, X.; Zhong, W.; Dai, D. *Org. Lett.* **2018**, *20*, 7186–7191.
8. Hashimoto, Y.; Ikeda, T.; Ida, A.; Morita, N.; Tamura, O. *Org. Lett.* **2019**, *21*, 4245–4249.
9. Kannaka, K.; Sano, K.; Hagimori, M.; Yamasaki, T. *Bioorg. Med. Chem.* **2019**, *27*, 3613–3618.
10. Zhang, J.; Shukla, V.; Boger, D. L. *J. Org. Chem.* **2019**, *84*, 9397–9445. (Übersichtsartikel).
11. Saktura, M.; Grzelak, P.; Dybowska, J.; Albrecht, L. *Org. Lett.* **2020**, *22*, 1813–1817.

Dienon-Phenol-Umlagerung

Umlagerung von 4,4-disubstituierten Cyclohexadienonen zu 3,4-disubstituierten Phenolen in saurer Lösung.

Beispiel 1, Intramolekulare Dienon-Phenol-Umlagerung [4]

Beispiel 2, Klassische Dienon-Phenol-Umlagerung [5]

Beispiel 3, Intramolekulare Dienon-Phenol-Umlagerung [9]

© Der/die Autor(en), exklusiv lizenziert an
Springer Nature Switzerland AG 2024
J. J. Li, *Namensreaktionen*, https://doi.org/10.1007/978-3-031-52850-7_46

Beispiel 4, Über ein gemeinsames Zwischenprodukt [10]

Beispiel 5, Dienon-Phenol-Umlagerung mit einem optisch aktiven Substrat [11]

Beispiel 6, Intramolekulare Dienon-Phenol-Umlagerung [12]

Nf = Nonafluorobutanesulfonyl, –SO$_2$CF$_2$CF$_2$CF$_2$CF$_3$, eine Schutzgruppe für –OH

Beispiel 7, Eine beispiellose *decarboxylative* Dienon-Phenol-Umlagerung [13]

Referenzen

1. Shine, H. J. In *Aromatische Umlagerungen;* Elsevier: New York, **1967,** S. 55–68. (Überprüfung).
2. Schultz, A. G.; Hardinger, S. A. *J. Org. Chem.* **1991,** *56,* 1105–1111.
3. Schultz, A. G.; Green, N. J. *J. Am. Chem. Soc.* **1992,** *114,* 1824–1829.

4. Hart, D. J.; Kim, A.; Krishnamurthy, R.; Merriman, G. H.; Waltos, A.-M. *Tetrahedron* **1992,** *48*, 8179–8188.
5. Frimer, A. A.; Marks, V.; Sprecher, M.; Gilinsky-Sharon, P. *J. Org. Chem.* **1994,** *59*, 1831–1834.
6. Oshima, T.; Nakajima, Y.-i.; Nagai, T. *Heterocycles* **1996,** *43*, 619–624.
7. Draper, R. W.; Puar, M. S.; Vater, E. J.; Mcphail, A. T. *Steroids* **1998,** *63*, 135–140.
8. Kodama, S.; Takita, H.; Kajimoto, T.; Nishide, K.; Node, M. *Tetrahedron* **2004,** *60*, 4901–4907.
9. Bru, C.; Guillou, C. *Tetrahedron* **2006,** *62*, 9043–9048.
10. Sauer, A. M.; Crowe, W. E.; Henderson, G.; Laine, R. A. *Tetrahedron Lett.* **2007,** *48*, 6590–6593.
11. Yoshida, M.; Nozaki, T.; Nemoto, T.; Hamada, Y. *Tetrahedron* **2013,** *69*, 9609–9615.
12. Takubo, K.; Mohamed, A. A. B.; Ide, T.; Saito, K.; Ikawa, T.; Yoshimitsu, T.; Akai, S. *J. Org. Chem.* **2017,** *82*, 13141–13151.
13. Zentar, H.; Arias, F.; Haidour, A.; Alvarez-Manzaneda, R.; Chahboun, R.; Alvarez-Manzaneda, E. *Org. Lett.* **2018,** *20*, 7007–7010.

Dötz-Reaktion

Auch bekannt als Dötz-Benzoanellierung ist die Dötz-Reaktion die Bildung eines $Cr(CO)_3$-koordinierten Hydrochinons aus einem vinyloxy Pentacarbonyl-Chrom-Carben (Fischer-Carben) Komplex und Alkinen.

Beispiel 1 [5]

Beispiel 2 [8]

Beispiel 3 [8]

Beispiel 4 [9]

Beispiel 5 [10]

Beispiel 6, Zusammenbau von polysubstituierten und hoch oxygenierten Phenolen, eine Wolfram (W) Variante [11]

α-Alkoxyvinyl(ethoxy) Carbenkomplex

1. PhH, 60 °C, 4 h
2. Luft, H$_2$O/THF
40%

Beispiel 7, Dötz-Benzannulation [12]

1. n-BuLi, THF, −78 °C, 10–12 min
2. Cr(CO)$_6$, 0 °C, 1.5 h; RT, 1.5 h
3. Me$_3$OBF$_4$, CH$_2$Cl$_2$, 0 °C; RT, 1.5 h
54%

Ac$_2$O, THF
45 °C, 14 h
32%

Referenzen

1. Dötz, K. H. *Angew. Chem. Int. Ed.* **1975**, *14*, 644 – 645. Karl H. Dötz (1943 –) war Professor an der Technischen Universität München in Deutschland.
2. Wulff, W. D. In *Advances in Metal-Organic Chemistry*; Liebeskind, L. S., Ed.; JAI Press, Greenwich, CT; **1989**; *Vol. 1*. (Übersichtsartikel).
3. Wulff, W. D. In *Advances in Metal-Organic Chemistry II*; Abel, E. W., Stone, F. G. A., Wilkinson, G., Hrsg.; Pergamon Press: Oxford, **1995**; *Bd. 12*. (Übersichtsartikel).
4. Torrent, M.; Solá, M.; Frenking, G. *Chem. Rev.* **2000**, *100*, 439 – 494. (Übersichtsartikel).
5. Caldwell, J. J.; Colman, R.; Kerr, W. J.; Magennis, E. J. *Synlett* **2001**, 1428 – 1430.
6. Solá, M.; Duran, M.; Torrent, M. *The Dötz reaction: A chromium Fischer carbene-mediated benzannulation reaction*. In *Computational Modeling of Homogeneous Catalysis* Maseras, F.; Lledós, Hrsg.; Kluwer Academic: Boston; **2002**, 269 – 287. (Übersichtsartikel).
7. Pulley, S. R.; Czakó, B. *Tetrahedron Lett.* **2004**, *45*, 5511 – 5514.

8. White, J. D.; Smits, H. *Org. Lett.* **2005**, *7*, 235 – 238.
9. Boyd, E.; Jones, R. V. H.; Quayle, P.; Waring, A. J. *Tetrahedron Lett.* **2005**, *47*, 7983 – 7986.
10. Fernandes, R. A.; Mulay, S. V. *J. Org. Chem.* **2010**, *75*, 7029–7032.
11. Montenegro, M. M.; Vega-Baez, J. L.; Vazquez, M. A.; Flores-Conde, M. I.; Sanchez, A.; Gonzalez-Tototzin, M.A.; Gutierrez, R. U.; Lazcano-Seres, J. M.; Ayala, F.; Zepeda, L. G.; et al. *J. Organomet. Chem.* **2016**, *825 – 826*, 41–54.
12. Kotha, S.; Aswar, V. R.; Manchoju, A. *Tetraeder* **2016**, *72*, 2306–2315.
13. Hirose, T.; Kojima, Y.; Matsui, H.; Hanaki, H.; Iwatsuki, M.; Shiomi, K.; Omura, S.; Sunazuka, T. *J. Antibiot.* **2017**, *70*, 574–581.
14. Fernandes, R. A.; Kumari, A.; Pathare, R. S. *Synlett* **2020**, *31*, 403–420. (Überprüfung).

Eschweiler-Clarke-Methylierung

Reduktive Methylierung von primären oder sekundären Aminen mit Formaldehyd und Ameisensäure. *Vgl.* Leuckart-Wallach Reaktion.

$$R-NH_2 + CH_2O + HCO_2H \longrightarrow R-N\diagup^{\diagdown}$$

Ameisensäure ist die Hydridquelle und dient als Reduktionsmittel

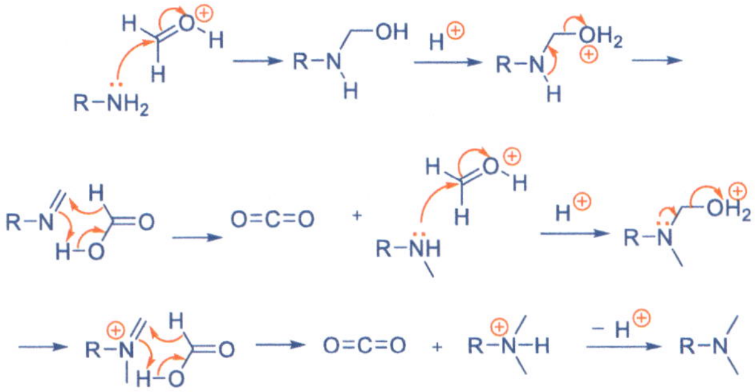

Beispiel 1 [7]

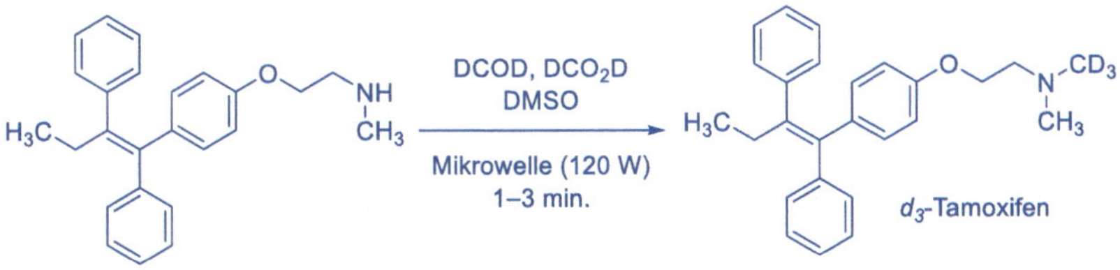

Beispiel 2 [9]

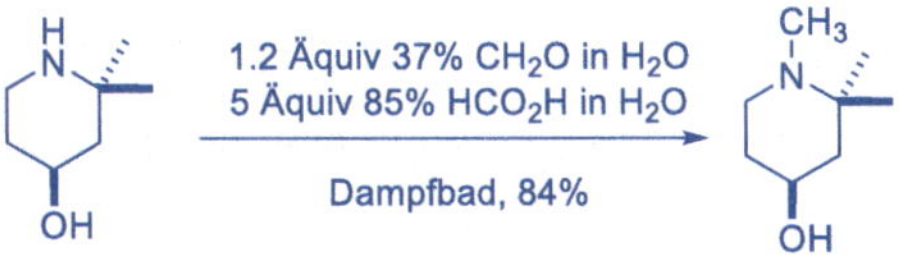

Beispiel 3 [10]

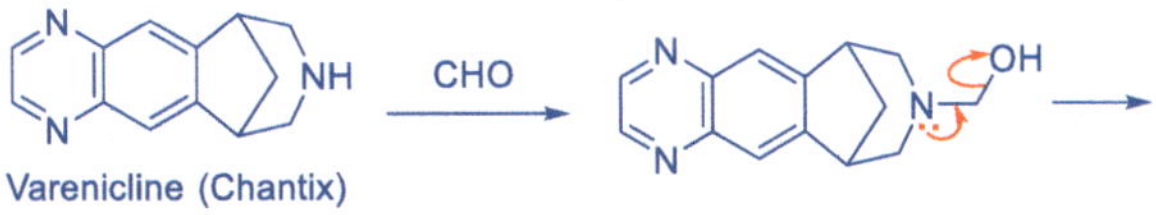

Varenicline (Chantix)

Beispiel 4, Herstellung eines selektiven Serotonin-Wiederaufnahmehemmers (SSRI) zur Behandlung von vorzeitigem Samenerguss (PE) [11]

Beispiel 5, Hin zur Synthese von Evogliptin (Suganon), einem Dipeptidyl Peptidase IV (DPP-4) Hemmer [12]

Beispiel 6, Hin zur Synthese von Rucaparib (Rubraca), einem Poly(ADP-Ribosyl) Polymerase (PARP) Hemmer [13]

Beispiel 7, Hin zur Synthese von Abemaciclib (Verzanio), einem zyklinabhängigen Kinase 4/6 (CDK4/6) Hemmer [14]

Abemaciclib (Verzanio)
Lilly, 2017
CDK4/6 Inhibitor

Beispiel 8, Dynamische kinetische Auflösung (DKR)–asymmetrische reductive Aminierung (ARA) Protokoll [15]

1.25 Äquiv MeNH$_2$: AcOH
Ir/BiPheP (S : C = 1000)

70 °C, 50 bar H$_2$, 18 h
IPA, 86%

(3R,4R)

BiPheP =

Ar = 3,5-di-t-Bu, 4-OMe

Tofacitinib (Xeljanz)
Pfizer, 2018 (für RA)
JAK1/2 Inhibitor

Referenzen

1. (a) Eschweiler, W. *Chem. Ber.* **1905**, *38*, 880 – 892. Wilhelm Eschweiler (1860 – 1936) wurde in Euskirchen, Deutschland, geboren. (b) Clarke, H. T.; Gillespie, H. B.; Weisshaus, S. Z. *J. Am. Chem. Soc.* **1933**, *55*, 4571 – 4587. Hans T. Clarke (1887 – 1927) wurde in Harrow, England, geboren.
2. Moore, M. L. *Org. React.* **1949**, *5*, 301 – 330. (Übersichtsartikel).
3. Pine, S. H.; Sanchez, B. L. *J. Org. Chem.* **1971**, *36*, 829 – 832.
4. Bobowski, G. *J. Org. Chem.* **1985**, *50*, 929 – 931.
5. Alder, R. W.; Colclough, D.; Mowlam, R. W. *Tetrahedron Lett.* **1991**, *32*, 7755 – 7758.
6. Bulman Page, P. C.; Heaney, H.; Rassias, G. A.; Reignier, S.; Sampler, E. P.; Talib, S. *Synlett* **2000**, 104 – 106.
7. Harding, J. R.; Jones, J. R.; Lu, S.-Y.; Wood, R. *Tetrahedron Lett.* **2002**, *43*, 9487 – 9488.
8. Brewer, A. R. E. *Eschweiler–Clarke Reductive Alkylation of Amine. In Name Reactions for Functional Group Transfor-mations*; Li, J. J., Hrsg.; Wiley: Hoboken, NJ, **2007**, S. 86–111. (Übersichtsartikel).
9. Weis, R.; Faist, J.; di Vora, U.; Schweiger, K.; Brandner, B.; Kungl, A. J.; Seebacher, W. *Eur. J. Med. Chem.* **2008**, *43*, 872 – 879.

10. Waterman, K. C.; Arikpo, W. B.; Fergione, M. B.; Graul, T. W.; Johnson, B. A.; Macdonald, B. C.; Roy, M. C.; Timpano, R. J. *J. Pharm. Sci.* **2008,** *97*, 1499 – 1507.
11. Sasikumar, M.; Nikalje, Milind D. *Synth. Commun.* **2012,** *42*, 3061 – 3067.
12. Kwak, W. Y.; Kim, H. J.; Mi, J. P.; Yoon, T. H.; Shim, H. J.; Yoo, M. EP 2,415,754 (2012).
13. Gillmore, A. T.; Badland, M.; Crook, C. L.; Castro, N. M.; Critcher, D. J.; Fussell, S. J.; Jones, K. J.; Jones, M. C.; Kougoulos, E.; Mathew, J. S.; et al. *Org. Process Res. Dev.* **2012,** *16*, 1897–1904.
14. Verzijl, G. K. M.; Schuster, C.; Dax, T.; de Vries, A. H. M.; Lefort, L. *Org. Process Res. Dev.* **2018,** *22*, 1817–1822.
15. Afanasyev, O. I.; Kuchuk, E.; Usanov, D. L.; Chusov, D. *Chem. Rev.* **2019,** *119*, 11857–11911. (Übersichtsartikel).
16. Hu, L.; Zhang, Y.; Zhang, Q.-W.; Yin, Q.; Zhang, X. *Angew. Chem. Int. Ed.* **2020,** *59*, 5321–5325.

Favorskii-Umlagerung

Umwandlung von enolisierbaren α-Haloketonen zu Estern, Carbonsäuren oder Amiden *über* Alkoxid-, Hydroxid- oder Amin-katalysierte Umlagerungen, jeweils.

Die intramolekulare Favorskii-Umlagerung:

enolisierbares α-Haloketon

Cyclopropanon-Zwischenprodukt

Beispiel 1 [2]

Beispiel 2, Homo-Favorskii-Umlagerung [3]

51 : 40 : 9

Beispiel 3 [6]

Beispiel 4, Photo-Favorskii-Umlagerung [7]

Beispiel 5 [8]

Verhältnis
9 : 1

Beispiel 6 [10]

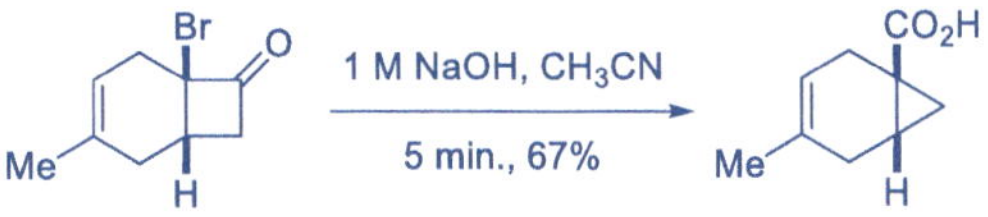

[Reaction scheme: bromo-bicyclic ketone with Me substituent + 1 M NaOH, CH₃CN, 5 min., 67% → bicyclic CO₂H product with Me substituent]

Beispiel 7 [11]

[Reaction scheme: chloro cyclohexanone with THPO and isopropyl groups + NaOMe, MeOH, 0 °C, 15 min., 96% → cyclopentane methyl ester with THPO and isopropyl groups]

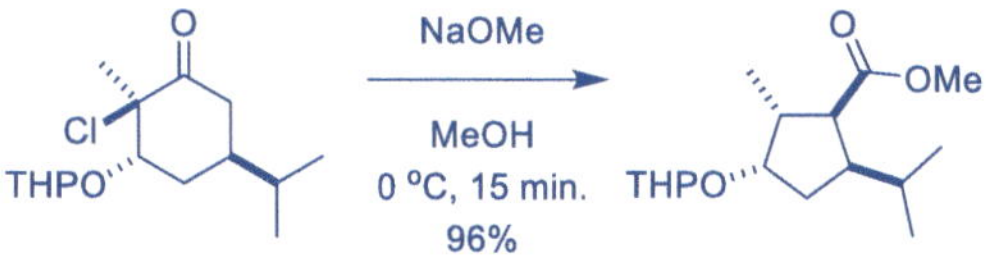

Beispiel 8, Prozessskala (5 kg) [14]

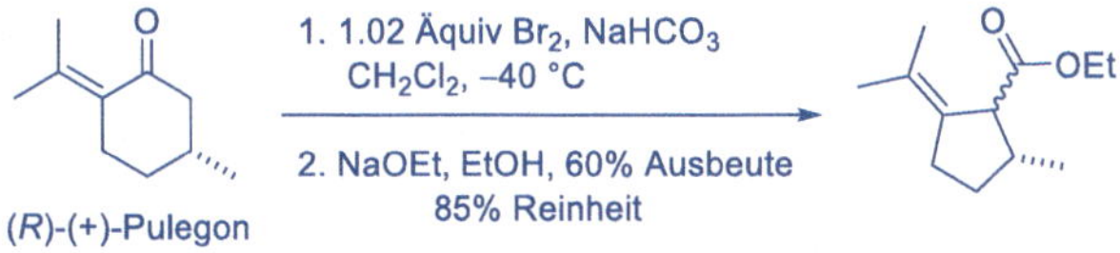

[Reaction scheme: (R)-(+)-Pulegon + 1. 1.02 Äquiv Br₂, NaHCO₃, CH₂Cl₂, −40 °C; 2. NaOEt, EtOH, 60% Ausbeute, 85% Reinheit → cyclopentane ethyl ester product]

Beispiel 9, Prozessskala (3,5 kg) [15]

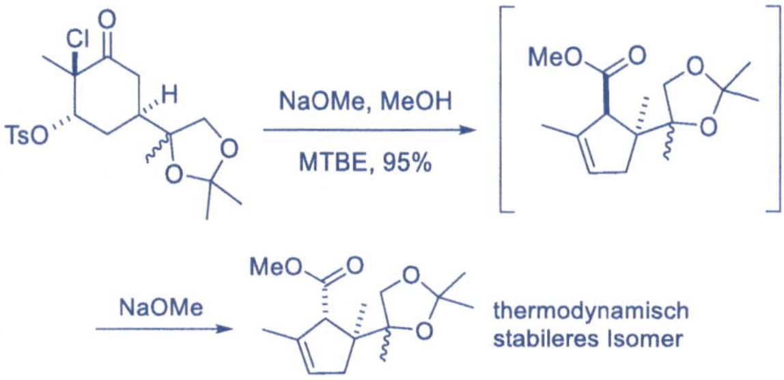

[Reaction scheme: chloro cyclohexanone with TsO and dioxolane substituents + NaOMe, MeOH, MTBE, 95% → [cyclopentene methyl ester intermediate with dioxolane] → NaOMe → thermodynamisch stabileres Isomer]

Beispiel 10, Eine semi-Favorskii-Umlagerung [16]

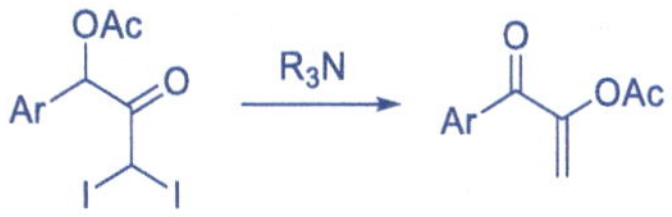

[Reaction scheme: Ar-CH(OAc)-C(O)-CHI₂ + R₃N → Ar-C(O)-C(=CH₂)-OAc]

Referenzen

1. (a) Favorskii, A. E. *J. Prakt. Chem.* **1895**, *51*, 533–563. Aleksei E. Favorskii (1860–1945), geboren in Selo Pavlova, Russland, studierte an der Staatlichen Universität St. Petersburg, wo er seit 1900 Professor war. (b) Favorskii, A. E. *J. Prakt. Chem.* **1913**, *88*, 658.
2. Wagner, R. B.; Moore, J. A. *J. Am. Chem. Soc.* **1950**, *72*, 3655–3658.
3. Wenkert, E.; Bakuzis, P.; Baumgarten, R. J.; Leicht, C. L.; Schenk, H. P. *J. Am. Chem. Soc.* **1971**, *93*, 3208–3216.
4. Chenier, P. J. *J. Chem. Ed.* **1978**, *55*, 286–291. (Übersichtsartikel).
5. Barreta, A.; Waegell, B. In *Reactive Intermediates;* Abramovitch, R. A., Hrsg.; Plenum Press: New York, **1982**, *2*, S. 527–585. (Übersichtsartikel).
6. White, J. D.; Dillon, M. P.; Butlin, R. J. *J. Am. Chem. Soc.* **1992**, *114*, 9673–9674.
7. Dhavale, D. D.; Mali, V. P.; Sudrik, S. G.; Sonawane, H. R. *Tetrahedron* **1997**, *53*, 16789–16794.
8. Kitayama, T.; Okamoto, T. *J. Org. Chem.* **1999**, *64*, 2667–2672.
9. Mamedov, V. A.; Tsuboi, S.; Mustakimova, L. V.; Hamamoto, H.; Gubaidullin, A. T.; Litvinov, I. A.; Levin, Y. A. *Chem. Heterocyclic Compd.* **2001**, *36*, 911. (Übersichtsartikel).
10. Harmata, M.; Wacharasindhu, S. *Org. Lett.* **2005**, *7*, 2563–2565.
11. Pogrebnoi, S.; Saraber, F. C. E.; Jansen, B. J. M.; de Groot, A. *Tetrahedron* **2006**, *62*, 1743–1748.
12. Filipski, K. J.; Pfefferkorn, J. A. *Favorskii Rearrangement.* In *Name Reactions for Homologations-Part II*; Li, J. J., Hrsg.; Wiley: Hoboken, NJ, **2009**, S. 238–252. (Übersichtsartikel).
13. Kammath, V. B.; Šolomek, T.; Ngoy, B. P.; Heger, D.; Klán, P.; Rubina, M.; Givens, R. S. *J. Org. Chem.* **2013**, *78*, 1718–1729.

14. Lane, J. W.; Spencer, K. L.; Shakya, S. R.; Kallan, N. C.; Stengel, P. J.; Remarchuk, T. *Org. Process Res. Dev.* **2014**, *18*, 31641–1651.
15. Xu, H.; Wang, F.; Xue, W.; Zheng, Y.; Wang, Q.; Qiu, F. G.; Jin, Y. *Org. Process Res. Dev.* **2018**, *22*, 377–384.
16. Sadhukhan, S.; Baire, B. *Org. Lett.* **2018**, *20*, 1748–1751.
17. Shuai, B.; Fang, P.; Mei, T.-S. *Synlet* **2020**, *32*, 1637-1641.

Quasi-Favorskii-Umlagerung

Wenn keine enolisierbaren Wasserstoffatome vorhanden sind, ist die klassische Favorskii-Umlagerung nicht möglich. Stattdessen kann ein halb-benzylischer Mechanismus zu einer Umlagerung führen, die als quasi-Favorskii bezeichnet wird.

Beispiel 1, Arthur C. Cope's ursprüngliche Entdeckung [1]

nicht-enolisierbares Keton

Beispiel 2 [5]

Beispiel 3 [6]

Referenzen

1. Cope, A. C.; Graham, E. S. *J. Am. Chem. Soc.* **1951**, *73*, 4702–4706.
2. Smissman, E. E.; Diebold, J. L. *J. Org. Chem.* **1965**, *30*, 4005–4007.
3. Sasaki, T.; Eguchi, S.; Toru, T. *J. Am. Chem. Soc.* **1969**, *91*, 3390–3391.

4. Baudry, D.; Begue, J. P.; Charpentier-Morize, M. *Tetrahedron Lett.* **1970**, 2147–2150.
5. Stevens, C. L.; Pillai, P. M.; Taylor, K. G. *J. Org. Chem.* **1974**, *39*, 3158–3161.
6. Harmata, M.; Wacharasindhu, S. *Org. Lett.* **2005**, *7*, 2563–2565.
7. Filipski, K.J.; Pfefferkorn, J. A. *Favorskii Rearrangement. In Name Reactions for Homologations-Part II*; Li, J. J., Hrsg.; Wiley: Hoboken, NJ, **2009**, S. 438–452. (Übersichtsartikel).
8. Harmata, M.; Wacharasindhu, S. *Synthesis* **2007**, 2365–2369.
9. Ross, A. G.; Townsend, S. D.; Danishefsky, S. J. *J. Org. Chem.* **2013**, *78*, 204–210.
10. Behnke, N. E.; Siitonen, J. H.; Chamness, S. A.; Kürti, L. *Org. Lett.* **2020**, *22*, 5715-5720.

Ferrier-Carbocyclisierung

Dieser Prozess hat sich als von erheblichem Wert für die effiziente, einstufige Umwandlung von 5,6-ungesättigten Hexopyranose- Derivaten in funktionalisierte Cyclohexanone erwiesen, die für die Herstellung solcher enantiomerenreinen Verbindungen wie Inositole und ihre Amino-, Deoxy-, ungesättigten und selektiv O-substituierten Derivate, insbesondere Phosphatester, nützlich sind. Darüber hinaus wurden die Produkte der Carbocyclisierung in viele komplexe Verbindungen von Interesse in biologischer und medizinischer Chemie eingebaut. [1,2]

Allgemeine Beispiele: [3]

Komplexere Produkte:

Komplexe bioaktive Verbindungen, die nach Anwendung der Reaktion hergestellt wurden:

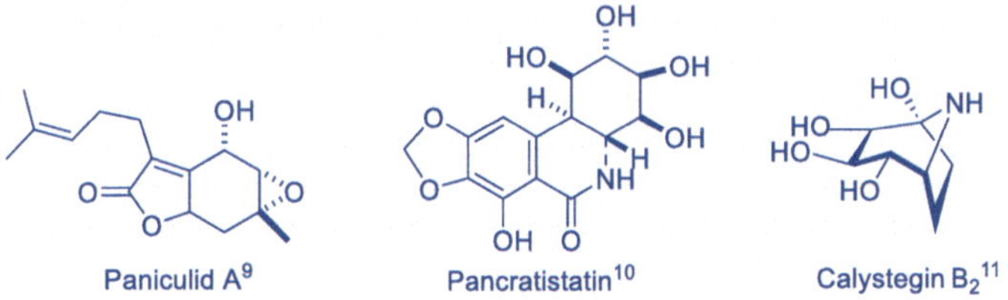

Paniculid A[9]   Pancratistatin[10]   Calystegin B$_2$[11]

Modifizierte Hex-5-enopyranoside und Reaktionen

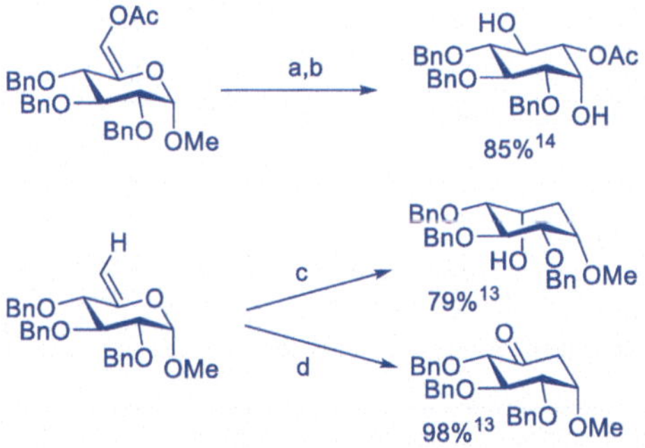

85%[14]

79%[13]

98%[13]

a, Hg(OCOCF$_3$)$_2$, Me$_2$CO, H$_2$O, 0 °C; b, NaBH(OAc)$_3$, AcOH, MeCN, rt; c, i-Bu$_3$Al, PhMe, 40 °C; d, Ti(Oi-Pr)Cl$_3$, CH$_2$Cl$_2$, −78 °C, 15 min. (Anmerkung: Das Aglykon bleibt in den Al- und Ti-induzierten Reaktionen erhalten).

Ein aktuelles Beispiel für eine neuartige Ferrier-Typ Carbocyclisierung [19]

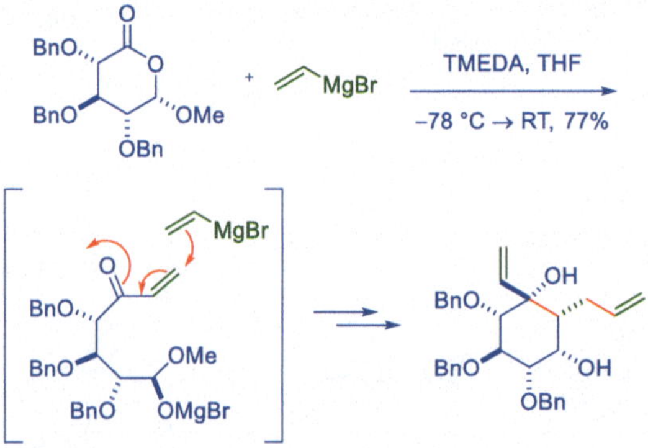

TMEDA, THF
−78 °C → RT, 77%

Referenzen

1. Ferrier, R. J.; Middleton, S. *Chem. Rev.* **1993**, *93*, 2779–2831. (Übersichtsartikel).
2. Ferrier, R. J. *Top. Curr. Chem.* **2001**, *215*, 277–291 (Übersichtsartikel).
3. Ferrier, R. J. *J. Chem. Soc., Perkin Trans. 1* **1979**, 1455–1458. Die Entdeckung (1977) wurde in der Pharmakologie-Abteilung, Universität von Edinburgh, während R. J. Ferrier im Urlaub von der Victoria University of Wellington, Neuseeland war, wo er Professor für Organische Chemie war. Er ist jetzt Berater bei Industrial Research Ltd., Lower Hutt, Neuseeland.
4. Blattner, R.; Ferrier, R. J.; Haines, S. R. *J. Chem. Soc., Perkin Trans. 1*, **1985**, 2413–2416.
5. Chida, N.; Ohtsuka, M.; Ogura, K.; Ogawa, S. *Bull. Chem. Soc. Jpn.* **1991**, *64*, 2118–2121.
6. Machado, A. S.; Olesker, A.; Lukacs, G. *Carbohydr. Res.* **1985**, *135*, 231–239.
7. Sato, K.-i.; Sakuma, S.; Nakamura, Y.; Yoshimura, J.; Hashimoto, H. *Chem. Lett.* **1991**, 17–20.
8. Ermolenko, M. S.; Olesker, A.; Lukacs, G. *Tetrahedron Lett.* **1994**, *35*, 711–714.
9. Amano, S.; Takemura, N.; Ohtsuka, M.; Ogawa, S.; Chida, N. *Tetrahedron* **1999**, *55*, 3855–3870.
10. Park, T. K.; Danishefsky, S. J. *Tetrahedron Lett.* **1995**, *36*, 195–196.
11. Boyer, F.-D.; Lallemand, J.-Y. *Tetrahedron* **1994**, *50*, 10443–10458.
12. Das, S. K.; Mallet, J.-M.; Sinaÿ, P. *Angew. Chem. Int. Ed.* **1997**, *36*, 493–496.
13. Sollogoub, M.; Mallet, J.-M.; Sinaÿ, P. *Tetrahedron Lett.* **1998**, *39*, 3471–3472.
14. Bender, S. L.; Budhu, R. J. *J. Am. Chem. Soc.* **1991**, *113*, 9883–9884.
15. Estevez, V. A.; Prestwich, E. D. *J. Am. Chem. Soc.* **1991**, *113*, 9885–9887.
16. Yadav, J. S.; Reddy, B. V. S.; Narasimha Chary, D.; Madavi, C.; Kunwar, A. C. *Tetrahedron Lett.* **2009**, *50*, 81–84.
17. Chen, P.; Wang, S. *Tetrahedron* **2013**, *69*, 583–588.
18. Chen, P.; Lin, L. *Tetrahedron* **2013**, *69*, 4524–4531.
19. Hedberg, C.; Estrup, M.; Eikeland, E. Z.; Jensen, H. *J. Org. Chem.* **2018**, *83*, 2154–2165.
20. Ausmus, A. P.; Hogue, M.; Snyder, J. L.; Rundell, S. R.; Bednarz, K. M.; Banahene, N.; Swarts, B. M. *J. Org. Chem.* **2020**, *85*, 3182–3191.

Ferrier Glycal Allylic Rearrangement

In der Gegenwart von Lewis-Säure-Katalysatoren können O-substituierte Glycal-Derivate mit O-, S-, C-und seltener, N-, P- und Halogen-Nukleophilen reagieren, um 2,3-ungesättigte Glycosylprodukte zu ergeben. [1,2] Diese allylische Transformation wurde als "Ferrier-Umlagerung" bezeichnet. Die Reaktion wurde jedoch erstmals von Emil Fischer bemerkt, als er Tri-O-acetyl-D-glucal in Wasser erhitzte. [3] Wenn Kohlenstoffnukleophile entdeckt sind, wurde der Begriff "Kohlenstoff-Ferrier-Reaktion" verwendet, [4] obwohl die einzige Leistung der Ferrier-Gruppe in diesem Bereich darin bestand, festzustellen, dass Tri-O-acetyl-D-glucal unter Säurekatalyse zu einem C-glycosidischen Produkt dimerisiert. [5] Die allgemeine Reaktion wird durch die getrennten Umwandlungen von Tri-O-acetyl-D-glucal mit O-, S-und C-Nukleophilen zu den entsprechenden 2,3-ungesättigten Glycosylderivaten veranschaulicht. Normalerweise werden Lewis-Säuren als Katalysatoren verwendet, wobei Borontrifluoridetherat am häufigsten ist. Allyloxycarbenium-Ionen sind als Zwischenprodukte beteiligt, hohe Ausbeuten an Produkten werden erzielt, und Glycosidverbindungen mit quasi-axialen Bindungen (wie dargestellt) dominieren (häufig im α,β-Verhältnis von etwa 7:1). Die dargestellten Beispiele [4,6,7] sind typisch für eine sehr große Anzahl von Literaturberichten. [1]

Allgemeine Beispiele [4]

Komplexere Produkte, die direkt aus den entsprechenden Glykolen hergestellt werden:

Benzol, BF$_3$•OEt$_2$,
5 °C, 10 min, (67%, α-anomer).[8]

PhCOCH$_2$CO$_2$Et,
BF$_3$•OEt$_2$,
RT, 15 min,
(81% α-anomer).[9]

Durch spontane Sigmatropie Neuordnung des Glykals 3-Trichloracetimidat hergestellt mit NaH, Cl$_3$CCN, (78% α-anomer).[10]

Produkte, die ohne Säurekatalysatoren gebildet werden:

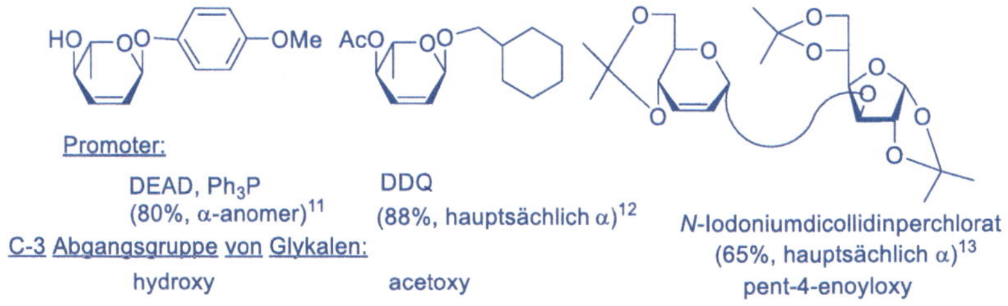

Promoter:

DEAD, Ph₃P
(80%, α-anomer)[11]
C-3 Abgangsgruppe von Glykalen:
hydroxy

DDQ
(88%, hauptsächlich α)[12]
acetoxy

N-Iodoniumdicollidinperchlorat
(65%, hauptsächlich α)[13]
pent-4-enoyloxy

Modifizierte Glykole und ihre Reaktionen:

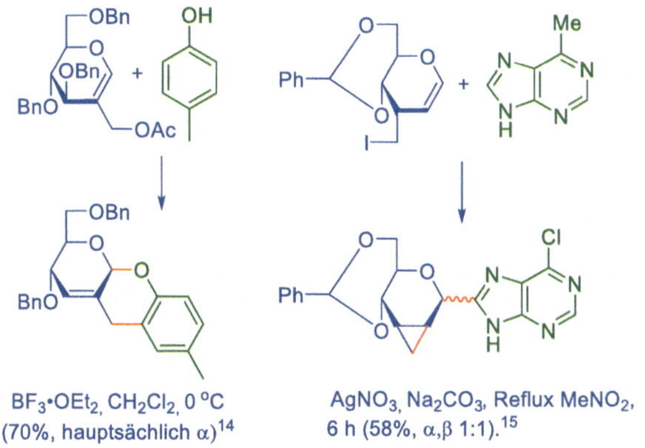

BF₃·OEt₂, CH₂Cl₂, 0 °C
(70%, hauptsächlich α)[14]

AgNO₃, Na₂CO₃, Reflux MeNO₂,
6 h (58%, α,β 1:1).[15]

Eine Variante, die preiswerten Montmorillonit K-10 Ton als Katalysator verwendet:

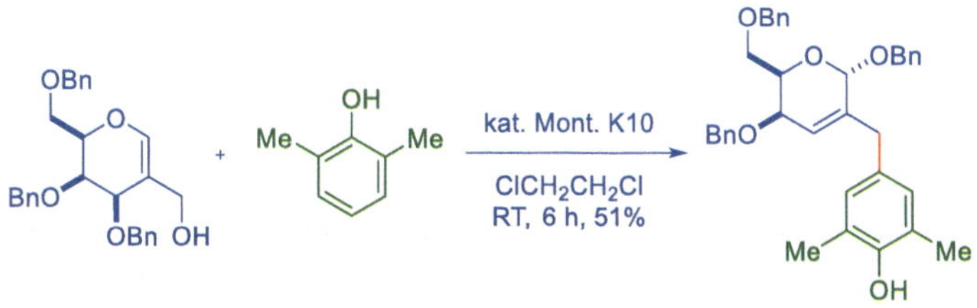

kat. Mont. K10

ClCH₂CH₂Cl
RT, 6 h, 51%

Ein aktuelles Beispiel, eine Gold(I)-katalysierte Tandem-1,3-Acyloxymigration/Ferrier-Umlagerung [21]

Referenzen

1. Ferrier, R. J.; Zubkov, O. A. Umwandlung von Glycalen in 2,3-ungesättigte Glycosylderivate, In *Org. React.* **2003**, *62*, 569–736. (Übersichtsartikel). Es waren fast 50 Jahre nach Fischers bahnbrechender Entdeckung, dass Wasser an der Reaktion teilnimmt [3], dass Ann Ryan, die in George Overends Abteilung am Birkbeck College, University of London, arbeitete, zufällig feststellte, dass auch *p*-Nitrophenol teilnimmt. [16] Robin Ferrier, ihr unmittelbarer Vorgesetzter, der ihr das Experiment vorschlug, stellte dann fest, dass auch einfache Alkohole bei hohen Temperaturen teilnehmen, [17] und mit anderen Studenten, insbesondere Nagendra Prasad und George Sankey, erforschte er die Reaktion ausgiebig. Sie haben sie jedoch nicht angewendet, um die sehr wichtigen *C*-Glycoside herzustellen.
2. Ferrier, R. J. *Top. Curr. Chem.* **2001**, *215*, 153–175. (Übersichtsartikel).
3. Fischer, E. *Chem. Ber.* **1914**, *47*, 196–210.
4. Herscovici, J.; Muleka, K.; Boumaïza, L.; Antonakis, K. *J. Chem. Soc., Perkin Trans. 1* **1990**, 1995–2009.
5. Ferrier, R. J.; Prasad, N. *J. Chem. Soc. (C)* **1969**, 581–586.
6. Moufid, N.; Chapleur, Y.; Mayon, P. *J. Chem. Soc., Perkin Trans. 1* **1992**, 999–1007.
7. Whittman, M. D.; Halcomb, R. L.; Danishefsky, S. J.; Golik, J.; Vyas, D. *J. Org. Chem.* **1990**, *55*, 1979–1981.
8. Klaffke, W.; Pudlo, P.; Springer, D.; Thiem, J. *Ann.* **1991**, 509–512.
9. Yougai, S.; Miwa, T. *J. Chem. Soc., Chem. Commun.* **1983**, 68–69.
10. Armstrong, P. L.; Coull, I. C.; Hewson, A. T.; Slater, M. J. *Tetrahedron Lett.* **1995**, *36*, 4311–4314.
11. Sobti, A.; Sulikowski, G. A. *Tetrahedron Lett.* **1994**, *35*, 3661–3664.
12. Toshima, K.; Ishizuka, T.; Matsuo, G.; Nakata, M.; Kinoshita, M. *J. Chem. Soc., Chem. Commun.* **1993**, 704–705.

13. López, J. C.; Gómez, A. M.; Valverde, S.; Fraser-Reid, B. *J. Org. Chem.* **1995**, *60*, 3851–3858.
14. Booma, C.; Balasubramanian, K. K. *Tetrahedron Lett.* **1993**, *34*, 6757–6760.
15. Tam, S. Y.-K.; Fraser-Reid, B. *Can. J. Chem.* **1977**, *55*, 3996–4001.
16. Ferrier, R. J.; Overend, W. G.; Ryan, A. E. *J. Chem. Soc. (C)* **1962**, 3667–3670.
17. Ferrier, R. J. *J. Chem. Soc.* **1964**, 5443–5449.
18. De, K.; Legros, J.; Crousse, B.; Bonnet-Delpon, D. *Tetrahedron* **2008**, *64*, 10497–10500.
19. Kumaran, E.; Santhi, M., Balasubramanian, K. K.; Bhagavathy, S. *Carbohydr. Res.* **2011**, *346*, 1654–1661.
20. Okazaki, H.; Hanaya, K.; Shoji, M.; Hada, N.; Sugai, T. *Tetrahedron* **2013**, *69*, 7931–7935.
21. Huang, N.; Liao, H.; Yao, H.; Xie, T.; Zhang, S.; Zou, K.; Liu, X.-W. *Org. Lett.* **2018**, *20*, 16–19.
22. Bhardwaj, M.; Rasool, F.; Tatina, M. B.; Mukherjee, D. *Org. Lett.* **2019**, *21*, 3038–3042.

Fischer Indol-Synthese

Cyclisierung von Arylhydrazonen zu Indolen.

Phenylhydrazin — Phenylhydrazon

Protonierung — Ene-Hydrazin — Doppelimin — Tautomerisierung

Beispiel 1 [3]

1. sauber, 160 °C, 24 h
2. NH_2NH_2, 120 °C, 12 h
71%

Beispiel 2 [3]

AcOH, Δ, 5 h
57%

Beispiel 3 [10]

Beispiel 4 [12]

Beispiel 5, Eine umweltfreundliche industrielle Fischer-Indol-Cyclisierung (3 kg Maßstab, PPA = Phosphorsäure) [13]

Beispiel 6, Reduktive unterbrochene Fischer-Indolisierung [14]

Beispiel 7, Fused-Indolin durch reduktive unterbrochene Indolisierung in einem mikrofluidischen Reaktor [15]

Referenzen

1. (a) Fischer, E.; Jourdan, F. *Ber.* **1883,** *16*, 2241–2245. H. Emil Fischer (1852–1919) ist wohl der größte organische Chemiker aller Zeiten. Er wurde in Euskirchen, in der Nähe von Bonn, Deutschland, geboren. Als er ein Junge war, sagte sein Vater, Lorenz, über ihn: "Der Junge ist zu dumm, um ins Geschäft zu gehen; also im Namen Gottes, lass ihn studieren." Fischer studierte in Bonn und dann in Straßburg unter Adolf von Baeyer. Fischer gewann den Nobelpreis für Chemie im Jahr 1902 (drei Jahre vor seinem Meister, von Baeyer) für seine synthetischen Studien im Bereich Zucker und Purin-Gruppen. Traurigerweise beging Fischer Selbstmord nach dem Ersten Weltkrieg, nachdem sein Sohn während des Krieges gestorben war und sein Vermögen völlig verloren gegangen war. (b) Fischer, E.; Hess, O. *Ber.* **1884,** *17*, 559.
2. Robinson, B. *The Fisher Indole Synthesis,* Wiley: New York, NY, **1982**. (Buch).
3. Martin, M. J.; Trudell, M. L.; Arauzo, H. D.; Allen, M. S.; LaLoggia, A. J.; Deng, L.; Schultz, C. A.; Tan, Y.; Bi, Y.; Narayanan, K.; Dorn, L. J.; Koehler, K. F.; Skolnick, P.; Cook, J. M. *J. Med. Chem.* **1992,** *35*, 4105–4117.
4. Hughes, D. L. *Org. Prep. Proc. Int.* **1993,** *25*, 607–632. (Übersichtsartikel).
5. Bosch, J.; Roca, T.; Armengol, M.; Fernández-Forner, D. *Tetrahedron* **2001,** *57*, 1041–1048.
6. Ergün, Y.; Patir, S.; Okay, G. *J. Heterocycl. Chem.* **2002,** *39*, 315 – 317.
7. Pete, B.; Parlagh, G. *Tetrahedron Lett.* **2003,** *44*, 2537–2539.
8. Li, J.; Cook, J. M. *Fischer Indole Synthesis.* In *Name Reactions in Heterocyclic Chemistry*; Li, J. J., Ed.; Wiley: Hoboken, NJ, **2005**, pp 116 – 127. (Übersichtsartikel).
9. Borregán, M.; Bradshaw, B.; Valls, N.; Bonjoch, J. *Tetrahedron: Asymmetry* **2008,** *19*, 2130 – 2134.
10. Boal, B. W.; Schammel A. W.; Garg, N. K. *Org. Lett.* **2013,** *11*, 3458–3461.
11. Donald, J. R.; Taylor, R. J. K. *Synlett* **2009,** 59 – 62.
12. Adams, G. L.; Carroll, P. J.; Smith, A. B. III *J. Am. Chem. Soc.* **2013,** *135*, 519–523.
13. Yang, X.; Zhang, X.; Yin, D. *Org. Process Res. Dev.* **2018,** *22*, 1115–1118.
14. Picazo, E.; Morrill, L. A.; Susick, R. B.; Moreno, J.; Smith, J. M.; Garg, N. K. *J. Am. Chem. Soc.* **2018,** *149*, 6483–56492.
15. Duong, A. T.-H.; Simmons, B. J.; Alam, M. P.; Campagna, J.; Garg, N. K.; John, V. *Tetrahedron Lett.* **2019,** *60*, 322–326.

16. Ghiyasabadi, Z.; Bahadorikhalili, S.; Saeedi, M.; Karimi-Niyazagheh, M.; Mirfazli, S. S. *J. Heterocycl. Chem.* **2020,** *57*, 606–610.

Friedel–Crafts-Reaktion

Friedel–Crafts-Acylierungsreaktion:

Einführung einer Acylgruppe auf ein aromatisches Substrat durch Behandlung des Substrats mit einem Acylhalogenid oder Anhydrid in Gegenwart eines Lewis-Säure.

Beispiel 1, Intermolekulare Friedel–Crafts-Acylierung [6]

Beispiel 2, Intramolekulare Friedel–Crafts-Acylierung [7]

Beispiel 3, Intramolekulare Friedel–Crafts-Acylierung [8]

PPSE = Trimethylsilylpolyphosphat

Beispiel 4, Intramolekulare Friedel–Crafts-Acylierung [9]

Beispiel 5, „Kinetische Einfang" des Acylium-Ions [11]

Beispiel 6, Einführung einer Acrolylgruppe durch Friedel–Crafts Acylierung gefolgt von Eliminierung unter milden Bedingungen [12]

Beispiel 7, Intramolekulare Friedel–Crafts-Acylierung „ *in situ* " [13]

Referenzen

1. Friedel, C.; Crafts, J. M. *Compt. Rend.* **1877,** *84*, 1392–1395. Charles Friedel (1832–1899) wurde in Straßburg, Frankreich, geboren. Er promovierte 1869 unter Wurtz an der Sorbonne und wurde Professor und später Vorsitzender (1884) der organischen Chemie an der Sorbonne. Friedel war einer der Gründer der Französischen Chemischen Gesellschaft und diente vier Amtszeiten als ihr Präsident. James Mason Crafts (1839–1917) wurde in Boston, Massachusetts, geboren. Er studierte in seiner Jugend unter Bunsen und Wurtz und wurde Professor an Cornell und am MIT. Von 1874 bis 1891 arbeitete Crafts mit Friedel an der École de Mines in Paris zusammen, wo sie die Friedel–Crafts Reaktion entdeckten. Er kehrte 1892 zum MIT zurück und diente später als dessen Präsident. Die Entdeckung der Friedel–Crafts-Reaktion war das Ergebnis von Zufall und scharfer Beobachtung. Im Jahr 1877 arbeiteten sowohl Friedel als auch Crafts im Labor von Charles A. Wurtz. Um Amyljodid herzustellen, behandelten sie Amylchlorid mit Aluminium und Iodid unter Verwendung Benzol als Lösungsmittel. Anstelle von Amyljodid erhielten sie Amylbenzol! Im Gegensatz zu anderen vor ihnen, die die Reaktion möglicherweise einfach verworfen hätten, untersuchten sie die Lewis-Säure-katalysierten Alkylierungen und Acylierungen gründlich und veröffentlichten mehr als 50 Artikel und Patente zur Friedel-Crafts-Reaktion, die zu einer der nützlichsten organischen Reaktionen geworden ist.
2. Pearson, D. E.; Buehler, C. A. *Synthesis* **1972**, 533–542. (Übersichtsartikel).
3. Hermecz, I.; Mészáros, Z. *Adv. Heterocycl. Chem.* **1983**, *33*, 241–330. (Übersichtsartikel).

4. Metivier, P. *Friedel-Crafts Acylation.* In *Friedel-Crafts Reaction* Sheldon, R. A.; Bekkum, H., Hrsg.; Wiley-VCH: New York. **2001,** S. 161–172. (Übersichtsartikel).
5. Basappa; Mantelingu, K.; Sadashira, M. P.; Rangappa, K. S. *Indian J. Chem. B.* **2004,** *43B*, 1954–1957.
6. Olah, G. A.; Reddy, V. P.; Prakash, G. K. S. *Chem. Rev.* **2006,** *106*, 1077–1104. (Übersichtsartikel).
7. Simmons, E.M.; Sarpong, R. *Org. Lett.* **2006,** *8*, 2883–2886.
8. Bourderioux, A.; Routier, S.; Beneteau, V.; Merour, J.-Y. *Tetrahedron* **2007,** *63*, 9465–9475.
9. Fillion, E.; Dumas, A. M. *J. Org. Chem.* **2008,** *73*, 2920–2923.
10. de Noronha, R. G.; Fernandes, A. C.; Romao, C. C. *Tetrahedron Lett.* **2009,** *50*, 1407–1410.
11. Huang, Z.; Jin, L.; Han, H.; Lei, A. *Org. Biomol. Chem.* **2013,** *11*, 1810 – 1814.
12. Allu, S. R.; Banne, S.; Jiang, J.; Qi, N.; He, Y. *J. Org. Chem.* **2019,** *84*, 7227–7237.
13. Tejerina, L.; Martínez-Díaz, M. V.; Torres, T. *Org. Lett.* **2019,** *21*, 2908–2912.
14. Patil, D. V.; Kim, H. Y.; Oh, K. *Org. Lett.* **2020,** *22*, 3018–3022.

Friedel–Crafts Alkylierungsreaktion:

Einführung einer Alkylgruppe auf ein aromatisches Substrat durch Behandlung des Substrats mit einem Alkylierungsmittel wie Alkylhalogenid, Alken, Alkin und Alkohol in Gegenwart einer Lewis-Säure.

Beispiel 1 [1]

Beispiel 2, Eine intramolekulare Friedel–Crafts Alkylierung [6]

Beispiel 3, Diastereoselektive Friedel–Crafts Alkylierung [7]

Beispiel 4, Friedel–Crafts Alkylierung zur Herstellung eines quaternären Kohlenstoffzentrums (DTBP = Di-*tert*-butylperoxid) [8]

Beispiel 5, Friedel–Crafts Alkylierung gefolgt von Ring Kontraktion [9]

Referenzen

1. Patil, M. L.; Borate, H. B.; Ponde, D. E. *Tetrahedron Lett.* **1999**, *40*, 4437–4438.
2. Meima, G. R.; Lee, G. S.; Garces, J. M. *Friedel-Crafts Alkylation.* In *Friedel-Crafts Reaction* Sheldon, R. A.; Bekkum, H., Hrsg.; Wiley-VCH: New York. **2001**, S. 550–556. (Übersichtsartikel).
3. Bandini, M.; Melloni, A. *Angew. Chem. Int. Ed.* **2004**, *43*, 550–556. (Übersichtsartikel).
4. Poulsen, T. B.; Jorgensen, K. A. *Chem. Rev.* **2008**, *108*, 2903–2915. (Übersichtsartikel).
5. Silvanus, A. C.; Heffernan, S. J.; Liptrot, D. J.; Kociok-Kohn, G.; Andrews, B. I.; Carbery, D. R. *Org. Lett.* **2009**, *11*, 1175–1178.
6. Kargbo, R. B.; Sajjadi-Hashemi, Z.; Roy, S.; Jin, X.; Herr, R. J. *Tetrahedron Lett.* **2013**, *54*, 2018–2021.
7. Dethe, D. H.; Dherange, B. D. *J. Org. Chem.* **2018**, *83*, 3392–3396.
8. Hodges, T. R.; Benjamin, N. M.; Martin, S. F. *Org. Lett.* **2017**, *19*, 2254–2257.
9. Turnu, F.; Luridiana, A.; Cocco, A. *Org. Lett.* **2019**, *21*, 7329–7332.
10. Gallo, R. D. C.; Momo, P. B.; Day, D. P.; Burtoloso, A. C. B. *Org. Lett.* **2020**, *22*, 2339–2343.

Friedländer Quinolin-Synthese

Auch bekannt als Friedländer-Kondensation, kombiniert sie ein α-Aminoaldehyd oder -keton mit einem anderen Aldehyd oder Keton mit mindestens einem Methylengruppe α neben der Carbonylgruppe, um ein substituiertes Chinolin zu liefern. Die Reaktion kann durch Säure, Base oder Hitze gefördert werden.

Beispiel 1 [5]

Beispiel 2 [7]

Beispiel 3 [8]

Bedingungen	Konvertierung	Verhältnis
NaOH, rt	> 99%	37:63
Pyrrolidin, 5% H_2SO_4, RT	97%	86:14
TBAO, 5% H_2SO_4, RT	> 99%	87:13
TBAO, 5% H_2SO_4, langsame Zugabe, 65 °C	> 99%	94:6

TBAO = 1,3,3-Trimethyl-6-azabicyclo[3.2.1]octan

Beispiel 4 [10]

Beispiel 5, Verwendung von Propylphosphonsäureanhydrid (T3P) als Kupplungsagent [11]

Beispiel 6, NHC-Cu(I)-katalysierte Friedländer-Typ-Anellierung von fluorinierten
o-Aminophenonen mit Alkinen auf Wasser [12]

Beispiel 7, Hin zur TotalSynthese von (+)-Eburnamonin [13]

Beispiel 8, Organokatalytische atroposelektive Friedländer Quinolin Heteroannulation [14]

Referenzen

1. Friedländer, P. *Ber.* **1882**, *15*, 2572–2575. Paul Friedländer (1857–1923), geboren in Königsberg, Preußen, lehrling unter Carl Graebe und Adolf von Baeyer. Er war an Musik interessiert und war ein versierter Pianist.
2. Elderfield, R. C. In *Heterocyclic Compounds*, Elderfield, R. C., ed.; Wiley: New York, **1952**, *4*, *Quinoline, Isoquinoline and Their Benzo Derivatives*, 45–47. (Übersichtsartikel).
3. Jones, G. In *Heterocyclic Compounds*, Quinoline, Bd. 32, **1977**; Wiley: New York, S. 181–191. (Übersichtsartikel).
4. Cheng, C.-C.; Yan, S.-J. *Org. React.* **1982**, *28*, 37 – 201. (Übersichtsartikel).
5. Shiozawa, A.; Ichikawa, Y.-I.; Komuro, C. *Chem. Pharm. Bull.* **1984**, *32*, 2522 – 2529.
6. Gladiali, S.; Chelucci, G.; Mudadu, M. S. *J. Org. Chem.* **2001**, *66*, 400 – 405.
7. Henegar, K. E.; Baughman, T. A. *J. Heterocycl. Chem.* **2003**, *40*, 601 – 605.
8. Dormer, P. G.; Eng, K. K.; Farr, R. N. *J. Org. Chem.* **2003**, *68*, 467 – 477.
9. Pflum, D. A. *Friedländer Quinoline Synthesis. In Name Reactions in Heterocyclic Chemistry*; Li, J. J., Hrsg.; Wiley: Hoboken, NJ, **2005**, 411 – 415. (Übersichtsartikel).
10. Vander Mierde, H.; Van Der Voot, P. *Eur. J. Org. Chem.* **2008**, 1625 – 1631.
11. Augustine, J. K.; Bombrun, A. *Tetrahedron Lett.* **2011**, *52*, 6814 – 6818.
12. Czerwiński, P.; Michalak, M. *J. Org. Chem.* **2017**, *82*, 7980 – 7997.
13. Pandey, G.; Mishra, A.; Khamrai, J. *Org. Lett.* **2017**, *19*, 3267 – 3270.
14. Shao, Y-D.; Dong, M. M.; Wang, Y.-A.; Cheng, P.-M.; Wang, T. *Org. Lett.* **2019**, *21*, 4831 – 4836.
15. Nainwal, L. M.; Tasneem, S.; Akhtar, W.; Verma, G.; Khan, M. F.; Parvez, S. *Eur. J. Med. Chem.* **2019**, *164*, 121 – 170. (Übersichtsartikel).

Fries-Umlagerung

Lewis-Säure-katalysierte Umlagerung von Phenolestern und Lactamen zu 2- oder 4-Ketophenolen. Auch bekannt als die Fries–Finck Umlagerung.

Aluminiumphenolat, Acylium-Ion

Beispiel 1 [5]

Beispiel 2 [6]

10% Bi(OTf)$_3$, PhMe
110 °C, 15 h, 64%

Beispiel 3, Photo-Fries-Umlagerung [7]

Niederdruck-Hg-Lampe
254 nM, MeCN, 36 h, 65%

Beispiel 4, *ortho* -Fries-Umlagerung [8]

2.1 Äquiv LTMP
−78 °C→RT, 97%

Beispiel 5, Thia-Fries-Umlagerung [9]

LDA, THF, −78 °C
dann H$_3$O$^+$, 80%

Beispiel 6, Fernanionische Thia-Fries-Umlagerung [10]

3 Äquiv NaH, DMF
0 °C→RT, 2 h
64%

Beispiel 7, Eine aufeinanderfolgende Snieckus – Fries-Umlagerung, anionische Si→C Alkyl-Umlagerung und Claisen – Schmidt-Kondensation [11]

Beispiel 8, Orthosodierungen unter Verwendung von Natriumdiisopropylamid (NaDA) und Snieckus – Fries-Umlagerung von Arylcarbamat [12]

Referenzen

1. Fries, K.; Finck, G. *Ber.* **1908**, *41*, 4271–4284. Karl Theophil Fries (1875–1962) wurde in Kiedrich in der Nähe von Wiesbaden am Rhein geboren. Er promovierte unter Theodor Zincke. Obwohl G. Finck die Umlagerung von phenolischen Estern mitentdeckte, ist sein Name irgendwie in der Geschichte vergessen worden. In aller Fairness sollte die Fries-Umlagerung eigentlich die Fries–Finck-Umlagerung sein.
2. Martin, R. *Org. Prep. Proced. Int.* **1992**, *24*, 369–435. (Übersichtsartikel).
3. Boyer, J. L.; Krum, J. E.; Myers, M. C. *J. Org. Chem.* **2000**, *65*, 4712–4714.
4. Guisnet, M.; Perot, G. *The Fries rearrangement.* In *Fine Chemicals through Heterogeneous Catalysis* **2001**, 211–216. (Übersichtsartikel).
5. Tisserand, S.; Baati, R.; Nicolas, M. *J. Org. Chem.* **2004**, *69*, 8982–8983.
6. Ollevier, T.; Desyroy, V.; Asim, M.; Brochu, M.-C. *Synlett* **2004**, 2794–2796.
7. Ferrini, S.; Ponticelli, F.; Taddei, M. *Org. Lett.* **2007**, *9*, 69–72.
8. Macklin, T. K.; Panteleev, J.; Snieckus, V. *Angew. Chem. Int. Ed.* **2008**, *47*, 2097–2101.
9. Dyke, A. M.; Gill, D. M.; Harvey, J. N.; Hester, A. J.; Lloyd-Jones, G. C.; Munoz, M. P.; Shepperson, I. R. *Angew. Chem. Int. Ed.* **2008**, *47*, 5067–5070.
10. Xu, X.-H.; Taniguchi, M.; Azuma, A.; Liu, G. K.; Tokunaga, E.; Shibata, N. *Org. Lett.* **2013**, *15*, 686–689.
11. Kumar, S. N.; Bavikar, S. R.; Kumar, C. N. S. S. P.; Yu, I, F.; Chein, R.-J. *Org. Lett.* **2018**, *20*, 5362–5366.
12. Ma, Y.; Woltornist, R. A.; Algera, R. F.; Collum, D. B. *J. Org. Chem.* **2019**, *84*, 9051–9051.
13. Alessi, M.; Patel, J. J.; Zumbansen, K.; Snieckus, V. *Org. Lett.* **2020**, *22*, 2147–2151.

Gabriel-Synthese

Synthese von primären Aminen mit Kaliumphthalimid und Alkylhalogeniden.

Beispiel 1 [2]

Beispiel 2 [6]

Beispiel 3 [8]

Beispiel 4 [9]

Beispiel 5, Anwendung in der medizinischen Chemie [14]

Beispiel 6, Enantioselektive Gabriel-Synthese [15]

Beispiel 7, Intermolekulare Cyclisierung nach Gabriel-Synthese [16]

Referenzen

1. Gabriel, S. *Ber.* **1887**, *20*, 2224–2226. Siegmund Gabriel (1851–1924), geboren in Berlin, Deutschland, studierte unter Hofmann in Berlin und Bunsen in Heidelberg. Er lehrte in Berlin, wo er die Gabriel-Synthese von Aminen entdeckte. Gabriel, ein guter Freund von Emil Fischer, vertrat oft Fischer in seinen Vorlesungen.
2. Sheehan, J. C.; Bolhofer, V. A. *J. Am. Chem. Soc.* **1950**, *72*, 2786–2788.
3. Han, Y.; Hu, H. *Synthesis* **1990**, 122–124.
4. Ragnarsson, U.; Grehn, L. *Acc. Chem. Res.* **1991**, *24*, 285–289. (Übersichtsartikel).
5. Toda, F.; Soda, S.; Goldberg, I. *J. Chem. Soc., Perkin Trans. 1* **1993**, 2357–2361.
6. Sen, S. E.; Roach, S. L. *Synthesis*, **1995**, 756–758.

7. Khan, M. N. *J. Org. Chem.* **1996**, *61*, 8063–8068.
8. Iida, K.; Tokiwa, S.; Ishii, T.; Kajiwara, M. *J. Labelled. Compd. Radiopharm.* **2002**, *45*, 569–570.
9. Tanyeli, C.; Özçubukçu, S. *Tetrahedron Asymmetry* **2003**, *14*, 1167–1170.
10. Ahmad, N. M. *Gabriel synthesis.* In *Name Reactions for Functional Group Transformations*; Li, J. J., Hrsg.; Wiley: Hoboken, NJ, **2007**, S. 438–450. (Übersichtsartikel).
11. Al-Mousawi, S. M.; El-Apasery, M. A.; Al-Kanderi, N. H. *ARKIVOC* **2008**, *(16)*, 268–278.
12. Richter, J. M. In *Name Reactions in Heterocyclic Chemistry-II*, Li, J. J., Hrsg.; Wiley: Hoboken, NJ, 2011, S. 11–20. (Übersichtsartikel).
13. Cytlak, T.; Marciniak, B.; Koroniak, H. In *Efficient Preparations of Fluorine Compounds*; Roesky, H. W., Hrsg.; Wiley: Hoboken, NJ, (2013), S. 375–378. (Übersichtsartikel).
14. Xue, T.; Ding, S.; Guo, B.; Zhou, Y.; Sun, P.; Wang, H.; Chu, W.; Gong, G.; Wang, Y.; Chen, X.; Yang, Y. *J. Med. Chem.* **2014**, *57*, 7770–7791.
15. Avidan-Shlomovich, S.; Ghosh, H.; Szpilman, A. M. *ACS Catal.* **2015**, *5*, 336–342.
16. Fernandez, S.; Ganiek, M. A.; Karpacheva, M.; Hanusch, F. C.; Reuter, S.; Bein, T.; Auras, F.; Knochel, P. *Org. Lett.* **2016**, *18*, 3158–3161.
17. Chen, J.; Park, J.; Kirk, S. M.; Chen, H.-C.; Li, X.; Lippincott, D. J.; Melillo, B.; Smith, A. B. *Org. Process Res. Dev.* **2019**, *23*, 2464 – 2469.

Ing-Manske Verfahren

Eine Variante der Gabriel-Amin-Synthese, bei der Hydrazin verwendet wird, um das Amin aus dem entsprechenden Phthalimid freizusetzen:

Beispiel 1 [6]

Beispiel 2, Zur Vorbereitung von humanen Clustern des Differenzierungsantigens 4 (CD4) Rezeptor-Modulatoren [10]

Beispiel 3, Zur Vorbereitung von D 3 Dopamin-Rezeptor-Agonisten [11]

N₂H₄·H₂O, EtOH
Reflux, über Nacht
89%

Referenzen

1. Ing, H. R.; Manske, R. H. F. *J. Chem. Soc.* **1926,** 2348–2351. H. R. Ing war Professor für pharmazeutische Chemie in Oxford. R. H. F. Manske, Ing's Mitarbeiter in Oxford, war deutscher Herkunft, wurde aber in Kanada ausgebildet, bevor er in Oxford studierte. Manske verließ England, um nach Kanada zurückzukehren, und wurde schließlich Direktor der Forschung im Union Rubber Company, Guelph, Ontario, Kanada.
2. Ueda, T.; Ishizaki, K. *Chem. Pharm. Bull.* **1967,** *15,* 228–237.
3. Khan, M. N. *J. Org. Chem.* **1995,** *60,* 4536–4541.
4. Hearn, M. J.; Lucas, L. E. *J. Heterocycl. Chem.* **1984,** *21,* 615–622.
5. Khan, M. N. *J. Org. Chem.* **1996,** *61,* 8063–8063.
6. Tanyeli, C.; Özçubukçu, S. *Tetrahedron: Asymmetry* **2003,** *14,* 1167–1170.
7. Ariffin, A.; Khan, M. N.; Lan, L. C.; May, F. Y.; Yun, C. S. *Synth. Commun.* **2004,** *34,* 4439–4445.
8. Ali, M. M.; Woods, M.; Caravan, P.; Opina, A. C. L.; Spiller, M.; Fettinger, J. C.; Sherry, A. D. *Chem. Eur. J.* **2008,** *14,* 7250–7258.
9. Nagarapu, L.; Apuri, S.; Gaddam, C.; Bantu, R. *Org. Prep. Proc. Int.* **2009,** *41,* 243–247.
10. Chawla, R.; Van Puyenbroeck, V.; Pflug, N. C.; Sama, A.; Ali, R.; Schols, D.; Vermeire, K.; Bell, T. W. *J. Med. Chem.* **2016,** *59,* 2633–2647.
11. Battiti, F. O.; Cemaj, S. L.; Guerrero, A. M.; Shaik, A. B.; Lam, J.; Rais, R.; Slusher, B. S.; Deschamps, J. R.; Imler, G. H.; Newman, A. H.; Bonifazi, A. *J. Med. Chem.* **2019,** *62,* 6287–6314.

Gewald Aminothiophen-Synthese

Basen-katalysierte Aminothiophen-Bildung aus Keton, α-aktivem Methylenitril und elementarem Schwefel.

Ylidene-Schwefel-Addukt

Beispiel 1 [4]

Beispiel 2 [7]

Beispiel 3 [9]

HN(TMS)₃, HOAc
Toluol, 65 °C, 90%
Knoevenagel-Kondensation

1.2 Atom Äquiv S₈
1 Äquiv NaHCO₃
THF, H₂O, 80–85%

Beispiel 4 [10]

3 Äquiv Morpholin
1 Äquiv S₈, 55 °C, 24 h
85% Konvertierung
64% Ausbeute

Beispiel 5 [11]

3 Äquiv Morpholin
2 Äquiv S₈, MeOH
20–45 °C, 24 h
72%

Beispiel 6 N-Methylpiperazin-funktionalisierter Polyacrylnitril-Faserkatalysator [12]

Beispiel 7 NaAlO₂ als umweltfreundlicher und kostengünstiger Katalysator [13]

Referenzen

1. (a) Gewald, K. *Z. Chem.* **1962,** *2,* 305-306. (b) Gewald, K.; Schinke, E.; Böttcher, H. *Chem. Ber.* **1966,** *99,* 94-100. (c) Gewald, K.; Neumann, G.; Böttcher, H. *Z. Chem.* **1966,** *6,* 261. (d) Gewald, K.; Schinke, E. *Chem. Ber.* **1966,** *99,* 271-275. Karl Z. Gewald (1930-2017) war Professor an der Technischen Universität Dresden.
2. Mayer, R.; Gewald, K. *Angew. Chem. Int. Ed.* **1967,** *6,* 294-306. (Übersichtsartikel).
3. Gewald, K. *Chimia* **1980,** *34,* 101-110. (Übersichtsartikel).
4. Bacon, E. R.; Daum, S. J. *J. Heterocycl. Chem.* **1991,** *28,* 1953-1955.
5. Sabnis, R. W. *Sulfur Rep.* 1994, 16, 1-17. (Übersichtsartikel).

6. Sabnis, R. W.; Rangnekar, D. W.; Sonawane, N. D. *J. Heterocycl. Chem.* **1999**, *36*, 333–345. (Übersichtsartikel).
7. Gütschow, M.; Kuerschner, L.; Neumann, U.; Pietsch, M.; Löser, R.; Koglin, N.; Eger, K. *J. Med. Chem.* **1999**, *42*, 5437.
8. Tinsley, J. M. *Gewald Aminothiophene Synthesis.* In *Name Reactions in Heterocyclic Chemistry*; Li, J. J., Hrsg.; Wiley: Hoboken, NJ, **2005**, S. 193 – 198. (Übersichtsartikel).
9. Barnes, D. M.; Haight, A. R.; Hameury, T.; McLaughlin, M. A.; Mei, J.; Tedrow, J. S.; Dalla Riva Toma, J. *Tetrahedron* **2006**, *62*, 11311–11319.
10. Tormyshev, V. M.; Trukhin, D. V.; Rogozhnikova, O. Yu.; Mikhalina, T. V.; Troitskaya, T. I.; Flinn, A. *Synlett* **2006**, 2559–2564.
11. Puterová, Z.; Andicsová, A.; Végh, D. *Tetrahedron* **2008**, *64*, 11262–11269.
12. Ma, L.; Yuan, L.; Xu, C.; Li, G.; Tao, M.; Zhang, W. *Synthesis* **2013**, *45*, 45–52.
13. Bai, R.; Liu, P.; Yang, J.; Liu, C.; Gu, Y. *ACS Sustainable Chem. Eng.* **2015**, *3*, 1292–1297.
14. Bozorov, K.; Nie, L. F.; Zhao, J.; Aisa, H. A. *Eur. J. Med. Chem.* **2017**, *140*, 465–493.
15. Shipilovskikh, S. A.; Rubtsov, A. E. *J. Org. Chem.* **2019**, *84*, 15788–15796.
16. Madacsi, R.; Traj, P.; Hackler, L. Jr.; Nagy, L. I.; Kari, B.; Puskas, L. G.; Kanizsai, I. *J. Heterocycl. Chem.* **2020**, *57*, 635–652.

Glaser-Kupplung

Manchmal als Glaser–Hay-Kupplung bezeichnet, handelt es sich um die oxidative Homo-Kupplung von terminalen Alkinen unter Verwendung von Kupferkatalysator in Gegenwart von Sauerstoff.

$$R-C\equiv CH \xrightarrow[NH_4OH,\ EtOH]{CuCl} R-C\equiv C-C\equiv C-R$$

L = Amin
X = Cl, OAc

Alternativ ist auch der radikalische Mechanismus wirksam:

Beispiel 1 [1]

Beispiel 2, Homo-Kupplung [2]

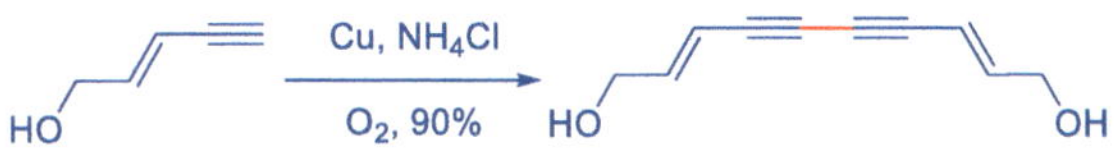

Beispiel 3 [7]

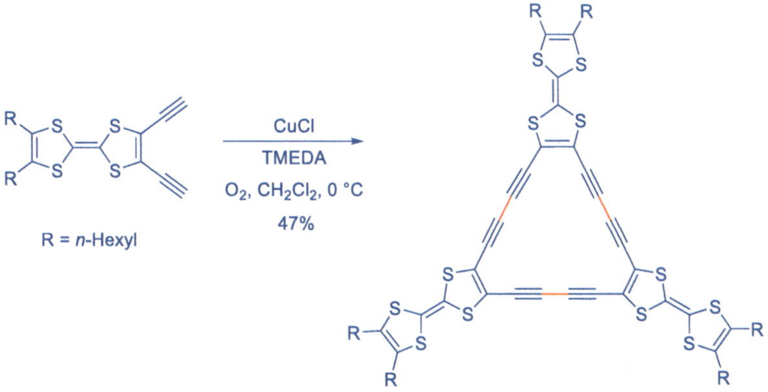

R = n-Hexyl

Beispiel 4 [9]

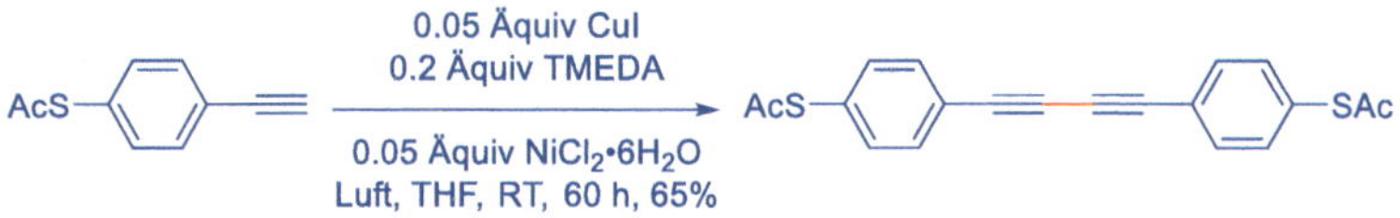

Beispiel 5, Makrozyklische Glaser–Hay-Kupplung [10]

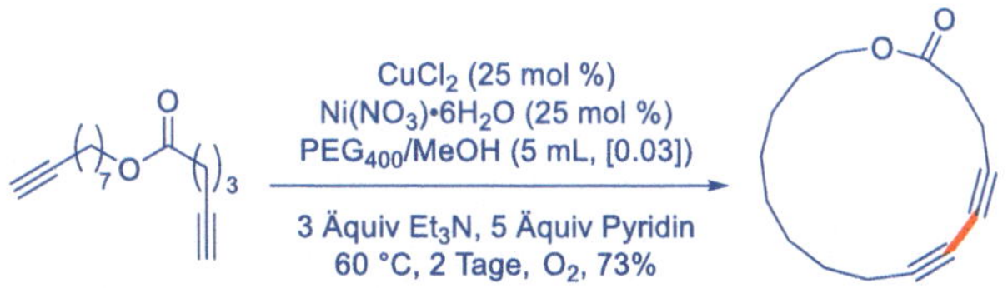

Beispiel 6, Makrozyklische Glaser–Hay-Kupplung zur Herstellung von Aminosäuren [13]

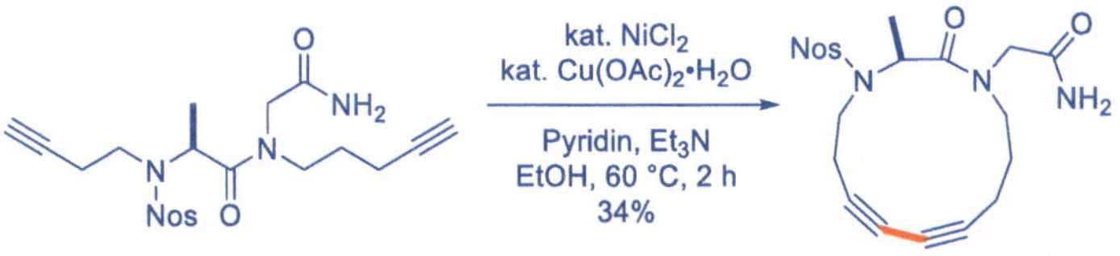

Referenzen

1. Glaser, C. *Ber.* **1869,** *2*, 422–424. Carl Andreas Glaser (1841–1935) studierte unter Justus von Liebig und Adolph Strecker. Er wurde 1869, als die Glaser-Kupplung entdeckt wurde, Professor. Nach dem Ersten Weltkrieg wurde er Vorstandsvorsitzender der BASF.
2. Bowden, K.; Heilbron, I.; Jones, E. R. H.; Sondheimer, F. *J. Chem. Soc.* **1947,** 1583–1590.
3. Hoeger, S.; Meckenstock, A.-D.; Pellen, H. *J. Org. Chem.* **1997,** *62*, 4556–4557.
4. Siemsen, P.; Livingston, R. C.; Diederich, F. *Angew. Chem. Int. Ed.* **2000,** *39*, 2632–2657. (Übersichtsartikel).
5. Youngblood, W. J.; Gryko, D. T.; Lammi, R. K.; Bocian, D. F.; Holten, D.; Lindsey, J. S. *J. Org. Chem.* **2002,** *67*, 2111–2117.
6. Moriarty, R. M.; Pavlovic, D. *J. Org. Chem.* **2004,** *69*, 5501–5504.
7. Andersson, A. S.; Kilsa, K.; Hassenkam, T.; Gisselbrecht, J.-P.; Boudon, C.; Gross, M.; Nielsen, M. B.; Diederich, F. *Chem. Eur. J.* **2006,** *12*, 8451–8459.
8. Gribble, G. W. *Glaser Coupling. In Name Reactions for Homologations-Part I*; Li, J. J., Hrsg.; Wiley: Hoboken, NJ, **2009,** S. 236–257. (Übersichtsartikel).
9. Mucsmann, T. W. T.; Wickleder, M. S.; Christoffers, J. *Synthesis* **2011,** 2775–2780.
10. Bédard, A.-C.; Collins, S. K. *J. Am. Chem. Soc.* **2011,** *133*, 19976–19981.
11. Sindhu, K. S.; Anilkumar, G. *RSC Adv.* **2014,** *4*, 27867–27887. (Übersichtsartikel).
12. Godin, É.; Bédard, A.-C.; Raymond, M.; Collins, S. K. *J. Org. Chem.* **2017,** *82*, 7576–7582.
13. Okorochenkov, S.; Krchňák, V. *ACS Comb. Sci.* **2019,** *21*, 316–322.

Eglinton-Kupplung

Oxidative Homo-Kupplung von terminalen Alkinen, vermittelt durch stöchiometrisches (oder oft überschüssiges) Cu(OAc)$_2$. Eine Variante der Glaser-Kupplungsreaktion.

Beispiel 1, Homo-Kupplung [2]

Beispiel 2, Kreuzkupplung [3]

Beispiel 3, Homo-Kupplung [4]

Beispiel 4 [5]

Beispiel 5 [11]

Beispiel 6 [12]

Beispiel 7 [13]

Beispiel 8, Cu(OAc)₂-katalysierte intramolekulare Eglington-Kopplung [14]

Beispiel 9, Verwendung der Dicobalt-Maskierungsgruppe zum Schutz von Alkinen [15]

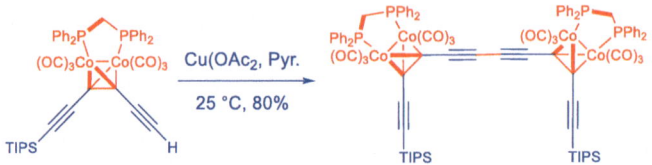

Referenzen

1. (a) Eglinton, G.; Galbraith, A. R. *Chem. Ind.* **1956,** 737-738. Geoffrey Eglinton (1927-2016), born in Cardiff, Wales, is a Professor Emeritus at Bristol University. (b) Behr, O. M.; Eglinton, G.; Galbraith, A. R.; Raphael, R. A. *J. Chem. Soc.* **1960,** 3614-3625. (c) Eglinton, G.; McRae, W. *Adv. Org. Chem.* **1963,** *4*, 225-328. (Übersichtsartikel).
2. McQuilkin, R. M.; Garratt, P. J.; Sondheimer, F. *J. Am. Chem. Soc.* **1970,** *92*, 6682–6683.
3. Nicolaou, K. C.; Petasis, N. A.; Zipkin, R. E.; Uenishi, J. *J. Am. Chem. Soc.* **1982,** *104*, 5558-5560.
4. Srinivasan, R.; Devan, B.; Shanmugam, P.; Rajagopalan, K. *Indian J. Chem., Sect. B* **1997,** *36B*, 123-125.
5. Haley, M. M.; Bell, M. L.; Brand, S. C.; Kimball, D. B.; Pak, J. J.; Wan, W. B. *Tetrahedron Lett.* **1997,** *38*, 7483–7486.
6. Nakanishi, H.; Sumi, N.; Aso, Y.; Otsubo, T. *J. Org. Chem.* **1998,** *63*, 8632-8633.
7. Kaigtti-Fabian, K. H. H.; Lindner, H.-J.; Nimmerfroh, N.; Hafner, K. *Angew. Chem. Int. Ed.* **2001,** *40*, 3402–3405.
8. Siemsen, P.; Livingston, R. C.; Diederich, F. *Angew. Chem. Int. Ed.* **2000,** *39*, 2632–2657. (Übersichtsartikel).
9. Inouchi, K.; Kabashi, S.; Takimiya, K.; Aso, Y.; Otsubo, T. *Org. Lett.* **2002,** *4*, 2533–2536.
10. Xu, G.-L.; Zou, G.; Ni, Y.-H.; DeRosa, M. C.; Crutchley, R. J.; Ren, T. *J. Am. Chem. Soc.* **2003,** *125*, 10057–10065.
11. Shanmugam, P.; Vaithiyananthan, V.; Viswambharan, B.; Madhavan, S. *Tetrahedron Lett.* **2007,** *48*, 9190–9194.
12. Miljanic, O. S.; Dichtel, W. R.; Khan, S. I.; Mortezaei, S.; Heath, J. R.; Stoddart, J. F. *J. Am. Chem. Soc.* **2007,** *129*, 8236–8246.
13. White, N. G.; Beer, P. D. *Beilst. J. Org. Chem.* **2012,** *8*, 246–252.
14. Peng, L.; Xu, F.; Suzuma, Y.; Orita, A.; Otera, J. *J. Org. Chem.* **2013,** *78*, 12802–12808.
15. Kohn, D. R.; Gawel, P.; Xiong, Y.; Christensen, K. E.; Anderson, H. L. *J. Org. Chem.* **2018,** *83*, 2077–2086.
16. Zhang, S.; Zhao, L. *Nat. Commun.* **2019,** *10*, 1–10.
17. Gu, M.-D.; Lu, Y.; Wang, M.-X. *J. Org. Chem.* **2020,** *85*, 2312–2320.

Gould–Jacobs-Reaktion

Die Gould–Jacobs-Reaktion ist eine Sequenz der folgenden Reaktionen:

a. Substitution eines Anilins mit entweder Alkoxy-Methylenmalonsäureester oder Acyl-Malonsäureester, was den Anilinomethylenmalonsäureester liefert;

b. Cyclisierung zu 4-Hydroxy-3-carboalkoxychinolin (4-Hydroxychinoline existieren überwiegend in 4-Oxoform);

c. Verseifung zur Bildung von Säure;

d. Decarboxylierung zur Bildung von 4-Hydroxychinolin. Eine Erweiterung könnte zu unsubstituierten Eltern-Heterocyclen mit kondensiertem Pyridinring vom Skraup-Typ führen.

R = Alkyl; R' = Alkyl, Aryl oder H; R'' = Alkyl oder H

Beispiel 1 [3]

Beispiel 2 [7]

Beispiel 3, Mikrowellen-unterstützte Gould–Jacobs-Reaktion [8]

Beispiel 4 [9]

[Reaktionsschema: Ar-Pyrazol-NH₂ + EtO₂C-CH=CH-OEt, EtOH Reflux → Enamin-Zwischenprodukt; POCl₃ Reflux; Ph-O-Ph erhitzen → Pyrazolopyridinon mit CO₂Et; POCl₃ Reflux → Chlor-Pyrazolopyridin mit CO₂Et]

Beispiel 5, Gould–Jacobs-Reaktion in einem neuartigen Drei-Modus-Pyrolyse-Reaktor [11]

[Reaktionsschema 1: Thiazol-2-yl-NH-CH=C(CO₂Et)₂, Strömungsreaktor, MeCN, 150 °C, 0.5 mL/min, 80 bar, 4 mL Schleife, 99% Konvertierung, 83% Ausbeute → Thiazolo-pyrimidinon]

[Reaktionsschema 2: Pyrimidin-2-yl-NH-CH=C(Meldrumsäure), FVP 450 °C, 0.25 mbar, 99% Konvertierung, 86% Ausbeute → Pyrimido-pyrimidinon]

Referenzen

1. Gould, R. G.; Jacobs, W. A. *J. Am. Chem. Soc.* **1939**, *61*, 2890 – 2895. R. Gordon Gould wurde 1909 in Chicago geboren. Er promovierte 1933 an der Harvard Universität. Nachdem er als Dozent an Harvard und Iowa tätig war, arbeitete Gould am Rockefeller Institute for Medical Research, wo er die Gould–Jacobs-Reaktion zusammen mit seinem Kollegen Walter A. Jacobs entdeckte.
2. Reitsema, R. H. *Chem. Rev.* **1948**, *53*, 43 – 68. (Übersichtsartikel).
3. Cruickshank, P. A., Lee, F. T., Lupichuk, A. *J. Med. Chem.* **1970**, *13*, 1110 – 1114.
4. Elguero J., Marzin C., Katritzky A. R., Linda P. *The Tautomerism of Heterocycles*, Academic Press, New York, **1976**, S. 87 – 102. (Übersichtsartikel).
5. Milata, V.; Claramunt, R. M.; Elguero, J.; Zálupský, P. *Targets in Heterocyclic Systems* **2000**, *4*, 167–203. (Übersichtsartikel).
6. Curran, T. T. *Gould–Jacobs Reaction.* In *Name Reactions in Heterocyclic Chemistry*; Li, J. J., Hrsg.; Wiley: Hoboken, NJ, **2005**, 423 – 436. (Übersichtsartikel).
7. Ferlin, M. G.; Chiarelotto, G.; Dall'Acqua, S.; Maciocco, E.; Mascia, M. P.; Pisu, M. G.; Biggio, G. *Bioorg. Med. Chem.* **2005**, *13*, 3531 – 3541.
8. Desai, N. D. *J. Heterocycl. Chem.* **2006**, *43*, 1343 – 1348.

9. Kendre, D. B.; Toche, R. B.; Jachak, M. N. *J. Heterocycl. Chem.* **2008**, *45*, 1281 – 1286.
10. Lengyel, L.; Nagy, T. Z.; Sipos, G.; Jones, R.; Dormán, G.; Üerge, L.; Darvas, F. *Tetrahedron Lett.* **2012**, *53*, 738 – 743.
11. Lengyel, L. C.; Sipos, G.; Sipőcz, T.; Vágó, T.; Dormán, G.; Gerencsér, J.; Makara, G.; Darvas, F. *Org. Process Res. Dev.* **2015**, *19*, 399 – 409.
12. Malvacio, I.; Moyano, E. L.; Vera, D. M. A. *RSC Adv.* **2016**, *6*, 83973–83981.
13. Trah, S.; Lamberth, C. *Tetrahedron Lett.* **2017**, *58*, 794–796.
14. Milata, V.; Vaculka, M. *Monat. Chem.* **2019**, *5150*, 711–719.
15. Orozco, D.; Kouznetsov, V. V.; Bermudez, A.; Vargas Mendez, L. Y.; Mendoza Salgado, A. R.; Melendez Gomez, C. M. *RSC Adv.* **2020**, *10*, 4876–4898.

Grignard-Reaktion

Addition von Organomagnesiumverbindungen (Grignard-Reagenzien), die aus Organohaliden und Magnesiummetall erzeugt werden, zu Elektrophilen.

Bildung des Grignard-Reagenzes:

Grignard-Reaktion, ionischer Mechanismus:

Grignard-Reaktion, radikaler Mechanismus,

Beispiel 1 [4]

Diese Reaktion ist bekannt als die *Hoch–Campbell-AziridinSynthese*, die Behandlung von Ketoximen mit überschüssigen Grignard-Reagenzien und anschließende Hydrolyse des Organometallkomplexes zur Herstellung von Aziridinen beinhaltet.

Beispiel 2 [5]

Beispiel 5 [10]

Beispiel 6 [11]

Beispiel 7, Asymmetrische konjugierte Addition [12]

Beispiel 8, Regio- und enantioselektive kupferkatalysierte allylische Alkylierung mit Grignard-Reagenzien [13]

Beispiel 9, Additionen von Grignard-Reagenzien an aliphatische Aldehyde beinhalten keine Einzelelektronentransfer (SET)-Prozesse [14]

Beispiel 10, Natriummethylcarbonat (SMC) als effektives C1-Synthon [15]

Beispiel 11, Grignard-Carboxylierung [16]

Referenzen

1. Grignard, V. *C. R. Acad. Sci.* **1900,** *130*, 1322–1324. Victor Grignard (Frankreich, 1871–1935) war ein Kollege von Philippe Barbier (bekannt durch die Barbier-Reaktion) und gewann den Nobelpreis in Chemie im Jahr 1912 für seine Entdeckung des Grignard- Reagenz.
2. Ashby, E. C.; Laemmle, J. T.; Neumann, H. M. *Acc. Chem. Res.* **1974,** *7*, 272–280. (Übersichtsartikel).
3. Ashby, E. C.; Laemmle, J. T. *Chem. Rev.* **1975,** *75*, 521–546. (Übersichtsartikel).
4. Sasaki, T.; Eguchi, S.; Hattori, S. *Heterocycles* **1978,** *11*, 235–242.
5. Meyers, A. I.; Flisak, J. R.; Aitken, R. A. *J. Am. Chem. Soc.* **1987,** *109*, 5446–5452.
6. *Grignard Reagents* Richey, H. G., Jr., Hrsg.; Wiley: New York, **2000**. (Buch).
7. Holm, T.; Crossland, I. In *Grignard Reagents* Richey, H. G., Jr., Hrsg.; Wiley: New York, **2000,** Kapitel 1, S. 1–26. (Übersichtsartikel).
8. Shinokubo, H.; Oshima, K. *Eur. J. Org. Chem.* **2004,** 2081–2091. (Übersichtsartikel).
9. Graden, H.; Kann, N. *Cur. Org. Chem.* **2005,** *9*, 733–763. (Übersichtsartikel).
10. Babu, B. N.; Chauhan, K. R. *Tetrahedron Lett.* **2008,** *50*, 66–67.
11. Mlinaric-Majerski, K.; Kragol, G.; Ramljak, T. S. *Synlett* **2008,** 405–409.
12. Mao, B.; Fañanás-Mastral, M.; Feringa, B. L. *Org. Lett.* **2013,** *15*, 286–289.
13. van der Molen, N. C.; Tiemersma-Wegman, T. D.; Fañanás-Mastral, M.; Feringa, B. L. *J. Org. Chem.* **2015,** *80*, 4981–4984.
14. Otte, D. A. L.; Woerpel, K. A. *Org. Lett.* **2015,** *17*, 3906–3909.
15. Hurst, T. E.; Deichert, J. A.; Kapeniak, L.; Lee, R.; Harris, J.; Jessop, P. G.; Snieckus, V. *Org. Lett.* **2019,** *21*, 3882–3885.
16. Roth, R.; Schmidt, G.; Prud'homme, A.; Abele, S. *Org. Process Res. Dev.* **2019,** *23*, 234 – 243.
17. Hosoya, M.; Nishijima, S.; Kurose, N. *Org. Process Res. Dev.* **2020,** *24*, 405 – 414.

Grob-Fragmentierung

Die C–C Bindungsspaltung erfolgt hauptsächlich über einen koordinierten Prozess, der ein Fünf-Atom-System involviert.

Allgemeines Schema:

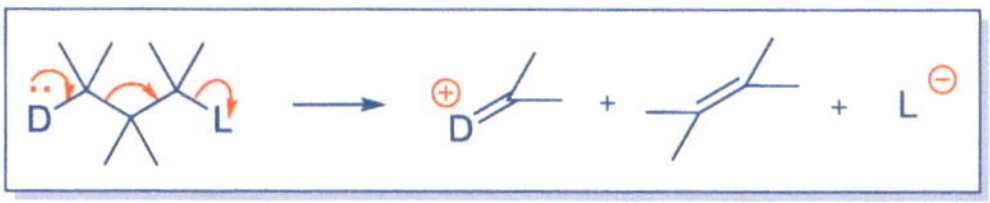

$D = O^-, NR_2; L = OH_2^+, OTs, I, Br, Cl$

Beispiel 1 [2]

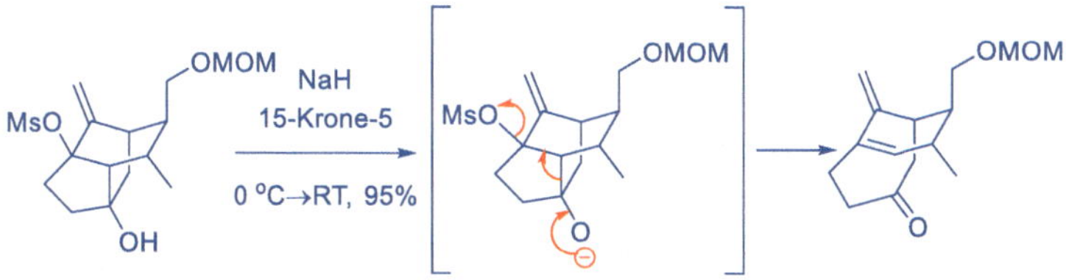

Beispiel 2, Aza-Grob-Fragmentierung [3]

Beispiel 3 [7]

Beispiel 4 [8]

J. J. Li, *Namensreaktionen*, https://doi.org/10.1007/978-3-031-52850-7_61

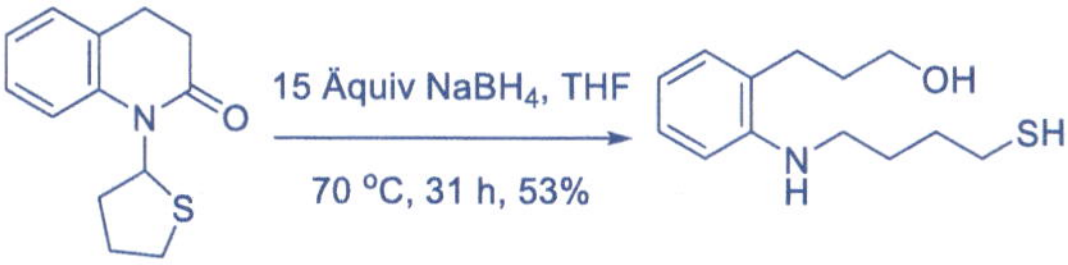

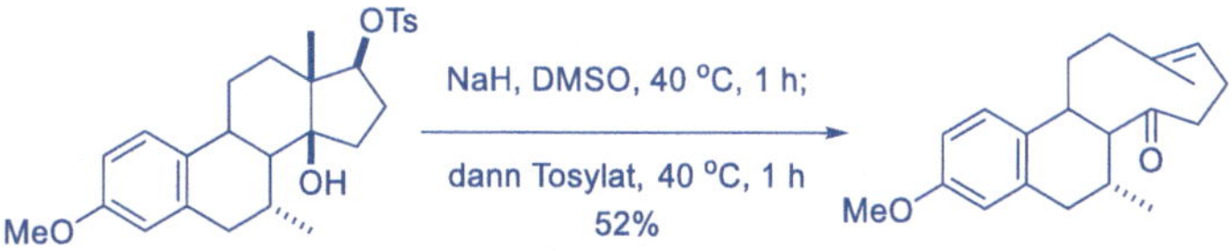

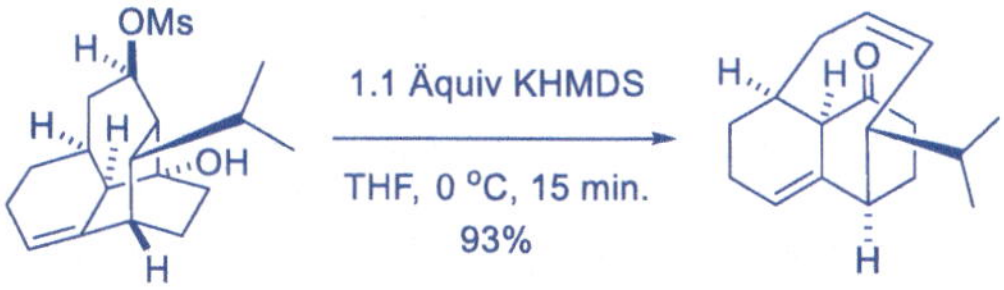

Beispiel 5 [8]

Beispiel 6, Grob-artige Fragmentierung löst Paracyclophan-Ringspannung in einem Spätstadium-Vorläufer von Haouamin A [12]

Beispiel 7, Grob-Fragmentierung ermöglichter Ansatz zu Clavulacton-Analoga [13]

Referenzen

1. (a) Grob, C. A.; Baumann, W. *Helv. Chim. Acta* **1955**, *38*, 594–603. (b) Grob, C. A.; Schiess, P. W. *Angew. Chem. Int. Ed.* **1967**, *6*, 1–15. Cyril A. Grob (1917–2003) wurde in London (UK) von Schweizer Eltern geboren, studierte Chemie an der ETH Zürich und promovierte 1943 unter der Leitung von Leopold Ruzicka (Nobelpreisträger) über künstliche steroidale Antigene. Er zog dann nach Basel, um mit Taddeus Reichstein (ein weiterer Nobelpreisträger) zuerst am pharmazeutischen Institut und ab 1947 am Institut für organische Chemie der Universität zu arbeiten, wo er die akademische Karriereleiter hinaufstieg, um der Direktor des Instituts und Inhaber des Lehrstuhls

dort als Reichsteins Nachfolger im Jahr 1960 zu werden. Eine Untersuchung der reduktiven Eliminierung von Brom aus 1,4-Dibromiden in Gegenwart von Zink führte 1955 zur Erkenntnis der heterolytischen Fragmentierung als allgemeines Reaktionsprinzip. Die heterolytische Fragmentierung ist nun unter seinem Namen in Lehrbüchern eingegangen. Experimentelle Beweise für Vinyl-Kationen als diskrete reaktive Zwischenprodukte wurden ebenfalls zuerst von Grob geliefert. Cyril Grob handelte nie impulsiv, sondern immer ruhig und überlegt. Er suchte nie Aufmerksamkeit in der Öffentlichkeit, erfüllte aber seine sozialen Pflichten effizient, zuverlässig und ohne Aufhebens. Er starb in seinem Haus in Basel (Schweiz) am 15. Dezember 2003 im Alter von 86 Jahren. (Schiess, P. *Angew. Chem. Int. Ed.* **2004**, *43*, 4392.) Eine Überprüfung [10] ergab, dass Grob nicht einmal der Erste war, der solche Reaktionen untersuchte.

2. Yoshimitsu, T.; Yanagiya, M.; Nagaoka, H. *Tetrahedron Lett.* **1999**, *40*, 5215–5218.
3. Hu, W.-P.; Wang, J.-J.; Tsai, P.-C. *J. Org. Chem.* **2000**, *65*, 4208–4029.
4. Molander, G. A.; Le Huerou, Y.; Brown, G. A. *J. Org. Chem.* **2001**, *66*, 4511–4516.
5. Paquette, L. A.; Yang, J.; Long, Y. O. *J. Am. Chem. Soc.* **2002**, *124*, 6542–6543.
6. Barluenga, J.; Alvarez-Perez, M.; Wuerth, K.; *et al. Org. Lett.* **2003**, *5*, 905–908.
7. Khripach, V. A.; Zhabinskii, V. N.; Fando, G. P.; *et al. Steroids* **2004**, *69*, 495–499.
8. Maimone, T. J.; Voica, A.-F.; Baran, P. S. *Angew. Chem. Int. Ed.* **2008**, *47*, 3054–3056.
9. Barbe, G.; St-Onge, M.; Charette, A. B. *Org. Lett.* **2008**, *10*, 5497–5499.
10. Prantz, K.; Mulzer, J. *Chem. Rev.* **2010**, *110*, 3741–4766. (Übersichtsartikel).
11. Umland, K.-D.; Palisse, A.; Haug, T. T.; Kirsch, S. F. *Angew. Chem. Int. Ed.* **2011**, *50*, 9965–9968.
12. Cao, L.; Wang, C.; Wipf. P. *Org. Lett.* **2019**, *21*, 1538–1541.
13. Gu, Q.; Wang, X.; Sun, B.; Lin, G. *Org. Lett.* **2019**, *21*, 5082–5085.
14. Rivero-Crespo, M. A.; Tejeda-Serrano, M.; Perez-Sanchez, H.; Ceron-Carrasco, J. P.; Leyva-Perez, A. *Angew. Chem. Int. Ed.* **2020**, *59*, 3846–3849.

Hajos–Wiechert Reaktion

Asymmetrische Robinson-Anellierung katalysiert durch (S)-(−)-Prolin.

Beispiel 1, Intramolekulare Hajos–Wiechert Reaktion [1a]

3 mol% (S)-Prolin
CH₃CN, 100%, 93.4% ee

Hajos–Wiechert Ketone

Beispiel 2 [3]

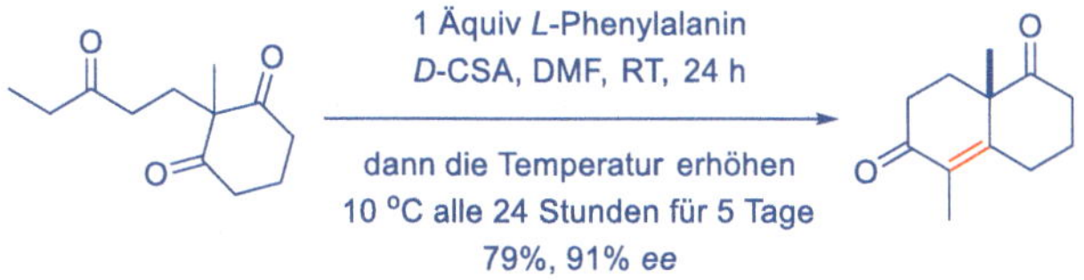

1 Äquiv L-Phenylalanin
D-CSA, DMF, RT, 24 h

dann die Temperatur erhöhen
10 °C alle 24 Stunden für 5 Tage
79%, 91% ee

Wieland–Miescher Keton

Beispiel 3 [8]

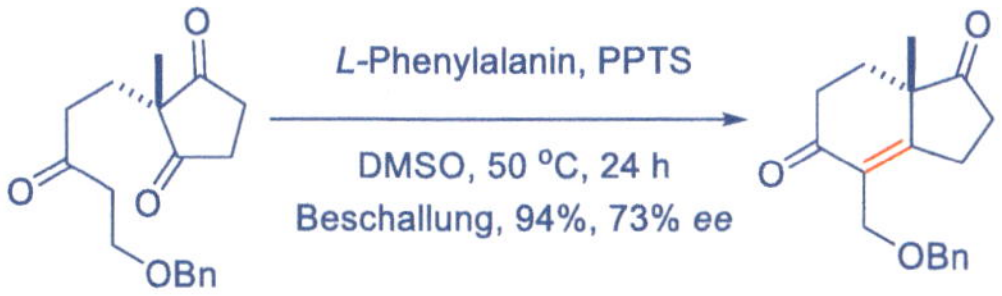

L-Phenylalanin, PPTS

DMSO, 50 °C, 24 h
Beschallung, 94%, 73% ee

Hajos–Wiechert-Keton

Beispiel 4 [9]

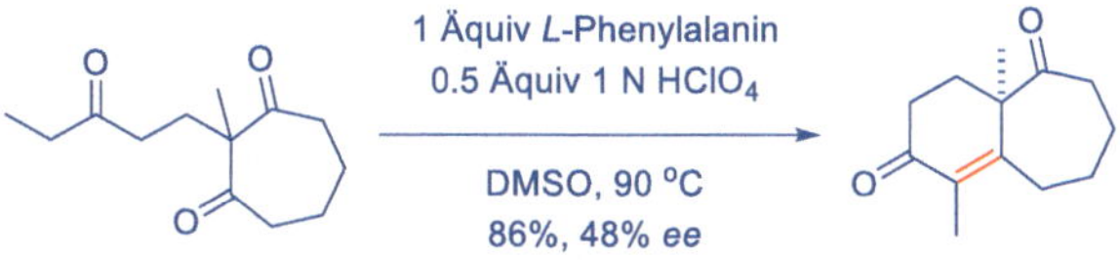

1 Äquiv L-Phenylalanin
0.5 Äquiv 1 N HClO$_4$

DMSO, 90 °C
86%, 48% ee

Beispiel 5, Bifunktionale Organokatalysatoren auf Basis eines Carbazol-Gerüsts [14]

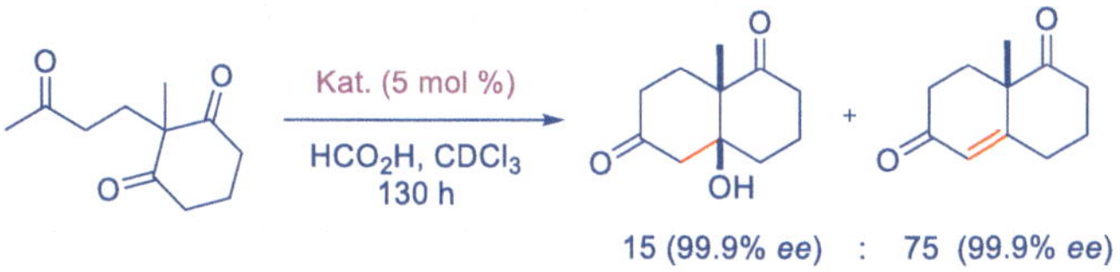

Kat. (5 mol %)

HCO$_2$H, CDCl$_3$
130 h

15 (99.9% ee) : 75 (99.9% ee)

Wieland–Miescher-Ketone

Kat. =

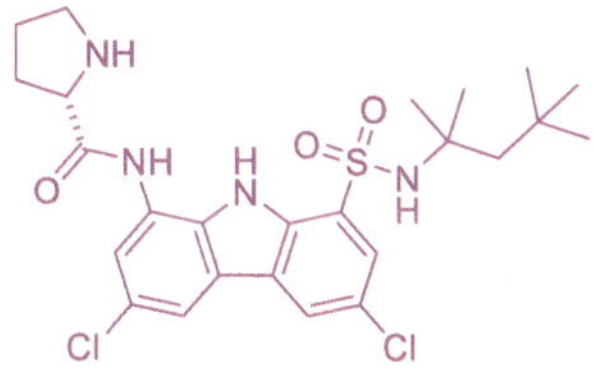

Beispiel 5, Hajos–Parrish–Eder–Sauer–Wiechert-Typ-Reaktion (ein Mundvoll?!) [15]

Hajos–Wiechert-Keton

Referenzen

1. (a) Hajos, Z. G.; Parrish, D. R. *J. Org. Chem.* **1974**, *39*, 1615–1621. Hajos und Parrish waren Chemiker bei Hoffmann–La Roche. (b) Eder, U.; Sauer, G.; Wiechert, R. *Angew. Chem. Int. Ed.* **1971**, *10*, 496–497.
2. Brown, K. L.; Dann, L.; Duntz, J. D.; Eschenmoser, A.; Hobi, R.; Kratky, C. *Helv. Chim. Acta* **1978**, *61*, 3108–3135.
3. Hagiwara, H.; Uda, H. *J. Org. Chem.* **1998**, *53*, 2308–2311.
4. Nelson, S. G. *Tetrahedron: Asymmetry* **1998**, *9*, 357–389.
5. List, B.; Lerner, R. A.; Barbas, C. F., III. *J. Am. Chem. Soc.* **2000**, *122*, 2395–2396.
6. List, B.; Pojarliev, P.; Castello, C. *Org. Lett.* **2001**, *3*, 573–576.
7. Hoang, L.; Bahmanyar, S.; Houk, K. N.; List, B. *J. Am. Chem. Soc.* **2003**, *125*, 16–17.
8. Shigehisa, H.; Mizutani, T.; Tosaki, S.-y.; Ohshima, T.; Shibasaki, M. *Tetrahedron* **2005**, *61*, 5057–5065.
9. Nagamine, T.; Inomata, K.; Endo, Y.; Paquette, L. A. *J. Org. Chem.* **2007**, *72*, 123–131.
10. Kennedy, J. W. J.; Vietrich, S.; Weinmann, H.; Brittain, D. E. A. *J. Org. Chem.* **2009**, *73*, 5151–5154.
11. Christen, D. P. *Hajos–Wiechert Reaction*. In *Name Reactions for Homologations-Part II*; Li, J. J., Hrsg.; Wiley: Hoboken, NJ, **2009**, S. 554–582. (Übersichtsartikel).
12. Zhu, H.; Clemente, F. R.; Houk, K. N.; Meyer, M. P. *J. Am. Chem. Soc.* **2009**, *131*, 1632–1633.
13. Bradshaw, B.; Bonjoch, J. *Synlett* **2012**, *23*, 337–356. (Übersichtsartikel).
14. Rubio, O. H.; de Arriba, Á. L.; Monleón, L. M.; Sanz, F.; Simón, L.; Alcázae, V.; Morán, J. R. *Tetrahedron* **2015**, *71*, 1297–1303.
15. Schneider, L. M.; Schmiedel, V. M.; Pecchioli, T.; Lentz, D.; Merten, C.; Christmann, M. *Org. Lett.* **2017**, *19*, 2310–2313.
16. Yadav, G. D.; Deepa; Singh, S. *ChemistrySelect* **2019**, *14*, 5591–5618.

Hantzsch Dihydropyridin-Synthese

1,4-Dihydropyridin aus der Kondensation von Aldehyd, β-Ketoester und Ammoniak. Hantzsch 1,4-Dihydropyridine sind beliebte Reduktionsmittel in der Organokatalyse. Bekannte Kalziumkanalblocker (CCBs) Nifedipin (Adalat), Felodipin (Plendil) und Amlodipin (Norvasc) zur Behandlung von Bluthochdruck haben alle 1,4-Dihydropyridin-Kernstrukturen.

Beispiel 1 [2]

Nifedipin, der erste Kalziumkanalblocker

Beispiel 2 [10]

Beispiel 3, Kovalent verankerte Schwefelsäure auf Kieselgel als Katalysator [10]

Beispiel 4, Intermolekulare Aryne *ene Reaktion* [13]

Beispiel 5, Hantzsch Ester für radikale Alkinylierung (Fotochemie) [14]

Referenzen

1. Hantzsch, A. *Ann.* **1882**, *215*, 1–83.
2. Bossert, F.; Vater, W. *Naturwissenschaften* **1971**, *58*, 578 – 585.
3. Balogh, M.; Hermecz, I.; Naray-Szabo, G.; Simon, K.; Meszaros, Z. *J. Chem. Soc., Perkin Trans. 1* **1986**, 753 – 757.
4. Katritzky, A. R.; Ostercamp, D. L.; Yousaf, T. I. *Tetrahedron* **1987**, *43*, 5171 – 5187.
5. Menconi, I.; Angeles, E.; Martinez, L.; Posada, M. E.; Toscano, R. A.; Martinez, R. *J. Heterocycl. Chem.* **1995**, *32*, 831 – 833.
6. Raboin, J.-C.; Kirsch, G.; Beley, M. *J. Heterocycl. Chem.* **2000**, *37*, 1077 – 1080.
7. Sambongi, Y.; Nitta, H.; Ichihashi, K.; Futai, M.; Ueda, I. *J. Org. Chem.* **2002**, *67*, 3499 – 3501.
8. Wang, L.-M.; Sheng, J.; Zhang, L.; Han, J.-W.; Fan, Z.-Y.; Tian, H.; Qian, C.-T. *Tetrahedron* **2005**, *61*, 1539 – 1543.
9. Galatsis, P. *Hantzsch Dihydro-Pyridine Synthesis*. In *Name Reactions in Heterocyclic Chemistry*; Li, J. J., Hrsg.; Wiley: Hoboken, NJ, **2005**, S. 304 – 307. (Übersichtsartikel).
10. Gupta, R.; Gupta, R.; Paul, S.; Loupy, A. *Synthesis* **2007**, 2835 – 2838.
11. Snyder, N. L.; Boisvert, C. J. *Hantzsch Synthesis*, in *Name Reactions in Heterocyclic Chemistry II*, Li, J. J., Hrsg.; Wiley: Hoboken, NJ, **2011**, S. 591 – 644. (Übersichtsartikel).
12. Ghosh, S.; Saikh, F.; Das, J.; Pramanik, A. K. *Tetrahedron Lett.* **2013**, *54*, 58 – 62.
13. Trinchera, P.; Sun, W.; Smith, J. E.; Palomas, D.; Crespo-Otero, R.; Jones, C. R. *Org. Lett.* **2017**, *19*, 4644 – 4647.
14. Liu, X.; Liu, R.; Dai, J.; Cheng, X.; Li, G. *Org. Lett.* **2018**, *20*, 6906 – 6909.
15. Zeynizadeh, B.; Rahmani, S. *RSC Adv.* **2019**, *9*, 8002 – 8015.
16. Li, J.; Fang, X.; Ming, X. *J. Org. Chem.* **2020**, *85*, 4602 – 4610.

Heck-Reaktion

Die palladiumkatalysierte Alkenylierung oder Arylierung von Olefinen.

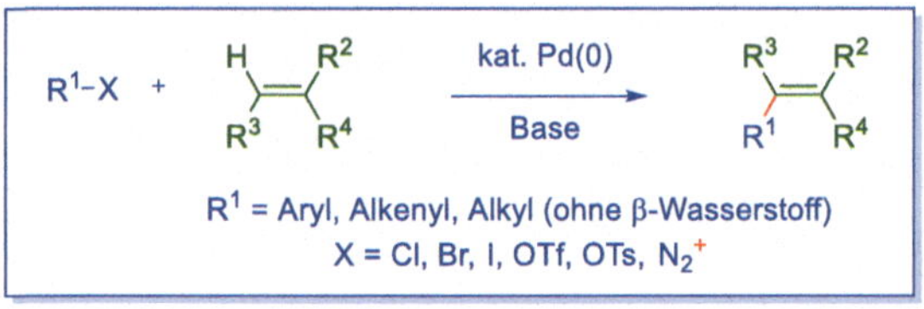

R1–X
kat. Pd(0)
Base
R1 = Aryl, Alkenyl, Alkyl (ohne β-Wasserstoff)
X = Cl, Br, I, OTf, OTs, N2+

Der katalytische Zyklus:

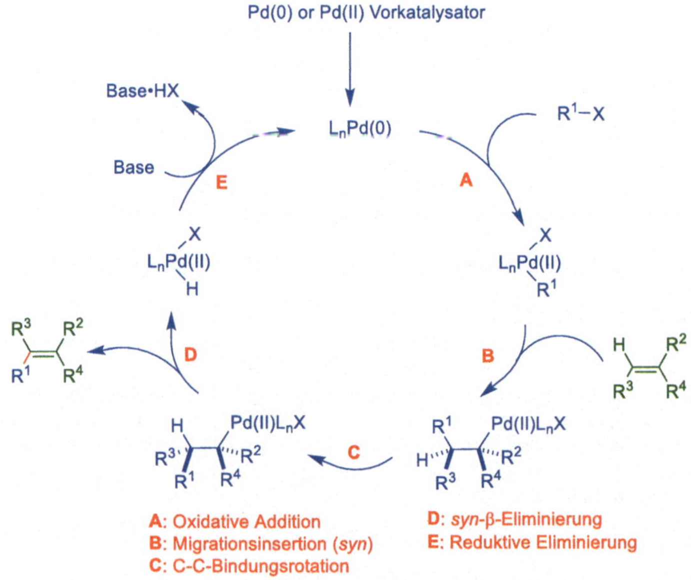

Pd(0) or Pd(II) Vorkatalysator
Base•HX
Base
LnPd(0)
R1–X
LnPd(II)
A
B
C
D
E
A: Oxidative Addition
B: Migrationsinsertion (syn)
C: C-C-Bindungsrotation
D: syn-β-Eliminierung
E: Reduktive Eliminierung

Beispiel 1, Asymmetrische intermolekulare Heck-Reaktion [6]

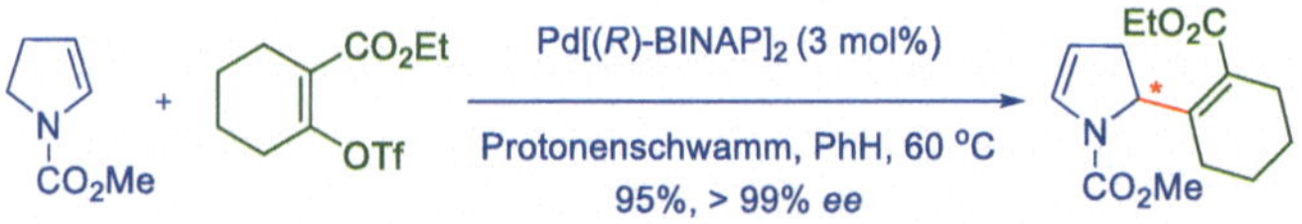

CO2Me
CO2Et
OTf
Pd[(R)-BINAP]2 (3 mol%)
Protonenschwamm, PhH, 60 °C
95%, > 99% ee
EtO2C
CO2Me

J. J. Li, *Namensreaktionen*, https://doi.org/10.1007/978-3-031-52850-7_64

Beispiel 2, Intramolekulare Heck [7]

Beispiel 3 [8]

Beispiel 4, Intramolekulare Heck [9]

Beispiel 5, Intramolekulare Heck [13]

Beispiel 6, Reduktive Heck-Reaktion [17]

Beispiel 7, Intramolekulare Heck [20]

Beispiel 8, Umwandlung von FK506 in seine nicht-immunsuppressiven Analoga [21]

Beispiel 9, Asymmetrische Heck-Carbonylierung zur präparativen Herstellung von quaternärem Kohlenstoff enantioselektiv [22]

62%, 93% ee

Ligand =

Referenzen

1. Heck, R. F.; Nolley, J. P., Jr. *J. Am. Chem. Soc.* **1968**, *90*, 5518–5526. Richard F. Heck (1931–2015) entdeckte die Heck-Reaktion, als er bei der Hercules Corp. war. Heck gewann 2010 zusammen mit Akira Suzuki und Ei-ichi Negishi den Nobelpreis "für Palladium-katalysierte Kreuzkupplungen in der organischen Synthese".
2. Heck, R. F. *Acc. Chem. Res.* **1979**, *12*, 146–151. (Übersichtsartikel).
3. Heck, R. F. *Org. React.* **1982**, *27*, 345–390. (Übersichtsartikel).
4. Heck, R. F. *Palladium Reagents in Organic Synthesis,* Academic Press, London, **1985**. (Buch).
5. Hegedus, L. S. *Transition Metals in the Synthesis of Complex Organic Molecule* **1994**, University Science Books: Mill Valley, CA, S. 103–113. (Buch).
6. Ozawa, F.; Kobatake, Y.; Hayashi, T. *Tetrahedron Lett.* **1993**, *34*, 2505–2508.
7. Rawal V. H.; Iwasa, H. *J. Org. Chem.* **1994**, *59*, 2685–2686.
8. Littke, A. F.; Fu, G. C. *J. Org. Chem.* **1999**, *64*, 10–11.
9. Li, J. J. *J. Org. Chem.* **1999**, *64*, 8425–8427.
10. Beletskaya, I. P.; Cheprakov, A. V. *Chem. Rev.* **2000**, *100*, 3009–3066. (Übersichtsartikel).
11. Amatore, C.; Jutand, A. *Acc. Chem. Res.* **2000**, *33*, 314–321. (Übersichtsartikel).
12. Link, J. T. *Org. React.* **2002**, *60*, 157–534. (Übersichtsartikel).
13. Lebsack, A. D.; Link, J. T.; Overman, L. E.; Stearns, B. A. *J. Am. Chem. Soc.* **2002**, *124*, 9008–9009.
14. Dounay, A. B.; Overman, L. E. *Chem. Rev.* **2003**, *103*, 2945–2963. (Übersichtsartikel).
15. Beller, M.; Zapf, A.; Riermeier, T. H. *Transition Metals for Organic Synthesis* (2. Aufl.) **2004**, *1*, 271–305. (Übersichtsartikel).
16. Oestreich, M. *Eur. J. Org. Chem.* **2005**, 783–792. (Übersichtsartikel).
17. Baran, P. S.; Maimone, T. J.; Richter, J. M. *Nature* **2007**, *446*, 404–406.
18. Fuchter, M. J. *Heck Reaction*. In *Name Reactions for Homologations-Part I*; Li, J. J., Hrsg.; Wiley: Hoboken, NJ, **2009**, S. 2–32. (Übersichtsartikel).
19. *The Mizoroki-Heck Reaction*; Oestreich, M., Hrsg.; Wiley: Hoboken, NJ, **2009**.
20. Bennasar, M.-L.; Solé, D.; Zulaica, E.; Alonso, S. *Tetrahedron* **2013**, *69*, 2534–2541.
21. Wang, Y.; Peiffer, B. J.; Su, Q.; Liu, J. O. *ACS Med. Chem. Lett.* **2019**, *69*, 2534–2541.
22. Cheng, C.; Wan, B.; Zhou, B.; Gu, Y.; Zhang, Y. *Chem. Sci.* **2019**, *10*, 9853–9858.
23. Okita, T.; Asahara, K. K.; Muto, K.; Yamaguchi, J. *Org. Lett.* **2020**, *22*, 3205–3208.

Henry Nitroaldol Reaktion

Die Nitroaldol-Kondensationsreaktion, die Aldehyde und Nitronate einbezieht, die durch Deprotonierung von Nitroalkanen durch Basen abgeleitet werden.

Beispiel 1 [4]

Beispiel 2, Retro-Henry-Reaktion [5]

Beispiel 3, Aza-Henry-Reaktion [8]

Beispiel 4, Intramolekulare Henry-Reaktion [10]

Beispiel 5, Eine hoch asymmetrische Henry-Reaktion, katalysiert durch chirale Kupfer(II)-Komplexe [12]

Beispiel 6, 2,6-*cis*-Substituierte Tetrahydropyrane unter Verwendung einer ein-Pott-sequenziellen Katalyse [13]

Beispiel 7, Vinyloguous Henry-Reaktion, funktioniert auch für Trifluormethylketon-Substrate [14]

Beispiel 8, Eine asymmetrische Henry-Reaktion, katalysiert durch einen Nd/Na heterobimetallischen Katalysator [15]

Nd/Na-Heterodimetallkatalysator (6:1:1) = NaO*t*-Bu : NdCl$_3$·6H$_2$O :

Referenzen

1. Henry, L. *Compt. Rend.* **1895**, *120*, 1265–1268.
2. Barrett, A. G. M.; Robyr, C.; Spilling, C. D. *J. Org. Chem.* **1989**, *54*, 1233–1234.
3. Rosini, G. In *Comprehensive Organic Synthesis;* Trost, B. M.; Fleming, I., Hrsg.; Pergamon, **1991**, *2*, 321–340. (Übersichtsartikel).
4. Chen, Y.-J.; Lin, W.-Y. *Tetrahedron Lett.* **1992**, *33*, 1749–1750.
5. Saikia, A. K.; Hazarika, M. J.; Barua, N. C.; Bezbarua, M. S.; Sharma, R. P.; Ghosh, A. C. *Synthesis* **1996,** 981–985.
6. Luzzio, F. A. *Tetrahedron* **2001,** *57*, 915–945. (Übersichtsartikel).
7. Westermann, B. *Angew. Chem. Int. Ed.* **2003**, *42,* 151–153. (Überblick zur aza-Henry Reaktion).
8. Bernardi, L.; Bonini, B. F.; Capito, E.; Dessole, G.; Comes-Franchini, M.; Fochi, M.; Ricci, A. *J. Org. Chem.* **2004,** *69*, 8168–8171.
9. Palomo, C.; Oiarbide, M.; Laso, A. *Angew. Chem. Int. Ed.* **2005,** *44*, 3881–3884.
10. Kamimura, A.; Nagata, Y.; Kadowaki, A.; Uchidaa, K.; Uno, H. *Tetrahedron* **2007,** *63*, 11856–11861.
11. Wang, A. X. *Henry Reaction.* In *Name Reactions for Homologations-Part I*; Li, J. J., Hrsg.; Wiley: Hoboken, NJ, **2009**, S. 404–419. (Übersichtsartikel).
12. Ni, B.; He, J. *Tetrahedron Lett.* **2013,** *54*, 462–465.
13. Dai, Q.; Rana, N. K.; Zhao, J. C.-G. *Org. Lett.* **2013**, *15*, 2922–2925.
14. Zhang, Y.; Wei, B.-W.; Zou, L.-N.; Kang, M.-L.; Luo, H.-Q. *Tetrahedron* **2016**, *72*, 2472–2475.
15. Karasawa, T.; Oriez, R.; Kumagai, N.; Shibasaki, M. *J. Am. Chem. Soc.* **2018**, *140*, 12290–12295.
16. Araki, Y.; Miyoshi, N.; Morimoto, K.; Kudoh, T.; Mizoguchi, H.; Sakakura, A. *J. Org. Chem.* **2020**, *85*, 798–805.

Hiyama-Reaktion

Palladium-katalysierte Kreuzkupplungsreaktion von Organosiliciumverbindungen mit organischen Halogeniden, Triflaten, *usw*. In Anwesenheit eines Aktivierungsmittels wie Fluorid oder Hydroxid (Transmetallation tritt ohne den Effekt eines Aktivierungsmittels nur zögerlich auf). Für den katalytischen Zyklus siehe die Kumada-Kupplung.

$$R^1\text{-SiY} + R^2\text{-X} \xrightarrow[\text{Aktivator}]{\text{Pd-Katalysator}} R^1\text{-}R^2$$

R^1 = Alkenyl, Aryl, Alkinyl, Alkyl
R^2 = Aryl, Alkyl, Alkenyl
$Y = (OR)_3, Me_3, Me_2OH, Me_{(3-n)}F_{(n+3)}$
X = Cl, Br, I, OTf
Aktivator = TBAF, Base

Beispiel 1 [1a]

Beispiel 2 [2]

Beispiel 3 [7]

Beispiel 4 [9]

Beispiel 5, Wiederverwendbarer Polystyrol-geträgerter Palladium- Katalysator [11]

Beispiel 6, Nickel-katalysierte Monofluoroalkylierung [12]

Beispiel 7, 3-Arylazetidin aus 3-Iodoazetidin [13]

Referenzen

1. (a) Hatanaka, Y.; Fukushima, S.; Hiyama, T. *Heterocycles* **1990**, *30*, 303–306. (b) Hiyama, T.; Hatanaka, Y. *Pure Appl. Chem.* **1994**, *66*, 1471–1478. (c) Matsuhashi, H.; Kuroboshi, M.; Hatanaka, Y.; Hiyama, T. *Tetrahedron Lett.* **1994**, *35*, 6507–6510.
2. Shibata, K.; Miyazawa, K.; Goto, Y. *Chem. Commun.* **1997**, 1309–1310.
3. Hiyama, T. In *Metal-Catalyzed Cross-Coupling Reactions;* **1998**, Diederich, F.; Stang, P. J., Hrsg.; Wiley–VCH: Weinheim, Deutschland, S. 421–53. (Übersichtsartikel).
4. Denmark, S. E.; Wang, Z. *J. Organomet. Chem.* **2001**, *624*, 372–375.
5. Hiyama, T. *J. Organomet. Chem.* **2002**, *653*, 58–61.
6. Pierrat, P.; Gros, P.; Fort, Y. *Org. Lett.* **2005**, *7*, 697–700.
7. Denmark, S. E.; Yang, S.-M. *J. Am. Chem. Soc.* **2004**, *126*, 12432–12440.
8. Domin, D.; Benito-Garagorri, D.; Mereiter, K.; Froehlich, J.; Kirchner, K. *Organometallics* **2005**, *24*, 3957–3965.
9. Anzo, T.; Suzuki, A.; Sawamura, K.; Motozaki, T.; Hatta, M.; Takao, K.-i.; Tadano, K.-i. *Tetrahedron Lett.* **2007**, *48*, 8442–8448.
10. Yet L. *Hiyama Cross-Coupling Reaction.* In *Name Reactions for Homologations-Part I*; Li, J. J., Hrsg.; Wiley: Hoboken, NJ, **2009**, S. 33–416. (Übersichtsartikel).
11. Diebold, C.; Derible, A.; Becht, J.-M.; Drian, C. L. *Tetrahedron* **2013**, *69*, 264 – 267.

12. Wu, Y.; Zhang, H.-R.; Cao, Y.-X.; Lan, Q.; Wang, X.-S. *Org. Lett.* **2016,** *18*, 5564–5567.
13. Liu, Z.; Luan, N.; Shen, L.; Li, J.; Zou, D.; Wu, Y.; Wu, Y. *J. Org. Chem.* **2019,** *84*, 12358–12365.
14. Lu, M.-Z.; Ding, X.; Shao, C.; Hu, Z.; Luo, H.; Zhi, S.; Hu, H.; Kan, Y.; Loh, T.-P. *Org. Lett.* **2020,** *22*, 2663–2668.

Hofmann-Eliminierung

Die Eliminierungsreaktion von Alkyltrialkylaminen verläuft mit *anti*-Stereochemie und liefert die am wenigsten substituierten Olefine.

Beispiel 1, Amine, die durch Hofmann-Eliminierung vom Harz freigesetzt werden [10]

Beispiel 2, Isomerisierung zu einem thermodynamisch stabileren Olefin trat ebenfalls auf [11]

Beispiel 3, Das Hofmann-Eliminierungsprodukt, das Olefin, ist das Substrat für die C–H-Aktivierung [12]

Beispiel 4, Doppelte "Auf und Zu"-Transformation von γ-Carbolinen ausgelöst durch Ammoniumsalze [13]

Referenzen

1. Hofmann, A. W. *Ber.* **1881**, *14*, 659–669.
2. Eubanks, J. R. I.; Sims, L. B.; Fry, A. *J. Am. Chem. Soc.* **1991**, *113*, 8821–8829.
3. Bach, R. D.; Braden, M. L. *J. Org. Chem.* **1991**, *56*, 7194–7195.
4. Lai, Y. H.; Eu, H. L. *J. Chem. Soc., Perkin Trans. 1* **1993**, 233–237.
5. Sepulveda-Arques, J.; Rosende, E. G.; Marmol, D. P.; Garcia, E. Z.; Yruretagoyena, B.; Ezquerra, J. *Monatsh. Chem.* **1993**, *124*, 323–325.
6. Woolhouse, A. D.; Gainsford, G. J.; Crump, D. R. *J. Heterocycl. Chem.* **1993**, *30*, 873–880.
7. Bhonsle, J. B. *Synth. Commun.* **1995**, *25*, 289–300.
8. Berkes, D.; Netchitailo, P.; Morel, J.; Decroix, B. *Synth. Commun.* **1998**, *28*, 949–956.
9. Morphy, J. R.; Rankovic, Z.; York, M. *Tetrahedron Lett.* **2002**, *43*, 6413–6415.
10. Liu, Z.; Medina-Franco, J. L.; Houghten, R. A.; Giulianotti, M. A. *Tetrahedron Lett.* **2010**, *51*, 5003–5004.
11. Arava, V. R.; Malreddy, S.; Thummala, S. R. *Synth. Commun.* **2012**, *42*, 3545–3552.
12. Spettel, M.; Pollice, R.; Schnürch, M. *Org. Lett.* **2017**, *19*, 4287–4290.
13. Abe, T.; Shimizu, H.; Takada, S.; Tanaka, T.; Yoshikawa, M.; Yamada, K. *Org. Lett.* **2018**, *20*, 1589–1592.
14. Schoenbauer, D.; Spettel, M.; Pollice, R.; Pittenauer, E.; Schnuerch, M. *Org. Biomol. Chem.* **2019**, *17*, 4024–4030.
15. Tayama, E.; Hirano, K.; Baba, S. *Tetrahedron* **2020**, *76*, 131064.

Hofmann-Umlagerung

Bei Behandlung von primären Amiden mit Hypohaliten werden primäre Amine mit einem Kohlenstoff weniger erhalten *über* das Zwischenprodukt Isocyanat. Auch bekannt als Hofmann-Abbaureaktion.

Isocyanat-Zwischenprodukt

Beispiel 1, Eine NBS-Variante [2]

Beispiel 2, Iodosobenzol-Ditrifluoracetat [5]

Beispiel 3, Brom und Alkoxid [6]

Beispiel 4, Natriumhypochlorit [7]

Beispiel 5, Die ursprünglichen Bedingungen, Brom und Hydroxid [9]

Beispiel 6, Bleitetraacetat [10]

Beispiel 7, Iodosobenzendiactetat (IBDA) [13]

Beispiel 8 [14]

Beispiel 9, Eine Reaktion im Maßstab von 100 g [15]

Referenzen

1. Hofmann, A. W. *Ber.* **1881,** *14,* 2725–2736.
2. Jew, S.-s.; Kang, M.-h. *Arch. Pharmacol Res.* **1994,** *17,* 490–491.
3. Huang, X.; Seid, M.; Keillor, J. W. *J. Org. Chem.* **1997,** *62,* 7495–7496.
4. Togo, H.; Nabana, T.; Yamaguchi, K. *J. Org. Chem.* **2000,** *65,* 8391–8394.
5. Yu, C.; Jiang, Y.; Liu, B.; Hu, L. *Tetrahedron Lett.* **2001,** *42,* 1449–1452.
6. Jiang, X.; Wang, J.; Hu, J.; Ge, Z.; Hu, Y.; Hu, H.; Covey, D. F. *Steroids* **2001,** *66,* 655–662.
7. Stick, R. V.; Stubbs, K. A. *J. Carbohydr. Chem.* **2005,** *24,* 529–547.
8. Moriarty, R. M. *J. Org. Chem.* **2005,** *70,* 2893–2903. (Übersichtsartikel).
9. El-Mariah, F.; Hosney, M.; Deeb, A. *Phosphorus, Sulfur Silicon Relat. Elem.* **2006,** *181,* 2505–2517.
10. Jia, Y.-M.; Liang, X.-M.; Chang, L.; Wang, D.-Q. *Synthesis* **2007,** 744–748.
11. Gribble, G. W. *Hofmann Rearrangement*. In *Name Reactions for Homologations-Part II*; Li, J. J., Hrsg.; Wiley: Hoboken, NJ, **2009,** S. 164–199. (Übersichtsartikel).
12. Yoshimura, A.; Luedtke, M. W.; Zhdankin, V. V. *J. Org. Chem.* **2012,** *77,* 2087–2091.
13. Kimishima, A.; Umihara, H.; Mizoguchi, A.; Yokoshima, S.; Fukuyama, T. *Org. Lett.* **2014,** *16,* 6244–6247.
14. Daver, S.; Rodeville, N.; Pineau, F.; Arlabosse, J.-M.; Moureou, C.; Muller, F.; Pierre, R.; Bouquet, K.; Dumais, L.; Boiteau, J.-G.; et al. *Org. Process Res. Dev.* **2017,** *21,* 231–240.
15. Chang, Z.; Boyaud, F.; Guillot, R.; Boddaet, T.; Aitken, D. *J. Org. Chem.* **2018,** *83,* 527–534.
16. Ohmi, K.; Miura, Y.; Nakao, Y.; Goto, A.; Yoshimura, S.; Ouchi, H.; Inai, M.; Asakawa, T.; Yoshimura, F.; Kondo, M.; et al. *Eur. J. Org. Chem.* **2020,** 488–491.

Hofmann–Löffler–Freytag-Reaktion

Bildung von Pyrrolidinen oder Piperidinen durch thermische oder photochemische Zersetzung von protonierten N-Haloaminen.

Chlorammoniumsalz   Stickstoffradikalkation

1,5-Wasserstoffatomtransfer

S_N2

Beispiel 1 [2]

1. NaOCl, 95%
2. TFA, $h\nu$, 87%
3. NaOH, MeOH, 76%

Beispiel 2 [4]

84% H_2SO_4
65 °C, 30 min.

25%

© Der/die Autor(en), exklusiv lizenziert an
Springer Nature Switzerland AG 2024
J. J. Li, *Namensreaktionen*, https://doi.org/10.1007/978-3-031-52850-7_69

Beispiel 3 [5]

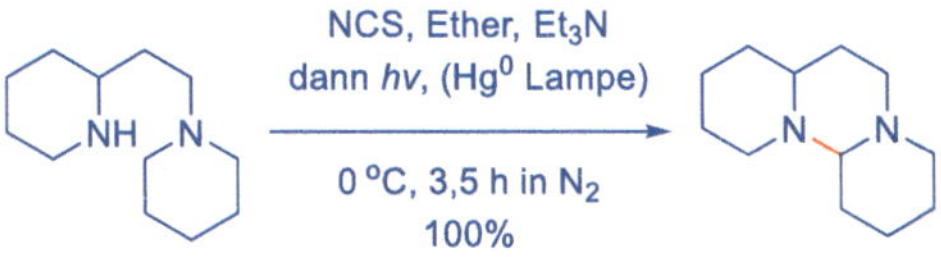

[Reaction scheme: bicyclic amine + NCS, Ether, Et₃N, dann hv, (Hg⁰ Lampe), 0 °C, 3,5 h in N₂, 100% → tricyclic product]

Beispiel 4, Suárez-Modifikation der Hofmann–Löffler–Freytag Reaktion [7]

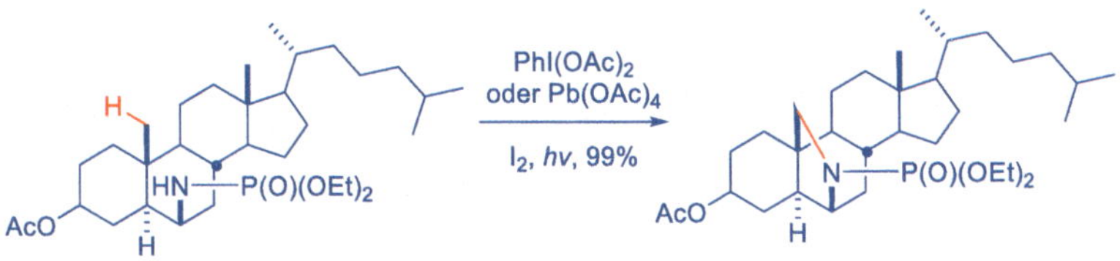

[Reaction scheme: steroid-HN-P(O)(OEt)₂ + PhI(OAc)₂ oder Pb(OAc)₄, I₂, hv, 99% → cyclized product with N-P(O)(OEt)₂]

Beispiel 5 [12]

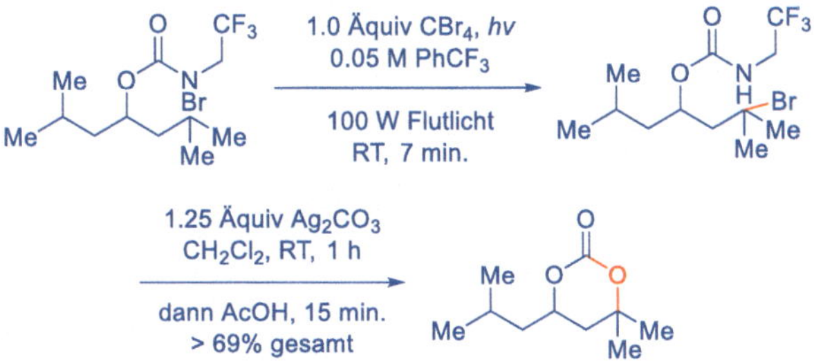

[Reaction scheme: carbamate with CF₃ group + 1.0 Äquiv CBr₄, hv, 0.05 M PhCF₃, 100 W Flutlicht, RT, 7 min. → brominated intermediate; then 1.25 Äquiv Ag₂CO₃, CH₂Cl₂, RT, 1 h, dann AcOH, 15 min., >69% gesamt → cyclic carbonate]

Beispiel 6 [13]

[Reaction scheme: pyridine with CF₃, t-Bu, OH, OBn + 3 Äquiv I₂, K₂CO₃, CH₂Cl₂, 80 °C, geschossenes Gefäß, 87% → iodinated benzodioxole-fused pyridine with Ph]

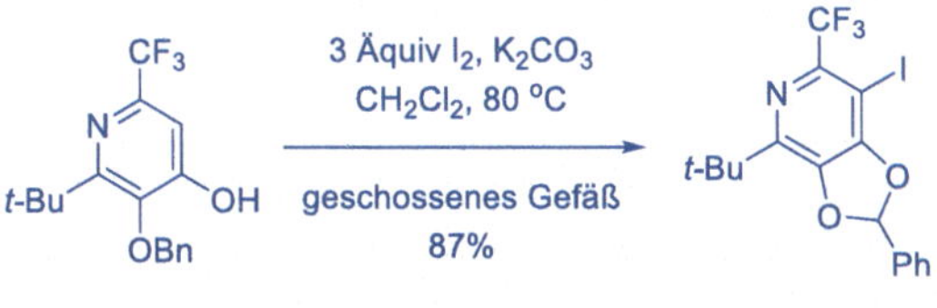

Beispiel 7, NIS-geförderte Hofmann–Löffler–Freytag Reaktion von Sulfonimiden unter sichtbarem Licht (Ns = Nosylat) [14]

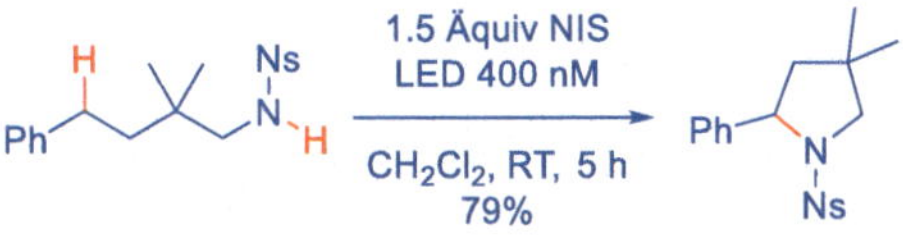

[Reaction scheme: Ph-CH₂-C(Me)₂-CH₂-N(Ns)H + 1.5 Äquiv NIS, LED 400 nM, CH₂Cl₂, RT, 5 h, 79% → 2-phenyl-4,4-dimethyl-N-Ns-pyrrolidin]

Beispiel 8, Suárez-Modifikation der Hofmann–Löffler–Freytag- Reaktion (PIDA Phenyljoddiacetat = IBDA = Iodosobenzendiacetat), ähnlich wie Beispiel 4 [15]

Beispiel 8, Kupfer-katalysierte entfernte C(sp^3)-H oxidative Trifluormethylierung [16]

Referenzen

1. (a) Hofmann, A. W. *Ber.* **1883**, *16*, 558 – 560. (b) Löffler, K.; Freytag, C. *Ber.* **1909**, *42*, 3727.
2. Wolff, M. E.; Kerwin, J. F.; Owings, F. F.; Lewis, B. B.; Blank, B.; Magnani, A.; Karash, C.; Georgian, V. *J. Am. Chem. Soc.* **1960**, *82*, 4117 – 4118.
3. Wolff, M. E. *Chem. Rev.* **1963**, *63*, 55 – 64. (Übersichtsartikel).
4. Dupeyre, R.-M.; Rassat, A. *Tetrahedron Lett.* **1973**, 2699 – 2701.
5. Kimura, M.; Ban, Y. *Synthesis* **1976**, 201 – 202.
6. Stella, L. *Angew. Chem. Int. Ed.* **1983**, *22*, 337–422. (Übersichtsartikel).
7. Betancor, C.; Concepcion, J. I.; Hernandez, R.; Salazar, J. A.; Suárez, E. *J. Org. Chem.* **1983**, *48*, 4430 – 4432.
8. Majetich, G.; Wheless, K. *Tetrahedron* **1995**, *51*, 7095 – 7129. (Übersichtsartikel).
9. Togo, H.; Katohgi, M. *Synlett* **2001**, 565 – 581. (Übersichtsartikel).
10. Pellissier, H.; Santelli, M. *Org. Prep. Proced. Int.* **2001**, *33*, 455 – 476. (Übersichtsartikel).
11. Li, J. J. *Hofmann–Löffler–Freytag Reaction*. In *Name Reactions in Heterocyclic Chemistry*; Li, J. J., Ed.; Wiley: Hoboken, NJ, **2005**, S. 89 – 97. (Übersichtsartikel).
12. Chen, K.; Richter, J. M.; Baran, P. S. *J. Am. Chem. Soc.* **2008**, *130*, 17247 – 17249.
13. Lechel, T.; Podolan, G.; Brusilowskij, B.; Schalley, C. A.; Reissig, H.-U. *Eur. J. Org. Chem.* **2012**, 5685–5692.
14. O'Broin, C. Q.; Fernádez, P.; Martínez, C.; Muñiz, K. *Org. Lett.* **2016**, *18*, 436 – 439.
15. (a) Cherney, E. C.; Lopchuk, J. M.; Green, J. C.; Baran, P. S. *J. Am. Chem. Soc.* **2014**, *136*, 12592 – 12595. (b) Francisco, C. G.; Herrera, A. J.; Suárez, E. *J. Org. Chem.* **2003**, *68*, 1012 – 1017.
16. Bao, X.; Wang, Q.; Zhu, J. *Nat. Commun.* **2019**, *10*, 1 – 7.

Horner–Wadsworth–Emmons Reaktion

Olefinbildung aus Aldehyden und Phosphonaten. Die Aufarbeitung ist vorteilhafter als die entsprechende Wittig-Reaktion, da das Phosphat-Nebenprodukt mit Wasser abgewaschen werden kann. Gibt typischerweise die *trans-* anstatt der *cis-* Olefine.

Das stereochemische Ergebnis: *erythro* (kinetisch) oder *threo* (thermodynamisch)

erythro, kinetisches Addukt

threo, thermodynamisches Addukt

Beispiel 1 [3]

Beispiel 2 [4]

Beispiel 3, Weinreb-Amid [7]

Beispiel 4, Intramolekularer Horner–Wadsworth–Emmons [9]

Beispiel 4 [11]

Beispiel 5, MWI = Mikrowellenbestrahlung [12]

Beispiel 6, Intramolekularer Horner–Wadsworth–Emmons zur Bildung eines 14-gliedrigen Lactons [13]

Referenzen

1. (a) Horner, L.; Hoffmann, H.; Wippel, H. G.; Klahre, G. *Chem. Ber.* **1959**, *92*, 2499–2505. (b) Wadsworth, W. S., Jr.; Emmons, W. D. *J. Am. Chem. Soc.* **1961**, *83*, 1733–1738. (c) Wadsworth, D. H.; Schupp, O. E.; Seus, E. J.; Ford, J. A., Jr. *J. Org. Chem.* **1965**, *30*, 680–685.
2. Maryanoff, B. E.; Reitz, A. B. *Chem. Rev.* **1989**, *89*, 863–927. (Übersichtsartikel).
3. Shair, M. D.; Yoon, T. Y.; Mosny, K. K.; Chou, T. C.; Danishefsky, S. J. *J. Am. Chem. Soc.* **1996**, *118*, 9509–9525.
4. Nicolaou, K. C.; Boddy, C. N. C.; Li, H.; Koumbis, A. E.; Hughes, R. J.; Natarajan, S.; Jain, N. F.; Ramanjulu, J. M.; Bräse, S.; Solomon, M. E. *Chem. Eur. J.* **1999**, *5*, 2602–2621.
5. Comins, D. L.; Ollinger, C. G. *Tetrahedron Lett.* **2001**, *42*, 4115–4118.
6. Lattanzi, A.; Orelli, L. R.; Barone, P.; Massa, A.; Iannece, P.; Scettri, A. *Tetrahedron Lett.* **2003**, *44*, 1333–1337.
7. Ahmed, A.; Hoegenauer. E. K.; Enev, V. S.; Hanbauer, M.; Kaehlig, H.; Öhler, E.; Mulzer, J. *J. Org. Chem.* **2003**, *68*, 3026–3042.
8. Blasdel, L. K.; Myers, A. G. *Org. Lett.* **2005**, *7*, 4281–4283.
9. Li, D.-R.; Zhang, D.-H.; Sun, C.-Y.; Zhang, J.-W.; Yang, L.; Chen, J.; Liu, B.; Su, C.; Zhou, W.-S.; Lin, G.-Q. *Chem. Eur. J.* **2006**, *12*, 1185–1204.
10. Rong, F. *Horner–Wadsworth–Emmons reaction* In *Name Reactions for Homologations-Part I*; Li, J. J., Hrsg.; Wiley: Hoboken, NJ, **2009**, S. 420–466. (Übersichtsartikel).
11. Okamoto, R.; Takeda, K.; Tokuyama, H.; Ihara, M.; Toyota, M. *J. Org. Chem.* **2013**, *78*, 93–103.
12. Krzyzanowski, A.; Saleeb, M.; Elofsson, M. *Org. Lett.* **2018**, *20*, 6650–6654.
13. Paul, D.; Saha, S.; Goswami, R. K. **2018**, *20*, 4606–4609.
14. Everson, J.; Kiefel, M. J. *J. Org. Chem.* **2019**, *84*, 15226–15235.

15. Iwanejko, J.; Sowinski, M.; Wojaczynska, E.; Olszewski, T. K.; Gorecki, M. *RSC Adv.* **2020**, *10*, 14618–14629.

Still–Gennari Phosphonate

Eine Variante der Horner–Wadsworth–Emmons-Reaktion mit Bis(trifluorethyl)-phosphonaten (Still–Gennari-Phosphonaten), die hauptsächlich Z-Olefine liefert.

erythro Isomer, kinetisches Addukt

Beispiel 1 [2]

Beispiel 2 [3]

Beispiel 3 [4]

Beispiel 4 [9]

Beispiel 5, Ein schneller Zugang zu Still–Gennari Phosphonaten [11]

Beispiel 6, Hin zur Synthese von Aglykon von Lycoperdinosiden [12]

Beispiel 7, Für (Z)-α,β-ungesättigte Phosphonate [13]

Beispiel 8, Methyliertes *Ando-Typ* Horner–Wadsworth–Emmons Reagenz ist deutlich günstiger als die Still-Gennari Phosphonate [15]

Referenzen

1. Still, W. C.; Gennari, C. *Tetrahedron Lett.* **1983**, *24*, 4405–4408. W. Clark Still (1946–) wurde in Augusta, Georgia geboren. Er war Professor an der Columbia Universität.
2. Nicolaou, K. C.; Nadin, A.; Leresche, J. E.; LaGreca, S.; Tsuri, T.; Yue, E. W.; Yang, Z. *Chem. Eur. J.* **1995**, *1*, 467–494.
3. Sano, S. Yokoyama, K.; Shiro, M.; Nagao, Y. *Chem. Pharm. Bull.* **2002**, *50*, 706–709.
4. Mulzer, J.; Mantoulidis, A.; Öhler, E. *Tetrahedron Lett.* **1998**, *39*, 8633–8636.
5. Paterson, I.; Florence, G. J.; Gerlach, K.; Scott, J. P.; Sereinig, N. *J. Am. Chem. Soc.* **2001**, *123*, 9535–9544.
6. Mulzer, J.; Ohler, E. *Angew. Chem. Int. Ed.* **2001**, *40*, 3842–3846.
7. Beaudry, C. M.; Trauner, D. *Org. Lett.* **2002**, *4*, 2221–2224.
8. Dakin, L. A.; Langille, N. F.; Panek, J. S. *J. Org. Chem.* **2002**, *67*, 6812–6815.
9. Paterson, I.; Lyothier, I. *J. Org. Chem.* **2005**, *70*, 5494–5507.
10. Rong, F. *Horner–Wadsworth–Emmons reaction*. In *Name Reactions for Homologations-Part I*; Li, J. J., Hrsg.; Wiley: Hoboken, NJ, **2009**, S. 420–466. (Übersichtsartikel).
11. Messik, F.; Oberthür, M. *Synthesis* **2013**, *45*, 167–170.
12. Chandrasekhar, B.; Athe, S.; Reddy, P. P.; Ghosh, S. *Org. Biomol. Chem.* **2015**, *13*, 115–124.
13. Janicki, I.; Kielbasinski, P. *Synthesis* **2018**, *50*, 4140–4144.
14. (a) Bressin, R. K.; Driscoll, J. L.; Wang, Y.; Koide, K. *Org. Process Res. Dev.* **2019**, *23*, 274–277. (b) Ando, K. *Tetrahedron Lett.* **1995**, *36*, 4105–4108.

Houben–Hoesch-Reaktion

Säurekatalysierte Acylierung von Phenolen sowie phenolischen Ethern unter Verwendung von Nitrilen zur Bereitstellung von Iminen, die zu den entsprechenden Ketonen hydrolysiert werden.

Beispiel 1, Intramolekulare Houben–Hoesch-Reaktion [3]

Beispiel 2 [6]

Beispiel 3 [8]

Beispiel 4 [9]

Beispiel 5, Intramolekulare Houben–Hoesch-Reaktion [10]

Beispiel 6, Intramolekulare Houben–Hoesch-Reaktion, das Produkt war "stecken" als das Anilin [11]

Beispiel 7 [12]

Beispiel 8, Richtung Synthese von Genistein [13]

Referenzen

1. (a) Hoesch, K. *Ber.* **1915,** *48,* 1122–1133. Kurt Hoesch (1882–1932) wurde in Krezau, Deutschland geboren. Er studierte in Berlin unter Emil Fischer. Während des Ersten Weltkriegs war Hoesch Professor fur Chemie an der Universität Istanbul, Türkei. Nach dem Krieg gab er seine wissenschaftlichen Aktivitäten auf, um sich der Leitung eines Familienunternehmens zu widmen. (b) Houben, J. *Ber.* **1926,** *59,* 2878–2891.
2. Yato, M.; Ohwada, T.; Shudo, K. *J. Am. Chem. Soc.* **1991,** *113,* 691–692.
3. Rao, A. V. R.; Gaitonde, A. S.; Prakash, K. R. C.; Rao, S. P. *Tetrahedron Lett.* **1994,** *35,* 6347–6350.
4. Sato, Y.; Yato, M.; Ohwada, T.; Saito, S.; Shudo, K. *J. Am. Chem. Soc.* **1995,** *117,* 3037–3043.
5. Kawecki, R.; Mazurek, A. P.; Kozerski, L.; Maurin, J. K. *Synthesis* **1999,** 751–753.
6. Udwary, D. W.; Casillas, L. K.; Townsend, C. A. *J. Am. Chem. Soc.* **2002,** *124,* 5294–5303.
7. Sanchez-Viesca, F.; Gomez, M. R.; Berros, M. *Org. Prep. Process Int.* **2004,** *36,* 135–140.
8. Wager, C. A. B.; Miller, S. A. *J. Labelled Compd. Radiopharm.* **2006,** *49,* 615–622.
9. Black, D. St. C.; Kumar, N.; Wahyuningsih, T. D. *ARKIVOC* **2008,** *(6),* 42–51.
10. Zhao, B.; Hao, X.-Y.; Zhang, J.-X.; Liu, S.; Hao, X.-J. *J. Org. Chem.* **2013,** *15,* 528–530.
11. Outlaw, V. K.; Townsend, C. A. *Org. Lett.* **2014,** *16,* 6334–6337.
12. Wu, C.; Huang, P.; Sun, Z.; Lin, M.; Jiang, Y.; Tong, J.; Ge, C. *Tetrahedron* **2016,** *72,* 1461–1466.
13. Filip, K.; Kleczkowska-Plichta, E.; Araźny, Z.; Grynkiewicz, G.; Polowczyk, M.; Gabarski, K.; Trzcińska, K. *Org. Process Res. Dev.* **2016,** *20*, 1354–1362.

Hunsdiecker–Borodin Reaktion

Umwandlung von Silbercarboxylat in Halogenid durch Behandlung mit Halogen.

$$R\text{-}CO_2^- Ag^+ \xrightarrow{X_2} R\text{-}X + CO_2 + AgX$$

Mechanismus:

$$R\text{-}CO_2^- Ag^+ + X\text{-}X \longrightarrow AgX + R\text{-}C(O)\text{-}O\text{-}X \xrightarrow{\text{homolytische Spaltung}}$$

$$X\cdot + R\text{-}C(O)\text{-}O\cdot \longrightarrow CO_2 + R\cdot \xrightarrow{R\text{-}C(O)\text{-}O\text{-}X} R\text{-}X + R\text{-}C(O)\text{-}O\cdot$$

Beispiel 1 [5]

Cl–(cyclobutyl)–CO_2H $\xrightarrow[\text{CCl}_4,\ \text{dunkel, 35–46\%}]{\text{HgO, Br}_2,\ \Delta}$ Cl–(cyclobutyl)–Br

Beispiel 2 [6]

(4-MeO-C$_6$H$_4$)-CH=C(CH$_3$)-CO_2H $\xrightarrow[\text{ClCH}_2\text{CH}_2\text{Cl, 96\%}]{\text{NBS, }n\text{-Bu}_4\text{N}^+\text{CF}_3\text{CO}_2^-}$ (4-MeO-C$_6$H$_4$)-CH=C(CH$_3$)-Br

Beispiel 3 [8]

(4-HO-C$_6$H$_4$)-CH=CH-CO_2H $\xrightarrow[\text{KBr, CH}_3\text{CN, 82\%}]{\text{"Selectfluor" (2 BF}_4^-)}$ (4-HO-C$_6$H$_4$)-CH=CH-Br

Beispiel 4, Ein-Topf-Mikrowelle-Hunsdiecker – Borodin gefolgt von Suzuki [10]

(3-BnO-4-OMe-C$_6$H$_3$)-CH=CH-CO_2H $\xrightarrow[\text{CH}_3\text{CN–H}_2\text{O 9:1, MW, 1 min.}]{\text{NBS, LiOAc}}$ [(3-BnO-4-OMe-C$_6$H$_3$)-CH=CH-Br]

Beispiel 5 [11]

> PhB(OH)$_2$, K$_2$CO$_3$
> Pd(PPh$_3$)$_4$
>
> CH$_3$CN/H$_2$O 2:1
> Mikrowelle, 5 min.
> 64% 2 Stufen

Beispiel 6, Für Zimtsäure-Substrate [12]

> 5 mol% Ag(Phen)$_2$OTf
> 150 mol% t-BuOCl
>
> CH$_3$CN, RT, 3 h, 86%

Beispiel 7, Metallfreie decarboxylative Iodierung, eine aromatische Hunsdiecker-Reaktion [13]

> 1 Äquiv NBS (NIS)
> 0.2 Äquiv LiOAc
>
> MeCN/H$_2$O (19:1)
> RT, 1 h
>
> X = Br (83%); X = I (80%)

> 4 Äquiv I$_2$
> 1 Äquiv K$_3$PO$_4$
>
> MeCN (0.2 M)
> RT, 2 h, 97%

Referenzen

1. (a) Borodin, A. *Ann.* **1861**, *119*, 121–123. Aleksandr Porfirevič Borodin (1833–1887) wurde geboren in St. Petersburg, der uneheliche Sohn eines Prinzen. Er stellte Methylbromid aus Silberacetat im Jahr 1861 her, aber es vergingen weitere achtzig Jahre, bevor Heinz und Cläre Hunsdiecker Borodins Synthese in eine allgemeine Methode umwandelten, die Hunsdiecker- oder Hunsdiecker-Borodin-Reaktion. Borodin war auch ein begabter Komponist und ist heute am besten bekannt für sein musikalisches Meisterwerk, die Oper Fürst Igor. Er hatte ein Klavier außerhalb seines Labors. (b) Hunsdiecker, H.; Hunsdiecker, C. *Ber.* **1942**, *75*, 291–297. Cläre Hunsdiecker wurde geboren im Jahr 1903 und erzogen in Köln. Sie entwickelte die Bromierung von Silber Carboxylat zusammen mit ihrem Ehemann, Heinz.
2. Sheldon, R. A.; Kochi, J. K. *Org. React.* **1972**, *19*, 326–421. (Übersichtsartikel).
3. Barton, D. H. R.; Crich, D.; Motherwell, W. B. *Tetrahedron Lett.* **1983**, *24*, 4979–4982.
4. Crich, D. In *Comprehensive Organic Synthesis*; Trost, B. M.; Steven, V. L., Hrsg.; Pergamon, **1991**, Vol. 7, S. 723–734. (Übersichtsartikel).
5. Lampman, G. M.; Aumiller, J. C. *Org. Synth.* **1988**, Coll. Vol. 6, 179.

6. Naskar, D.; Chowdhury, S.; Roy, S. *Tetrahedron Lett.* **1998,** *39*, 699–702.
7. Das, J. P.; Roy, S. *J. Org. Chem.* **2002,** *67*, 7861–7864.
8. Ye, C.; Shreeve, J. M. *J. Org. Chem.* **2004,** *69*, 8561–8563.
9. Li, J. J. *Hunsdiecker Reaction.* In *Name Reactions for Functional Group Transformations*; Li, J. J., Corey, E. J., Hrsg., Wiley: Hoboken, NJ, **2007,** S. 623–629. (Übersichtsartikel).
10. Bazin, M.-A.; El Kihel, L.; Lancelot, J.-C.; Rault, S. *Tetrahedron Lett.* **2007,** *48*, 4347–4351.
11. Wang, Z.; Zhu, L.; Yin, F.; Su, Z.; Li, Z.; Li, C. *J. Am. Chem. Soc.* **2012,** *134*, 4258–4263.
12. Lorentzen, M.; Bayer, A.; Sydnes, M. O.; Jøgensen, K. B. *Tetrahedron* **2015,** *71*, 8278–8284.
13. Perry, G. J. P.; Quibell, J. M.; Panigrahi, A.; Larrosa, I. *J. Am. Chem. Soc.* **2017,** *139*, 11527–11536.
14. Zarei, M.; Noroozizadeh, E.; Moosavi-Zare, A. R.; Zolfigol, M. A. *J. Org. Chem.* **2018,** *83*, 3645–3650.

Jacobsen–Katsuki-Epoxidierung

Mn(III)salen-katalysierte asymmetrische Epoxidierung von (Z)-Olefinen.

1. Konzertierte Sauerstoffübertragung (*cis*-Epoxid):

2. Sauerstoffübertragung *über* radikales Zwischenprodukt (*trans*-Epoxid):

3. Sauerstoffübertragung *über* Manganaoxetan-Zwischenprodukt (*cis*-Epoxid):

Beispiel 1 [2]

Beispiel 2 [5]

Kat., NaOCl
58% Ausbeute
89% ee

Beispiel 3 [6]

Kat., NaOCl
88%
88% ee

Indinavir (Crixivan)

Beispiel 4, Jacobsen hydrolytisch-kinetische Racematspaltung [9]

Kat. (0.2–0.5 mol %)
0.55 Äquiv H_2O
sauber, 5 °C, 16 h
48%

Kat. = (R,R)-SalenCo(III)-OAc

Beispiel 5, Jacobsen hydrolytisch-kinetische Racematspaltung [13]

(R,R)-SalenCo(III)-OAc
1.2 Äquiv H_2O
THF, 90%

Beispiel 6, Jacobsen hydrolytisch-kinetische Racematspaltung (zweiter Generation) Salen-Co(III) Katalysator [14]

dimeres Salen-Co(III) Kat.
0.6 equiv H_2O
10% (S)-Propan-1,2-diol
sauber, 4 °C, 4 h

dimeres Salen-Co(III) Kat. =

Referenzen

1. (a) Zhang, W.; Loebach, J. L.; Wilson, S. R.; Jacobsen, E. N. *J. Am. Chem. Soc.* **1990**, *112*, 2801–2903. (b) Irie, R.; Noda, K.; Ito, Y.; Matsumoto, N.; Katsuki, T. *Tetrahedron Lett.* **1990**, *31*, 7345–7348. (c) Irie, R.; Noda, K.; Ito, Y.; Katsuki, T. *Tetrahedron Lett.* **1991**, *32*, 1055–1058. (d) Deng, L.; Jacobsen, E. N. *J. Org. Chem.* **1992**, *57*, 4320–4323. (e) Palucki, M.; McCormick, G. J.; Jacobsen, E. N. *Tetrahedron Lett.* **1995**, *36*, 5457–5460.
2. Zhang, W.; Jacobsen, E. N. *J. Org. Chem.* **1991**, *56*, 2296–2298.
3. Jacobsen, E. N. In *Catalytic Asymmetric Synthesis;* Ojima, I., Ed.; VCH: Weinheim, New York, **1993**, Ch. 4.2. (Übersichtsartikel).
4. Jacobsen, E. N. In *Comprehensive Organometallic Chemistry II*, Eds. G. W. Wilkinson, G. W.; Stone, F. G. A.; Abel, E. W.; Hegedus, L. S., Pergamon, New York, **1995**, vol 12, Kapitel 11.1. (Übersichtsartikel).
5. Lynch, J. E.; Choi, W.-B.; Churchill, H. R. O.; Volante, R. P.; Reamer, R. A.; Ball, R. G. *J. Org. Chem.* **1997**, *62*, 9223–9228.
6. Senananyake, C. H. *Aldrichimica Acta* **1998**, *31*, 3–15. (Übersichtsartikel).
7. Jacobsen, E. N.; Wu, M. H. In *Comprehensive Asymmetric Catalysis*, Jacobsen, E. N.; Pfaltz, A.; Yamamoto, H. Hrsg.; Springer: New York; 1999, Kapitel 18.2. (Übersichtsartikel).
8. Katsuki, T. In *Catalytic Asymmetric Synthesis;* 2 nd Aufl.; Ojima, I., Hrsg.; Wiley-VCH: New York, **2000**, 287. (Übersichtsartikel).

9. Schaus, S. E.; Brandes, B. D.; Larrow, J. F.; Tokunaga, M.; Hansen, K. B.; Gould, A. E.; Furrow, M. E.; Jacobsen, E. N. *J. Am. Chem. Soc.* **2002,** *128*, 6790-6791.
10. Katsuki, T. *Synlett* **2003,** 281-297. (Übersichtsartikel).
11. Palucki, M. *Jacobsen-Katsuki epoxidation*. In *Name Reactions in Heterocyclic Chemistry*; Li, J. J., Hrsg.; Wiley: Hoboken, NJ, **2005,** S. 29 – 43. (Übersichtsartikel).
12. Olson, J. A.; Shea, K. M. *Acc. Chem. Res.* **2011,** *44*, 311-321. (Übersichtsartikel).
13. Njiojob, C. N.; Rhinehart, J. L.; Bozell, J. J.; Long, B. K. *J. Org. Chem.* **2015,** *80*, 1771-1780.
14. Mower, M. P.; Blackmond, D. G. *ACS Catal.* **2018,** *8*, 5977-5982.
15. Day, A. J.; Lee, J. H. Z.; Phan, Q. D.; Lam, H. C.; Ametovski, A.; Sumby, C. J.; Bell, S. G.; George, J. H. *Angew. Chem. Int. Ed.* **2019,** *58*, 1427-1431.

Jones Oxidation

Die **Collins/Sarett-Oxidation** (Chromtrioxid-Pyridin-Komplex) und **Coreys PCC** (Pyridiniumchlorochromat) und **PDC** (Pyridiniumdichromat) **Oxidationen** folgen einem ähnlichen Weg wie die **Jones-Oxidation** (Chromtrioxid und Schwefelsäure in Aceton). Alle diese Oxidationsmittel haben ein Chrom (VI), normalerweise orange oder gelb, das zu Cr(III), oft grün, reduziert wird.

CrO_3/H_2SO_4 — Jones
$(Pyridin)_2 \cdot CrO_3$ — Collins/Sarett
$PyH^+ \; CrO_3Cl^-$ — PCC
$(PyH^+)_2 \; Cr_2O_7^{2-}$ — PDC

Jones-Oxidation

Bei der Jones-Oxidation werden die primären Alkohole zu den entsprechenden Aldehyden oder Carbonsäuren oxidiert, während die sekundären Alkohole zu den entsprechenden Ketonen oxidiert werden.

$$R_1R_2CH(OH) \xrightarrow{CrO_3, \; H_2SO_4, \; Aceton} R_1C(O)R_2$$

$$CrO_3 + H_2O \longrightarrow H_2CrO_4$$

Cr(VI)
klares Orange Lösung

Chromat-Ester

Cr(III)
Grün

Der intramolekulare Mechanismus ist ebenfalls wirksam:

Beispiel 1 [6]

1. Jones-Reagenz Aceton, 20 min.
2. HCO₂H, RT, 1 h
96% 2 Stufen

(−)-CP-263114

Beispiel 2 [7]

CrO₃, H₂SO₄
Aceton/H₂O
RT, 74%

Beispiel 3 [9]

CrO₃, H₂SO₄
Aceton, 0 °C
1–2 h, 86%

Beispiel 4, Aufarbeitung des Reaktionsgemisches mit kaltem Eiswasser zur Ausfällung der reinen Carbonsäure [12]

CrO₃, H₂SO₄
90%

Beispiel 5, Boc-Schutz hat die Jones-Oxidationsbedingungen überlebt (mindestens 40% davon) [13]

CrO₃, H₂SO₄
Aceton/H₂O
0 °C→RT, 18 h
40%

Referenzen

1. Bowden, K.; Heilbron, I. M., Jones, E. R. H.; Weedon, B. C. L. *J. Chem. Soc.* **1946**, 39–45. Ewart R. H. (Tim) Jones arbeitete mit Ian M. Heilbron am Imperial College. Jones folgte später Robert Robinson nach und wurde der renommierte Lehrstuhl für Organische Chemie in Manchester. *Das Rezept für das Jones-Reagenz: 25 g CrO_3, 25 mL konz. H_2SO_4, und 70 mL H_2O.*
2. Ratcliffe, R. W. *Org. Synth.* **1973**, *53*, 1852.
3. Vanmaele, L.; De Clerq, P.; Vandewalle, M. *Tetrahedron Lett.* **1982**, *23*, 995–998.
4. Luzzio, F. A. *Org. React.* **1998**, *53*, 1–222. (Übersichtsartikel).
5. Zhao, M.; Li, J.; Song, Z.; Desmond, R. J.; Tschaen, D. M.; Grabowski, E. J. J.; Reider, P. J. *Tetrahedron Lett.* **1998**, *39*, 5323–5326. (Katalytische CrO_3 Oxidation).
6. Waizumi, N.; Itoh, T.; Fukuyama, T. *J. Am. Chem. Soc.* **2000**, *122*, 7825–7826.
7. Hagiwara, H.; Kobayashi, K.; Miya, S.; Hoshi, T.; Suzuki, T.; Ando, M. *Org. Lett.* **2001**, *3*, 251–254.
8. Fernandes, R. A.; Kumar, P. *Tetrahedron Lett.* **2003**, *44*, 1275–1278.
9. Hunter, A. C.; Priest, S.-M. *Steroide* **2006**, *71*, 30–33.
10. Kim, D.-S.; Bolla, K.; Lee, S.; Ham, J. *Tetrahedron* **2013**, *67*, 1062–1070.
11. Marshall, A. J.; Lin, J.-M.; Grey, A.; Reid, I. R; Cornish, J.; Denny, W. A *Bioorg. Med. Chem.* **2013**, *21*, 4112–4119.
12. Almaliti, J.; Al-Hamashi, A. A.; Negmeldin, A. T.; Hanigan, C. L.; Perera, L.; Pflum, M. K. H.; Casero, R. A.; Tillekeratne, L. M. V. *J. Med. Chem.* **2016**, *59*, 10642–10660.
13. Esgulian, M.; Buchotte, M.; Guillot, R.; Deloisy, S.; Aitken, D. J. *Org. Lett.* **2019**, *21*, 2378–2382.
14. Liu, S.; Gellman, S. H. *Org. Lett.* **2020**, *85*, 1718–1724.

Collins Oxidation

Anders als bei der Jones-Oxidation wandelt die Collins-Oxidation, auch bekannt als Collins–Sarett-Oxidation, primäre Alkohole in die entsprechenden Aldehyde um. $CrO_3 \cdot 2Pyr$ ist bekannt als der **Collins-Reagenz**.

Beispiel 1 [5]

Beispiel 2 [7]

Beispiel 3 [9]

Beispiel 4, TBS und MOM-Ether-Schutzgruppen überlebten Collins Reagenz [10]

Beispiel 5, Gemcitabin-Analogon [11]

CrO$_3$, Pyr.
Ac$_2$O, 93%

Beispiel 6 [12]

Collins Reagenz
84%

Referenzen

1. Poos, G. I.; Arth, G. E.; Beyler, R. E.; Sarett, L. H. *J. Am. Chem. Soc.* **1953**, *75*, 422–429.
2. Collins, J. C; Hess, W. W.; Frank, F. J. *Tetrahedron Lett.* **1968**, 3363–3366. J. C. Collins war ein Chemiker bei Sterling–Winthrop in Rensselaer, New York.
3. Collins, J. C; Hess, W. W. *Org. Synth.* **1972**, *Coll. Vol. V*, 310.
4. Hill, R. K.; Fracheboud, M. G.; Sawada, S.; Carlson, R. M.; Yan, S.-J. *Tetrahedron Lett.* **1978**, 945–948.
5. Krow, G. R.; Shaw, D. A.; Szczepanski, S.; Ramjit, H. *Synth. Commun.* **1984**, *14*, 429–433.
6. Li, M.; Johnson, M. E. *Synth.* **1995**, *25*, 533–537.
7. Harris, P. W. R.; Woodgate, P. D. *Tetrahedron* **2000**, *56*, 4001–4015.
8. Nguyen-Trung, N. Q.; Botta, O.; Terenzi, S.; Strazewski, P. *J. Org. Chem.* **2003**, *68*, 2038–2041.
9. Arumugam, N.; Srinivasan, P. C. *Synth. Commun.* **2003**, *33*, 2313–2320.
10. Zhang, F.-M.; Peng, L.; Li, H.; Ma, A.-J.; Peng, J.-B.; Guo, J.-Ji.; Yang, D.; Hou, S.-H.; Tu, Y.-Q.; Kitching, W. *Angew. Chem. Int. Ed.* **2012**, *51*, 10846–10850.
11. Gonzalez, C.; de Cabrera, M.; Wnuk, S. F. *Nucleosides Nucleotides Nucleic Acids* **2018**, *37*, 248–260.
12. Tagirov, A. R.; Fayzullina, L. K.; Enikeeva, D. R.; Galimova, Yu. S.; Salikhov, S. M.; Valeev, F. A. *Russ. J. Org. Chem.* **2018**, *54*, 726–733.

PCC Oxidation

Alkohole werden durch Pyridiniumchlorochromat (PCC) zu den entsprechenden Aldehyden oder Ketonen oxidiert. Sie werden nicht weiter zu den entsprechenden Carbonsäuren oxidiert, weil die Reaktion in organischen Lösungsmitteln, nicht in Wasser, durchgeführt wurde. Wenn Wasser vorhanden wäre, würden die Carbonylverbindungen *Aldehydhydrate* oder *Ketonhydrate* bilden, die dann zu Säuren oxidiert werden.

Beispiel 1, Ein-Topf-PCC–Wittig-Reaktionen [2]

Beispiel 2 [3]

Beispiel 3, Allylische Oxidation [4]

Beispiel 4, Hemiacetal-Oxidation [5]

Beispiel 5 [8]

Beispiel 6 [9]

Beispiel 7 [10]

Referenzen

1. Corey, E. J.; Suggs, W. *Tetrahedron Lett.* **1975,** *16,* 2647–2650.
2. Bressette, A. R.; Glover, L. C., IV *Synlett* **2004,** 738–740.
3. Breining, S. R.; Bhatti, B. S.; Hawkins, G. D.; Miao, L. WO2005037832 (**2005**).
4. Srikanth, G. S. C.; Krishna, U. M. *Tetrahedron* **2006,** *62,* 11165–11171.
5. Kim, S.-G. *Tetrahedron Lett.* **2008,** *49,* 6148–6151.
6. Mehta, G.; Bera, M. K. *Tetrahedron* **2013,** *69,* 1815–1821.
7. Fowler, K. J.; Ellis, J. L.; Morrow, G. W. *Synth. Commun.* **2013,** *43,* 1676–1682.
13. Yang, P.; Wang, X.; Chen, F.; Zhang, Z.-B.; Chen, C.; Peng, L.; Wang, L.-X. *J. Org. Chem.* **2017,** *82,* 3908–3916.
14. Hasimujiang, B.; Zeng, J.; Zhang, Y.; Abudu Rexit, A. *Synth. Commun.* **2018,** *48,* 887–891.
15. Dhotare, B. B.; Kumar, M.; Nayak, S. K. *J. Org. Chem.* **2018,** *83,* 10089–10096.

PDC-Oxidation

Pyridiniumdichromat (PDC) kann Alkohole vollständig zu den entsprechenden Carbonsäuren oxidieren, anstatt zu Aldehyden und Ketonen, wie es PCC tut.

Beispiel 1 [2]

Beispiel 2, Spaltung der primären Kohlenstoff-Bor-Bindung [3]

Beispiel 4, PDC-Oxidation lieferte das β-Ketoamid, das nach Schutz des Ketons als Dithian hydrolysiert wurde [9]

Beispiel 5, Oxidation von Lactol zu Lacton [10]

Beispiel 6, Die 10%ige Verunreinigung war das Ergebnis der Piancatelli-Umlagerung mit Hilfe von Wasser nach Exposition gegenüber Kieselgel [11]

Beispiel 7, Chemoselektive Oxidation von 2H-Chromenen zu Cumarinen [12]

Referenzen

1. Corey, E. J.; Schmidt, G. *Tetrahedron Lett.* **1979**, 399–402.
2. Terpstra, J. W.; Van Leusen, A. M. *J. Org. Chem.* **1986**, *51*, 230–208.
3. Brown, H. C.; Kulkarni, S. V.; Khanna, V. V.; Patil, V. D.; Racherla, U. S. *J. Org. Chem.* **1992**, *57*, 6173–6177.
4. Nakamura, M.; Inoue, J.; Yamada, T. *Bioorg. Med. Chem. Lett.* **2000**, *10*, 2807–2810.
5. Chênevert, R. Courchene, G.; Caron, D. *Tetrahedron: Asymmetry* **2003**, 2567–2571.
6. Jordão, A. K *Synlett* **2006**, 3364–3365. (Übersichtsartikel).
7. Xu, G.; Hou, A.-J.; Wang, R.-R.; Liang, G.-Y.; Zheng, Y.-T.; Liu, Z.-Y.; Li, X.-L.; Zhao, Y.; Huang, S.-X.; Peng, L.-Y.; et al. *Org. Lett.* **2006**, *8*, 4453–4456.
8. Morzycki, J. W; Perez-Diaz, J. O. H; Santillan, R.; Wojtkielewicz, A. *Steroide* **2010**, *75*, 70–76.
9. Cai, Q.; You, S.-L. *Org. Lett.* **2012**, *14*, 3040–3043.
10. Mal, K.; Sharma, A.; Das, I. *Chem. Eur. J.* **2014**, *20*, 11932–11945.
11. Veits, G. K.; Wenz, D. R.; Palmer, L. I.; St. Amant, A. H.; Hein, J. E.; Read de Alaniz, J. *Org. Biomol. Chem.* **2015**, *13*, 8465–8469.
12. Sharif, S. A. I.; Calder, E. D. D.; Harkiss, A. H.; Maduro, M.; Sutherland, A. *J. Org. Chem.* **2016**, *81*, 9810–9819.
13. Li, C.; Ji, Y.; Cao, Q.; Li, J.; Li, B. *Synth. Commun.* **2017**, *47*, 1301–1306.

Julia–Kocienski Olefinierung

Modifizierte Ein-Topf-Julia-Olefinierung zur überwiegenden Erzeugung von (*E*)-Olefinen aus Heteroarylsulfonen und Aldehyden. Ein Sulfonreduktionsschritt ist *nicht* erforderlich.

Alternativen zu Tetrazol:

PT   BT   PYR   TBT   BTFP

Die Verwendung eines größeren Gegenions (wie K$^+$) und polarer Lösungsmittel (wie DME) begünstigt einen offenen Übergangszustand (PT = *N*-phenyltetrazolyl):

Beispiel 1, (BT = Benzothiazol) [2]

Beispiel 2 [3]

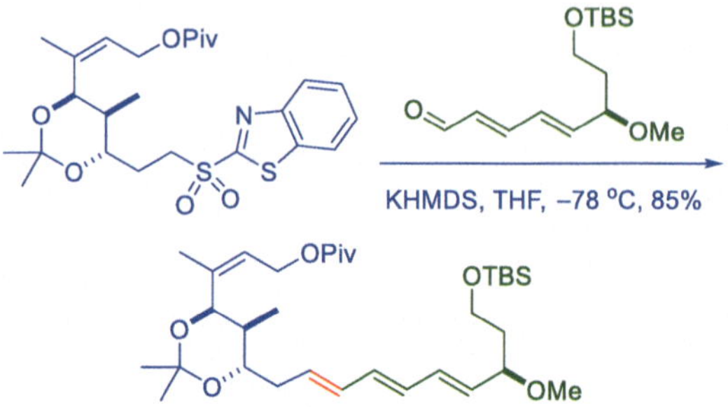

(reaction scheme: sulfone + aldehyde, KHMDS, THF, −78 °C, 85%)

Beispiel 3 [7]

(reaction scheme: geranial + 2-pyridyl sulfone with OTIPS, KHMDS, Toluol, 25 °C, 64%; product ratio 88 : 12)

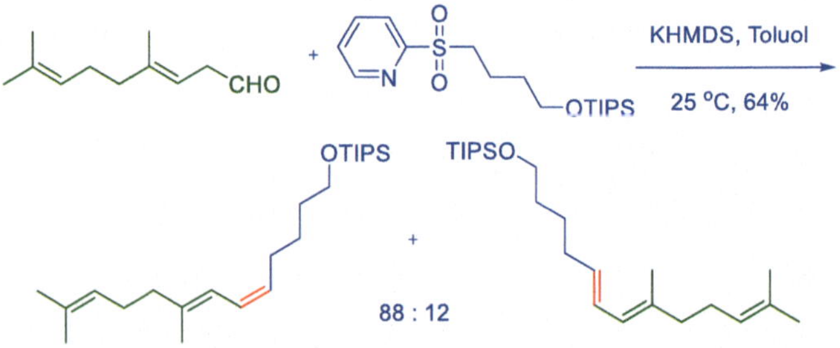

Beispiel 4, P4-*t*-Bu ist eine starke Base, aber ein schwacher Nukleophil [8]

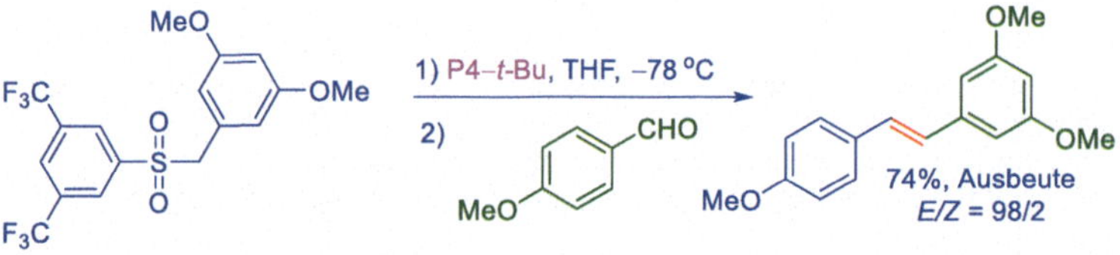

1) P4–*t*-Bu, THF, −78 °C
2) *(aldehyde)*

74%, Ausbeute
E/Z = 98/2

Beispiel 5, (*E*)-Isomer nur [12]

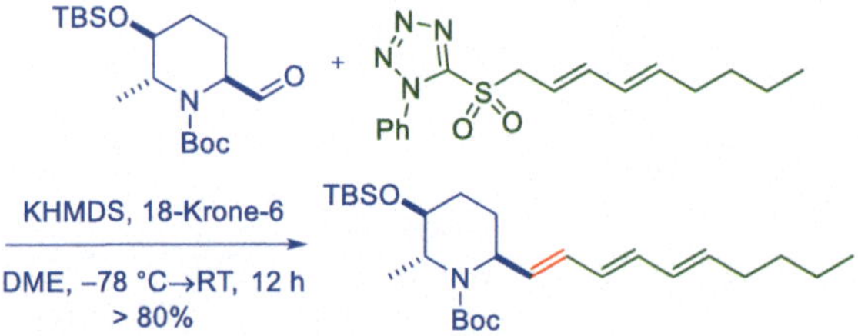

KHMDS, 18-Krone-6
DME, −78 °C→RT, 12 h
> 80%

Beispiel 6, (*E*)-Isomer nur [13]

Beispiel 7, *Auf dem Weg* zur Herstellung von HCV NS3/4A Inhibitoren [15]

Referenzen

1. (a) Baudin, J. B.; Hareau, G.; Julia, S. A.; Ruel, O. *Tetrahedron Lett.* **1991**, *32*, 1175–1178. (b) Baudin, J. B.; Hareau, G.; Julia, S. A.; Ruel, O. *Bull. Soc. Chim. Fr.* **1993**, *130*, 336–357. (c) Baudin, J. B.; Hareau, G.; Julia, S. A.; Loene, R.; Ruel, O. *Bull. Soc. Chim. Fr.* **1993**, *130*, 856–878. (d) Blakemore, P. R.; Cole, W. J.; Kocienski, P. J.; Morely, A. *Synlett* **1998**, 26–28.
2. Charette, A. B.; Lebel, H. *J. Am. Chem. Soc.* **1996**, *118*, 10327–10328.
3. Blakemore, P. R.; Kocienski, P. J.; Morley, A.; Muir, K. *J. Chem. Soc., Perkin Trans. 1* **1999**, 955–968.
4. Williams, D. R.; Brooks, D. A.; Berliner, M. A. *J. Am. Chem. Soc.* **1999**, *121*, 4924–4925.
5. Kocienski, P. J.; Bell, A.; Blakemore, P. R. *Synlett* **2000**, 365–366.
6. Liu, P.; Jacobsen, E. N. *J. Am. Chem. Soc.* **2001**, *123*, 10772–10773.
7. Charette, A. B.; Berthelette, C.; St-Martin, D. *Tetrahedron Lett.* **2001**, *42*, 5149–5153.
8. Alonso, D. A.; Najera, C.; Varea, M. *Tetrahedron Lett.* **2004**, *45*, 573–577.
9. Alonso, D. A.; Fuensanta, M.; Najera, C.; Varea, M. *J. Org. Chem.* **2005**, *70*, 6404.
10. Rong, F. *Julia–Lythgoe olefination. In Name Reactions for Homologations-Part I*; Li, J. J., Hrsg.; Wiley: Hoboken, NJ, **2009**, S. 447–473. (Übersichtsartikel).
11. Davies, S. G.; Fletcher, A. M.; Foster, E. M. *J. Org. Chem.* **2013**, *78*, 2500–2510.
12. Velázuez, F.; Chelliah, M.; Clasby, M.; Guo, Z.; Howe, J.; Miller, R.; Neelamkavil, S.; Shah, U.; Soriano, A.; Xia, Y.; Venkatramann, S.; Chackalamannil, S.; Davies, I. W. *ACS Med. Chem. Lett.* **2016**, *7*, 1173–1178.

13. Friedrich, R.; Sreenilayam, G.; Hackbarth, J.; Friestad, G. K. *J. Org. Chem.* **2018**, *83*, 13636–13649.
14. Blakemore, P. R.; Sephton, S. M.; Ciganek, E. *Org. React.* **2018**, *95*, 1–422. (Übersichtsartikel).
15. Macha, L.; Ha, H.-J. *J. Org. Chem.* **2019**, *84*, 94–103.
16. Lood, K.; Schmidt, B. *J. Org. Chem.* **2020**, *85*, 5122–5130.

Julia–Lythgoe Olefinierung

(*E*)-Olefine aus Sulfonen und Aldehyden.

4 mögliche Diastereomere

Beispiel 1 [2]

Beispiel 2 [3]

Beispiel 3 [7]

Beispiel 4 [8]

Beispiel 5, Manchmal ist der Unterschied zwischen Julia–Kocienski Olefinierung und Julia–Lythgoe Olefinierung verschwommen, zu Recht, da Kocienski und Lythgoe Co-Autoren für Referenz 2 waren [12]

Beispiel 6, Wie oben, es ist angemessener, es Julia–Kocienski Olefinierung zu nennen [13]

Julia–Kocienski
1.5 Äquiv LiHMDS
THF, −78 °C, 15 min

dann Aldehyd hinzufügen
−78 °C→RT, 5 h, 59%

Referenzen

1. (a) Julia, M.; Paris, J. M. *Tetrahedron. Lett.* **1973,** 4833–4836. (b) Lythgoe, B. *J. Chem. Soc., Perkin Trans. 1* **1978,** 834–837.
2. Kocienski, P. J.; Lythgoe, B.; Waterhause, I. *J. Chem. Soc., Perkin Trans. 1* **1980,** 1045–1050.
3. Kim, G.; Chu-Moyer, M. Y.; Danishefsky, S. J. *J. Am. Chem. Soc.* **1990,** *112,* 2003–2005.
4. Keck, G. E.; Savin, K. A.; Weglarz, M. A. *J. Org. Chem.* **1995,** *60,* 3194–3204.
5. Breit, B. *Angew. Chem. Int. Ed.* **1998,** 37, 453–456.
6. Marino, J. P.; McClure, M. S.; Holub, D. P.; Comasseto, J. V.; Tucci, F. C. *J. Am. Chem. Soc.* **2002,** *124,* 1664–1668.
7. Bernard, A. M.; Frongia, A.; Piras, P. P.; Secci, F. *Synlett* **2004,** *6,* 1064–1068.
8. Pospíšil, J.; Pospíšil, T, Markó, I. E. *Org. Lett.* **2005,** *7,* 2373–2376.
9. Gollner, A.; Mulzer, J. *Org. Lett.* **2008,** *10,* 4701–4704.
10. Rong, F. *Julia–Lythgoe olefination. In Name Reactions for Homologations-Part I;* Li, J. J., Hrsg.; Wiley: Hoboken, NJ, **2009,** S. 447–473. (Übersichtsartikel).
11. Dams, I.; Chodynski, M.; Krupa, M.; Pietraszek, A.; Zezula, M.; Cmoch, P.; Kosińska, M.; Kutner, A. *Tetrahedron* **2013,** *69,* 1634–1648.
12. Ren, R.-G.; Li, M.; Si, C.-M.; Mao, Z.-Y.; Wei, B.-G. *Tetrahedron Lett.* **2014,** *55,* 6903–6906.
13. Samala, R.; Sharma, S.; Basu, M. K.; Kukkanti, K.; Porstmann, F. *Tetrahedron Lett.* **2016,** *57,* 1309–1312.

Knoevenagel-Kondensation

Kondensation zwischen Carbonylverbindungen und aktivierten Methylenverbindungen, katalysiert durch Amine.

Beispiel 1 [3]

Beispiel 2, EDDA = Ethylendiamindiacetat [5]

Beispiel 3, Verwendung von ionischer Flüssigkeit Ethylammoniumnitrat (EAN) als Lösungsmittel [8]

Beispiel 4 [9]

Beispiel 5 [11]

Beispiel 6, Fluorid als Base für eine intramolekulare Knoevenagel-Kondensation und unerwartete Decarboxylierung [12]

18 Äquiv CsF
t-BuOH, 100 °C
4 Tage, 55%

Beispiel 7, EDDA = Ethylendiamindiacetat als Base hier [13]

$H_2N\diagup\diagdown NH_2\cdot 2AcOH$
Knoevenagel-Kondensation

selektiv oxa-6π
47%
> 20:1 dr
> 20:1 rr

Referenzen

1. Knoevenagel, E. *Ber.* **1898**, *31*, 2596–2619. Emil Knoevenagel (1865–1921) wurde in Hannover, Deutschland, geboren. Er studierte in Göttingen bei Victor Meyer und Gattermann und promovierte 1889. Er wurde 1900 zum ordentlichen Professor in Heidelberg ernannt. Als der Erste Weltkrieg 1914 ausbrach, war Knoevenagel einer der ersten, die sich meldeten und stieg zum Stabsoffizier auf. Nach dem Krieg kehrte er zu seiner akademischen Arbeit zurück, bis er plötzlich während einer Appendektomie starb.
2. Jones, G. *Org. React.* **1967**, *15*, 204–599. (Übersichtsartikel).
3. Cantello, B. C. C.; Cawthornre, M. A.; Cottam, G. P.; Duff, P. T.; Haigh, D.; Hindley, R. M.; Lister, C. A.; Smith, S. A.; Thurlby, P. L. *J. Med. Chem.* **1994**, *37*, 3977–3985.
4. Paquette, L. A.; Kern, B. E.; Mendez-Andino, J. *Tetrahedron Lett.* **1999**, *40*, 4129–4132.
5. Tietze, L. F.; Zhou, Y. *Angew. Chem. Int. Ed.* **1999**, *38*, 2045–2047.
6. Pearson, A. J.; Mesaros, E. F. *Org. Lett.* **2002**, *4*, 2001–2004.
7. Kourouli, T.; Kefalas, P.; Ragoussis, N.; Ragoussis, V. *J. Org. Chem.* **2002**, *67*, 4615–4618.
8. Hu, Y.; Chen, J.; Le, Z.-G.; Zheng, Q.-G. *Synth. Commun.* **2005**, *35*, 739–744.
9. Conlon, D. A.; Drahus-Paone, A.; Ho, G.-J.; Pipik, B.; Helmy, R.; McNamara, J. M.; Shi, Y.-J.; Williams, J. M.; MacDonald, D. *Org. Process Res. Dev.* **2006**, *10*, 36–45.

10. Rong, F. *Knoevenagel Condensation.* In *Name Reactions for Homologations-Part I;* Li, J. J., Ed.; Wiley: Hoboken, NJ, **2009,** S. 474–501. (Übersichtsartikel).
11. Mase, N.; Horibe, T. *Org. Lett.* **2013,** *15,* 1854–1857.
12. Lopez, A. M.; Ibrahim, A. A.; Rosenhauer, G. J.; Sirinimal, H. S.; Stockdill, J. L. *Org. Lett.* **2018,** *20,* 2216–2219.
13. Schuppe, A. W.; Zhao, Y.; Liu, Y.; Newhouse, T. R. *J. Am. Chem. Soc.* **2019,** *141,* 9191–9196.
14. Yan Z.; Zhao C.; Gong J.; Yang Z.; Yang Z. *Org. Lett.* **2020,** *22,* 1644–1647.

Knorr Pyrazol Synthese

Auch bekannt als Knorr-Reaktion. Reaktion von Hydrazin oder substituiertem Hydrazin mit 1,3-Dicarbonylverbindungen zur Bereitstellung des Pyrazol- oder Pyrazolon-Ringsystems. *Vgl.* Paal–Knorr Pyrrol-Synthese.

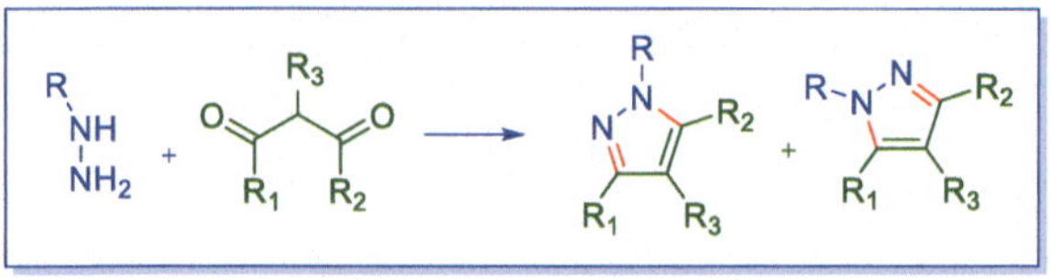

R = H, Alkyl, Aryl, Het-Aryl, Acyl, *usw.*

Alternativ,

Beispiel 1 [2]

Beispiel 2 [8]

J. J. Li, *Namensreaktionen*, https://doi.org/10.1007/978-3-031-52850-7_78

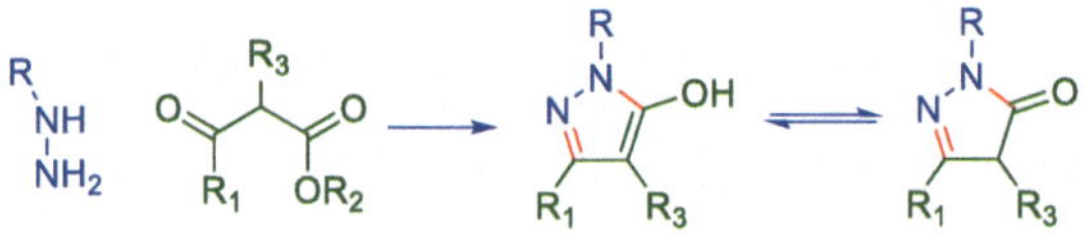

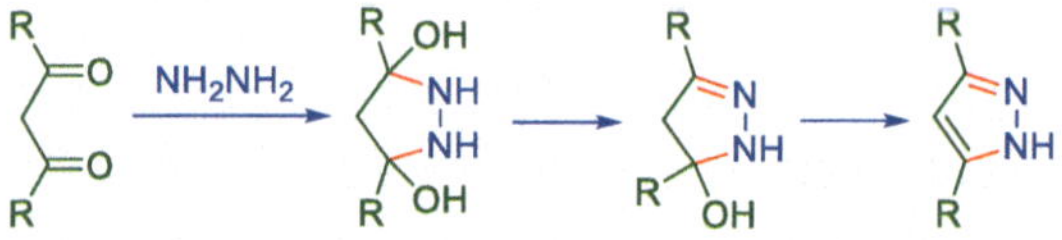

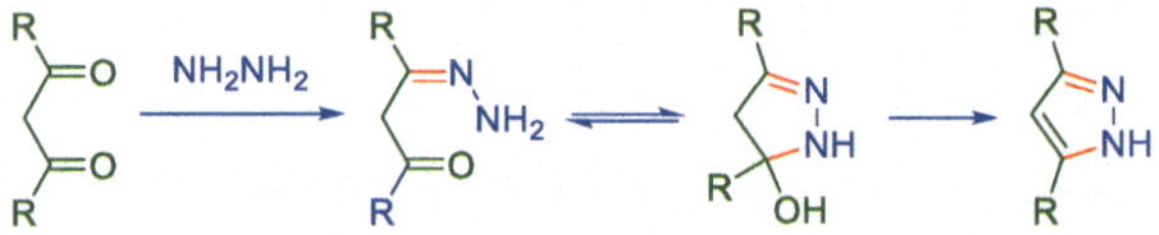

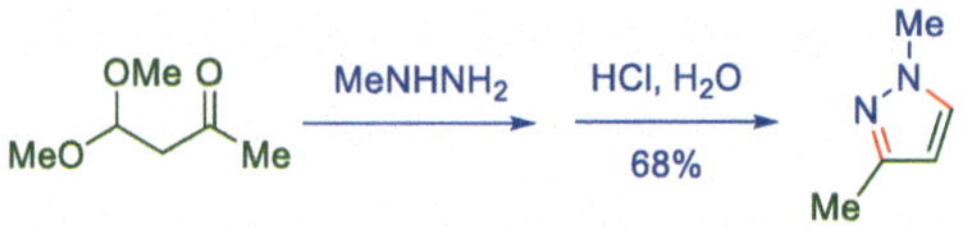

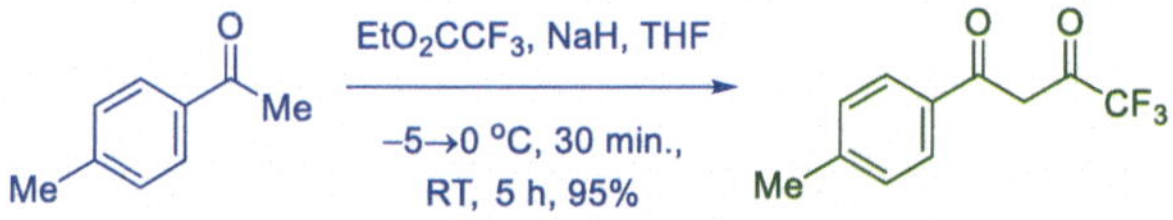

Beispiel 3, Herstellung eines Zwischenprodukts für Teneligliptin, einen Dipeptidyl-Peptidase-4 (DPP-4) Inhibitor [9]

Beispiel 4 [10]

Beispiel 5 [11]

Beispiel 6, Knorr-Pyrazol-Thioester-Generierung verwendet in den nativen chemischen Ligationsstrategien (NCL) für chemische ProteinSynthese [12]

Referenzen

1. (a) Knorr, L. *Ber* **1883,** *16,* 2597. Ludwig Knorr (1859–1921) wurde in der Nähe von München, Deutschland, geboren. Nach Studien bei Volhard, Emil Fischer und Bunsen wurde er zum Professor für Chemie in Jena ernannt. Knorr leistete enorme Beiträge in der Synthese von Heterocyclen zusätzlich zur Entdeckung des wichtigen Pyrazolon-Medikaments, Pyrine. (b) Knorr, L. *Ber* **1884,** *17,* 546, 2032. (c) Knorr, L. *Ber.* **1885,** *18,* 311. (d) Knorr, L. *Ann.* **1887,** *238,* 137.
2. Burness, D. M. *J. Org. Chem.* **1956,** *21,* 97 – 101.
3. Jacobs, T. L. in *Heterocyclic Compounds*, Elderfield, R. C., Hrsg.; Wiley: New York, **1957,** *5,* 45. (Übersichtsartikel).
4. *Houben – Weyl*, **1967,** *10/2,* 539, 587, 589, 590. (Übersichtsartikel).
5. Elguero, J., In *Comprehensive Heterocyclic Chemistry II,* Katrizky, A. R.; Rees, C. W.: Scriven, E. F. V., Hrsg; Elsevier: Oxford, **1996,** *3,* 1. (Übersichtsartikel).
6. Stanovnik, E.; Svete, J. In *Science of Synthesis*, **2002,** *12,* 15; Neier, R., Hrsg.; Thieme. (Übersichtsartikel).
7. Sakya, S. M. *Knorr Pyrazole Synthesis. In Name Reactions in Heterocyclic Chemistry;* Li, J. J., Corey, E. J., Hrsg, Wiley: Hoboken, NJ, **2005,** S. 292 – 300. (Übersichtsartikel).
8. Ahlstroem, M. M.; Ridderstroem, M.; Zamora, I.; Luthman, K. *J. Med. Chem.* **2007,** *50,* 4444 – 4452.
9. Yoshida, T.; Akahoshi, F.; Sakashita, H.; Kitajima, H.; Nakamura, M.; Sonda, S; Takeuchi, M.; Tanaka, Y.; Ueda, N.; Sekiguchi, S.; et al. *Bioorg. Med. Chem.* **2012,** *20,* 5705-5719.
10. Jiang, J. A.; Huang, W. B.; Zhai, J. J.; Liu, H. W.; Cai, Q.; Xu, L. X.; Wang, W.; Ji, Y. F. *Tetrahedron* **2013,** *69,* 627–635.
11. Nozari, M.; Addison, A. W.; Reeves, G. T.; Zeller, M.; Jasinski, J. P.; Kaur, M.; Gilbert, J. G.; Hamilton, C. R.; Popovitch, J. M.; Wolf, L. M.; et al. *J. Heterocycl. Chem.* **2018,** *55,* 1291–1307.
12. Flood, D. T.; Hintzen, J. C. J.; Bird, M. J.; Cistrone, P. A.; Chen, J. S.; Dawson, P. E. *Angew. Chem. Int. Ed.* **2018,** *57,* 11634–11639.
13. Du, Y.; Xu, Y.; Qi, C.; Wang, C. **2019,** *60,* 1999–2004.

Koenig–Knorr Glycosidierung

Bildung des β-Glycosids aus α-Halocarbohydrat unter dem Einfluss von Silbersalz.

ROH
Ag_2CO_3
+ AgBr + CO_2 + H_2O

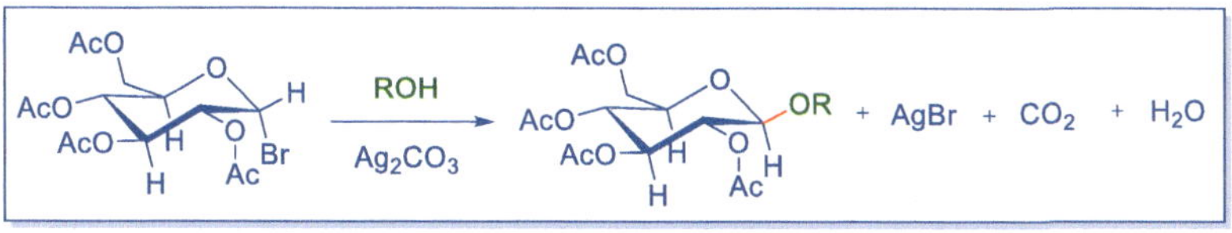

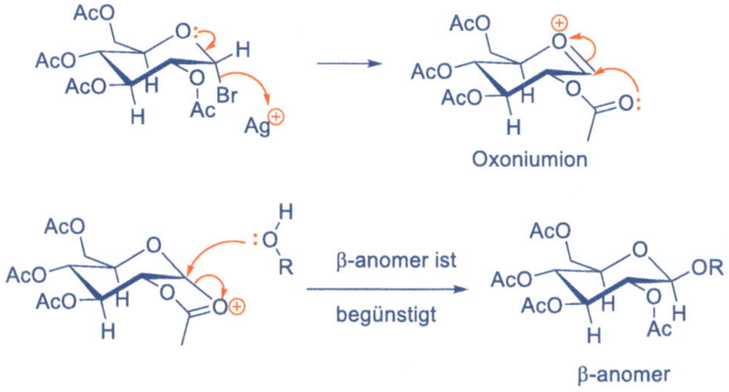

Oxoniumion
β-anomer ist
begünstigt
β-anomer

Beispiel 1 [7]

Ag_2CO_3, 7 Äquiv HMTTA
CH_3CN, RT, 4 h, 88%

Beispiel 2 [8]

J. J. Li, *Namensreaktionen*, https://doi.org/10.1007/978-3-031-52850-7_79

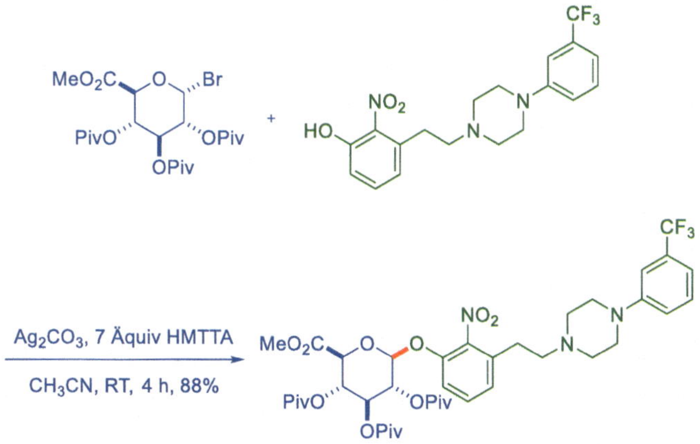

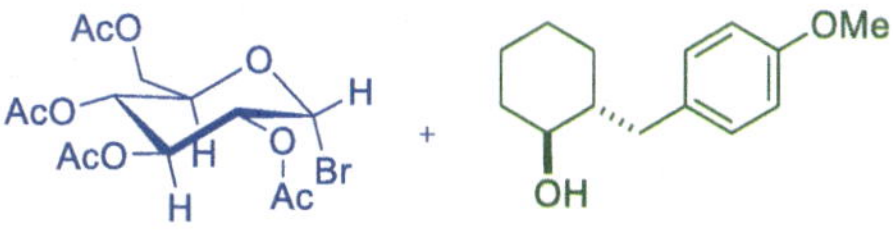

Beispiel 3, TMU = Tetramethylharnstoff [9]

Beispiel 4 [11]

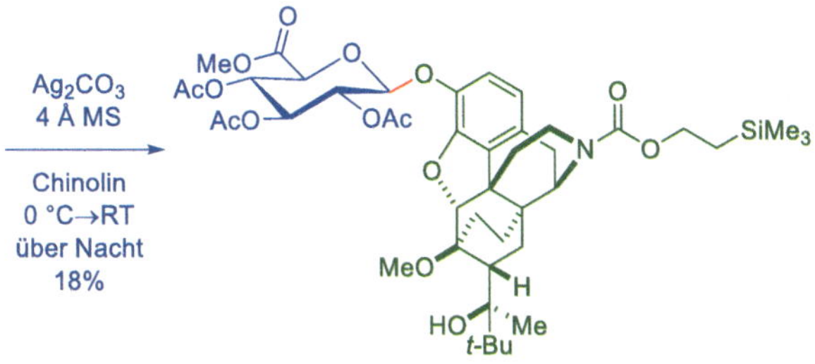

Ag₂CO₃
4 Å MS

Chinolin
0 °C→RT
über Nacht
18%

Beispiel 5, Antitumor-Agenten [12]

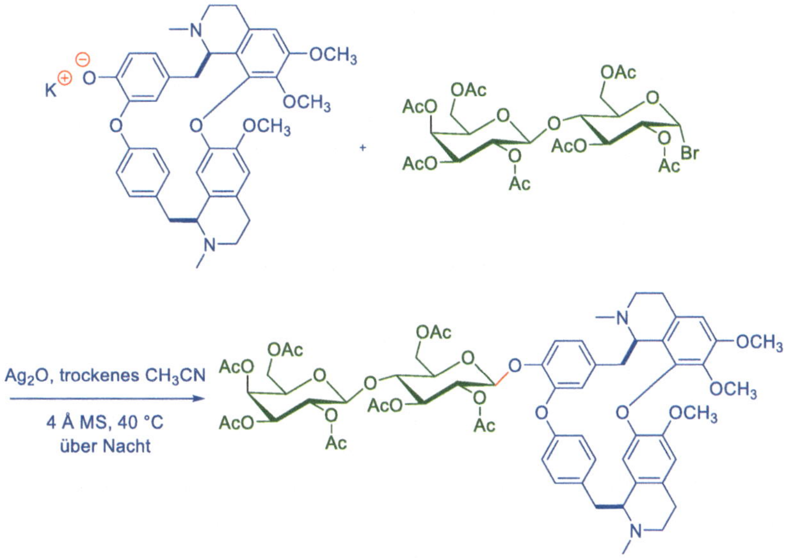

Ag₂O, trockenes CH₃CN

4 Å MS, 40 °C
über Nacht

Beispiel 6, C₃-Neoglykoside von Digoxigenin mit Antikrebsaktivitäten [13]

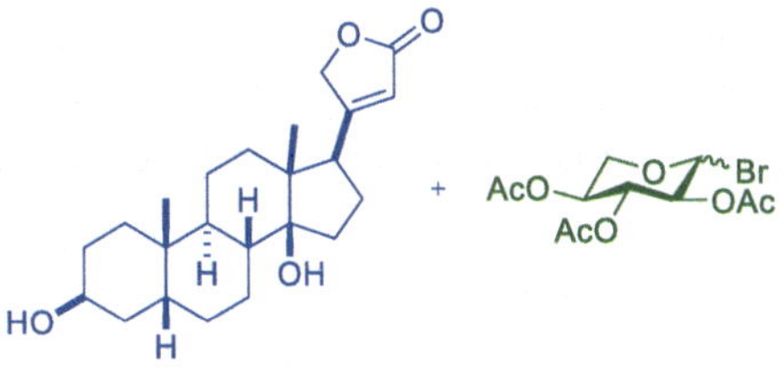

Digoxigenin

Ag₂O/Ag₂CO₂ (w/w 1:1), RT

Beispiel 7, Makrophagen-induzierbare C-Typ-Lectin (Mincle) Rezeptoragonisten [14]

12OII-MeST

2,4,6-Tri-*tert*-butylpyrimidin (TTBP)

Tf₂O, 4 Å MS, CH₂Cl₂, −78 °C
44%

Referenzen

1. Koenig, W.; Knorr, E. *Ber.* **1901**, *34*, 957 – 981.
2. Igarashi, K. *Adv. Carbohydr. Chem. Biochem.* **1977**, *34*, 243 – 83. (Übersichtsartikel).
3. Schmidt, R. R. *Angew. Chem.* **1986**, *98*, 213 – 236.
4. Smith, A. B., III; Rivero, R. A.; Hale, K. J.; Vaccaro, H. A. *J. Am. Chem. Soc.* **1991**, *113*, 2092 – 2112.
5. Fürstner, A.; Radkowski, K.; Grabowski, J.; Wirtz, C.; Mynott, R. *J. Org. Chem.* **2000**, *65*, 8758 – 8762.
6. Yashunsky, D. V.; Tsvetkov, Y. E.; Ferguson, M. A. J.; Nikolaev, A. V. *J. Chem. Soc., Perkin Trans. 1* **2002**, 242 – 256.
7. Stazi, F.; Palmisano, G.; Turconi, M.; Clini, S.; Santagostino, M. *J. Org. Chem.* **2004**, *69*, 1097 – 1103.
8. Wimmer, Z.; Pechova, L.; Saman, D. *Moleküle* **2004**, *9*, 902 – 912.
9. Presser, A.; Kunert, O.; Pötschger, I. *Monat. Chem.* **2006**, *137*, 365 – 374.
10. Schoettner, E.; Simon, K.; Friedel, M.; Jones, P. G.; Lindel, T. *Tetrahedron Lett.* **2008**, *49*, 5580 – 5582.
11. Fan, J.; Brown, S. M.; Tu, Z.; Kharasch, E. D. *Bioconjugate Chem.* **2011**, *22*, 752 – 758.
12. Cui, Y.; Xu, M.; Mao, J.; Ouyang, J.; Xu, R.; Xu, Y. *Eur. J. Med. Chem.* **2012**, *54*, 867 – 872.

13. Li, X.-s.; Ren, Y.-c.; Bao, Y.-z.; Liu, J.; Zhang, X.-k.; Zhang, Y.-w.; Sun, X.-L.; Yao, X.-s.; Tang, J.-S. *Eur. J. Med. Chem.* **2018,** *145*, 252 – 262.
14. Van Huy, L.; Tanaka, C.; Imai, T.; Yamasaki, S.; Miyamoto, T. *ACS Med. Chem. Lett.* **2019,** *10*, 44 – 49.
15. Singh, Y.; Demchenko, A. V. *Chem. Eur. J.* **2020,** *26*, 1042 – 1051.

Krapcho-Reaktion

Nukleophile Decarboxylierung von β-Ketoestern, Malonateestern, α-Cyanoestern oder α-Sulfonylestern.

Beispiel 1 [5]

Beispiel 2 [10]

Beispiel 3, Synthese von chiralen homoallylischen Nitrilen [11]

Beispiel 4, Hin zur Produktion von Rebamipid, einem Antiulzerogen [12]

Beispiel 5, Eine Reaktionskaskade mit einem Krapcho-
Decarboxylierungsschritt [13]

Referenzen

1. Krapcho, A. P.; Glynn, G. A.; Grenon, B. J. *Tetrahedron Lett.* **1967**, 215 – 217. A. Paul Krapcho ist Professor an der University of Vermont.
2. Duval, O.; Gomes, L. M. *Tetrahedron* **1989**, *45*, 4471 – 4476.
3. Flynn, D. L.; Becker, D. P.; Nosal, R.; Zabrowski, D. L. *Tetrahedron Lett.* **1992**, *33*, 7283 – 7286.
4. Martin, C. J.; Rawson, D. J.; Williams, J. M. J. *Tetrahedron: Asymmetry* **1998**, *9*, 3723 – 3730.
5. Gonzalez-Gomez, J. C.; Uriarte, E. *Synlett* **2002**, 2095 – 2097.
6. Bridges, N. J.; Hines, C. C.; Smiglak, M.; Rogers, R. D. *Chem. Eur. J.* **2007**, *13*, 207 – 5212.
7. Poon, P. S.; Banerjee, A. K.; Laya, M. S. *J. Chem. Res.* **2011**, *35*, 67 – 73. (Übersichtsartikel).
8. Farran, D.; Bertrand, P. *Synth. Commun.* **2012**, *42*, 989 – 1001.
9. Adepu, R.; Rambabu, D.; Prasad, B.; Meda, C. L. T.; Kandale, A.; Rama Krishna, G.; Malla Reddy, C.; Chennuru, L. N. *Org. Biomol. Chem.* **2012**, *10*, 5554 – 5569.
10. Mason, J. D.; Murphree, S. S. *Synlett* **2013**, *24*, 1391–1394.
11. Matsunami, A.; Takizawa, K.; Sugano, S.; Yano, Y.; Sato, H.; Takeuchi, R. *J. Org. Chem.* **2018**, *83*, 12239–12246.
12. Babu, P. K.; Bodireddy, M. R.; Puttaraju, Re. C.; Vagare, D.; Nimmakayala, R.; Surineni, N.; Gajula, M. R.; Kumar, P. *Org. Process Res. Dev.* **2018**, *22*, 773–779.
13. Sundaravelu, N.; Sekar, G. *Org. Lett.* **2019**, *21*, 6648–6652.
14. Alvarenga, N.; Payer, S. E.; Petermeier, P.; Kohlfuerst, C.; Meleiro Porto, A. L.; Schrittwieser, J. H.; Kroutil, W. *ACS Catal.* **2020**, *10*, 1607–1620.

Kröhnke Pyridin Synthese

Pyridine aus α-Pyridiniummethylketonsalzen und α,β-ungesättigten Ketonen.

Das Keton ist reaktiver als das Enon

Beispiel 1 [1b]

325

Beispiel 2 [4]

Beispiel 3 [6]

Beispiel 4, Für die TotalSynthese von Lycopodium Alkaloid (+)-Lycopladin A [10]

Beispiel 5, Durchsuchung einer Kröhnke-Pyridin-Bibliothek nach Anti-Arenavirus- Aktivitäten [12]

Beispiel 6, Bipyrido-fusionierte Cumarine mit antimikrobiellen Aktivitäten [14]

Referenzen

1. (a) Zecher, W.; Kröhnke, F. *Ber.* **1961**, *94*, 690 – 697. (b) Kröhnke, F.; Zecher, W. *Angew. Chem.* **1962**, *74*, 811 – 817. (c) Kröhnke, F. *Synthesis* **1976**, 1–24. (Übersichtsartikel).
2. Potts, K. T.; Cipullo, M. J.; Ralli, P.; Theodoridis, G. *J. Am. Chem. Soc.* **1981**, *103*, 3584 – 3585, 3585 – 3586.
3. Newkome, G. R.; Hager, D. C.; Kiefer, G. E. *J. Org. Chem.* **1986**, *51*, 850 – 853.
4. Kelly, T. R.; Lee, Y.-J.; Mears, R. J. *J. Org. Chem.* **1997**, *62*, 2774 – 2781.
5. Bark, T.; Von Zelewsky, A. *Chimia* **2000**, *54*, 589 – 592.
6. Malkov, A. V.; Bella, M.; Stara, I. G.; Kocovsky, P. *Tetrahedron Lett.* **2001**, *42*, 3045 – 3048.
7. Cave, G. W. V.; Raston, C. L. *J. Chem. Soc., Perkin Trans. 1* **2001**, 3258 – 3264.
8. Malkov, A. V.; Bell, M.; Vassieu, M.; Bugatti, V.; Kocovsky, P. *J. Mol. Cat. A: Chem.* **2003**, *196*, 179 – 186.
9. Galatsis, P. *Kröhnke Pyridine Synthesis.* In *Name Reactions in Heterocyclic Chemistry;* Li, J. J., Hrsg.; Wiley: Hoboken, NJ, **2005**, 311 – 313. (Übersichtsartikel).
10. Xu, T.; Luo, X.-L.; Yang, Y.-R. *Tetrahedron Lett.* **2013**, *54*, 2858 – 2860.
11. Allais, C.; Grassot, J.-M.; Rodriguez, J.; Constantieux, T. *Chem. Rev.* **2014**, *114*, 10829 – 10868. (Übersichtsartikel).
12. Miranda, P. O.; Cubitt, B.; Jacob, N. T.; Janda, K. D.; de la Torre, J. C. *ACS Infect. Dis.* **2018**, *4*, 815 – 824.
13. Conlon, I. L.; Van Eker, D.; Abdelmalak, S.; Murphy, W. A.; Bashir, H.; Sun, M.; Chauhan, J.; Varney, K. M.; Dodoy-Ruiz, R.; Wilder, P. T.; Fletcher, S. *Bioorg. Med. Chem. Lett.* **2018**, *28*, 1949–1953.
14. Giri, R. R.; Brahmbhatt, D. I. *J. Heterocycl. Chem.* **2019**, *56*, 2630 – 2636.
15. Bentzinger, G.; Pair, E.; Guillon, J.; Marchivie, M.; Mullie, C.; Agnamey, P.; Dassonville-Klimpt, A.; Sonnet, P. *Tetrahedron* **2020**, *76*, 131088.

Kumada-Reaktion

Die Kumada-Kreuzkupplungsreaktion (auch bekannt als Kumada–Tamao–Corriu-Kupplung, gelegentlich auch als Kharasch-Kreuzkupplungsreaktion bezeichnet) wurde ursprünglich als die Nickel-katalysierte Kreuzkupplung von Grignard-Reagenzien mit Aryl- oder Alkenylhalogeniden berichtet. Sie wurde anschließend weiterentwickelt, um die Kupplung von Organolithium- oder Organomagnesiumverbindungen mit Aryl-, Alkenyl- oder Alkylhalogeniden zu umfassen, katalysiert durch entweder Nickel oder Palladium. Diese Reaktionen folgen einem allgemeinen katalytischen Mechanismuszyklus, wie unten gezeigt. Es gibt geringfügige Variationen für die Hiyama- und Suzuki-Reaktionen, für die ein zusätzlicher Aktivierungsschritt erforderlich ist, damit die Transmetallierung stattfinden kann.

$$R-X + R^1\text{-}MgX \xrightarrow{Pd(0)} R-R^1 + MgX_2$$

$$R-X + L_2Pd(0) \xrightarrow{\text{oxidative Addition}} \underset{L}{\overset{L}{R-Pd-X}} \xrightarrow[\text{isomerisierung}]{R^1\text{-}MgX \quad \text{Transmetallierungs}}$$

$$MgX_2 + \underset{R}{\overset{L}{Pd}}\underset{R^1}{\overset{L}{}} \xrightarrow{\text{reduktive Eliminierung}} R-R^1 + L_2Pd(0)$$

Der katalytische Zyklus:

$$L_nPd(II) + R^1M \xrightarrow{\text{Transmetallierung}} L_nPd(II)\underset{R^1}{\overset{R^1}{\diagup}} \xrightarrow{\text{reduktive Eliminierung}} R^1\text{-}R^1 + L_nPd(0)$$

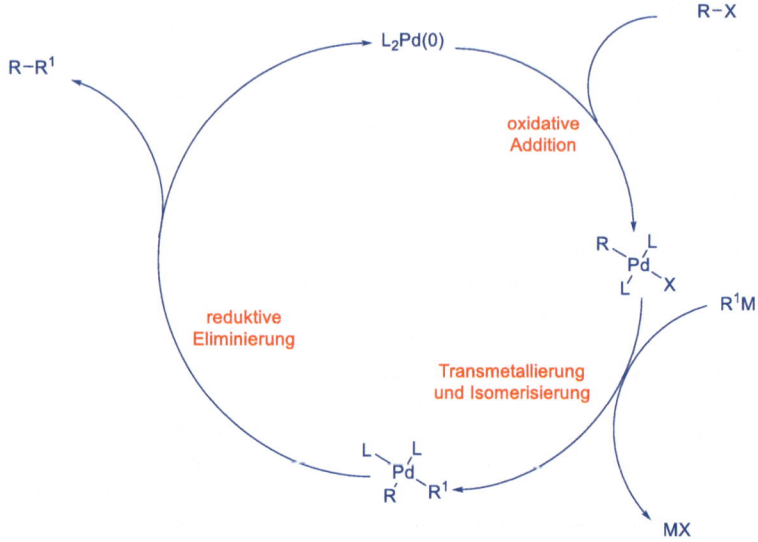

Beispiel 1 [2]

Beispiel 2 [3]

Beispiel 3 [5]

Beispiel 4 [8]

Beispiel 5 [9]

Beispiel 6, Nickel-katalysierte Kumada-Reaktion von Tosylalkanen [11]

Beispiel 7, Redox-aktive Ester in Fe-katalysierter C–C-Kupplung (DMPU = N,N'-Dimethylpropylenharnstoff) [13]

Beispiel 8, Hin zur Synthese von GDC-0994, einem extrazellulären Signal-regulierten Kinase (ERK) Inhibitor [14]

PEPPSI-IPr, THF, 60 °C, 84%

MeS-pyrimidine-pyridine-F

PEPPSI = Pyridin-verstärkte Vor-Katalysator-Präparation, Stabilisierung, und Initiation;

IPr = Diidopropyl-Phenylimidazolium-Derivat

Beispiel 9, Benzylether als Substrate der Kumada-Reaktion [15]

MeMgI + 2 Äquiv, Ni(cod)$_2$ (5 mol %), rac-BINAP (5 mol %), PhMe, RT, 24 h, 84%

Umkehrung der Konfiguration an der benzylischen Position

Referenzen

1. Tamao, K.; Sumitani, K.; Kiso, Y.; Zembayashi, M.; Fujioka, A.; Kodma, S.-i.; Nakajima, I.; Minato, A.; Kumada, M. *Bull. Chem. Soc. Jpn.* **1976**, *49*, 1958–1969.
2. Carpita, A.; Rossi, R.; Veracini, C. A. *Tetrahedron* **1985**, *41*, 1919–1929.
3. Hayashi, T.; Hayashizaki, K.; Kiyoi, T.; Ito, Y. *J. Am. Chem. Soc.* **1988**, *110*, 8153–8156.
4. Kalinin, V. N. *Synthesis* **1992**, 413–432. (Übersichtsartikel).
5. Meth-Cohn, O.; Jiang, H. *J. Chem. Soc., Perkin Trans. 1* **1998**, 3737–3746.
6. Stanforth, S. P. *Tetrahedron* **1998**, *54*, 263–303. (Übersichtsartikel).
7. Huang, J.; Nolan, S. P. *J. Am. Chem. Soc.* **1999**, *121*, 9889–9890.
8. Rivkin, A.; Njardarson, J. T.; Biswas, K.; Chou, T.-C.; Danishefsky, S. J. *J. Org. Chem.* **2002**, *67*, 7737–7740.
9. William, A. D.; Kobayashi, Y. *J. Org. Chem.* **2002**, *67*, 8771–8782.
10. Fuchter, M. J. *Kumada Cross-Coupling Reaction*. In *Name Reactions for Homologations-Part I*; Li, J. J., Ed.; Wiley: Hoboken, NJ, **2009**, pp 47–69. (Review).
11. Wu, J.-C.; Gong, L.-B.; Xia, Y.; Song, R.-J.; Xie, Y.-X.; Li, J.-H. *Angew. Chem. Int. Ed.* **2012**, *51*, 9909–9913.
12. Handa, S.; Arachchige, Y. L. N. M.; Slaughter, L. M. *J. Org. Chem.* **2013**, *78*, 5694–5699.
13. Toriyama, F.; Cornella, J.; Wimmer, L.; Chen, T.-G.; Dixon, D. D.; Creech, G.; Baran, P. S. *J. Am. Chem. Soc.* **2016**, *138*, 11132–11135.
14. Xin, L.; Wong, N.; Jost, V.; Fantasia, S.; Sowell, C. G.; Gosselin, F. *Org. Process Res. Dev.* **2017**, *21*, 1320–1325.
15. Chen, P.-P.; Lucas, E. L.; Greene, M. A.; Zhang, S.-Q.; Tollefson, E. J.; Erickson, L. W.; Taylor, B. L. H.; Jarvo, E. R.; Hong, X. *J. Am. Chem. Soc.* **2019**, *141*, 5835–5855.
16. Dawson, D. D.; Oswald, V. F.; Borovik, A. S.; Jarvo, E. R. *Chem. Eur. J.* **2020**, *26*, 3044–3048.

Lawesson's Reagenz

2,4-Bis(4-methoxyphenyl)-1,3-dithiadiphosphetan-2,4-disulfid wandelt die Carbonylgruppen von Aldehyden, Ketonen, Amiden, Lactamen, Estern und Lactonen in die entsprechenden Thiocarbonylverbindungen um. *Vgl.* Knorr-Thiophen-Synthese.

Beispiel 1, Doppelte Lawesson-Reaktion [4]

Beispiel 2 [5]

Beispiel 3, Thiophen aus Dione [8]

Beispiel 4, Latam ist reaktiver als Lacton und Enon [10]

Beispiel 5 [11]

Beispiel 6, Thiophosphinyl-Dipeptid-Isostere (TDIs) zur Ersetzung von Phosphinyl-Dipeptid-Isosteren (PDIs) [12]

Beispiel 7, Ein aus P_4S_{10} und Pyridin hergestelltes Thionierungsreagenz [13]

Beispiel 8, Synthese von 1,4-Thiazepinen [14]

Referenzen

1. Scheibye, S.; Shabana, R.; Lawesson, S. O.; Rømming, C. *Tetrahedron* **1982**, *38*, 993–1001. Sven-Olov Lawesson (1926–1985) war ein schwedischer Chemiker.
2. Navech, J.; Majoral, J. P.; Kraemer, R. *Tetrahedron Lett.* **1983**, *24*, 5885–5886.
3. Cava, M. P.; Levinson, M. I. *Tetrahedron* **1985**, *41*, 5061–5087. (Übersichtsartikel).
4. Nicolaou, K. C.; Hwang, C.-K.; Duggan, M. E.; Nugiel, D. A.; Abe, Y.; et al. *J. Am. Chem. Soc.* **1995**, *117*, 10227–10238.
5. Kim, G.; Chu-Moyer, M. Y.; Danishefsky, S. J. *J. Am. Chem. Soc.* **1990**, *112*, 2003–2005.
6. Luheshi, A.-B. N.; Smalley, R. K.; Kennewell, P. D.; Westwood, R. *Tetrahedron Lett.* **1990**, *31*, 123–127.
7. Ishii, A.; Yamashita, R.; Saito, M.; Nakayama, J. *J. Org. Chem.* **2003**, *68*, 1555–1558.
8. Diana, P.; Carbone, A.; Barraja, P.; Montalbano, A.; Martorana, A.; Dattolo, G.; Gia, O.; Dalla Via, L.; Cirrincione, G. *Bioorg. Med. Chem. Lett.* **2007**, *17*, 2342–2346.
9. Ozturk, T.; Ertas, E.; Mert, O. *Chem. Rev.* **2007**, *107*, 5210–5278. (Übersichtsartikel).
10. Taniguchi, T.; Ishibashi, H. *Tetrahedron* **2008**, *64*, 8773–8779.
11. de Moreira, D. R. M. *Synlett* **2008**, 463–464. (Übersichtsartikel).
12. Vassiliou, S.; Tzouma, E. *J. Org. Chem.* **2013**, *78*, 10069–10076.

13. Kingi, N.; Bergman, J. *J. Org. Chem.* **2016,** *81*, 7711–7716.
14. Kelgokmen, Y.; Zora, M. *J. Org. Chem.* **2018,** *83*, 8376–8389.

Leuckart–Wallach-Reaktion

AminSynthese aus reduktiver Aminierung eines Keton und eines Amin in Anwesenheit von überschüssiger Ameisensäure, die als Reduktionsmittel dient durch Lieferung eines Hydrids. Wenn das Keton durch Formaldehyd ersetzt wird, wird es wird die Eschweiler–Clarke-reduktive Aminierung.

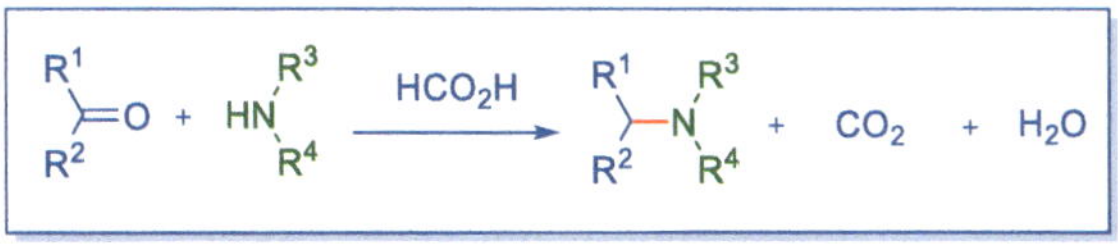

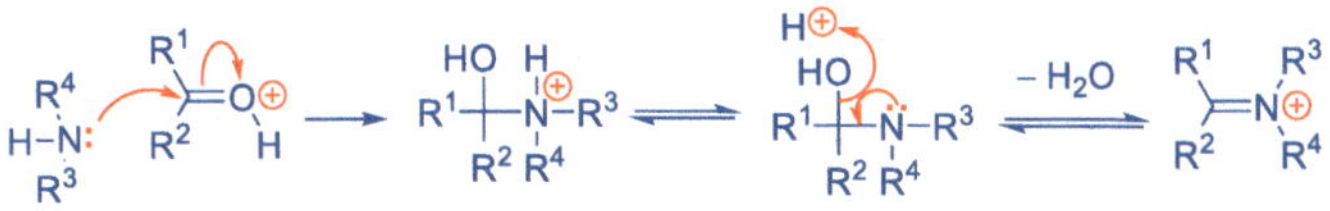

gem-Aminoalkohol; Iminium-Ionen-Zwischenstufe

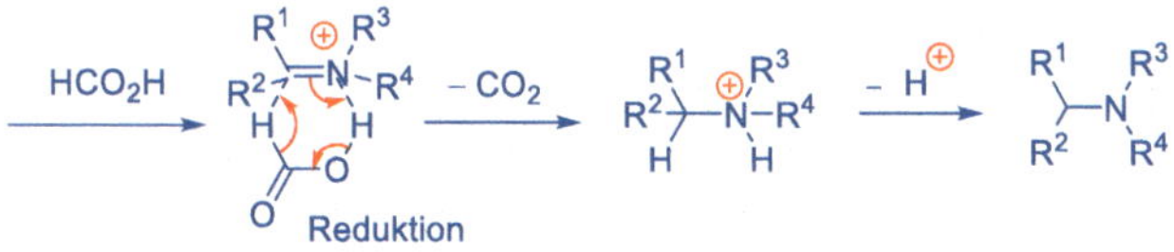

Beispiel 1 [4]

Beispiel 2 [6]

Beispiel 3 [7]

Beispiel 4 [8]

J. J. Li, *Namensreaktionen*, https://doi.org/10.1007/978-3-031-52850-7_84

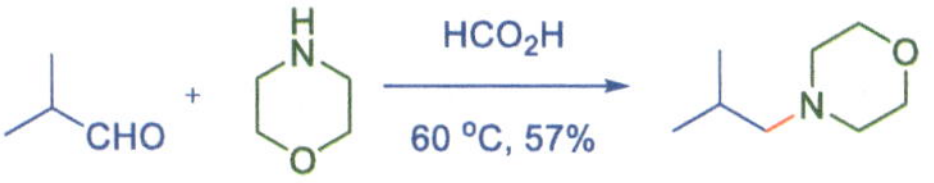

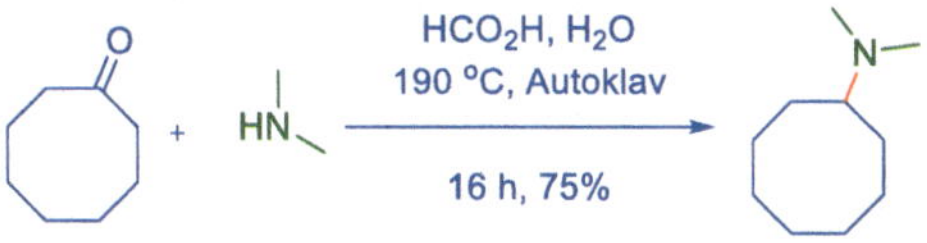

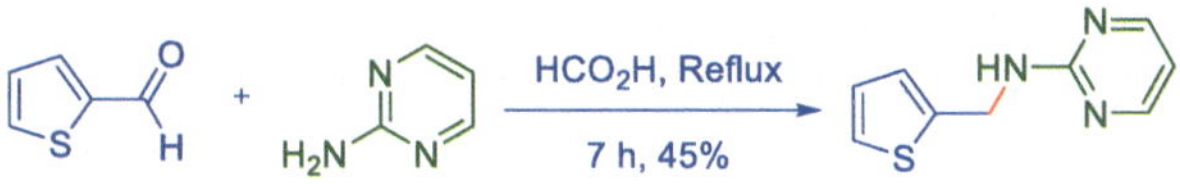

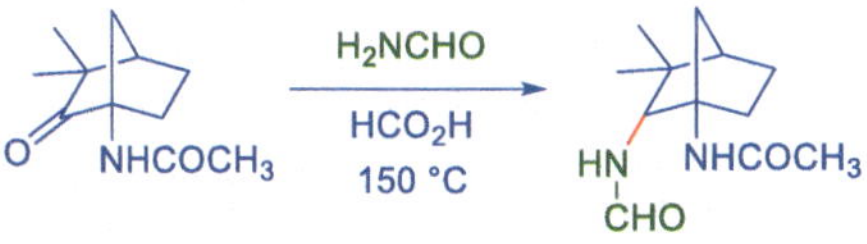

Eine unerwartete intramolekulare Transamidation *über* eine Wagner–Meerwein-Umlagerung nach der Leuckart–Wallach-Reaktion

Beispiel 5 [12]

Beispiel 6 [13]

Beispiel 7, Fließchemie [14]

Referenzen

1. Leuckart, R. *Ber.* **1885**, *18*, 2341 – 2344. Carl L. R. A. Leuckart (1854 – 1889) wurde in Gießen, Deutschland, geboren. Nach dem Studium bei Bunsen, Kolbe und von Baeyer wurde er Assistenzprofessor in Göttingen. Leider verlor die

Chemie einen brillanten Beitragenden durch seinen plötzlichen Tod im Alter von 35 Jahren infolge eines Sturzes in seinem Elternhaus.
2. Wallach, O. *Ann.* **1892,** *272*, 99. Otto Wallach (1847 – 1931), geboren in Königsberg, Preußen, studierte unter Wöhler und Hofmann. Er war der Direktor des Chemischen Instituts in Göttingen von 1889 bis 1915. Sein Buch "Terpene und Kampfer" diente als Grundlage für zukünftige Arbeiten in der Terpenchemie. Wallach erhielt den Nobelpreis für Chemie im Jahr 1910 für seine Arbeiten an alicyclischen Verbindungen.
3. Moore, M. L. *Org. React.* **1949,** *5*, 301–330. (Übersichtsartikel).
4. DeBenneville, P. L.; Macartney, J. H. *J. Am. Chem. Soc.* **1950,** *72*, 3073–3075.
5. Lukasiewicz, A. *Tetrahedron* **1963,** *19*, 1789–1799. (Mechanismus).
6. Bach, R. D. *J. Org. Chem.* **1968,** *33*, 1647–1649.
7. Musumarra, G.; Sergi, C. *Heterocycles* **1994,** *37*, 1033–1039.
8. Martínez, A. G.; Vilar, E. T.; Fraile, A. G.; Ruiz, P. M.; San Antonio, R. M.; Alcazar, M. P. M. *Tetrahedron: Asymmetry* **1999,** *10*, 1499–1505.
9. Kitamura, M.; Lee, D.; Hayashi, S.; Tanaka, S.; Yoshimura, M. *J. Org. Chem.* **2002,** *67*, 8685–8687.
10. Brewer, A. R. E. *Leuckart–Wallach reaction.* In *Name Reactions for Functional Group Transformations;* Li, J. J., Ed.; Wiley: Hoboken, NJ, **2007,** S. 451–455. (Übersichtsartikel).
11. Muzalevskiy, V. M.; Nenajdenko, V. G.; Shastin, A. V.; Balenkova, E. S.; Haufe, G. *J. Fluorine Chem.* **2008,** *129*, 1052–1055.
12. Neochoritis, C.; Stotani, S.; Mishra, B.; Dömling, A. *Org. Lett.* **2015,** *17*, 2002–2005.
13. Frederick, M. O.; Kjell, D. P. *Tetrahedron Lett.* **2015,** *56*, 949–951.
14. Frederick, M. O.; Pietz, M. A.; Kjell, D. P.; Richey, R. N.; Tharp, G. A.; Touge, T.; Yokoyama, N.; Kida, M.; Matsuo, T. *Org. Process Res. Dev.* **2017,** *21*, 1447–1451.

Lossen-Umlagerung

Die Lossen-Umlagerung beinhaltet die Erzeugung eines Isocyanats durch thermische oder base-vermittelte Umlagerung eines aktivierten Hydroxamats, das aus der entsprechenden Hydroxamsäure erzeugt werden kann. Die Aktivierung der Hydroxamsäure kann durch O-Acylierung, O-Arylierung, Chlorierung oder O-Sulfonylierung erreicht werden. Solche Hydroxamsäuren können auch mit Polyphosphorsäure, Carbodiimid, Mitsunobu-Bedingungen oder Silylierung aktiviert werden. Das Produkt der Lossen-Umlagerung, ein Isocyanat, kann anschließend in ein Harnstoff oder ein Amin umgewandelt werden, was den Nettoverlust eines Kohlenstoffatoms im Vergleich zur Ausgangshydroxamsäure bedeutet.

Isocyanat-Zwischenprodukt

Beispiel 1 [6]

Beispiel 2 [7]

Beispiel 3 [8]

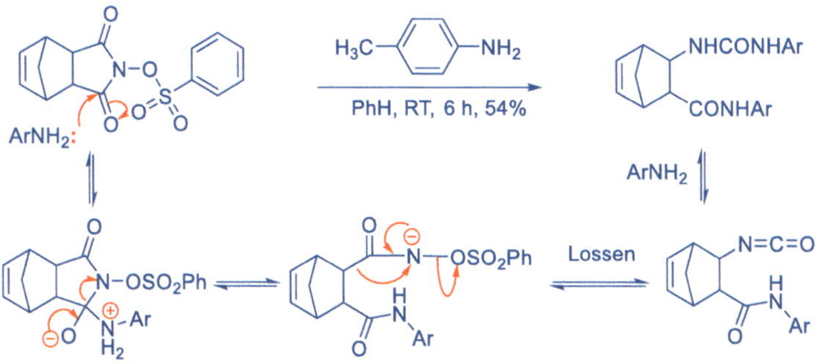

Beispiel 4 [9]

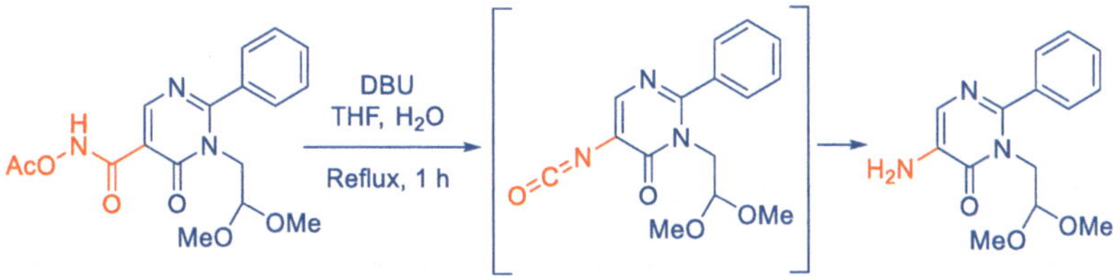

Beispiel 5 [11]

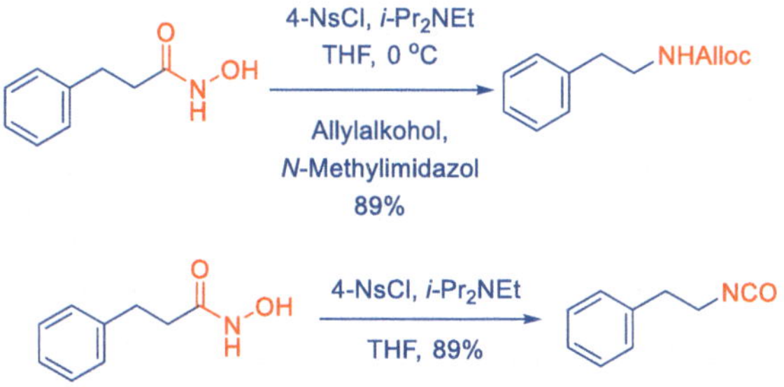

Beispiel 6, Tandem S$_N$Ar/Lossen-Umlagerungssequenz [12]

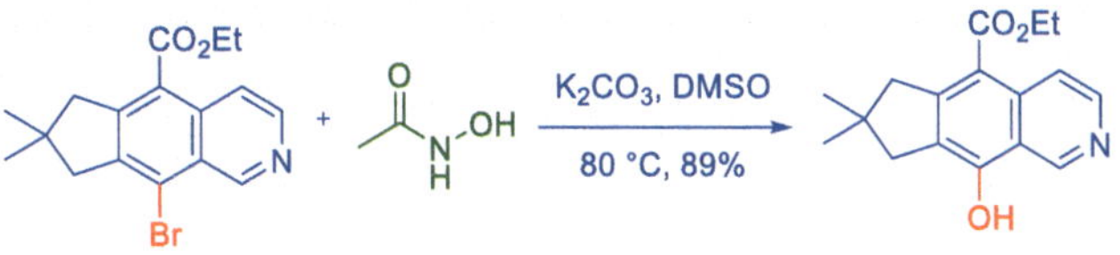

Beispiel 7 [13]

Betulin-Derivat → (DBU, CH₃CN/THF/H₂O, 65 °C, 3 h, und 0 °C, 3 h, 95.5%) → 46,5 kg Waage

Beispiel 8, Aza-Lossen-Umlagerung [14]

Reagenz: Boc₂O, i-Pr₂NEt, MeCN, 80 °C, 24 h, geschossenes Gefäß, 94%

Referenzen

1. Lossen, W. *Ann.* **1872**, *161*, 347. Wilhelm C. Lossen (1838 – 1906) wurde in Kreuznach, Deutschland, geboren. Nach seinem Doktorstudium in Göttingen im Jahr 1862 begann er seine unabhängige akademische Karriere, und sein Interesse konzentrierte sich auf Hydroxyamine.
2. Bauer, L.; Exner, O. *Angew. Chem. Int. Ed.* **1974**, *13*, 376.
3. Lipczynska-Kochany, E. *Wiad. Chem.* **1982**, *36*, 735–756.
4. Casteel, D. A.; Gephart, R. S.; Morgan, T. *Heterocycles* **1993**, *36*, 485–495.
5. Zalipsky, S. *Chem. Commun.* **1998**, 69–70.
6. Stafford, J. A.; Gonzales, S. S.; Barrett, D. G.; Suh, E. M.; Feldman, P. L. *J. Org. Chem.* **1998**, *63*, 10040–10044.
7. Anilkumar, R.; Chandrasekhar, S.; Sridhar, M. *Tetrahedron Lett.* **2000**, *41*, 5291–5293.
8. Abbady, M. S.; Kandeel, M. M.; Youssef, M. S. K. *Phosphorous, Sulfur and Silicon* **2000**, *163*, 55–64.
9. Ohmoto, K.; Yamamoto, T.; Horiuchi, T.; Kojima, T.; Hachiya, K.; Hashimoto, S.; Kawamura, M.; Nakai, H.; Toda, M. *Synlett* **2001**, 299–301.
10. Choi, C.; Pfefferkorn, J. A. *Lossen rearrangement. In Name Reactions for Homologations-Part II;* Li, J. J., Hrsg.; Wiley: Hoboken, NJ, **2009**, S. 200–209. (Übersichtsartikel).
11. Yoganathan, S.; Miller, S. J. *Org. Lett.* **2013**, *15*, 602–605.
12. Morrison, A. E.; Hoang, T. T.; Birepinte, M.; Dudley, G. B. *Org. Lett.* **2017**, *19*, 858–861.
13. Strotman, N. A.; Ortiz, A.; Savage, S. A.; Wilbert, C. R.; Ayers, S.; Kiau, S. *J. Org. Chem.* **2017**, *82*, 4044–4049.
14. Polat, D. E.; Brzezinski, D. D.; Beauchemin, A. M. *Org. Lett.* **2019**, *21*, 4849–4852.
15. Tan, J.-F.; Bormann, C. T.; Severin, K.; Cramer, N. *ACS Katal.* **2020**, *10*, 3790–3796.

McMurry-Kupplung

Olefinierung von Carbonylen mit niedervalentem Titan wie Ti(0), abgeleitet von TiCl$_3$/LiAlH$_4$. Ein Ein-Elektron-Prozess.

Radikal-Anion-Zwischenprodukt

Oxidbeschichtete Titanoberfläche

Beispiel 1, Cross-McMurry-Kupplung [7]

Beispiel 2, Homo-McMurry-Kupplung [8]

© Der/die Autor(en), exklusiv lizenziert an
Springer Nature Switzerland AG 2024
J. J. Li, *Namensreaktionen*, https://doi.org/10.1007/978-3-031-52850-7_86

Beispiel 3, Cross-McMurry-Kupplung [9]

Zn, TiCl₄
THF, 78%

Beispiel 4, Cross-McMurry-Kupplung [10]

Zn–TiCl₄, THF
−5→0 °C dann
Reflux, 2.5 h, 77%

Beispiel 5 [12]

TiCl₄, Zn-Cu
DME, Reflux
24 h, 70%

Beispiel 6, Intramolekulare McMurry-Kupplung [13]

Zn, TiCl₄
THF, 92%

Beispiel 7 [14]

Zn Pulver, TiCl₄
Pyridin, THF
Reflux, 105 min
48%

Z-isomer   E-isomer

Beispiel 8, Tetra-Indol-Synthese [15]

6 Äquiv Zn Pulver
3 Äquiv TiCl$_4$, THF

Reflux, 56%

Referenzen
1. (a) McMurry, J. E.; Fleming, M. P. *J. Am. Chem. Soc.* **1974,** *96,* 4708 – 4712. (b) McMurry, J. E. *Chem. Rev.* **1989,** *89,* 1513 – 1524. (Übersichtsartikel).
2. Hirao, T. *Synlett* **1999,** 175 – 181.
3. Sabelle, S.; Hydrio, J.; Leclerc, E.; Mioskowski, C.; Renard, P.-Y. *Tetrahedron Lett.* **2002,** *43,* 3645 – 3648.
4. Williams, D. R.; Heidebrecht, R. W., Jr. *J. Am. Chem. Soc.* **2003,** *125,* 1843 – 1850.
5. Honda, T.; Namiki, H.; Nagase, H.; Mizutani, H. *Tetrahedron Lett.* **2003,** *44,* 3035 – 3038.
6. Ephritikhine, M.; Villiers, C. In *Modern Carbonyl Olefination* Takeda, T., Ed.; Wiley-VCH: Weinheim, Deutschland, **2004,** 223 – 285. (Übersichtsartikel).
7. Uddin, M. J.; Rao, P. N. P.; Knaus, E. E. *Synlett* **2004,** 1513 – 1516.
8. Stuhr-Hansen, N. *Tetrahedron Lett.* **2005,** *46,* 5491 – 5494.
9. Zeng, D. X.; Chen, Y. *Synlett* **2006,** 490 – 492.
10. Duan, X.-F.; Zeng, J.; Zhang, Z.-B.; Zi, G.-F. *J. Org. Chem.* **2007,** *72,* 10283 – 10286.
11. Debroy, P.; Lindeman, S. V.; Rathore, R. *J. Org. Chem.* **2009,** *74,* 2080 – 2087.
12. Kumar, A. S.; Nagarajan, R. *Synthesis* **2013,** *45,* 1235 – 1246.
13. Connors, D. M.; Goroff, N. S. *Org. Lett.* **2016,** *18,* 4262 – 4265.
14. Kochi, J.-i.; Ubukata, T.; Yokoyama, Y. *J. Org. Chem.* **2018,** *83,* 10695 – 10700.
15. Zheng, X.; Su, R.; Wang, T.; Bin, Z.; She, Z.; Gao, G.; Yong, J. *Org. Lett.* **2019,** *21,* 797 – 802.
16. Tong, J.; Xia, T.; Wang, B. *Org. Lett.* **2020,** *22,* 2730 – 2734.

Mannich-Reaktion

Dreikomponenten-Aminomethylierung aus Amin, Aldehyd und einer Verbindung mit einer sauren Methylen-Einheit.

Wenn R = Me, ist das $^+$Me$_2$N=CH$_2$ Salz bekannt als *Eschenmosers Salz*

Die Mannich-Reaktion kann auch unter basischen Bedingungen ablaufen:

Mannich-Basis

Beispiel 1, Asymmetrische Mannich-Reaktion [2]

Beispiel 2, Asymmetrische Mannich-Typ-Reaktion [9]

Beispiel 3, Asymmetrische Mannich-Typ-Reaktion [10]

Beispiel 4 [11]

Beispiel 5, Vinyloge Mannich-Reaktion (VMR) [13]

Beispiel 6, Asymmetrische Mannich-Reaktion [15]

Beispiel 7, Eine zinkvermittelte Mannich-Typ-Umwandlung von 2,2,2-Trifluordiazoethan [16]

Beispiel 8, Verwendung von vorgeformtem Imin [17]

dr, 12:1; 97% *ee*

(*S*,*S*)-L =

Referenzen

1. Mannich, C.; Krösche, W. *Arch. Pharm.* **1912,** *250,* 647–667. Carl U. F. Mannich (1877 – 1947) wurde in Breslau, Deutschland, geboren. Nach Erhalt eines Doktortitels in Basel im Jahr 1903, lehrte er an den Universitäten Göttingen, Frankfurt und Berlin. Mannich synthetisierte viele Ester der *p* - Aminobenzoesäure als lokale Anästhetika.
2. List, B. *J. Am. Chem. Soc.* **2000,** *122,* 9336–9337.
3. Schlienger, N.; Bryce, M. R.; Hansen, T. K. *Tetrahedron* **2000,** *56,* 10023–10030.
4. Bur, S. K.; Martin, S. F. *Tetrahedron* **2001,** *57,* 3221–3242. (Übersichtsartikel).
5. Martin, S. F. *Acc. Chem. Res.* **2002,** *35,* 895–904. (Übersichtsartikel).
6. Padwa, A.; Bur, S. K.; Danca, D. M.; Ginn, J. D.; Lynch, S. M. *Synlett* **2002,** 851–862. (Übersichtsartikel).
7. Notz, W.; Tanaka, F.; Barbas, C. F., III. *Acc. Chem. Res.* **2004,** *37,* 580–591. (Übersichtsartikel).
8. Córdova, A. *Acc. Chem. Res.* **2004,** *37,* 102–112. (Übersichtsartikel).
9. Harada, S.; Handa, S.; Matsunaga, S.; Shibasaki, M. *Angew. Chem. Int. Ed.* **2005,** *44,* 4365–4368.
10. Lou, S.; Dai, P.; Schaus, S. E. *J. Org. Chem.* **2007,** *72,* 9998–10008.
11. Hahn, B. T.; Fröhlich, R.; Harms, K.; Glorius, F. *Angew. Chem. Int. Ed.* **2008,** *47,* 9985–9988.
12. Galatsis, P. *Mannich reaction.* In *Name Reactions for Homologations-Part II*; Li, J. J., Hrsg.; Wiley: Hoboken, NJ, **2009,** S. 653–670. (Übersichtsartikel).
13. Liu, X.-K.; Ye, J.-L.; Ruan, Y.-P.; Li, Y.-X.; Huang, P.-Q. *J. Org. Chem.* **2013,** *78,* 35–41.
14. Karimi, B.; Enders, D.; Jafari, E. *Synthesis* **2013,** *45,* 2769–2812. (Übersichtsartikel).
15. Hayashi, Y.; Yamazaki, T.; Kawauchi, G.; Sato, I. *Org. Lett.* **2018,** *20,* 2391–2394.
16. Guo, R.; Lv, N.; Zhang, F.-G.; Ma, J.-A. *Org. Lett.* **2018,** *20,* 6994–6997.
17. Trost, B. M.; Hung, C.-I. J.; Kiao, Z. *J. Am. Chem. Soc.* **2019,** *141,* 16085–16092.
18. Cheng, D.-J.; Shao, Y.-D. *ChemCatChem* **2019,** *11,* 2575–2589. (Übersichtsartikel).

Markovnikov-Regel

Für die Addition von HX zu Olefinen sagt die Markovnikov-Regel die Regiochemie der HX-Addition zu unsymmetrisch substituierten Alkenen voraus: Die Halogenkomponente von HX bindet bevorzugt an das stärker substituierte Kohlenstoffatom, während das Wasserstoffatom das Kohlenstoffatom bevorzugt, das bereits mehr Wasserstoffatome enthält.

Das Zwischenprodukt ist das stabilere sekundäre Kation, und die formale Ladung liegt auf einem Kohlenstoffatom.

Die Regiochemie bevorzugt die benzylische Position:

Beispiel 1 [3]

Beispiel 2, Markovnikov-selektive Hydrothiolierung von Styrolen [4]

Beispiel 3, Markovnikov-regioselektive Hydroborierung von Alkenen [5]

Beispiel 4, Markovnikov-regioselektiv trotz eines radikalischen Mechanismus [6]

Referenzen

1. Markownikoff, W. *Ann. Pharm.* **1870,** *153,* 228–259. Wladimir Wassiljewitsch Markownikow (1838-1904) formulierte die Regel für die Addition an Alkene an der Moskauer Universität. Er war einer der bedeutendsten russischen organischen Chemiker im 19.th Jahrhundert. Er war eine stachelige Persönlichkeit mit starken Meinungen, und er hatte keine Angst, sie auszudrücken. Seine taktlose Offenheit führte zu seiner Entlassung von der Professur in Kasan und Moskau. (Lewis, D. E. *Frühe russische Organische Chemiker und ihr Erbe*, Springer: Heldelberg, Deutschland, 2012, S. 71.).
2. Oparina, L. A.; Artem'ev, A. V.; Vysotskaya, O. V.; Kolyvanov, N. A.; Bagryanskaya, Y. I.; Doronina, E. P.; Gusarova, N. K. *Tetrahedron* **2013,** *69,* 6185–6195.
3. Ziyaei Halimehjani, A.; Pasha Zanussi, H. *Synthesis* **2013,** *45,* 1483–1488
4. Savolainen, M. A.; Wu, J. *Org. Lett.* **2013,** *15,* 3802–3804.
5. Zhang, G.; Wu, J.; Li, S.; Cass, S.; Zheng, S. *Org. Lett.* **2018,** *20,* 7893–7897.
6. Neff, R. K.; Su, Y.-L.; Liu, S.; Rosado, M.; Zhang, X.; Doyle, M. P *J. Am. Chem. Soc.* **2019,** *141,* 16643–16650.

Anti -Markovnikov's Regel

Einige Reaktionen folgen nicht der Markovnikov's Regel, und *anti* -Markovnikov Produkte werden isoliert. Das Ergebnis der Regioselektivität kann durch die relative Stabilität der radikalen Zwischenprodukte erklärt werden.

Radikalmechanismus:

Initiation:

Propagation:

bevorzugt, weil dieses Radikal ist stabiler

Termination:

Beispiel 1, Anti-Markovnikov Oxidation von allylischen Estern [1]

PdCl$_2$•(PhCN)$_2$ (2.5 mol%)
1 Äquiv Benzoquinon
t-BuOH/Aceton (24:1)
RT, 73%

Beispiel 2, Anti-Markovnikov Hydroaminierung [3]

Beispiel 3, Anti-Markovnikov Hydroheteroarylierung von nicht aktivierten Alkenen [4]

N-Heterocyclisches Carben (NHC) IPr^{Me} =

Beispiel 4, Anti-Markovnikov Addition zu Alkinen [5]

Beispiel 5, Anti-Markovnikov Hydroaminierung unter Verwendung von N-Hydroxyphthalimid [6]

Beispiel 6, Anti-Markovnikov Hydroaminierung von nicht aktivierten Alkenen mit primären Aminen [7]

Ir Fotokat. = [Ir(dF(CF$_3$)ppy)$_2$(4,4'-d)(CF$_3$)-bpy)]PF$_6$ =

TRIP Thiol =

Referenzen

1. Nishizawa, M.; Asai, Y.; Imagawa, H. *Org. Lett.* **2006**, *8,* 5793–5796.
2. Dong, J. J.; Fañanás-Mastral, M.; Alsters, P. L.; Browne, W. R.; Feringa, B. L. *Angew. Chem. Int. Ed.* **2008**, *47*, 5561–5565.
3. Strom, A. E.; Hartwig, J. F. *J. Org. Chem.* **2013**, *78*, 8909–8914.
4. Schramm, Y.; Takeuchi, M.; Semba, K.; Nakao, Y.; Hartwig, J. F. *J. Am. Chem. Soc.* **2015**, *137*, 12215–12218.
5. Srivastava, A.; Patel, S. S.; Chandna, N.; Jain, N. *J. Org. Chem.* **2016**, *81*, 11664–11670.
6. Lardy, S. W.; Schmidt, V. A. *J. Am. Chem. Soc.* **2018**, *140*, 12318–12322.
7. Miller, D. C.; Ganley, J. M.; Musacchio, A. J.; Sherwood, T. C.; Ewing, W. R.; Knowles, R. R. *J. Am. Chem. Soc.* **2019**, *141*, 16590–16594.

Martins Sulfuran-Dehydratisierungsreagenz

Dehydriert sekundäre und tertiäre Alkohole zu Olefinen, bildet aber Ether mit primären Alkoholen. *Vgl.* Burgess-Dehydratisierungsreagenz.

Der Alkohol ist sauer

Beispiel 1 [5]

Beispiel 2 [6]

Beispiel 3 [7]

Beispiel 4 [9]

Beispiel 5 [12]

Beispiel 6, Direkte Ylid-Übertragung in Indolen [13]

Beispiel 7 [14]

Beispiel 8 [15]

Beispiel 9 [16]

Beispiel 10 [17]

Referenzen

1. (a) Martin, J. C.; Arhart, R. J. *J. Am. Chem. Soc.* **1971**, *93*, 2339–2341; (b) Martin, J. C.; Arhart, R. J. *J. Am. Chem. Soc.* **1971**, *93*, 2341–2342; (c) Martin, J. C.; Arhart, R. J. *J. Am. Chem. Soc.* **1971**, *93*, 4327–4329. (d) Martin, J. C.; Arhart, R. J.; Franz, J. A.; Perozzi, E. F.; Kaplan, L. J. *Org. Synth.* **1977**, *57*, 22–26.
2. Gallagher, T. F.; Adams, J. L. *J. Org. Chem.* **1992**, *57*, 3347–3353.
3. Tse, B.; Kishi, Y. *J. Org. Chem.* **1994**, *59*, 7807–7814.
4. Winkler, J. D.; Stelmach, J. E.; Axten, J. *Tetrahedron Lett.* **1996**, *37*, 4317–4320.
5. Nicolaou, K. C.; Rodríguez, R. M.; Fylaktakidou, K. C.; Suzuki, H.; Mitchell, H. J. *Angew. Chem. Int. Ed.* **1999**, *38*, 3340–3345.
6. Kok, S. H. L.; Lee, C. C.; Shing, T. K. M. *J. Org. Chem.* **2001**, *66*, 7184–7190.

7. Box, J. M.; Harwood, L. M.; Humphreys, J. L.; Morris, G. A.; Redon, P. M.; Whitehead, R. C. *Synlett* **2002**, 358–360.
8. Myers, A. G.; Glatthar, R.; Hammond, M.; Harrington, P. M.; Kuo, E. Y.; Liang, J.; Schaus, S. E.; Wu, Y.; Xiang, J.-N. *J. Am. Chem. Soc.* **2002**, *124*, 5380–5401.
9. Myers, A. G.; Hogan, P. C.; Hurd, A. R.; Goldberg, S. D. *Angew. Chem. Int. Ed.* **2002**, *41*, 1062–1067.
10. Shea, K. M. *Martin's Sulfurane Dehydrating Reagent.* In *Name Reactions for Functional Group Transformations;* Li, J. J., Hrsg.; Wiley: Hoboken, NJ, **2007**, S. 248–264. (Übersichtsartikel).
11. Sparling, B. A.; Moslin, R. M.; Jamison, T. F. *Org. Lett.* **2008**, *10*, 1291–1294.
12. Miura, Y.; Hayashi, N.; Yokoshima, S.; Fukuyama, T. *J. Am. Chem. Soc.* **2012**, *134*, 11995–11997.
13. Huang, X.; Patil, M.; Farès, C.; Thiel, W.; Maulide, N. *J. Am. Chem. Soc.* **2013**, *135*, 7313–7323.
14. Ma, Z.; Jiang, J.; Luo, S.; Cai, Y.; Cardon, J. M.; Kay, B. M.; Ess, D. H.; Castle, S. L. *Org. Lett.* **2014**, *16*, 4044–4047.
15. Takao, K.-i.; Tsunoda, K.; Kurisu, T.; Sakama, A.; Nishimura, Y.; Yoshida, K.; Tadano, K.-i. *Org. Lett.* **2015**, *17*, 756–759.
16. Klimczyk, S.; Huang, X.; Kählig, H.; Veiros, L. F.; Maulide, N. *J. Org. Chem.* **2015**, *80*, 5719–5729.
17. Zanghi, J. M.; Liu, S.; Meek, S. J. *Org. Lett.* **2019**, *21*, 5172–5177.

Meerwein-Ponndorf-Verley-Reduktion

Reduktion von Ketonen zu den entsprechenden Alkoholen mit Al(O*i*-Pr)$_3$ in Isopropanol. Umkehrung der Oppenauer-Oxidation.

zyklischer Übergangszustand

Beispiel 1 [2]

Beispiel 2 [4]

Beispiel 3 [7]

Beispiel 4 [9]

Beispiel 5 [10]

Beispiel 6, Reduktion von α-Silyliminen durch ein chirales Lithiumamid (eine Meerwein–Ponndorf–Verley- *Typ* Reduktion) [11]

Beispiel 7, Ein Prozess zur Synthese eines Schlüsselintermediats von Omarigliptin, ein DPP-4-Inhibitor [12]

Beispiel 8, Eine base-vermittelte Meerwein–Ponndorf–Verley Reduktion [13]

Referenzen

1. Meerwein, H.; Schmidt, R. *Ann.* **1925**, *444*, 221–238. Hans L. Meerwein, geboren in Hamburg Deutschland im 1879, erhielt seinen Doktortitel in Bonn im Jahr 1903. In seiner langen und produktiven akademischen Karriere hat Meerwein viele bemerkenswerte Beiträge zur organischen Chemie geleistet.
2. Woodward, R. B.; Bader, F. E.; Bickel, H.; Frey, A. J.; Kierstead, R. W. *Tetrahedron* **1958**, *2*, 1–57.
3. de Graauw, C. F.; Peters, J. A.; van Bekkum, H.; Huskens, J. *Synthesis* **1994**, 1007–1017. (Übersichtsartikel).
4. Campbell, E. J.; Zhou, H.; Nguyen, S. T. *Angew. Chem. Int. Ed.* **2002**, *41*, 1020–1022.
5. Sominsky, L.; Rozental, E.; Gottlieb, H.; Gedanken, A.; Hoz, S. *J. Org. Chem.* **2004**, *69*, 1492–1496.
6. Cha, J. S. *Org. Process Res. Dev.* **2006**, *10*, 1032–1053.
7. Manaviazar, S.; Frigerio, M.; Bhatia, G. S.; Hummersone, M. G.; Aliev, A. E.; Hale, K. J. *Org. Lett.* **2006**, *8*, 4477–4480.
8. Clay, J. M. *Meerwein–Ponndorf–Verley reduction*. In *Name Reactions for Functional Group Transformations*; Li, J. J., Hrsg.; Wiley: Hoboken, NJ, **2007**, S. 123–128. (Übersichtsartikel).
9. Dilger, A. K.; Gopalsamuthiram, V.; Burke, S. D. *J. Am. Chem. Soc.* **2007**, *129*, 16273–16277.
10. Flack, K.; Kitagawa, K.; Pollet, P.; Eckert, C. A.; Richman, K.; Stringer, J.; Dubay, W.; Liotta, C. L. *Org. Process Res. Dev.* **2012**, *16*, 1301–1306.
11. Kondo, Y.; Sasaki, M.; Kawahata, M.; Yamaguchi, K.; Takeda, K. *J. Org. Chem.* **2014**, *79*, 3601–3609.
12. Sun, G.; Wei, M.; Luo, Z.; Liu, Y.; Chen, Z.; Wang, Z. *Org. Process Res. Dev.* **2016**, *20*, 2074–2079.
13. Boit, T. B.; Mehta, M. M.; Garg, N. K. *Org. Lett.* **2019**, *21*, 6447–6451.
14. Li, X.; Du, Z.; Wu, Y.; Zhen, Y.; Shao, R.; Li, B.; Chen, C.; Liu, Q.; Zhou, H. *RSC Adv.* **2020**, *10*, 9985–9995.

Meisenheimer-Komplex

Auch bekannt als **das Meisenheimer–Jackson-Salz**, das stabile Zwischenprodukt für bestimmte S_NAr-Reaktionen.

Sangers Reagenz, *ipso* Angriff   *ipso* Substitution

Beispiel 1 [7]

Beispiel 2, Ein fluoreszierender zwitterionischer spirozyklischer Meisenheimer-Komplex [9]

Die Reaktion mit Sangers Reagenz ist schneller als die Verwendung des entsprechende Chloro-, Bromo- und Iododinitrobenzol-das Fluoro-Meisenheimer-Komplex ist am stabilsten, weil F das stärkste Elektronen ziehende Element ist. Die Reaktionsgeschwindigkeit hängt nicht von der Kapazität der abgehenden Gruppe ab.

Beispiel 3 [10]

Beispiel 4 [14]

Referenzen

1. Meisenheimer, J. *Ann.* **1902**, *323*, 205–214. Im Jahr 1902 berichtete Jacob Meisenheimer (1876–1934) an der Universität München über Beweise für die Struktur einer sehr intensiv violett gefärbten Verbindung, die bei der Mischung von Trinitrobenzol mit einem Alkohol in Gegenwart von Alkali entsteht. [12]
2. Strauss, M. J. *Acc. Chem. Res.* **1974**, *7*, 181–188. (Übersichtsartikel).
3. Bernasconi, C. F. *Acc. Chem. Res.* **1978**, *11*, 147–152. (Übersichtsartikel).
4. Terrier, F. *Chem. Rev.* **1982**, *82*, 77–152. (Übersichtsartikel).
5. Manderville, R. A.; Buncel, E. *J. Org. Chem.* **1997**, *62*, 7614–7620.

6. Hoshino, K.; Ozawa, N.; Kokado, H.; Seki, H.; Tokunaga, T.; Ishikawa, T. *J. Org. Chem.* **1999,** *64,* 4572–4573.
7. Adam, W.; Makosza, M.; Zhao, C.-G.; Surowiec, M. *J. Org. Chem.* **2000,** *65,* 1099–1101.
8. Gallardo, I.; Guirado, G.; Marquet, J. *J. Org. Chem.* **2002,** *67,* 2548–2555.
9. Al-Kaysi, R. O.; Guirado, G.; Valente, E. J. *Eur. J. Org. Chem.* **2004,** 3408–3411.
10. Um, I.-H.; Min, S.-W.; Dust, J. M. *J. Org. Chem.* **2007,** *72,* 8797–8803.
11. Campodónico, P. R.; Tapia, R. A.; Contreras, R.; Ormazábal-Toledo, R. *Org. Biomol. Chem.* **2013,** *11,* 2302–2309.
12. Lennox, A. J. J. *Angew. Chem. Int. Ed.* **2018,** *57,* 14686–14688. (Übersichtsartikel).
13. Liu, R.; Krchnak, V.; Brown, S. N.; Miller, M. J. *ACS Med. Chem. Lett.* **2019,** *10,* 1462–1466.
14. Saaidin, A. S.; Murai, Y.; Ishikawa, T.; Monde, K. *Eur. J. Org. Chem.* **2019,** 7563–7567.
15. Ota, N.; Harada, Y.; Kamitori, Y.; Okada, E. *Heterocycles* **2020,** *101,* 692–700.

Meyer–Schuster-Umlagerung

Die Isomerisierung von sekundären und tertiären α-acetylenischen Alkoholen zu α,β-ungesättigten Carbonylverbindungen *über* 1,3-Verschiebung. Wenn die acetylenische Gruppe terminal ist, sind die Produkte Aldehyde, während die inneren Acetylene Ketone liefern.

Vgl. Rupe-Umlagerung.

Beispiel 1 [6]

Beispiel 2 [7]

J. J. Li, *Namensreaktionen*, https://doi.org/10.1007/978-3-031-52850-7_92

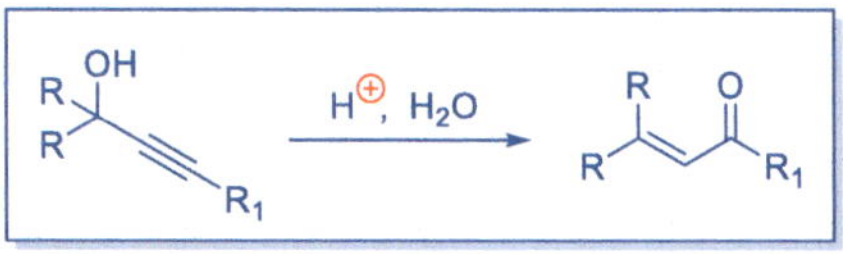

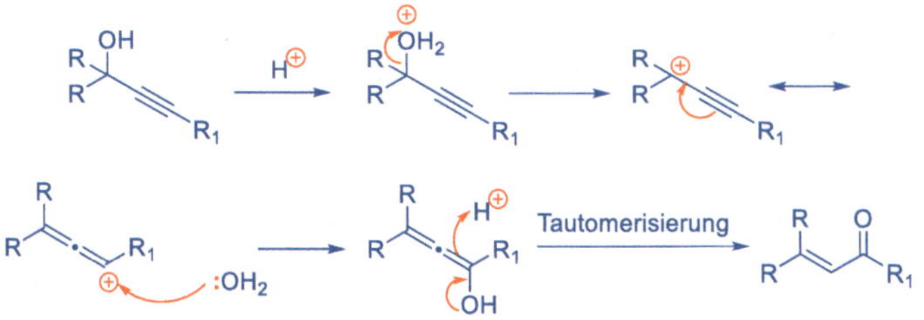

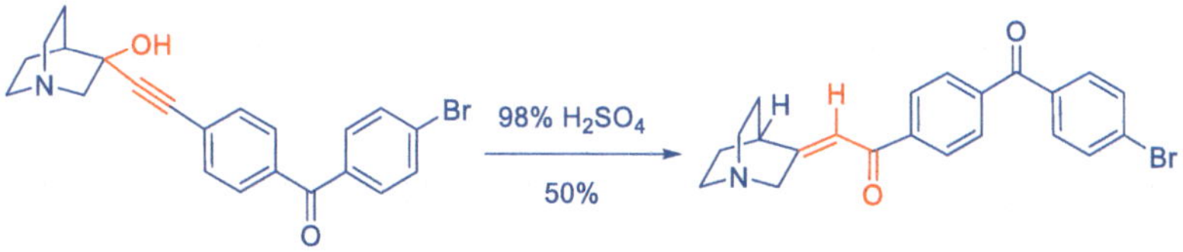

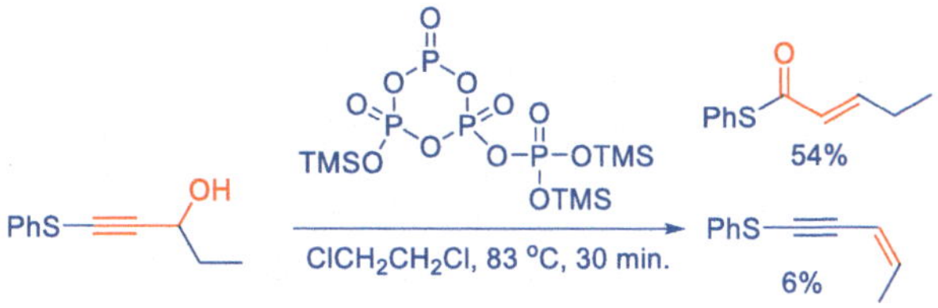

Beispiel 3 [8]

Beispiel 4 [9]

Beispiel 5, DTBP = Di-*tert*-butylperoxid [11]

Beispiel 6 [12]

Beispiel 7, Gold-katalysierte Meyer–Schuster Umlagerung [13]

Beispiel 8 [14]

Referenzen

1. Meyer, K. H.; Schuster, K. *Ber.* **1922**, *55*, 819–823.
2. Swaminathan, S.; Narayanan, K. V. *Chem. Rev.* **1971**, *71*, 429–438. (Übersichtsartikel).
3. Edens, M.; Boerner, D.; Chase, C. R.; Nass, D.; Schiavelli, M. D. *J. Org. Chem.* **1977**, *42*, 3403–3408.
4. Andres, J.; Cardenas, R.; Silla, E.; Tapia, O. *J. Am. Chem. Soc.* **1988**, *110*, 666–674.
5. Tapia, O.; Lluch, J. M.; Cardenas, R.; Andres, J. *J. Am. Chem. Soc.* **1989**, *111*, 829–835.
6. Brown, G. R.; Hollinshead, D. M.; Stokes, E. S.; Clarke, D. S.; Eakin, M. A.; Foubister, A. J.; Glossop, S. C.; Griffiths, D.; Johnson, M. C.; McTaggart, F.; Mirrlees, D. J.; Smith, G. J.; Wood, R. *J. Med. Chem.* **1999**, *42*, 1306–1311.
7. Yoshimatsu, M.; Naito, M.; Kawahigashi, M.; Shimizu, H.; Kataoka, T. *J. Org. Chem.* **1995**, *60*, 4798–4802.
8. Crich, D.; Natarajan, S.; Crich, J. Z. *Tetrahedron* **1997**, *53*, 7139–7158.
9. Williams, C. M.; Heim, R.; Bernhardt, P. V. *Tetrahedron* **2005**, *61*, 3771–3779.
10. Mullins, R. J.; Collins, N. R. *Meyer–Schuster Rearrangement.* In *Name Reactions for Homologations-Part II;* Li, J. J., Ed.; Wiley: Hoboken, NJ, **2009**, S. 305–318. (Übersichtsartikel).
11. Collins, B. S. L.; Suero, M. G.; Gaunt, M. J. *Angew. Chem. Int. Ed.* **2013**, *52*, 5799 – 5802.
12. Lee, D.; Kim, S. M.; Hirao, H.; Hong, S. H. *Org. Lett.* **2017**, *19*, 4734 – 4737.
13. Chan, W. C.; Koide, K. *Org. Lett.* **2018**, *20*, 7798 – 7802.
14. Kadiyala, V.; Kumar, P. B.; Balasubramanian, S. *J. Org. Chem.* **2019**, *84*, 12228 – 12236.
15. Qiu, Y.-F.; Niu, Y.-J.; Song, X.-R.; Wei, X.; Chen, H.; Li, S.-X.; Wang, X.-C.; Huo, C.; Quan, Z.-J.; Liang, Y.-M. *Chem. Commun.* **2020**, *56*, 1421 – 1424.

Michael-Addition

Auch bekannt als konjugierte Addition, ist die Michael-Addition die 1,4-Addition eines Nukleophils zu einem α,β-ungesättigten System.

Beispiel 1, Asymmetrische Michael-Addition [2]

Beispiel 2, Thia-Michael-Addition [3]

Beispiel 3, Phospha-Michael-Addition [7]

Beispiel 4, Asymmetrische aza-Michael-Addition [9]

Beispiel 5, Intramolekulare Michael-Addition [10]

Beispiel 6, Intramolekulare Michael-Addition [11]

Beispiel 7, Hetero-Michael-Addition [12]

Beispiel 8, Cu(II)-katalysierte asymmetrische Michael-Addition [13]

sauber, –40 °C, 48 h, 92%   *de > 20:1, 92% ee*

Beispiel 9, Michael-Addition von Phosphonaten zu Ene-Nitrosoacetalen [14]

DMF, RT, 24 h
dann MeOH, 1 h
58%

Beispiel 10, Organokatalytische asymmetrische Doppel-Michael-Addition [15]

Organokatalysator (20 mol %)
CH_2Cl_2, 5 Å MS
–20 °C, 99%
dr, 82:18, 98% ee

Organokatalysator =

Referenzen

1. Michael, A. *J. Prakt. Chem.* **1887**, *35*, 349. Arthur Michael (1853 – 1942) wurde in Buffalo, New York, geboren. Er studierte unter Robert Bunsen, August Hofmann, Adolphe Wurtz und Dimitri Mendeleev, sah jedoch nie die Notwendigkeit, einen Abschluss zu machen. Zurück in den Vereinigten Staaten wurde Michael Professor für Chemie an der Tufts University, wo er eine seiner Studentinnen, Helen Abbott, eine der wenigen organischen Chemikerinnen dieser Zeit, heiratete. Da er als Administrator kläglich versagte, richteten Michael und seine Frau ihr eigenes privates Labor in Newton Center, Massachusetts, ein, wo die 1,4-Addition entdeckt wurde.
2. Hunt, D. A. *Org. Prep. Proced. Int.* **1989**, *21*, 705 – 749.
3. D'Angelo, J.; Desmaële, D.; Dumas, F.; Guingant, A. *Tetrahedron: Asymmetry* **1992**, *3*, 459 – 505.

4. Lipshutz, B. H.; Sengupta, S. *Org. React.* **1992**, *41*, 135 – 631. (Übersichtsartikel).
5. Hoz, S. *Acc. Chem. Res.* **1993**, *26*, 69 – 73. (Übersichtsartikel).
6. Ihara, M.; Fukumoto, K. *Angew. Chem. Int. Ed.* **1993**, *32*, 1010 – 1022. (Übersichtsartikel).
7. Simoni, D.; Invidiata, F. P.; Manferdini, M.; Lampronti, I.; Rondanin, R.; Roberti, M.; Pollini, G. P. *Tetrahedron Lett.* **1998**, *39*, 7615 – 7618.
8. Enders, D.; Saint-Dizier, A.; Lannou, M.-I.; Lenzen, A. *Eur. J. Org. Chem.* **2006**, 29 – 49. (Überblick über die Phospha-Michael-Addition).
9. Chen, L.-J.; Hou, D.-R. *Tetrahedron: Asymmetry* **2008**, *19*, 715 – 720.
10. Sakaguchi, H.; Tokuyama, H.; Fukuyama, T. *Org. Lett.* **2008**, *10*, 1711 – 1714.
11. Kwan, E. E.; Scheerer, J. R.; Evans, D. A. *J. Org. Chem.* **2013**, *78*, 175 – 203.
12. Hayama, N.; Kuramoto, R.; Földes, T.; Nishibayashi, R.; Kobayashi, Y.; Pápai, I.; Takemoto, Y. *J. Am. Chem. Soc.* **2018**, *140*, 12216–12225.
13. Bhattarai, B.; Nagorny, O. *Org. Lett.* **2018**, *20*, 154–157.
14. Naumovich, Y. A.; Ioffe, S. L.; Sukhorukov, A. Y. *J. Org. Chem.* **2019**, *84*, 7244–7254.
15. Chen, X.-M.; Lei, C.-W.; Yue, D.-F.; Zhao, J.-Q.; Wang, Z.-H.; Zhang, X.-M.; Xu, X.-Y.; Yuan, W.-C. *Org. Lett.* **2019**, *21*, 5452–5456.
16. Ramella, V.; Roosen, P. C.; Vanderwal, C. D. *Org. Lett.* **2020**, *22*, 2883–2886.

Michaelis–Arbuzov Phosphonat-Synthese

Aliphatische Phosphonat-Synthese aus der Reaktion von Alkylhalogeniden mit Phosphiten.

Allgemeines Schema:

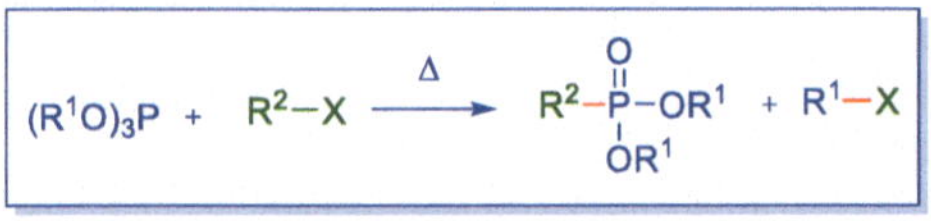

$$(R^1O)_3P + R^2-X \xrightarrow{\Delta} R^2-\underset{OR^1}{\underset{|}{\overset{O}{\overset{\|}{P}}}}-OR^1 + R^1-X$$

R^1 = Alkyl, *usw.*; R^2 = Alkyl, Acyl, *usw.*; X = Cl, Br, I

Zum Beispiel:

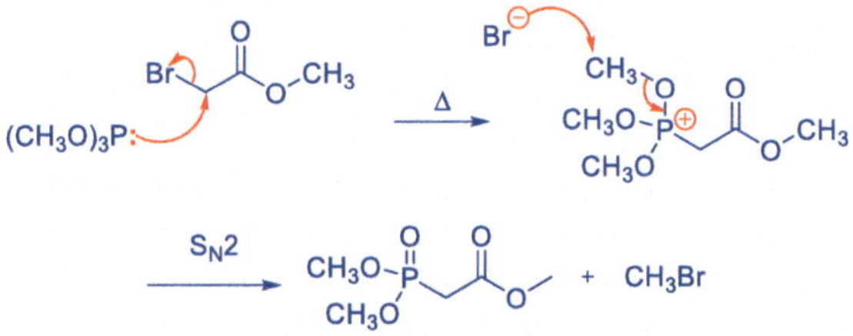

Beispiel 1 [2]

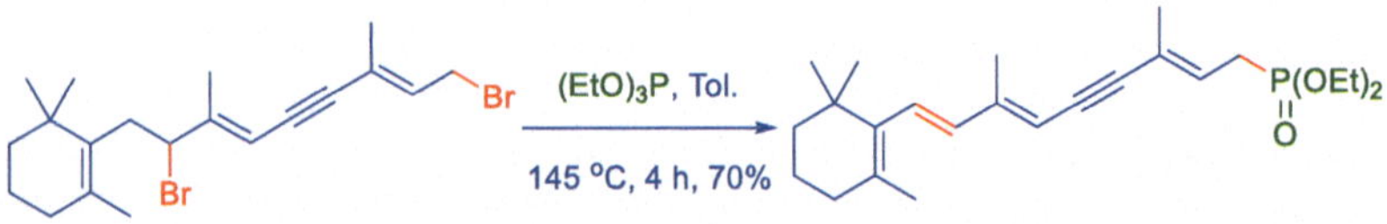

(EtO)$_3$P, Tol., 145 °C, 4 h, 70%

Beispiel 2 [6]

140 °C, 8 h, 92%

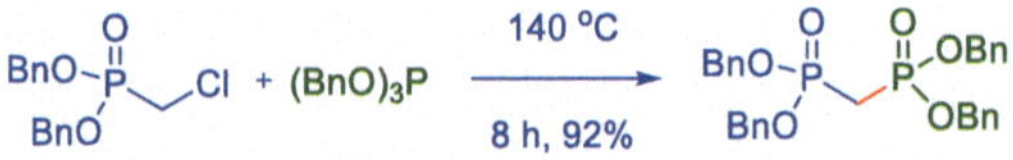

Beispiel 3, Übergangsmetall-katalysierte Kopplung, nicht über S$_N$2 [7]

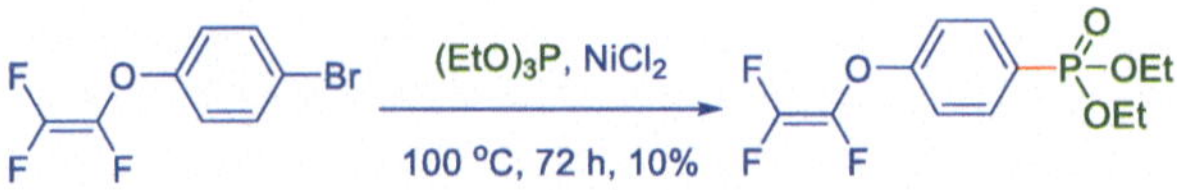

(EtO)$_3$P, NiCl$_2$, 100 °C, 72 h, 10%

Beispiel 4 [9]

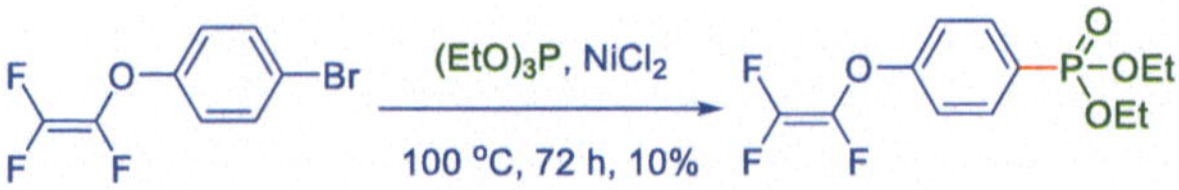

(EtO)$_3$P, NiCl$_2$, 100 °C, 72 h, 10%

Beispiel 5 [10]

[Reaction scheme: BnO-protected sugar with SCN group + (EtO)₂P-OTMS, 50 °C, 1 h, 82% → thiophosphonate product]

Beispiel 6, Ein Ansatz zur Herstellung von aromatischen Phosphonaten über das Zwischenprodukt Benzyne [11]

[Reaction scheme: Aryl with OTf and TMS groups + 4 Äquiv Ph₂POEt, 5.5 Äquiv CsF, CH₃CN, 16 h, 75% → Ph₃P=O product]

Beispiel 7, Alkoholbasierte Michaelis-Arbuzov-Reaktion [12]

[Reaction scheme: Thiophene-containing alcohol + P(OEt)₃, ZnBr₂, RT, 8 h, 86% → phosphonate product with EtO, OEt]

Beispiel 8, Michaelis-Arbuzov-Typ Reaktion von 1-Imidoalkyltriarylphosphoniumsalzen [13]

[Reaction scheme: Phthalimide-containing phosphonium salt with BF₄⁻, P(p-C₆H₄CF₃)₃ + P(OMe)₃, CHCl₃, 100 °C, 2 h, 76% → phosphonate product with P(OMe)₂]

Referenzen

1. (a) Michaelis, A.; Kaehne, R. *Ber.* **1898**, *31*, 1048 – 1055. (b) Arbuzov, A. E. *J. Russ. Phys. Chem. Soc.* **1906**, *38*, 687.
2. Surmatis, J. D.; Thommen, R. *J. Org. Chem.* **1969**, *34*, 559 – 560.
3. Gillespie, P.; Ramirez, F.; Ugi, I.; Marquarding, D. *Angew. Chem. Int. Ed.* **1973**, *12*, 91 – 119. (Übersichtsartikel).
4. Waschbüsch, R.; Carran, J.; Marinetti, A.; Savignac, P. *Synthesis* **1997**, 727 – 743.
5. Bhattacharya, A. K.; Stolz, F.; Schmidt, R. R. *Tetrahedron Lett.* **2001**, *42*, 5393 – 5395.
6. Erker, T.; Handler, N. *Synthesis* **2004**, 668 – 670.
7. Souzy, R.; Ameduri, B.; Boutevin, B.; Virieux, D. *J. Fluorine Chem.* **2004**, *125*, 1317 – 1324.
8. Kadyrov, A. A.; Silaev, D. V.; Makarov, K. N.; Gervits, L. L.; Röschenthaler, G.-V. *J. Fluorine Chem.* **2004**, *125*, 1407 – 1410.
9. Ordonez, M.; Hernandez-Fernandez, E.; Montiel-Perez, M.; Bautista, R.; Bustos, P.; Rojas-Cabrera, H.; Fernandez-Zertuche, M.; Garcia-Barradas, O. *Tetrahedron: Asymmetry* **2007**, *18*, 2427 – 2436.
10. Piekutowska, M.; Pakulski, Z. *Carbohydrate Res.* **2008**, *343*, 785 – 792.

11. Dhokale, R. A.; Mhaske, S. B. *Org. Lett.* **2013,** *15*, 2218–2221.
12. Nandakumar, M.; Sankar, E.; Mohanakrishnan, A. K. *Synth. Commun.* **2016,** *46*, 1810–1819.
13. Adamek, J.; Wegrzyk-Schlieter, A.; Stec, K.; Walczak, K.; Erfurt, K. *Molecules* **2019,** *24*, 3405.
14. Hernandez-Guerra, D.; Kennedy, A. R.; Leon, E. I.; Martin, A.; Perez-Martin, I.; Rodriguez, M. S.; Suarez, E. *J. Org. Chem.* **2020,** *85*, 4861–4880.

Minisci-Reaktion

Radikalbasierte Kohlenstoff-Kohlenstoff-Bindungsbildung mit elektronenarmen Heteroaromaten. Die Reaktion beinhaltet eine intermolekulare Addition eines nukleophilen *Radikals* zum protonierten Heteroaromatenkern.

Beispiel 1 [4]

Beispiel 2 [5]

Meerweins Methylierungsreagenz

Beispiel 3, Intramolekulare Minisci-Reaktion [6]

Beispiel 4 [7]

Beispiel 5 [10]

Beispiel 6 [12]

Beispiel 7 [13]

Beispiel 8 [14]

Beispiel 9 [15]

Referenzen

1. Minisci, F, Bernardi. R, Bertini, F, Galli, R, Perchinummo, M. *Tetrahedron* **1971**, *27*, 3575–3579.
2. Minisci, F. *Synthesis* **1973**, 1–24. (Übersichtsartikel).
3. Minisci, F. *Acc. Chem. Res.* **1983**, *16*, 27–32. (Übersichtsartikel).
4. Katz, R. B.; Mistry, J.; Mitchell, M. B. *Synth. Commun.* **1989**, *19*, 317–325.
5. Biyouki, M. A. A.; Smith, R. A. J. *Synth. Commun.* **1998**, *28*, 3817–3825.
6. Doll, M. K. H. *J. Org. Chem.* **1999**, *64*, 1372–1374.
7. Cowden, C. J. *Org. Lett.* **2003**, *5*, 4497–4499.
8. Kast, O.; Bracher, F. *Synth. Commun.* **2003**, *33*, 3843–3850.
9. Benaglia, M.; Puglisi, A.; Holczknecht, O.; Quici, S.; Pozzi, G. *Tetrahedron* **2005**, *61*, 12058–12064.
10. Palde, P. B.; McNaughton, B. R.; Ross, N. T. *Synthesis* **2007**, 2287–2290.
11. Brebion, F.; Nàjera, F.; Delouvrié, B. *J. Heterocycl. Chem.* **2008**, *45*, 527–532.
12. Presset, M.; Fleury-Brégeot, N.; Oehlrich, D.; Rombouts, F.; Molander, G. A. *J. Org. Chem.* **2013**, *78*, 4615–4619.
13. Lo, J. C.; Kim, D.; Pan, C.-M.; Edwards, J. T.; Yabe, Y.; Gui, J.; Qin, T.; Gutierrez, S.; Giacoboni, J.; Baran, P. S.; et al. *J. Am. Chem. Soc.* **2017**, *139*, 2484–2503.
14. Revil-Baudard, V.; Vors, J.-P.; Zard, S. Z. *Org. Lett.* **2018**, *20*, 3531–3535.
15. Truscello, A. M.; Gambarotti, C. *Org. Process Res. Dev.* **2019**, *23*, 1450–1457.

16. Proctor, R. S. J.; Phipps, R. J. *Angew. Chem. Int. Ed.* **2019**, *58*, 13666–13699.
17. Li, T.; Liang, K.; Zhang, Y.; Hu, D.; Ma, Z.; Xia, C. *Org. Lett.* **2020**, *22*, 2386–2390.

Mitsunobu-Reaktion

S$_N$2 Inversion eines Alkohols durch ein Nukleophil unter Verwendung von disubstituierten Azodicarboxylaten (ursprünglich Diethylazodicarboxylat oder DEAD) und trisubstituierten Phosphinen (ursprünglich Triphenylphosphin).

Diethylazodicarboxylat (DEAD)

Beispiel 1 [2]

Beispiel 2 [3]

Beispiel 3, Glucoronidation des Phenols: Herstellung eines sekundären Arzneimittelmetaboliten [6]

ADDP = 1,1'-(Azodicarbonyl)dipiperidin

Beispiel 4, Intramolekulare Mitsunobu-Reaktion [7]

Beispiel 5 [8]

Beispiel 6, Intramolekulare Mitsunobu-Reaktion [9]

Beispiel 7 [13]

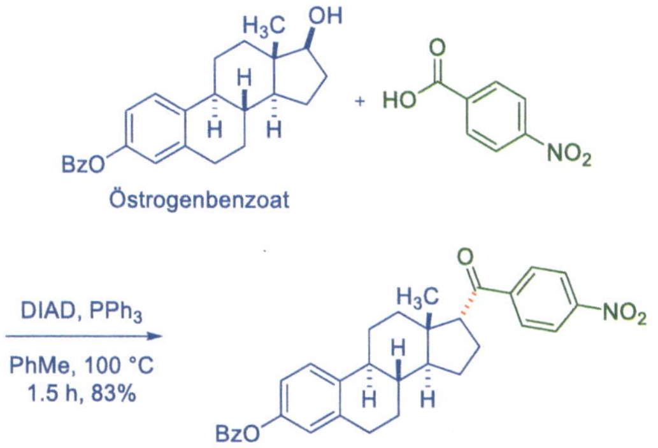

Östrogenbenzoat

DIAD, PPh$_3$
PhMe, 100 °C
1.5 h, 83%

Beispiel 8, Synthese einer Verunreinigung während des Pramipexol-Prozesses [14]

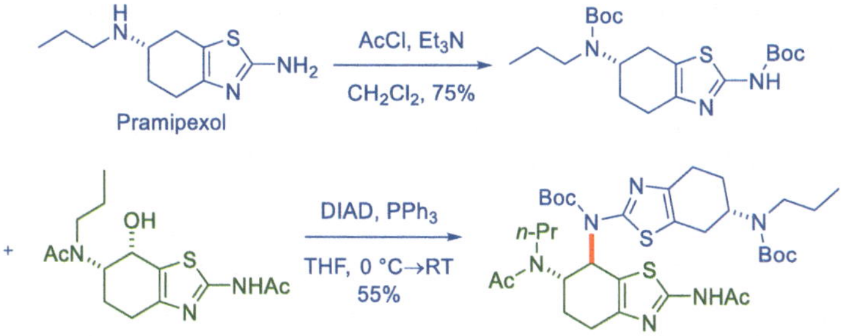

Pramipexol

AcCl, Et$_3$N
CH$_2$Cl$_2$, 75%

DIAD, PPh$_3$
THF, 0 °C→RT
55%

Beispiel 8, Entfernung von Triphenylphosphinoxid (TPPO) durch Fällung mit Zinkchlorid in polaren Lösungsmitteln (kompatibel mit RNHBoc, aber nicht kompatibel mit Verbindungen mit basischen Aminen) [15]

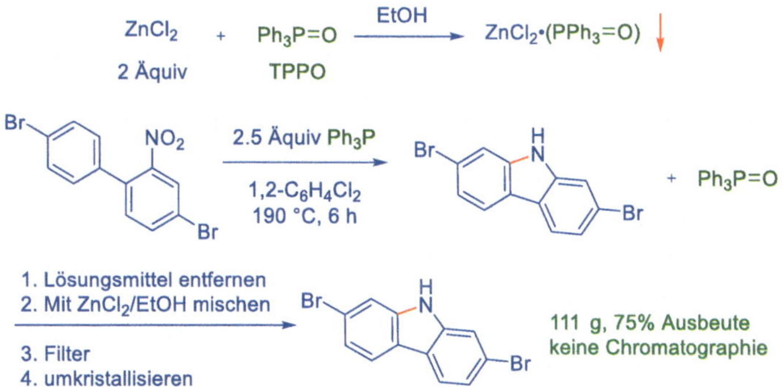

ZnCl$_2$ + Ph$_3$P=O $\xrightarrow{\text{EtOH}}$ ZnCl$_2$·(PPh$_3$=O) ↓
2 Äquiv   TPPO

2.5 Äquiv Ph$_3$P
1,2-C$_6$H$_4$Cl$_2$
190 °C, 6 h

+ Ph$_3$P=O

1. Lösungsmittel entfernen
2. Mit ZnCl$_2$/EtOH mischen
3. Filter
4. umkristallisieren

111 g, 75% Ausbeute
keine Chromatographie

Beispiel 10, Redox-neutrale organokatalytische Mitsunobu-Reaktionen [16]

Referenzen

1. (a) Mitsunobu, O.; Yamada, M. *Bull. Chem. Soc. Jpn.* **1967**, *40*, 2380–2382. (b) Mitsunobu, O. *Synthesis* **1981**, 1–28. (Übersichtsartikel).
2. Smith, A. B., III; Hale, K. J.; Rivero, R. A. *Tetrahedron Lett.* **1986**, *27*, 5813–5816.
3. Kocieński, P. J.; Yeates, C.; Street, D. A.; Campbell, S. F. *J. Chem. Soc., Perkin Trans. 1*, **1987**, 2183–2187.
4. Hughes, D. L. *Org. React.* **1992**, *42*, 335–656. (Übersichtsartikel).
5. Hughes, D. L. *Org. Prep. Proc. Int.* **1996**, *28*, 127–164. (Übersichtsartikel).
6. Vaccaro, W. D.; Sher, R.; Davis, H. R., Jr. *Bioorg. Med. Chem. Lett.* **1998**, *8*, 35–40.
7. Cevallos, A.; Rios, R.; Moyano, A.; Pericàs, M. A.; Riera, A. *Tetrahedron: Asymmetry* **2000**, *11*, 4407–4416.
8. Mukaiyama, T.; Shintou, T.; Fukumoto, K. *J. Am. Chem. Soc.* **2003**, *125*, 10538–10539.
9. Sumi, S.; Matsumoto, K.; Tokuyama, H.; Fukuyama, T. *Tetrahedron* **2003**, *59*, 8571–8587.
10. Lipshutz, B. H.; Chung, D. W.; Rich, B.; Corral, R. *Org. Lett.* **2006**, *8*, 5069–5072. [Di-*p*-chlorobenzyl azodicarboxylate (DCAD), eine stabile, feste Alternative zu DEAD und DIAD].
11. Christen, D. P. *Mitsunobu reaction.* In *Name Reactions for Homologations-Part II*; Li, J. J., Hrsg.; Wiley: Hoboken, NJ, **2009**, S. 671–748. (Übersichtsartikel).
12. Ganesan, M.; Salunke, R. V.; Singh, N.; Ramesh, N. G. *Org. Biomol. Chem.* **2013**, *11*, 559–611.
13. Cardoso, F. S. P.; Mickle, G. E.; da Silva, M. A.; Baraldi, P. T.; Ferreira, F. B. *Org. Process Res. Dev.* **2016**, *20*, 306–311.
14. Hu, T.; Yang, F.; Jiang, T.; Chen, W.; Zhang, J.; Li, J.; Jiang, X.; Shen, J. *Org. Process Res. Dev.* **2016**, *20*, 1899–1905.
15. Batesky, D. C.; Goldfogel, M. J.; Weix, D. J. *J. Org. Chem.* **2017**, *82*, 9931–9936. (Entfernung von TPPO).
16. Beddoe, R. H.; Andrews, K. G.; Magne, V.; Cuthbertson, J. D.; Saska, J.; Shannon-Little, A. L.; Shanahan, S. E.; Sneddon, H. F.; Denton, R. M. *Science* **2019**, *365*, 910–914. (Redox-neutrale organokatalytische Mitsunobu).
17. Howard, E. H.; Cain, C. F.; Kang, C.; Del Valle, J. R. *J. Org. Chem.* **2020**, *85*, 1680–1686.

Miyaura Borylierung

Palladium-katalysierte Reaktion von Arylhalogeniden mit Diboron-Reagenzien zur Herstellung von Arylboronaten. Auch bekannt als Hosomi–Miyaura Borylierung.

X = I, Br, Cl, OTf.

Beispiel 1 [7]

Beispiel 2 [8]

Beispiel 3 [9]

Beispiel 4, Ein-Topf-Synthese von Biindolyl [10]

Beispiel 4, Ein effizienter Miyaura-Borylierungsprozess unter Verwendung von Tetrahydroxydiboron [13]

Beispiel 5, Synthese von PI3Kδ Inhibitoren [4]

Beispiel 6 [15]

Beispiel 7, Nickel-katalysierte Miyaura-Borylierung unter Verwendung von Tetrahydroxydiboron [16]

Referenzen

1. Ishiyama, T.; Murata, M.; Miyaura, N. *J. Org. Chem.* **1995**, *60*, 7508 – 7510.
2. Miyaura, N.; Suzuki, A. *Chem. Rev.* **1995**, *95*, 2457 – 2483. (Übersichtsartikel).
3. Suzuki, A. *J. Organomet. Chem.* **1995**, *576*, 147 – 168. (Übersichtsartikel).
4. Carbonnelle, A.-C.; Zhu, J. *Org. Lett.* **2000**, *2*, 3477 – 3480.
5. Giroux, A. *Tetrahedron Lett.* **2003**, *44*, 233 – 235.
6. Kabalka, G. W.; Yao, M.-L. *Tetrahedron Lett.* **2003**, *44*, 7885 – 7887.
7. Ramachandran, P. V.; Pratihar, D.; Biswas, D.; Srivastava, A.; Reddy, M. V. R. *Org. Lett.* **2004**, *6*, 481 – 484.
8. Occhiato, E. G.; Lo Galbo, F.; Guarna, A. *J. Org. Chem.* **2005**, *70*, 7324 – 7330.
9. Skaff, O.; Jolliffe, K. A.; Hutton, C. A. *J. Org. Chem.* **2005**, *70*, 7353 – 7363.
10. Duong, H. A.; Chua, S.; Huleatt, P. B.; Chai, C. L. L. *J. Org. Chem.* **2008**, *73*, 9177–9180.
11. Jo, T. S.; Kim, S. H.; Shin, J.; Bae, C. *J. Am. Chem. Soc.* **2009**, *131*, 1656 – 1657.
12. Marciasini, L. D.; Richy, N.; Vaultier, M.; Pucheault, M. *Adv. Synth. Cat.* **2013**, *355*, 1083–1088.
13. Gurung, S. R.; Mitchell, C.; Huang, J.; Jonas, M.; Strawser, J. D.; Daia, E.; Hardy, A.; O'Brien, E.; Hicks, F.; Papageorgiou, C. D. *Org. Process Res. Dev.* **2017**, *21*, 65–74.
14. Edney, D.; Hulcoop, D. G.; Leahy, J. H.; Vernon, L. E.; Wipperman, M. D.; Bream, R. N.; Webb, M. R. *Org. Process Res. Dev.* **2018**, *22*, 368–376.
15. St-Jean, F.; Remarchuk, T.; Angelaud, R.; Carrera, D. E.; Beaudry, D.; Malhotra, S.; McClory, A.; Kumar, A.; Ohlenbusch, G.; Schuster, A. M.; et al. *Org. Process Res. Dev.* **2019**, *23*, 783–793.
16. Fan, C.; Wu, Q.; Zhu, C.; Wu, X.; Li, Y.; Luo, Y.; He, J.-B. *Org. Lett.* **2019**, *21*, 8888 – 8892.
17. Ring, O. T.; Campbell, A. D.; Hayter, B. R.; Powell, L. *Tetrahedron Lett.* **2020**, *61*, 151589.

Morita–Baylis–Hillman-Reaktion

Auch bekannt als die Baylis–Hillman-Reaktion. Es handelt sich um eine Kohlenstoff–Kohlenstoff-Bindungsbildende Umwandlung eines elektronenarmen Alkens mit einem Kohlenstoff-Elektrophil. Elektronenarme Alkene umfassen Acrylsäureester, Acrylnitrile, Vinylketone, Vinylsulfone, und Acroleine. Auf der anderen Seite können Kohlenstoff-Elektrophile Aldehyde, α-Alkoxycarbonylketone, Aldimine und Michael-Akzeptoren sein.

Allgemeines Schema:

$X = O, NR_2$, $EWG = CO_2R, COR, CHO, CN, SO_2R, SO_3R, PO(OEt)_2, CONR_2, CH_2=CHCO_2Me$

Katalytische tertiäre Amine:

DABCO   Chinuclidin   Indolizin

Der E2 (bimolekulare Eliminierung) Mechanismus ist hier ebenfalls wirksam:

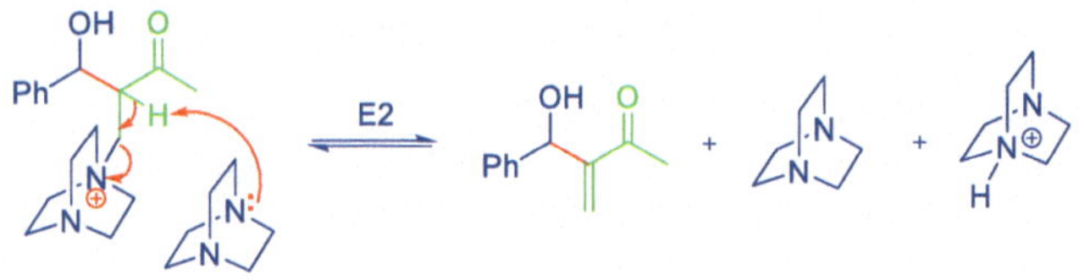

Beispiel 1, Intramolekulare Baylis-Hillman-Reaktion [6]

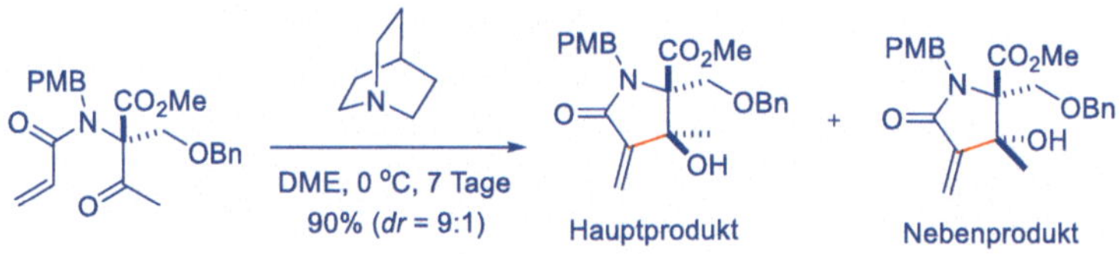

DME, 0 °C, 7 Tage
90% (*dr* = 9:1)

Hauptprodukt   Nebenprodukt

Beispiel 2 [7]

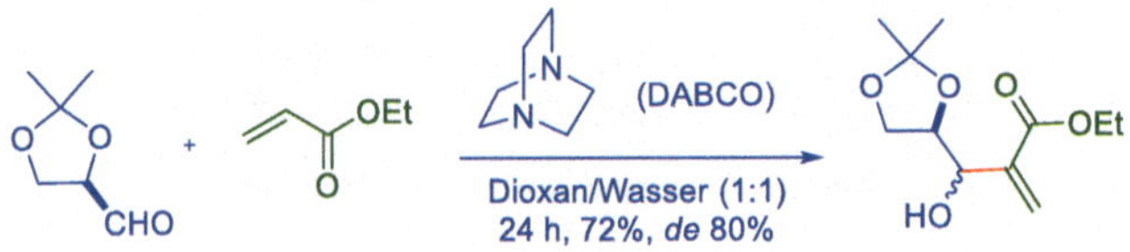

(DABCO)

Dioxan/Wasser (1:1)
24 h, 72%, *de* 80%

Beispiel 3, TBAI = Tetra-*n*-butylammoniumiodid [8]

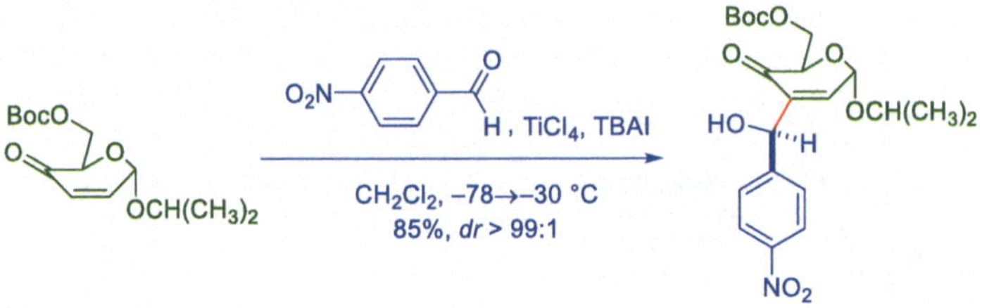

H, TiCl$_4$, TBAI

CH$_2$Cl$_2$, −78→−30 °C
85%, *dr* > 99:1

Beispiel 4 [9]

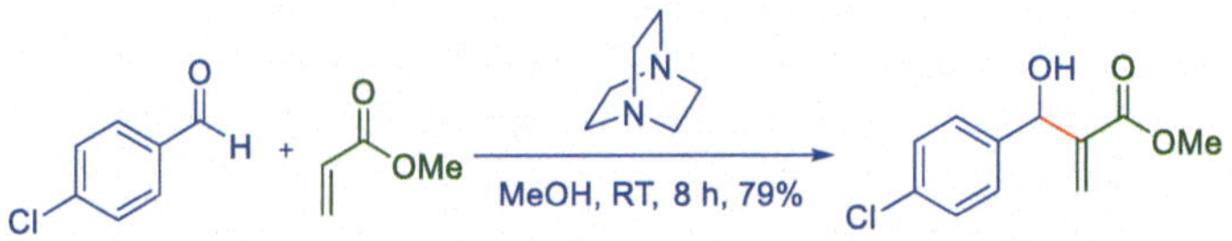

MeOH, RT, 8 h, 79%

Beispiel 5 [10]

Beispiel 6 [13]

Beispiel 7, Hin zur Synthese eines 1,4-Oxazepan-Noradrenalin-Wiederaufnahmeinhibitors (NRI) [16]

Beispiel 8, Intramolekulare aza-Morita-Baylis-Hillman-Reaktion [17]

Beispiel 9, Katalytische enantioselektive transannulare Morita-Baylis-Hillman-Reaktion [18]

chirale Kat. (10 mol %)
PhOH (50 mol %)
CHCl$_3$, 25 °C, 2 h
95%
97% ee

chirale Kat. =   BocHN–...–PPh$_3$

Referenzen

1. Baylis, A. B.; Hillman, M. E. D. Ger. Pat. 2,155,113, (**1972**). Sowohl Anthony B. Baylis als auch Melville E. D. Hillman waren Chemiker bei Celanese Corp. USA.
2. Basavaiah, D.; Rao, P. D.; Hyma, R. S. *Tetrahedron* **1996**, *52*, 8001–8062. (Übersichtsartikel).
3. Ciganek, E. *Org. React.* **1997**, *51*, 201–350. (Übersichtsartikel).
4. Wang, L.-C.; Luis, A. L.; Agapiou, K.; Jang, H.-Y.; Krische, M. J. *J. Am. Chem. Soc.* **2002**, *124*, 2402–2403.
5. Frank, S. A.; Mergott, D. J.; Roush, W. R. *J. Am. Chem. Soc.* **2002**, *124*, 2404–2405.
6. Reddy, L. R.; Saravanan, P.; Corey, E. J. *J. Am. Chem. Soc.* **2004**, *126*, 6230–6231.
7. Krishna, P. R.; Narsingam, M.; Kannan, V. *Tetrahedron Lett.* **2004**, *45*, 4773–4775.
8. Sagar, R.; Pant, C. S.; Pathak, R.; Shaw, A. K. *Tetrahedron* **2004**, *60*, 11399–11406.
9. Mi, X.; Luo, S.; Cheng, J.-P. *J. Org. Chem.* **2005**, *70*, 2338–2341.
10. Matsui, K.; Takizawa, S.; Sasai, H. *J. Am. Chem. Soc.* **2005**, *127*, 3680–3681.
11. Price, K. E.; Broadwater, S. J.; Jung, H. M.; McQuade, D. T. *Org. Lett.* **2005**, *7*, 147–150. Ein neuartiger Mechanismus mit einem Hemiacetal-Zwischenprodukt wird vorgeschlagen.
12. Limberakis, C. *Morita–Baylis–Hillman Reaction*. In *Name Reactions for Homologations-Part I*; Li, J. J., Hrsg.; Wiley: Hoboken, NJ, **2009**, S. 350–380. (Übersichtsartikel).
13. Cheng, P.; Clive, D. L. J. *J. Org. Chem.* **2012**, *77*, 3348–3364.
14. Wei, Y.; Shi, M. *Chem. Rev.* **2013**, *113*, 6659–6690. (Übersichtsartikel).
15. Pellissier, H. *Tetrahedron* **2017**, *73*, 2831–2861. (Übersichtsartikel).
16. Ishimoto, K.; Yamaguchi, K.; Nishimoto, A.; Murabayashi, M.; Ikemoto, T. *Org. Process Res. Dev.* **2017**, *21*, 2001–2011.
17. Bharadwaj, K. C. *J. Org. Chem.* **2018**, *83*, 14498–14506.
18. Mato, R.; Manzano, R.; Reyes, E.; Carrillo, L.; Uria, U.; Vicario, J. L. *J. Am. Chem. Soc.* **2019**, *141*, 9495–9499.
19. Helberg, J.; Ampssler, T.; Zipse, H. *J. Org. Chem.* **2020**, *85*, 5390–5402.

Mukaiyama Aldol Reaktion

Lewis-Säure-katalysierte Aldol-Kondensation von Aldehyd und Silylenolether.

Beispiel 1, Intramolekulare Mukaiyama Aldol Reaktion [3]

Beispiel 2, Intermolekulare Mukaiyama Aldol Reaktion (DTBMP = 2,6-di-*tert*-butyl-4-methylpyridin) [7]

Beispiel 3, Vinyloge Mukaiyama Aldol Reaktion [8]

Beispiel 4, Asymmetrische Mukaiyama Aldol Reaktion [10]

Beispiel 5 [12]

Beispiel 6 [13]

Beispiel 7 [14]

BF₃•CH₃CN, CH₂Cl₂
−60→−65 °C, 2.5 h

und dann erwärmt
−5→−10 °C, 2 h
~ 80%

Referenzen

1. (a) Mukaiyama, T.; Narasaka, K.; Banno, K. *Chem. Lett.* **1973**, 1011 – 1014. (b) Mukaiyama, T.; Narasaka, K.; Banno, K. *J. Am. Chem. Soc.* **1974**, *96*, 7503 – 7509.
2. Ishihara, K.; Kondo, S.; Yamamoto, H. *J. Org. Chem.* **2000**, *65*, 9125 – 9128.
3. Armstrong, A.; Critchley, T. J.; Gourdel-Martin, M.-E.; Kelsey, R. D.; Mortlock, A. A. *J. Chem. Soc., Perkin Trans. 1* **2002**, 1344 – 1350.
4. Clézio, I. L.; Escudier, J.-M.; Vigroux, A. *Org. Lett.* **2003**, *5*, 161 – 164.
5. Ishihara, K.; Yamamoto, H. *Boron and Silicon Lewis Acids for Mukaiyama Aldol Reactions.* In *Modern Aldol Re-actions* Mahrwald, R., Hrsg.; **2004**, 25 – 68. (Übersichtsartikel).
6. Mukaiyama, T. *Angew. Chem. Int. Ed.* **2004**, *43*, 5590 – 5614. (Übersichtsartikel).
7. Adhikari, S.; Caille, S.; Hanbauer, M.; Ngo, V. X.; Overman, L. E. *Org. Lett.* **2005**, *7*, 2795 – 2797.
8. Acocella, M. R.; Massa, A.; Palombi, L.; Villano, R.; Scettri, A. *Tetrahedron Lett.* **2005**, *46*, 6141 – 6144.
9. Jiang, X.; Liu, B.; Lebreton, S.; De Brabander, J. K. *J. Am. Chem. Soc.* **2007**, *129*, 6386 – 6387.
10. Webb, M. R.; Addie, M. S.; Crawforth, C. M.; Dale, J. W.; Franci, X.; Pizzonero, M.; Donald, C.; Taylor, R. J. K. *Tetrahedron* **2008**, *64*, 4778 – 4791.
11. Frings, M.; Atodiresei, I.; Runsink, J.; Raabe, G.; Bolm, C. *Chem. Eur. J.* **2009**, *15*, 1566 – 1569.
12. Gao, S.; Wang, Q.; Chen, C. *J. Am. Chem. Soc.* **2009**, *131*, 1410–1412.
13. Matsuo, J.-i.; Murakami, M. *Angew. Chem. Int. Ed.* **2013**, *52*, 9109 – 9118. (Übersichtsartikel).
14. Chung, J. Y. L.; Zhong, Y.-L.; Maloney, K. M.; Reamer, R.A.; Moore, J. C.; Strotman, H.; Kalinin, A.; Feng, R.; Strotman, N. A.; Xiang, B.; et al. *Org. Lett.* **2014**, *16*, 5890 – 5893.
15. Hosokawa, S. *Tetrahedron Lett.* **2018**, *59*, 77 – 88. (Übersichtsartikel).
16. Feng, W.-D.; Zhuo, S.-M.; Zhang, F.-L. *Org. Process Res. Dev.* **2019**, *23*, 1979–1989.
17. Bressin, R. K.; Osman, S.; Pohorilets, I.; Basu, U.; Koide, K. *J. Org. Chem.* **2020**, *85*, 4637–4647.

Mukaiyama-Michael-Addition

Lewis-Säure-katalysierte Michael-Addition von Silylenolether zu einem α,β-ungesättigten System.

Beispiel 1 [2]

TBABB = Tetra- *n* -butylammoniumbibenzoat

Beispiel 2 [5]

Beispiel 3 [8]

Beispiel 4, Intramolekulare Mukaiyama–Michael-Reaktion [9]

Beispiel 5, Enantioselektive Mukaiyama–Michael-Reaktion [11]

Beispiel 6, Mukaiyama–Michael-Reaktion zur Herstellung von Rauhut–Currier-Typ-Produkten [12]

Beispiel 7, Eine γ-Addition [13]

Beispiel 8 [14]

Referenzen

1. (a) Mukaiyama, T.; Narasaka, K.; Banno, K. *Chem. Lett.* **1973**, 1011 – 1014. (b) Mukaiyama, T.; Narasaka, K.; Banno, K. *J. Am. Chem. Soc.* **1974**, *96*, 7503 – 7509. (c) Mukaiyama, T. *Angew. Chem. Int. Ed.* **2004**, *43*, 5590 – 5614. (Übersichtsartikel).
2. Gnaneshwar, R.; Wadgaonkar, P. P.; Sivaram, S. *Tetrahedron Lett.* **2003**, *44*, 6047 – 6049.
3. Wang, X.; Adachi, S.; Iwai, H.; Takatsuki, H.; Fujita, K.; Kubo, M.; Oku, A.; Harada, T. *J. Org. Chem.* **2003**, *68*, 10046 – 10057.
4. Jaber, N.; Assie, M.; Fiaud, J.-C.; Collin, J. *Tetrahedron* **2004**, *60*, 3075 – 3083.
5. Shen, Z.-L.; Ji, S.-J.; Loh, T.-P. *Tetrahedron Lett.* **2005**, *46*, 507 – 508.
6. Wang, W.; Li, H.; Wang, J. *Org. Lett.* **2005**, *7*, 1637 – 1639.
7. Ishihara, K.; Fushimi, M. *Org. Lett.* **2006**, *8*, 1921 – 1924.
8. Jewett, J. C.; Rawal, V. H. *Angew. Chem. Int. Ed.* **2007**, *46*, 6502 – 6504.
9. Liu, Y.; Zhang, Y.; Jee, N.; Doyle, M. P. *Org. Lett.* **2008**, *10*, 1605 – 1608.
10. Takahashi, A.; Yanai, H.; Taguchi, T. *Chem. Commun.* **2008**, 2385 – 2387.
11. Rout, S.; Ray, S. K.; Singh, V. K. *Org. Biomol. Chem.* **2013**, *11*, 4537 – 4545.
12. Frias, M.; Mas-Ballesté, R.; Arias, S.; Alvarado, C.; Alemán, J. *J. Am. Chem. Soc.* **2017**, *139*, 672 – 679.
13. Sharma, B. M.; Shinde, D. R.; Jain, R.; Begari, E.; Sathaiya, S.; Gonnade, R. G.; Kumar, P. *Org. Lett.* **2018**, *20*, 2787 – 2797.
14. Gu, Q.; Wang, X.; Sun, B.; Lin, G. *Org. Lett.* **2019**, *21*, 5082 – 5085.
15. Kortet, S.; Claraz, A.; Pihko, P. M. *Org. Lett.* **2020**, *22*, 3010 – 3013.

Mukaiyama-Reagenz

Pyridiniumhalogenid-Reagenz zur Veresterung oder Amidbildung.

Allgemeines Schema:

Beispiel 1 [1c]

Die Amidbildung mit dem Mukaiyama-Reagenz folgt einem ähnlichen mechanistischer Weg. [1d]

Beispiel 2, Polymergestütztes Mukaiyama-Reagenz [5]

Beispiel 3 [9]

Beispiel 4, Fluorisches Mukaiyama-Reagenz [10]

Beispiel 5, Lactamisierung [12]

Beispiel 6, Vorbereitung eines UDP-3-O-(acyl)-N-acetylglucosamin-Deacetylase (LpxC)-Inhibitors [13]

Beispiel 7, Vorbereitung selektiver Acetyl-CoA-Carboxylase (ACC) 1-Inhibitoren [14]

Referenzen

1. (a) Mukaiyama, T.; Usui, M.; Shimada, E.; Saigo, K. *Chem. Lett.* **1975,** 1045–1048. (b) Hojo, K.; Kobayashi, S.; Soai, K.; Ikeda, S.; Mukaiyama, T. *Chem. Lett.* **1977,** 635–636. (c) Mukaiyama, T. *Angew. Chem. Int. Ed.* **1979,** *18*, 707–708. (d) Für Amidbildung, siehe: Huang, H.; Iwasawa, N.; Mukaiyama, T. *Chem. Lett.* **1984,** 1465–1466.

2. Nicolaou, K. C.; Bunnage, M. E.; Koide, K. *J. Am. Chem. Soc.* **1994**, *116*, 8402–8403.
3. Yong, Y. F.; Kowalski, J. A.; Lipton, M. A. *J. Org. Chem.* **1997**, *62*, 1540–1542.
4. Folmer, J. J.; Acero, C.; Thai, D. L.; Rapoport, H. *J. Org. Chem.* **1998**, *63*, 8170–8182.
5. Crosignani, S.; Gonzalez, J.; Swinnen, D. *Org. Lett.* **2004**, *6*, 4579–4582.
6. Mashraqui, S. H.; Vashi, D.; Mistry, H. D. *Synth. Commun.* **2004**, *34*, 3129–3134.
7. Donati, D.; Morelli, C.; Taddei, M. *Tetrahedron Lett.* **2005**, *46*, 2817–2819.
8. Vandromme, L.; Monchaud, D.; Teulade-Fichou, M.-P. *Synlett* **2006**, 3423–3426.
9. Ren, Q.; Dai, L.; Zhang, H.; Tan, W.; Xu, Z.; Ye, T. *Synlett* **2008**, 2379–2383.
10. Matsugi, M.; Suganuma, M.; Yoshida, S.; Hasebe, S.; Kunda, Y.; Hagihara, K.; Oka, S. *Tetrahedron Lett.* **2008**, *49*, 6573–6574.
11. Novosjolova, I. *Synlett* **2013**, *24*, 135–136. (Übersichtsartikel).
12. Murphy-Benenato, K. E.; Olivier, N.; Choy, A.; Ross, P. L.; Miller, M. D.; Thresher, J.; Gao, N.; Hale, M. R. *ACS Med. Chem. Lett.* **2014**, *5*, 1213–1218.
13. Rombouts, F. J. R.; Tresadern, G.; Delgado, O.; Martinez-Lamenca, C.; Van Gool, M.; Garcia-Molina, A.; Alonso de Diego, S. A.; Oehlrich, D.; Prokopcova, H.; Alonso, J. M.; et al. *J. Med. Chem.* **2015**, *58*, 8216–8235.
14. Mizojiri, R.; Asano, M.; Tomita, D.; Banno, H.; Nii, N.; Sasaki, M.; Sumi, H.; Satoh, Y.; Yamamoto, Y.; Moriya, T.; et al. *J. Med. Chem.* **2018**, *61*, 1098–1117.
15. Chen, L.; Luo, G. *Tetrahedron Lett.* **2019**, *60*, 268–271.
16. Ikeuchi, K.; Ueji, T.; Matsumoto, S.; Wakamori, S.; Yamada, H. *Eur. J. Org. Chem.* **2020**, 2077–2085.

Nazarov Cyclisierung

Säurekatalysierte elektrozyklische Bildung von Cyclopentenon aus Di-Vinyl-Keton.

Beispiel 1 [2]

Beispiel 2 [6]

Beispiel 3 [9]

Beispiel 4 [10]

Beispiel 5, Ein Beispiel mit einem anderen Mechanismus [11]

Beispiel 6 [12]

Beispiel 7, Eisenvermittelte Domino unterbrochene iso-Nazarov/Dearomative (3 + 2)-Cycloaddition von elektrophilen Indolen [14]

Beispiel 8, Ein-Pott kationische Kaskade zu Haloindene mit einer Halo-Nazarov Cyclisierung [16]

Referenzen

1. Nazarov, I. N.; Torgov, I. B.; Terekhova, L. N. *Bull. Akad. Wiss. (USSR)* **1942**, 200. I. N. Nazarov (1900 – 1957), ein sowjetischer Wissenschaftler, entdeckte diese Reaktion im Jahr 1942. Es wurde gesagt, dass fast genauso viele junge synthetische Chemiker bei der Suche nach einer asymmetrischen Nazarov Cyclisierung wie bei der Bayliss – Hillman Reaktion verloren gegangen sind.
2. Denmark, S. E.; Habermas, K. L.; Hite, G. A. *Helv. Chim. Acta* **1988,** *71*, 168 – 194; 195 – 208.
3. Habermas, K. L.; Denmark, S. E.; Jones, T. K. *Org. Reakt.* **1994,** *45,* 1 – 158. (Übersichtsartikel).
4. Kim, S.-H.; Cha, J. K. *Synthesis* **2000,** 2113 – 2116.
5. Giese, S.; West, F. G. *Tetrahedron* **2000,** *56*, 10221 – 10228.
6. Mateos, A. F.; de la Nava, E. M. M.; González, R. R. *Tetrahedron* **2001,** *57*, 1049 – 1057.
7. Harmata, M.; Lee, D. R. *J. Am. Chem. Soc.* **2002,** *124*, 14328 – 14329.
8. Leclerc, E.; Tius, M. A. *Org. Lett.* **2003,** *5*, 1171 – 1174.
9. Marcus, A. P.; Lee, A. S.; Davis, R. L.; Tantillo, D. J.; Sarpong, R. *Angew. Chem. Int. Ed.* **2008,** *47*, 6379 – 6383.
10. Bitar, A. Y.; Frontier, A. J. *Org. Lett.* **2009,** *11*, 49 – 52.
11. Gao, S.; Wang, Q.; Chen, C. *J. Am. Chem. Soc.* **2009,** *131*, 1410–1412.
12. Xi, Z.-G.; Zhu, L.; Luo, S.; Cheng, J.-P. *J. Org. Chem.* **2013,** *78*, 606–613.
13. Di Grandi, M. J. *Org. Biomol. Chem.* **2014,** *12*, 5331–5345. (Übersichtsartikel).

14. Marques, A.-S.; Coeffard, V.; Chataigner, I.; Vincent, G.; Moreau, X. *Org. Lett.* **2016**, *18*, 5296–5299.
15. Vinogradov, M. G.; Turova, O. V.; Zlotin, S. G. *Org. Biomol. Chem.* **2017**, *15*, 8245–8269. (Übersichtsartikel).
16. Holt, C.; Alachouzos, G.; Frontier, A. J. *J. Am. Chem. Soc.* **2019**, *141*, 5461–5469.
17. Corbin, J. R.; Ketelboeter, D. R.; Fernandez, I.; Schomaker, J. M. *J. Am. Chem. Soc.* **2020**, *142*, 5568–5573.

Neber-Umlagerung

α-Aminoketon aus Tosylketoxim und Base. Die Netto-Umwandlung eines Ketons in ein α-Aminoketon *über* das Oxim.

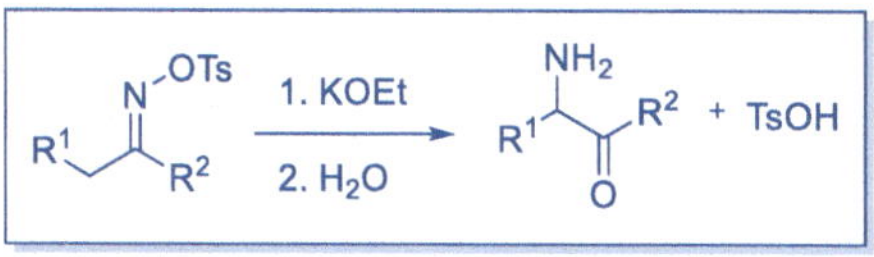

Ketoxim α-Aminoketon

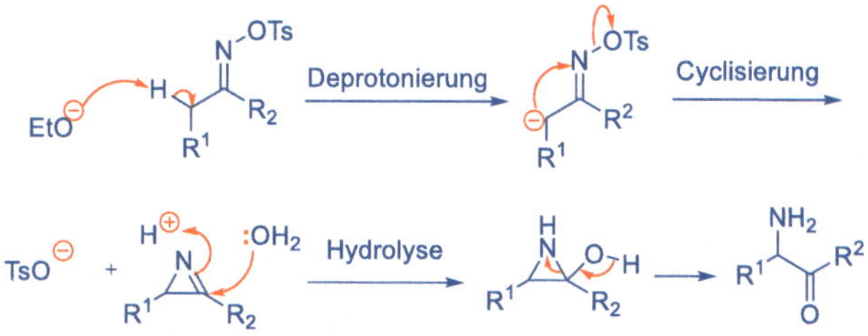

Azirin-Zwischenprodukt

Beispiel 1 [3]

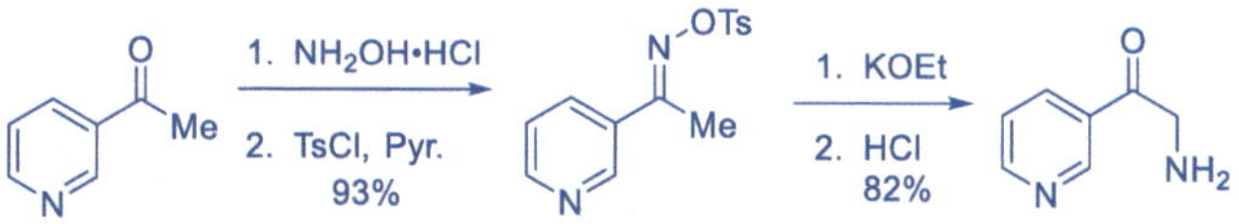

Beispiel 2, Eine Variante mit Iminochlorid [5]

Beispiel 3 [8]

J. J. Li, *Namensreaktionen*, https://doi.org/10.1007/978-3-031-52850-7_103

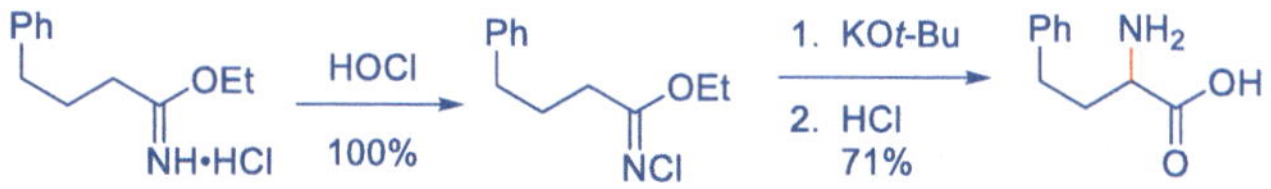

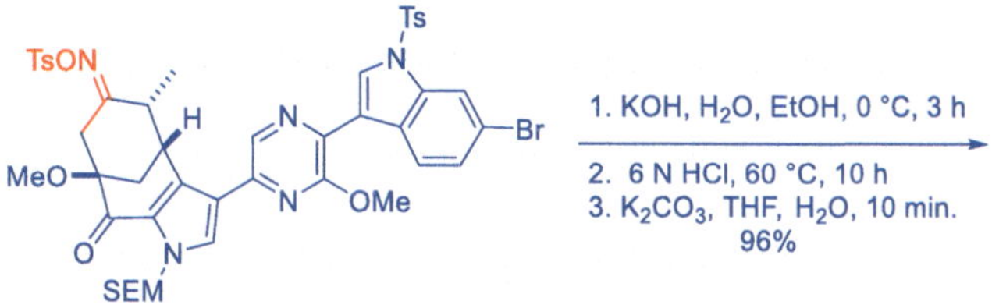

Beispiel 4 [9]

Beispiel 5, PNB = *p* -Nitrobenzyl [11]

Beispiel 6, Ein-Topf-Synthese von Pyridin unter Verwendung der Neber Reaktion [13]

Beispiel 7, Hin zur TotalSynthese von (*R*)-(*Z*)-Antazirin [14]

Beispiel 8, *C* -Angriff überwiegt (saure Bedingungen begünstigen *O* -Angriff) [15]

Beispiel 9, Trifluormethyl-Azirine über metallfreie, Et₃N-vermittelte Neber-Reaktion [16]

Referenzen

1. Neber, P. W.; v. Friedolsheim, A. *Ann.* **1926**, *449*, 109–134.
2. O'Brien, C. *Chem. Rev.* **1964**, *64*, 81–89. (Übersichtsartikel).
3. LaMattina, J. L.; Suleske, R. T. *Synthesis* **1980**, 329–330.
4. Verstappen, M. M. H.; Ariaans, G. J. A.; Zwanenburg, B. *J. Am. Chem. Soc.* **1996**, *118*, 8491–8492.
5. Oldfield, M. F.; Botting, N. P. *J. Labeled Compd. Radiopharm.* **1998**, *16*, 29–36.
6. Palacios, F.; Ochoa de Retana, A. M.; Gil, J. I. *Tetrahedron Lett.* **2002**, *41*, 5363–5366.
7. Ooi, T.; Takahashi, M.; Doda, K.; Maruoka, K. *J. Am. Chem. Soc.* **2002**, *124*, 7640–7641.
8. Garg, N. K.; Caspi, D. D.; Stoltz, B. M. *J. Am. Chem. Soc.* **2005**, *127*, 5970–5978.
9. Taber, D. F.; Tian, W. *J. Am. Chem. Soc.* **2006**, *128*, 1058–1059.
10. Richter, J. M. *Neber Rearrangement*. In *Name Reactions for Homologations-Part I*; Li, J. J., Hrsg.; Wiley: Hoboken, NJ, **2009**, S. 464–473. (Übersichtsartikel).
11. Cardoso, A. L.; Gimeno, L.; Lemos, A.; Palacios, F.; Teresa, M. V. D.; Melo, P. *J. Org. Chem.* **2013**, *78*, 6983–6991.
12. Khlebnikov, A. F.; Novikov, M. S. *Tetrahedron* **2013**, *69*, 3363–3401. (Übersichtsartikel).
13. Jiang, Y.; Park, C.-M.; Loh, T.-P. *Org. Lett.* **2014**, *16*, 3432–3435.
14. Kadama, V. D.; Sudhakar, G. *Tetrahedron* **2015**, *71*, 1058–1067.
15. Ning, Y.; Otani, Y.; Ohwada, T. *J. Org. Chem.* **2018**, *83*, 203–219.
16. Huang, Y.-J.; Qiao, B.; Zhang, F.-G.; Ma, J.-A. *Tetrahedron* **2018**, *74*, 3791–3796.
17. Khlebnikov, A. F.; Novikov, M. S.; Rostovskii, N. V. *Tetrahedron* **2019**, *75*, 2555–2624. (Übersichtsartikel).
18. Alves, C.; Grosso, C.; Barrulas, P.; Paixao, J. A.; Cardoso, A. L.; Burke, A. J.; Lemos, A.; Pinho e Melo, T. M. V. D. *Synlett* **2020**, *31*, 553–558.

Nef-Reaktion

Umwandlung eines primären oder sekundären Nitroalkans in die entsprechende Carbonylverbindung.

Beispiel 1 [4]

Beispiel 2 [6]

Beispiel 3 [7]

Beispiel 4 [9]

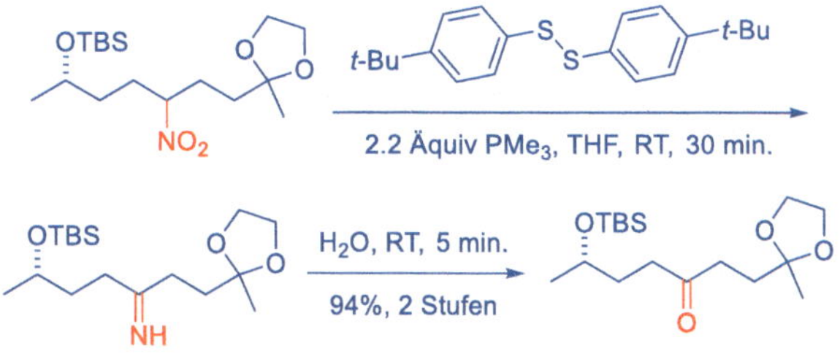

[Reaktionsschema: Nitroverbindung mit OTBS und Dioxolan-Gruppe wird mit 2.2 Äquiv PMe₃, THF, RT, 30 min. behandelt → Imin-Zwischenstufe → H₂O, RT, 5 min. → Keton, 94%, 2 Stufen]

Beispiel 5 [10]

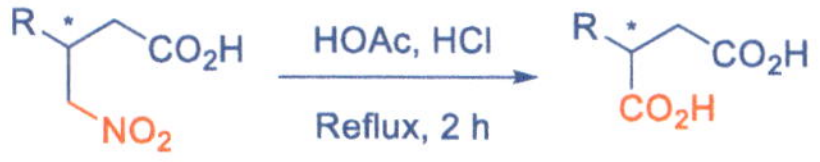

[Reaktionsschema: R-CH(CO₂H)-CH₂-NO₂ → HOAc, HCl, Reflux, 2 h → R-CH(CO₂H)-CH₂-CO₂H]

Beispiel 6 [11]

[Reaktionsschema: N-Cbz-Pyrrolidin mit Vinyl-NO₂-Substituent → NaBH₄/MeOH, dann H₂O₂, K₂CO₃, 18 h, 65% → Methylketon-Produkt]

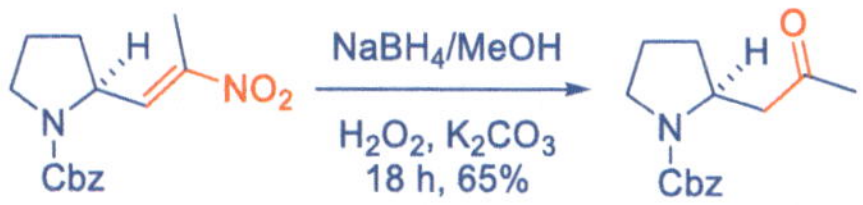

Beispiel 7, die Nef-Reaktion wurde durch eine DBU-vermittelte Alken-Isomerisierung gefolgt, um thermodynamisch stabilere α,β-ungesättigte Ketone zu liefern [13]

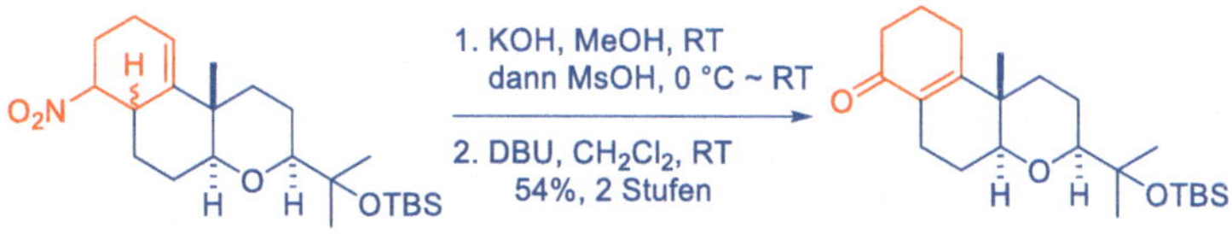

[Reaktionsschema: O₂N-substituiertes Decalin-System mit OTBS → 1. KOH, MeOH, RT dann MsOH, 0 °C ~ RT; 2. DBU, CH₂Cl₂, RT; 54%, 2 Stufen → α,β-ungesättigtes Keton]

Beispiel 8, Die Nef-Nitro-Substrate wurden aus palladiumkatalysierter α-Arylierung von Arylnitromethanen hergestellt [14]

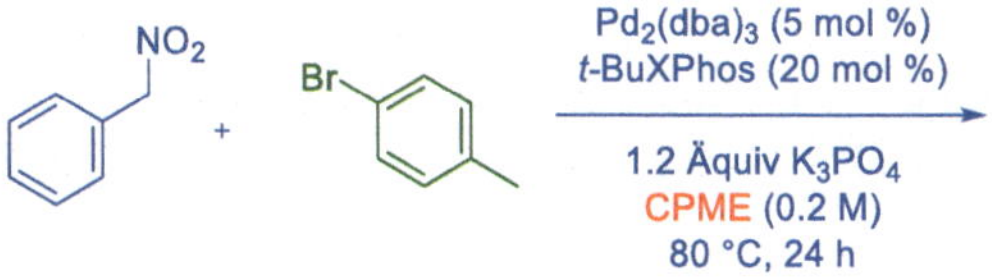

[Reaktionsschema: Benzyl-NO₂ + Br-C₆H₄-CH₃ → Pd₂(dba)₃ (5 mol %), t-BuXPhos (20 mol %), 1.2 Äquiv K₃PO₄, CPME (0.2 M), 80 °C, 24 h]

CPME = Cyclopentylmethylether, ein Lösungsmittel, das resistenter gegen Autooxidation als THF und Ether ist

Beispiel 9 [15]

Referenzen

1. Nef, J. U. *Ann.* **1894**, *280*, 263 – 342. John Ulrich Nef (1862 – 1915) wurde in der Schweiz geboren und wanderte im Alter von vier Jahren mit seinen Eltern in die USA aus. Er ging nach München, Deutschland, um bei Adolf von Baeyer zu studieren, und erwarb einen Ph.D. im Jahr 1886. Zurück in den Staaten, war er Professor an der Purdue University, der Clark University und der University of Chicago. Die Nef-Reaktion wurde an der Clark University in Worcester, Massachusetts entdeckt. Nef war temperamentvoll und impulsiv, litt unter ein paar geistigen Zusammenbrüchen. Er war auch sehr individualistisch und hatte nie mit einem Mitarbeiter veröffentlicht, abgesehen von drei frühen Artikeln.
2. Pinnick, H. W. *Org. React.* **1990**, *38*, 655–792. (Übersichtsartikel).
3. Adam, W.; Makosza, M.; Saha-Moeller, C. R.; Zhao, C.-G. *Synlett* **1998**, 1335–1336.
4. Thominiaux, C.; Rousse, S.; Desmaele, D.; d'Angelo, J.; Riche, C. *Tetrahedron: Asymmetry* **1999**, *10,* 2015–2021.
5. Ballini, R.; Bosica, G.; Fiorini, D.; Petrini, M. *Tetrahedron Lett.* **2002**, *43,* 5233–5235.
6. Chung, W. K.; Chiu, P. *Synlett* **2005**, 55–58.
7. Tishkov, A. A.; Schmidhammer, U.; Roth, S.; Riedle, E.; Mayr, H. *Angew. Chem. Int. Ed.* **2005**, *44,* 4623 – 4626.
8. Wolfe, J. P. *Nef-Reaktion.* Nef Reaction. In Name Reactions for Functional Group Transformations; Li, J. J., Hrsg.; Wiley: Hoboken, NJ, **2007**, S. 645–652. (Übersichtsartikel).
9. Burés, J.; Vilarrasa, J. *Tetrahedron Lett.* **2008**, *49,* 441–444.
10. Felluga, F.; Pitacco, G.; Valentin, E.; Venneri, C. D. *Tetrahedron: Asymmetry* **2008**, *19,* 945–955.
11. Chinmay Bhat, C.; Tilve, S. G. *Tetrahedron* **2013**, *69,* 6129–6143.
12. Ballini, R.; Petrini, M. *Adv. Synth. Catal.* **2015**, *357,* 2371–2402. (Übersichtsartikel).
13. Sharpe, R. J.; Johnson, J. S. *J. Org. Chem.* **2015**, *80,* 9740–9766.
14. VanGelder, K. F.; Kozlowski, M. C. *Org. Lett.* **2015**, *17,* 5748–5751.
15. Huang, W.-L.; Raja, A.; Hong, B.-C.; Lee, G.-H. *Org. Lett.* **2017**, *19,* 3494–3497.
16. Ju, M.; Guan, W.; Schomaker, J. M.; Harper, K. C. *Org. Lett.* **2019**, *21,* 8893–8898.

17. Ferreira, J. R. M.; Nunes da Silva, R.; Rocha, J.; Silva, A. M. S.; Guieu, S. *Synlett* **2020**, *31*, 632–634.

Negishi-Kreuzkupplungsreaktion

Die Negishi-Kreuzkupplungsreaktion ist die Nickel- oder Palladium-katalysierte Kupplung von Organozinkverbindungen mit verschiedenen Halogeniden oder Triflaten (Aryl, Alkenyl, Alkinyl und Acyl).

$$R^1\text{-}X + R^2Zn\text{-}Y \xrightarrow[\text{Lösungsmittel}]{NiL_n \text{ or } PdL_n} R^1\text{-}R^2$$

R^1 = Aryl, Alkenyl, Alkinyl, Acyl
R^2 = Aryl, Heteroaryl, Alkenyl, Allyl, Bn, Homoallyl, Homopropargyl
X = Cl, Br, I, OTf
Y = Cl, Br, I
L_n = PPh$_3$, dba, dppe

Beispiel 1 [3]

Beispiel 2 [4]

Beispiel 3 [8]

Beispiel 4 [9]

Beispiel 5 [11]

Beispiel 6, ortselektive *N,N*-di-Boc-Aktivierung für N–C Spaltung von primären Amiden [12]

Beispiel 7 [13]

CPME = Cyclopentylmethylether, ein Lösungsmittel, das resistenter gegen Autooxidation ist als THF und Ether

Beispiel 8, Alkylpyridiniumsalze als Elektrophile in deaminativen Alkyl-Alkyl-Kreuzkupplungen [15]

Beispiel 9 [16]

Referenzen

1. (a) Negishi, E.-I.; Baba, S. *J. Chem. Soc., Chem. Commun.* **1976,** 596–597. (b) Negishi, E.-I.; King, A. O.; Okukado, N. *J. Org. Chem.* **1977,** *42,* 1821–1823. (c) Negishi, E.-I. *Acc. Chem. Res.* **1982,** *15,* 340–348. (Übersichtsartikel). Negishi ist ein Professor an der Purdue University. Er gewann 2010 zusammen mit Richard F. Heck und Akira Suzuki den Nobelpreis „für palladiumkatalysierte Kreuzkupplungen in der organischen Synthese".
2. Erdik, E. *Tetrahedron* **1992,** *48,* 9577–9648. (Übersichtsartikel).
3. De Vos, E.; Esmans, E. L.; Alderweireldt, F. C.; Balzarini, J.; De Clercq, E. *J. Heterocycl. Chem.* **1993,** *30,* 1245–1252.
4. Evans, D. A.; Bach, T. *Angew. Chem. Int. Ed.* **1993,** *32,* 1326–1327.
5. Negishi, E.-I.; Liu, F. In *Metal-Catalyzed Cross-Coupling Reactions;* Diederich, F.; Stang, P. J., Hrsg.; Wiley-VCH: Weinheim, Deutschland, **1998,** S. 1–47. (Übersichtsartikel).
6. Arvanitis, A. G.; Arnold, C. R.; Fitzgerald, L. W.; Frietze, W. E.; Olson, R. E.; Gilligan, P. J.; Robertson, D. W. *Bioorg. Med. Chem. Lett.* **2003,** *13,* 289–291.
7. Ma, S.; Ren, H.; Wei, Q. *J. Am. Chem. Soc.* **2003,** *125,* 4817–4830.
8. Corley, E. G.; Conrad, K.; Murry, J. A.; Savarin, C.; Holko, J.; Boice, G. *J. Org. Chem.* **2004,** *69,* 5120–5123.
9. Inoue, M.; Yokota, W.; Katoh, T. *Synthesis* **2007,** 622–637.
10. Yet, L. *Negishi cross-coupling reaction.* In *Name Reactions for Homologations-Part I;* Li, J. J., Ed.; Wiley: Hoboken, NJ, **2009,** S. 70–99. (Übersichtsartikel).
11. Dolliver, D. D.; Bhattarai, B. T.; et al. *J. Org. Chem.* **2013,** *78,* 3676–3687.
12. Shi, S.; Szostak, M. *Org. Lett.* **2016,** *18,* 5872–5875.
13. Dalziel, M. E.; Chen, P.; Carrera, D. E.; Zhang, H.; Gosselin, F. *Org. Lett.* **2017,** *19,* 3446–3449.
14. Brittain, W. D. G.; Cobb, S. L. *Org. Biomol. Chem.* **2018,** *16,* 10–20. (Übersichtsartikel).
15. Plunkett, S.; Basch, C. H.; Santana, S. O.; Watson, M. P. *J. Am. Chem. Soc.* **2019,** *141,* 2257–2262.
16. Lee, H.; Lee, Y.; Cho, S. H. *Org. Lett.* **2019,** *21,* 5912–5916.
17. Lutter, F. H.; Grokenberger, L.; Benz, M.; Knochel, P. *Org. Lett.* **2020,** *22,* 3028–3032.

Newman–Kwart-Umlagerung

Umwandlung von Phenol in das entsprechende Thiophenol, eine Variante der Smiles-Reaktion.

Die Newman–Kwart-Umlagerung ist ein Mitglied einer Reihe von verwandten Umlagerungen, wie der **Schönberg-Umlagerung** und der **Chapman-Umlagerung**, bei denen Arylgruppen intramolekular zwischen nicht benachbarten Atomen wandern. Die Schönberg-Umlagerung ist die ähnlichste und beinhaltet die 1,3-Migration einer Arylgruppe von Sauerstoff zu Schwefel in einem Diarylthiocarbonat. Die Chapman-Umlagerung beinhaltet eine analoge Migration, aber zu Stickstoff.

Beispiel 1 [5]

Beispiel 2 [6]

Beispiel 3 [7]

Beispiel 4, Benzylic Thio- oder Seleno-Newman–Kwart Umlagerung [14]

Beispiel 5, Ein-Elektron-Oxidation bei Raum Temperatur [15]

Beispiel 6 [16]

Mohr's Salz (5 mol %)
1 Äquiv $(NH_4)_2S_2O_8$

CH_3CN/H_2O (3:1)
2 h, 86%

Mohr's Salz = $(NH_4)_2Fe(SO_4)_2·6H_2O$

Referenzen

1. (a) Kwart, H.; Evans, E. R. *J. Org. Chem.* **1966**, *31*, 410–413. (b) Newman, M. S.; Karnes, H. A. *J. Org. Chem.* **1966**, *31*, 3980–3984. (c) Newman, M. S.; Hetzel, F. W. *J. Org. Chem.* **1969**, *34*, 3604–3606.
2. Cossu, S.; De Lucchi, O.; Fabbri, D.; Valle, G.; Painter, G. F.; Smith, R. A. J. *Tetrahedron* **1997**, *53*, 6073–6084.
3. Lin, S.; Moon, B.; Porter, K. T.; Rossman, C. A.; Zennie, T.; Wemple, J. *Org. Prep. Proc. Int.* **2000**, *32*, 547–555.
4. Ponaras, A. A.; Zain, Ö. In *Encyclopedia of Reagents for Organic Synthesis*, Paquette, L. A., Ed.; Wiley: New York, **1995**, 2174–2176. (Übersichtsartikel).
5. Kane, V. V.; Gerdes, A.; Grahn, W.; Ernst, L.; Dix, I.; Jones, P. G.; Hopf, H. *Tetrahedron Lett.* **2001**, *42*, 373–376.
6. Albrow, V.; Biswas, K.; Crane, A.; Chaplin, N.; Easun, T.; Gladiali, S.; Lygo, B.; Woodward, S. *Tetrahedron: Asymmetry* **2003**,
7. Bowden, S. A.; Burke, J. N.; Gray, F.; McKown, S.; Moseley, J. D.; Moss, W. O.; Murray, P. M.; Welham, M. J.; Young, M. J. *Org. Process Res. Dev.* **2004**, *8*, 33–44.
8. Nicholson, G.; Silversides, J. D.; Archibald, S. J. *Tetrahedron Lett.* **2006**, *47*, 6541–6544.
9. Gilday, J. P.; Lenden, P.; Moseley, J. D.; Cox, B. G. *J. Org. Chem.* **2008**, *73*, 3130–3134.
10. Lloyd-Jones, G. C.; Moseley, J. D.; Renny, J. S. *Synthesis* **2008**, 661–689.
11. Tilstam, U.; Defrance, T.; Giard, T.; Johnson, M. D. *Org. Process Res. Dev.* **2009**, *13*, 321–323.
12. Das, J.; Le Cavelier, F.; Rouden, J.; Blanchet, J. *Synthesis* **2012**, *44*, 1349–1352.
13. Perkowski, A. J.; Cruz, C. L.; Nicewicz, D. A. *J. Am. Chem. Soc.* **2015**, *137*, 15684–15687.
14. Eriksen, K.; Ulfkjær, A.; Sølling, T. I.; Pittelkow, M. *J. Org. Chem.* **2018**, *83*, 10786–10797.
15. Pedersen, S. K.; Ulfkjær, A.; Newman, M. N.; Yogarasa, S.; Petersen, A. U.; Sølling, T. I.; Pittelkow, M. *J. Org. Chem.* **2018**, *83*, 12000–12006.
16. Gendron, T.; Pereira, R.; Abdi, H. Y.; Witney, T. H.; Årstad, E. *Org. Lett.* **2020**, *22*, 274–278.

Nicholas Reaktion

Das Hexacarbonyldicobalt-stabilisierte Propargyl-Kation wird von einem Nucleophil eingefangen. Die anschließende oxidative Demetallisierung liefert dann das propargylierte Produkt.

Propargyl-Kation-Zwischenprodukt (stabilisiert durch den Hexacarbonyldicobalt Komplex).

Beispiel 1, Eine Chrom-Variante der Nicholas Reaktion [3]

Beispiel 2, Eine Nicholas–Pauson–Khand Sequenz [4]

Beispiel 3, Intramolekulare Nicholas-Reaktion mit Chrom [7]

Beispiel 4 [9]

Beispiel 5, Kobalt-Komplex zur Erhöhung der sterischen Hinderung [12]

Beispiel 6 [13]

Beispiel 7 [14]

Referenzen

1. Nicholas, K. M.; Pettit, R. *J. Organomet. Chem.* **1972**, *44*, C21–C24.
2. Nicholas, K. M. *Acc. Chem. Res.* **1987**, *20*, 207–214. (Übersichtsartikel).
3. Corey, E. J.; Helal, C. J. *Tetrahedron Lett.* **1996**, *37*, 4837–4840.
4. Jamison, T. F.; Shambayati, S. *J. Am. Chem. Soc.* **1997**, *119*, 4353–4363.
5. Teobald, B. J. *Tetrahedron* **2002**, *58*, 4133 – 4170. (Übersichtsartikel).
6. Takase, M.; Morikawa, T.; Abe, H.; Inouye, M. *Org. Lett.* **2003**, *5*, 625–628.
7. Ding, Y.; Green, J. R. *Synlett* **2005**, 271–274.
8. Pinacho Crisóstomo, F. R.; Carrillo, R. *Tetrahedron Lett.* **2005**, *46*, 2829–2832.
9. Hamajima, A.; Isobe, M. *Org. Lett.* **2006**, *8*, 1205–1208.
10. Shea, K. M. *Nicholas Reaction*. In *Name Reactions for Homologations-Part I;* Li, J. J., Ed.; Wiley: Hoboken, NJ, **2009**, S. 284–298. (Übersichtsartikel).
11. Mukai, C.; Kojima, T.; Kawamura, T.; Inagaki, F. *Tetrahedron* **2013**, *69*, 7659–7669.
12. Feldman, K. S.; Folda, T. S. *J. Org. Chem.* **2016**, *81*, 4566–4575.
13. Shao, H.; Bao, W.; Jing, Z.-R.; Wang, Y.-P.; Zhang, F.-M.; Wang, S.-H.; Tu, Y.-Q. *Org. Lett.* **2017**, *19*, 4648–4651.
14. Johnson, R. E.; Ree, H.; Hartmann, M.; Lang, L.; Sawano, S.; Sarpong, R. *J. Am. Chem. Soc.* **2019**, *141*, 2233–2237.
15. Kaczmarek, R.; Korczynski, D.; Green, J. R.; Dembinski, R. *Beilst. J. Org. Chem.* **2020**, *16*, 1–8.

Noyori Asymmetrische Hydrierung

Asymmetrische Reduktion von Carbonylen und Alkenen *über* Hydrierung, katalysiert durch ein Ruthenium(II) BINAP-Komplex.

$[RuCl_2(binap)(solv)_2] \xrightarrow[-HCl]{H_2} [RuHCl(binap)(solv)_2]$

Der katalytische Zyklus:

Beispiel 1 [1b]

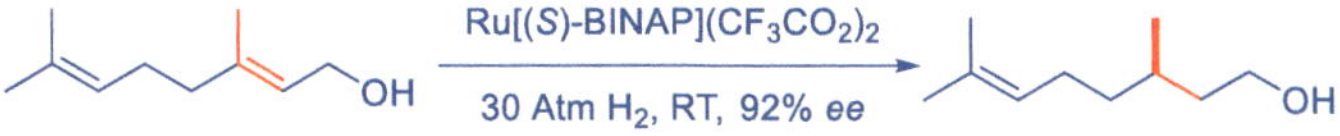

Ru[(S)-BINAP](CF$_3$CO$_2$)$_2$
30 Atm H$_2$, RT, 92% ee

Beispiel 2 [1c]

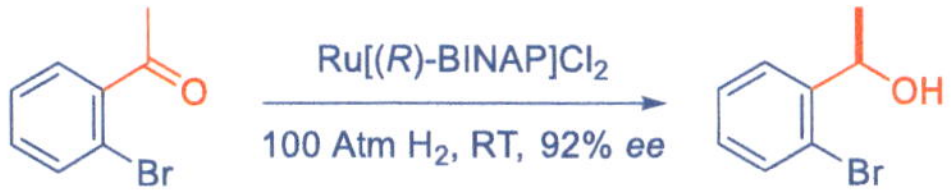

Ru[(R)-BINAP]Cl$_2$
100 Atm H$_2$, RT, 92% ee

Beispiel 3 [9]

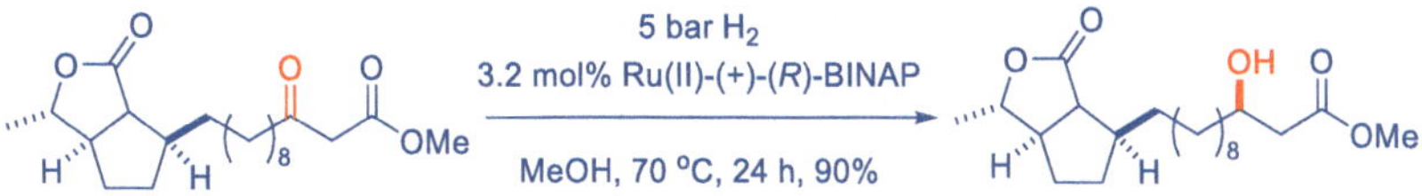

5 bar H$_2$
3.2 mol% Ru(II)-(+)-(R)-BINAP
MeOH, 70 °C, 24 h, 90%

Beispiel 4 [10]

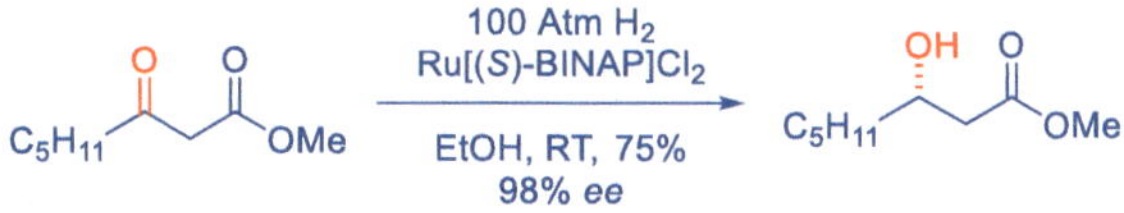

100 Atm H$_2$
Ru[(S)-BINAP]Cl$_2$
EtOH, RT, 75%
98% ee

Beispiel 5 [11]

IPA/35%HCl/LiCl
H$_2$ (85–90 psi), 65 °C
93%

96% ee; 94% de

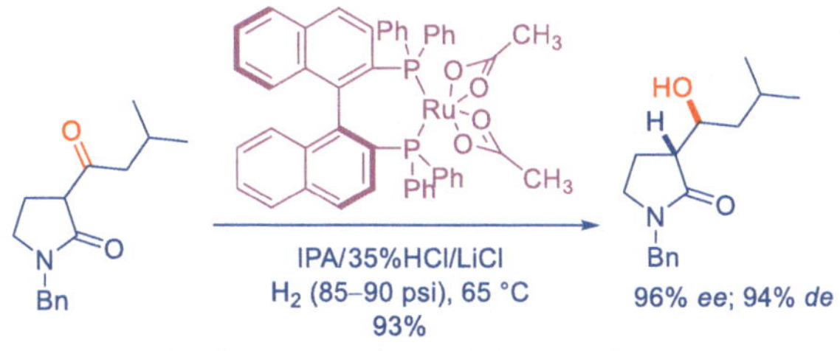

Beispiel 6 Die asymmetrische Transferhydrierung (ATH) nach Noyori führte zu einer dynamischen kinetischen Racematspaltung (DKR) mit spontaner Lactonisierung [12]

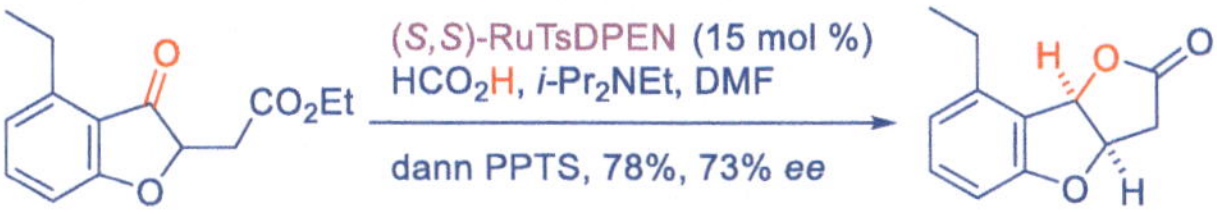

(S,S)-RuTsDPEN (15 mol %)
HCO$_2$H, i-Pr$_2$NEt, DMF
dann PPTS, 78%, 73% ee

(S,S)-RuTsDPEN =

Beispiel 7 [13]

(S,S)-RuTsDPEN (15 mol %)
i-PrOH, RT
94%, dr = 94:6

Beispiel 8 Rutheniumkatalysierte asymmetrische Transferhydrierung (ATH) [14]

[RuCl(η^6-Aren)(R,R)-TsDPEN]
(0.5 Mol-%)
HCO$_2$H/Et$_3$N (5:2), CH$_2$Cl$_2$
30 °C, 7 h, 97%, > 99% ee

Beispiel 9 [15]

0.1 Äquiv
RuCl(p-Cymen)(S,S)-TsDPEN
7.51 Äquiv HCO$_2$H/Et$_3$N (5:2)
65%, dr > 20:1

Referenzen

1. Noyori, R.; Ohta, M.; Hsiao, Y.; Kitamura, M.; Ohta, T.; Takaya, H. *J. Am. Chem. Soc.* **1986**, *108*, 7117-7119. Ryoji Noyori (Japan, 1938-) und William S. Knowles (USA, 1917-2012) Für ihre Arbeiten zu chiral katalysierten Hydrierungsreaktionen erhielten sie 2001 die Hälfte des Nobelpreises für Chemie. K. Barry Sharpless (USA, 1941-) teilte die andere Hälfte für seine Arbeit über chiral katalysierte Oxidationsreaktionen (b) Takaya, H.; Ohta, T.; Sayo, N.; Kumobayashi, H.; Akutagawa, S.; Inoue, S.; Kasahara, I.; Noyori, R. *J. Am. Chem. Soc.* **1987**, *109*, 1596-1598. (c) Kitamura, M.; Ohkuma, T.; Inoue, S.; Sayo, N.; Kumobayashi, H.; Akutagawa, S.; Ohta, T.; Takaya, H.; Noyori, R. *J. Am. Chem. Soc.* **1988**, *110*, 629-631. (d) Noyori, R.; Ohkuma, T.; Kitamura, H.; Takaya, H.; Sayo, H.; Kumobayashi, S.; Akutagawa, S. *J. Am. Chem. Soc.* **1987**, *109*, 5856-5858. (e) Noyori, R.; Ohkuma, T. *Angew. Chem. Int. Ed.* **2001**, *40*, 40-73. (Review). (f) Noyori, R. *Angew. Chem. Int. Ed.* **2002**, *41*, 2008-2022. (Rezension, Nobelpreisansprache).
2. Noyori, R. In *Asymmetric Catalysis in Organic Synthesis*; Ojima, I., ed.; Wiley: New York, **1994**, Chapter 2. (Rezension).

3. Chung, J. Y. L.; Zhao, D.; Hughes, D. L.; McNamara, J. M.; Grabowski, E. J. J.; Reider, P. J. *Tetrahedron Lett.* **1995**, *36*, 7379–7382.
4. Bayston, D. J.; Travers, C. B.; Polywka, M. E. C. *Tetrahedron: Asymmetry* **1998**, *9*, 2015–2018.
5. Berkessel, A.; Schubert, T. J. S.; Mueller, T. N. *J. Am. Chem. Soc.* **2002**, *124*, 8693–8698.
6. Fujii, K.; Maki, K.; Kanai, M.; Shibasaki, M. *Org. Lett.* **2003**, *5*, 733–736.
7. Ishibashi, Y.; Bessho, Y.; Yoshimura, M.; Tsukamoto, M.; Kitamura, M. *Angew. Chem. Int. Ed.* **2005**, *44*, 7287–7290.
8. Lall, M. S. *Noyori Asymmetric Hydrogenation, In Name Reactions for Functional Group Trans-formations*; Li, J. J., Hrsg.; Wiley: Hoboken, NJ, **2007**, S. 46–66. (Rezension).
9. Bouillon, M. E.; Meyer, H. H. *Tetrahedron* **2007**, *63*, 2712–2723.
10. Case-Green, S. C.; Davies, S. G.; Roberts, P. M.; Russell, A. J.; Thomson, J. E. *Tetrahedron: Asymmetry* **2008**, *19*, 2620–2631.
11. Magnus, N. A.; Astleford, B. A.; Laird, D. L. T.; Maloney, T. D.; McFarland, A. D.; Rizzo, J. R.; Ruble, J. C.; Stephenson, G. A.; Wepsiec, J. P. *J. Org. Chem.* **2013**, *78*, 5768–5774.
12. Alnafta, N.; Schmidt, J. P.; Nesbitt, C. L.; McErlean, C. S. P. *Org. Lett.* **2016**, *18*, 6520–6522.
13. Dias, L. C.; Polo, E. C. *J. Org. Chem.* **2017**, *82*, 4072–4112.
14. Zheng, L.-S.; Phansavath, P.; Ratovelomanana-Vidal, V. *Org. Lett.* **2018**, *20*, 5107–5111.
15. Blitz, M.; Heine, R. C.; Harms, K.; Koert, U. *Org. Lett.* **2019**, *21*, 785–788.
16. Zhao, M. M.; Zhang, H.; Iimura, S.; Bednarz, M. S.; Kanamarlapudi, R. C.; Yan, J.; Lim, N.-K.; Wu, W. *Org. Process Res. Dev.* **2020**, *24*, 261–273.

Nozaki–Hiyama–Kishi Reaktion

Cr–Ni bimetallischer Katalysator-fördernde Redox-Addition von Vinyl- oder Propargyl-Halogeniden zu Aldehyden.

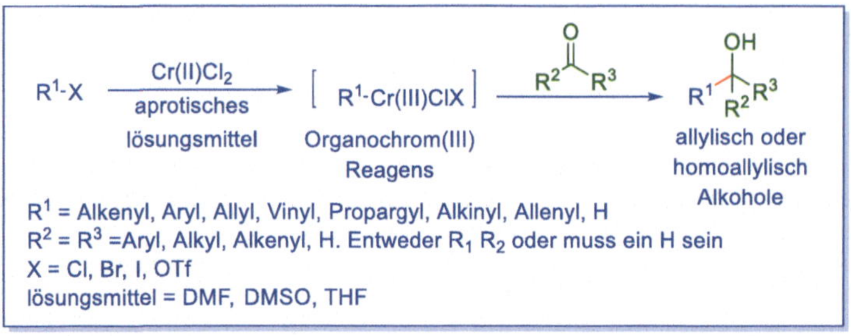

$$R^1\text{-}X \xrightarrow[\text{aprotisches lösungsmittel}]{Cr(II)Cl_2} [R^1\text{-}Cr(III)ClX] \xrightarrow{R^2COR^3} R^1\underset{R^2}{\overset{OH}{C}}R^3$$

Organochrom(III) Reagens → allylisch oder homoallylisch Alkohole

R^1 = Alkenyl, Aryl, Allyl, Vinyl, Propargyl, Alkinyl, Allenyl, H
$R^2 = R^3$ = Aryl, Alkyl, Alkenyl, H. Entweder R_1 R_2 oder muss ein H sein
X = Cl, Br, I, OTf
lösungsmittel = DMF, DMSO, THF

Der katalytische Zyklus: [2]

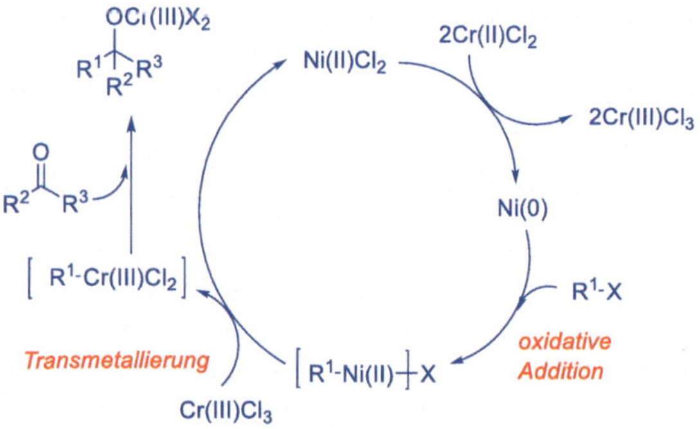

(katalytischer Zyklus-Diagramm mit Transmetallierung und oxidativer Addition)

Beispiel 1 [3]

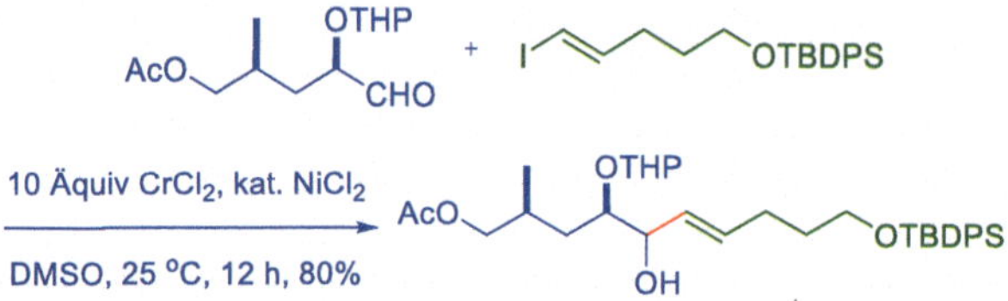

AcO–CH(Me)–CH(OTHP)–CHO + I–CH=CH–CH₂CH₂–OTBDPS

$\xrightarrow[\text{DMSO, 25 °C, 12 h, 80\%}]{\text{10 Äquiv CrCl}_2\text{, kat. NiCl}_2}$ AcO–CH(Me)–CH(OTHP)–CH(OH)–CH=CH–CH₂CH₂–OTBDPS

Beispiel 2 [5]

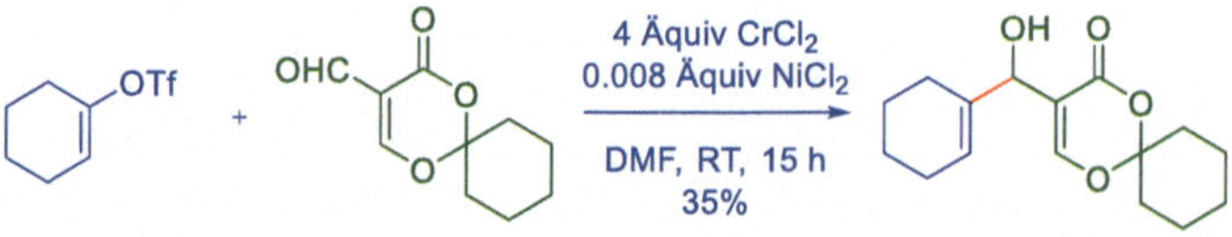

Cyclohexenyl-OTf + OHC-(Dioxanon-Spiro-cyclohexan)
$\xrightarrow[\text{DMF, RT, 15 h}]{\text{4 Äquiv CrCl}_2, \text{ 0.008 Äquiv NiCl}_2}$ 35%
→ Cyclohexenyl-CH(OH)-(Dioxanon-Spiro-cyclohexan)

Beispiel 3, Intramolekulare Nozaki–Hiyama–Kishi Reaktion [8]

Beispiel 4, Intramolekulare Nozaki–Hiyama–Kishi Reaktion [9]

Beispiel 5, Asymmetrische Nozaki–Hiyama–Kishi Reaktion [11]

Beispiel 6, Spätstadium Nozaki–Hiyama–Kishi Makrolactonisierung [12]

Beispiel 7 [14]

Beispiel 8 [15]

Beispiel 9 [17]

Referenzen

1. (a) Okude, C. T.; Hirano, S.; Hiyama, T.; Nozaki, H. *J. Am. Chem. Soc.* **1977**, *99*, 3179–3181. Hitosi Nozaki und T. Hiyama sind Professoren an der Japanischen Akademie. (b) Takai, K.; Kimura, K.; Kuroda, T.; Hiyama, T.; Nozaki, H. *Tetrahedron Lett.* **1983**, *24*, 5281–5284. Kazuhiko Takai war Prof. Nozakis Student während der Entdeckung der Reaktion und ist ein Professor an der Universität Okayama. (c) Jin, H.; Uenishi, J.; Christ, W. J.; Kishi, Y. *J. Am. Chem. Soc.* **1986**, *108*, 5644–5646. Yoshito Kishi an der Harvard Universität entdeckte unabhängig den katalytischen Effekt von Nickel während seiner GesamtSynthese von Polytoxin. (d) Takai, K.; Tagahira, M.; Kuroda, T.; Oshima, K.; Utimoto, K.; Nozaki, H. *J. Am. Chem. Soc.* **1986**, *108*, 6048–6050. (e) Kress, M. H.; Ruel, R.; Miller, L. W. H.; Kishi, Y. *Tetrahedron Lett.* **1993**, *34*, 5999–6002.
2. Fürstner, A.; Shi, N. *J. Am. Chem. Soc.* **1996**, *118*, 12349–12357. (Der katalytische Zyklus).
3. Chakraborty, T. K.; Suresh, V. R. *Chem. Lett.* **1997**, 565–566.
4. Fürstner, A. *Chem. Rev.* **1999**, *99*, 991–1046. (Übersichtsartikel).

5. Blaauw, R. H.; Benninghof, J. C. J.; van Ginkel, A. E.; van Maarseveen, J. H.; Hiemstra, H. *J. Chem. Soc., Perkin Trans. 1* **2001**, 2250–2256.
6. Berkessel, A.; Menche, D.; Sklorz, C. A.; Schroder, M.; Paterson, I. *Angew. Chem. Int. Ed.* **2003**, *42*, 1032–1035.
7. Takai, K. *Org. React.* **2004**, *64*, 253 – 612. (Übersichtsartikel).
8. Karpov, G. V.; Popik, V. V. *J. Am. Chem. Soc.* **2007**, *129*, 3792–3793.
9. Valente, C.; Organ, M. G. *Chem. Eur. J.* **2008**, *14*, 8239–8245.
10. Yet, L. *Nozaki–Hiyama–Kishi Reaction.* In *Name Reactions for Homologations-Part I;* Li, J. J., Hrsg.; Wiley: Hoboken, NJ, **2009**, S. 299–318. (Übersichtsartikel).
11. Austad, B. C.; Benayoud, F.; Calkins, T. L.; et al. *Synlett* **2013**, *17*, 327–332.
12. Bolte, B.; Basutto, J. A.; Bryan, C. S.; Garson, M. J.; Banwell, M. G.; Ward, J. S. *J. Org. Chem.* **2015**, *80*, 460–470.
13. Tian, Q.; Zhang, G. *Synthesis* **2016**, *48*, 4038–4049. (Übersichtsartikel).
14. Ghosh, A. K.; Nyalapatla, P. R. *Org. Lett.* **2016**, *18*, 2286–2299.
15. Wang, B.; Xie, Y.; Yang, Q.; Zhang, G.; Gu, Z. *Org. Lett.* **2016**, *18*, 5388–5391.
16. Gil, A.; Albericio, F.; Alvarez, M. *Chem. Rev.* **2017**, *117*, 8420–8446. (Übersichtsartikel).
17. Swyka, R. A.; Zhang, W.; Richardson, J.; Ruble, J. C.; Krische, M. J. *J. Am. Chem. Soc.* **2019**, *141*, 1828–1832.
18. Rafaniello, A. A.; Rizzacasa, M. A. *Org. Lett.* **2020**, *22*, 1972–1975.

Olefin-Metathese

Grubbs, Schrock, Heveyda und viele andere haben bedeutende Beiträge zum Gebiet der Olefin-Metathese geleistet. Anstatt eine Namensreaktion zu geben, wird es hier kollektiv als Olefin-Metathese bezeichnet.

original catalyst   Grubbs I   Grubbs II

Mes = Mesityl

Hoveyda–Grubbs I   Hoveyda–Grubbs II   Schrock's Katalysator

Alle drei Katalysatoren werden als „$L_nM=CHR$" in dem folgenden Mechanismus.

Erzeugung des echten Katalysators aus den Vorstufenkatalysatoren:

der aktive Katalysator

Katalytischer Zyklus:

Beispiel 1 [3]

Beispiel 2 [4]

Beispiel 3 [7]

Beispiel 4 [9]

Beispiel 5 [10]

Beispiel 6 [12]

Beispiel 7 [13]

Beispiel 8, Intermolekulare Olefin-Metathese [14]

Beispiel 9 [15]

Beispiel 10 [18]

Beispiel 11 [19]

Referenzen

1. Schrock, R. R.; Murdzek, J. S.; Bazan, G. C.; Robbins, J.; DiMare, M.; O'Regan, M. *J. Am. Chem. Soc.* **1990**, *112*, 3875–3886. Richard Schrock ist Professor am MIT. Er teilte sich den Nobelpreis für Chemie 2005 mit Robert Grubbs vom Caltech und Yves Chauvin vom Institut Français du Pétrole in Frankreich für ihre Beiträge zur Metathese.

2. Grubbs, R. H.; Miller, S. J.; Fu, G. C. *Acc. Chem. Res.* **1995**, *28*, 446–452. (Übersichtsartikel).
3. Scholl, M.; Tunka, T. M.; Morgan, J. P.; Grubbs, R. H. *Tetrahedron Lett.* **1999**, *40*, 2247–2250.
4. Fellows, I. M.; Kaelin, D. E., Jr.; Martin, S. F. *J. Am. Chem. Soc.* **2000**, *122*, 10781–10787.
5. Timmer, M. S. M.; Ovaa, H.; Filippov, D. V.; van der Marel, G. A.; van Boom, J. H. *Tetrahedron Lett.* **2000**, *41*, 8635–8638.
6. Thiel, O. R. *Alkene and alkyne metathesis in organic synthesis.* In *Transition Metals for Organic Synthesis (2nd Edn.)*, **2004**, *1*, S. 321–333. (Übersichtsartikel).
7. Smith, A. B., III; Basu, K.; Bosanac, T. *J. Am. Chem. Soc.* **2007**, *129*, 14872–14874.
8. Hoveyda, A.H.; Zhugralin, A. R. *Nature* **2007**, *450*, 243–251. (Übersichtsartikel).
9. Marvin, C. C.; Clemens, A. J. L.; Burke, S. D. *Org. Lett.* **2007**, *9*, 5353–5356.
10. Keck, G. E.; Giles, R. L.; Cee, V. J.; Wager, C. A.; Yu, T.; Kraft, M. B. *J. Org. Chem.* **2008**, *73*, 9675–9691.
11. Donohoe, T. J.; Fishlock, L. P.; Procopiou, P. A. *Chem. Eur. J.* **2008**, *14*, 5716–5726. (Übersichtsartikel).
12. Sattely, E. S.; Meek, S. J.; Malcolmson, S. J.; Schrock, R. R.; Hoveyda, A. H. *J. Am. Chem. Soc.* **2009**, *131*, 943–953.
13. Moss, T. A. *Tetrahedron Lett.* **2013**, *54*, 993–997.
14. Raju, K. S.; Sabitha, G. *Tetrahedron: Asymmetrie* **2016**, *27*, 639–642.
15. Burnley, J.; Wang, Z. J.; Jackson, W. R.; Robinson, A. J. *J. Org. Chem.* **2017**, *82*, 8497–8505.
16. Yu, M.; Lou, S.; Gonzalez-Bobes, F. *Org. Process Res. Dev.* **2018**, *22*, 918–946. (Übersichtsartikel).
17. Lecourt, C.; Dhambri, S.; Allievi, L.; Sanogo, Y.; Zeghbib, N.; Othman, R. B.; Lannou, M.-I.; Sorin, G.; Ardisson, J. *Nat. Prod. Rep.* **2018**, *35*, 105–124. (Übersichtsartikel).
18. Atkin, L.; Chen, Z.; Robertson, A.; Sturgess, D.; White, J. M.; Rizzacasa, M. A. *Org. Lett.* **2018**, *20*, 4255–4258.
19. Cheng-Sánchez, I.; Carrillo, P.; Sánchez-Ruiz, A.; Martinez-Poveda, B.; Quesada, A. R.; Medina, M. A.; López-Romero, J. M.; Sarabia, F. *J. Org. Chem.* **2018**, *83*, 5365–5383.
20. Li, J.; Stoltz, B. M.; Grubbs, R. H. *Org. Lett.* **2019**, *21*, 10139–10142.
21. Yamanushkin, P.; Smith, S. P.; Petillo, P. A.; Rubin, M. *Org. Lett.* **2020**, *22*, 3542–3546.

Oppenauer Oxidation

Alkoxid-katalysierte Oxidation von sekundären Alkoholen. Umkehrung der Meerwein–Ponndorf–Verley-Reduktion.

zyklischer Übergangszustand

Beispiel 1, Mg-Oppenauer-Oxidation [3]

Beispiel 2 [6]

Beispiel 3, Mg-Oppenauer Oxidation [8]

Beispiel 4 [10]

Beispiel 5, Tandem-nukleophile Addition–Oppenauer Oxidation [12]

Beispiel 6, Ruthenium(II)-NNN-Komplex als Katalysator [13]

Beispiel 7, Indium(III)-Isopropoxid als Wasserstoffübertragungskatalysator [14]

Referenzen

1. Oppenauer, R. V. *Rec. Trav. Chim.* **1937**, *56*, 137–144. Rupert V. Oppenauer (1910 – 1969), geboren in Burgstall, Italien, studierte an der ETH in Zürich unter Ruzicka und Reichstei, beide Nobelpreisträger. Nach einer Reihe von akademischen Ernennungen

in ganz Europa und einem Aufenthalt bei Hoffman – La Roche, arbeitete Oppenauer für das Ministerium für öffentliche Gesundheit in Buenos Aires, Argentinien.

2. Djerassi, C. *Org. React.* **1951**, *6*, 207–235. (Übersichtsartikel).
3. Byrne, B.; Karras, M. *Tetrahedron Lett.* **1987**, *28*, 769–772.
4. Ooi, T.; Otsuka, H.; Miura, T.; Ichikawa, H.; Maruoka, K. *Org. Lett.* **2002**, *4*, 2669–2672.
5. Suzuki, T.; Morita, K.; Tsuchida, M.; Hiroi, K. *J. Org. Chem.* **2003**, *68*, 1601–1602.
6. Auge, J.; Lubin-Germain, N.; Seghrouchni, L. *Tetrahedron Lett.* **2003**, *44*, 819–822.
7. Hon, Y.-S.; Chang, C.-P.; Wong, Y.-C. Byrne, B.; Karras, M. *Tetrahedron Lett.* **2004**, *45*, 3313–3315.
8. Kloetzing, R. J.; Krasovskiy, A.; Knochel, P. *Chem. Eur. J.* **2007**, *13*, 215–227.
9. Fuchter, M. J. *Oppenauer Oxidation*. In *Name Reactions for Functional Group Transformations*; Li, J. J., Ed.; Wiley: Hoboken, NJ, **2007**, pp 265–373. (Review).
10. Mello, R.; Martinez-Ferrer, J.; Asensio, G.; Gonzalez-Nunez, M. E. *J. Org. Chem.* **2008**, *72*, 9376–9378.
11. Borzatta, V.; Capparella, E.; Chiappino, R.; Impala, D.; Poluzzi, E.; Vaccari, A. *Cat. Today* **2009**, *140*, 112–116.
12. Fu, Y.; Yang, Y.; Hügel, H. M.; Du, Z.; Wang, K.; Huang, D.; Hu, Y. *Org. Biomol. Chem.* **2013**, *11*, 4429–4432.
13. Wang, Q.; Du, W.; liu, T.; Chai, H.; Yu, Z. *Tetrahedron Lett.* **2014**, *55*, 1585–1588.
14. Ogiwara, Y.; Ono, Y.; Sakai, N. *Synthesis* **2016**, *48*, 4143–4148.
15. Krasniqi, B.; Geerts, K.; Dehaen, W. *J. Org. Chem.* **2019**, *84*, 5027–5034.

Overman-Umlagerung

Stereoselektive Umwandlung von allylischem Alkohol zu allylischem Trichloracetamid *über* ein Trichloracet*imidat* Zwischenprodukt.

Trichloracetimidat

Beispiel 1 [5]

Beispiel 2 [6]

Beispiel 3 [7]

Beispiel 4 [9]

Beispiel 5, Kaskadenartige Overman-Umlagerung [11]

Beispiel 6, Thermische [3,3]- und [3,5]-Umlagerung [12]

Beispiel 7 [13]

Beispiel 8 [14]

Referenzen

1. (a) Overman, L. E. *J. Am. Chem. Soc.* **1974**, *96*, 597–599. (b) Overman, L. E. *J. Am. Chem. Soc.* **1976**, *98*, 2901–2910. (c) Overman, L. E. *Acc. Chem. Res.* **1980**, *13*, 218–224. (Review).

2. Demay, S.; Kotschy, A.; Knochel, P. *Synthesis* **2001**, 863–866.

3. Oishi, T.; Ando, K.; Inomiya, K.; Sato, H.; Iida, M. *Org. Lett.* **2002**, *4*, 151–154.

4. Reilly, M.; Anthony, D. R.; Gallagher, C. *Tetrahedron Lett.* **2003**, *44*, 2927–2930.

5. Tsujimoto, T.; Nishikawa, T.; Urabe, D.; Isobe, M. *Synlett* **2005**, 433–436.

6. Montero, A.; Mann, E.; Herradon, B. *Tetrahedron Lett.* **2005**, *46*, 401–405.

7. Hakansson, A. E.; Palmelund, A.; Holm, H. *Chem. Eur. J.* **2006**, *12*, 3243–3253.

8. Børjstrup, M.; Fanejord, M.; Lundt, I. *Org. Biomol. Chem.* **2007**, *5*, 3164–3171.

9. Lamy, C.; Hifmann, J.; Parrot-Lopez, H.; Goekjian, P. *Tetrahedron Lett.* **2007**, *48*, 6177–6180.

10. Wu, Y.-J. *Overman Rearrangement.* In *Name Reactions for Homologations-Part II;* Li, J. J., Hrsg.; Wiley: Hoboken, NJ, 2009, S. 210–225. (Übersichtsartikel).

11. Nakayama, Y.; Sekiya, R.; Oishi, H.; Hama, N.; Yamazaki, M.; Sato, T.; Chida, N. *Chem. Eur. J.* **2013**, *19*, 12052–12058.

12. Sharma, S.; Rajale, T.; Unruh, D. K.; Birney, D. M. *J. Org. Chem.* **2015**, *80*, 11734–11743.

13. Martinez-Alsina, L. A.; Murray, J. C.; Buzon, L. M.; Bundesmann, M. W.; Young, J. M.; O'Neill, B. T. *J. Org. Chem.* **2017**, *82*, 12246–12256.

14. Fernandes, R. A.; Kattanguru, P.; Gholap, S. P.; Chaudhari, D. A. *Org. Biomol. Chem.* **2017**, *15*, 2672–2710. (Übersichtsartikel).

15. Velasco-Rubio, A.; Alexy, E. J.; Yoritate, M.; Wright, A. C.; Stoltz, B. M. *Org. Let.* **2019**, *21*, 8962–8965.

16. Tjeng, A. A.; Handore, K. L.; Batey, R. A. *Org. Let.* **2020**, *22*, 3050–3055.

Paal–Knorr-Pyrrol-Synthese

Reaktion zwischen 1,4-Diketonen und primären Aminen (oder Ammoniak) zur Erzeugung von Pyrrolen. Eine Variation der Knorr-Pyrazol-Synthese.

Beispiel 1 [4]

Beispiel 2 [5]

Beispiel 3 [9]

Beispiel 4 [10]

Beispiel 5, Furan-Ringöffnung–Pyrrol-Ringschluss [10]

Beispiel 6, Ein Weg zu 2-substituierten 3-Cyanopyrrolen [12]

Beispiel 7, Hin zur Synthese von Dihydropyrin [13]

Beispiel 8, In der Totalsynthese von Marineosin A [14]

Referenzen

1. (a) Paal, C. *Ber.* **1885**, *18*, 367-371. (b) Paal, C. *Ber.* **1885**, *18*, 2251-2254. (c) Knorr, L. *Ber.* **1885**, *18*, 299-311.
2. Corwin, A. H. *Heterocyclic Compounds Vol. 1*, Wiley, NY, **1950**; Kapitel 6. (Übersichtsartikel).
3. Jones, R. A.; Bean, G. P. *The Chemistry of Pyrroles,* Academic Press, London, **1977,** S. 51-57, 74-79. (Übersichtsartikel).
4. (a) Brower, P. L.; Butler, D. E.; Deering, C. F.; Le, T. V.; Millar, A.; Nanninga, T. N.; Roth, B. D. *Tetrahedron Lett.* **1992**, *33*, 2279-2282. (b) Baumann, K. L.; Butler, D. E.; Deering, C. F.; Mennen, K. E.; Millar, A.; Nanninga, T. N.; Palmer, C. W.; Roth, B. D. *Tetrahedron Lett.* **1992**, *33*, 2279, 2283-2284.
5. de Laszlo, S. E.; Visco, D.; et al. *Bioorg. Med. Chem. Lett.* **1998**, *8*, 2689-2694.
6. Braun, R. U.; Zeitler, K.; Müller, T. J. J. *Org. Lett.* **2001**, *3*, 3297-3300.
7. Quiclet-Sire, B.; Quintero, L.; Sanchez-Jimenez, G.; Zard, Z. *Synlett* **2003**, 75-78.

8. Gribble, G. W. *Knorr und Paal–Knorr Pyrrole Synthesis.* In *Name Reactions in Heterocyclic Chemistry*; Li, J. J., Corey, E. J., Eds, Wiley: Hoboken, NJ, **2005**, 77-88. (Überprüfung).
9. Salamone, S. G.; Dudley, G. B. *Org. Lett.* **2005**, *7*, 4443-4445.
10. Fu, L.; Gribble, G. W. *Tetrahedron Lett.* **2008**, *49*, 7352-7354.
11. Trushkov, I. V.; Nevolina, T. A. *Tetrahedron Lett.* **2013**, *54*, 3974-3976.
12. Wiest, J. M.; Bach, T. *J. Org. Chem.* **2016**, *81*, 6149–6156.
13. Liu, Y.; Lindsey, J. S. *J. Org. Chem.* **2016**, *81*, 11882–11897.
14. Xu, B.; Li, G.; Li, J.; Shi, Y. *Org. Lett.* **2016**, *18*, 2028-2031.
15. Chen, J.-J.; Xu, Y.-C.; Gan, Z.-L.; Peng, X.; Yi, X.-Y. *Eur. J. Inorg. Chem.* **2019**, 1733-1739.
16. Zelina, E. Y.; Nevolina, T. A.; Sorotskaja, L. N.; Skvortsov, D. A.; Trushkov, I. V.; Uchuskin, M. G. *Tetrahedron Lett.* **2020**, *61*, 151532.

Parham Cyclisierung

Die Parham-Cyclisierung ist die Erzeugung von Aryllithium und Heteroaryllithium durch Halogen-Lithium-Austausch und deren anschließende intramolekulare Cyclisierung auf eine elektrophile Stelle.

Beispiel 1 [1b]

Das Schicksal des zweiten Äquivalents von t-BuLi:

Beispiel 2 [2]

Beispiel 3 [4]

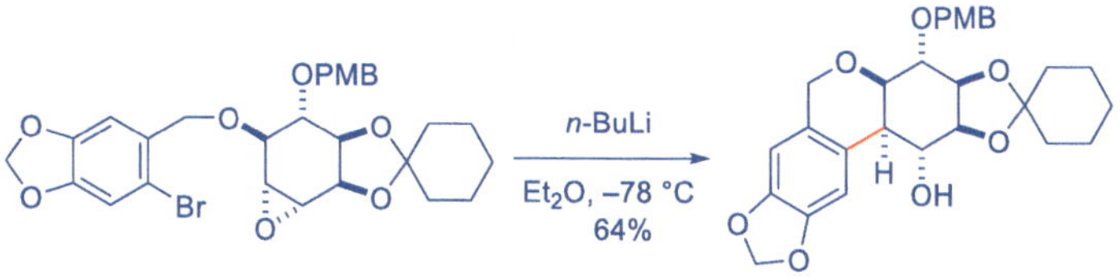

Beispiel 4 [5]

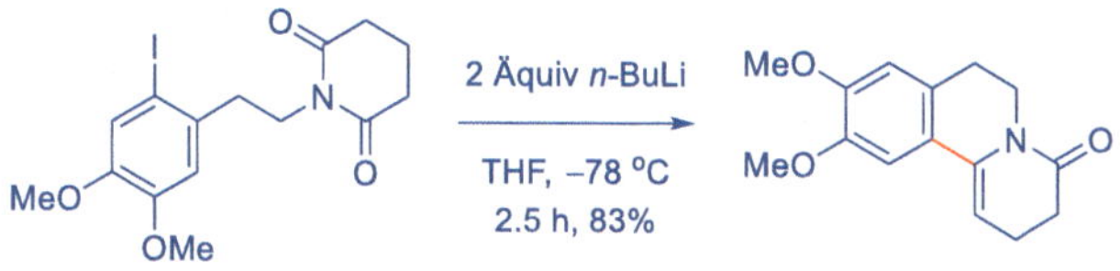

Beispiel 5 [9]

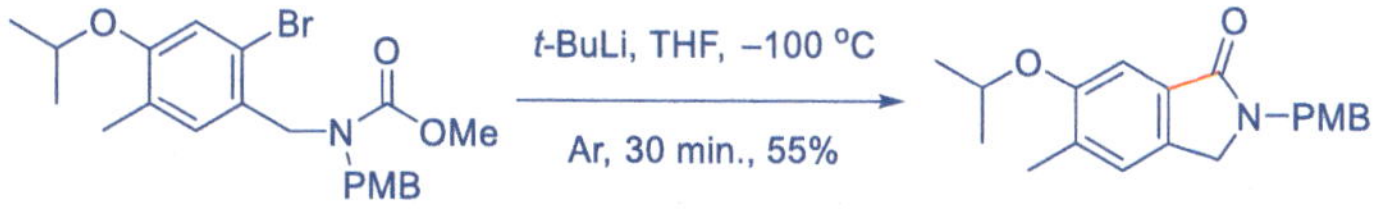

Beispiel 6, Diaryl-verbrückte siebengliedrige heterozyklische Ketone [12]

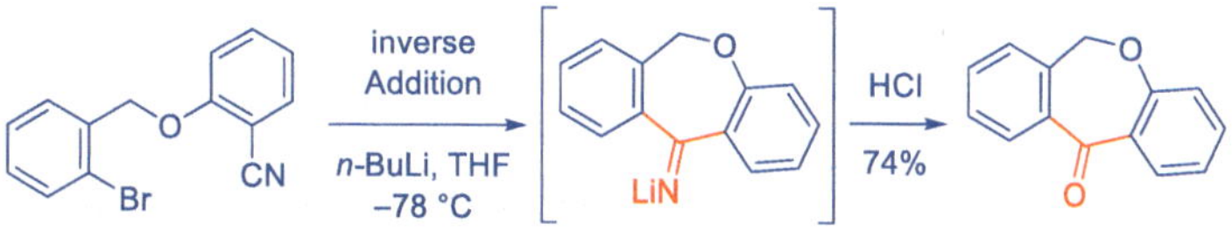

Beispiel 7, Eine Ein-Topf-Parham-Aldol-Sequenz [13]

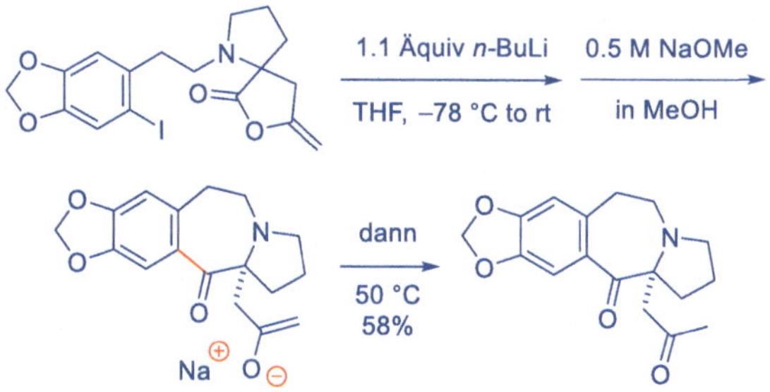

Referenzen

1. (a) Parham, W. E.; Jones, L. D.; Sayed, Y. *J. Org. Chem.* **1975**, *40*, 2394–2399. William E. Parham war ein Professor an der Duke University. (b) Parham, W. E.; Jones, L. D.; Sayed, Y. *J. Org. Chem.* **1976**, *41*, 1184–1186. (c) Parham, W. E.; Bradsher, C. K. *Acc. Chem. Res.* **1982**, *15*, 300–305. (Übersichtsartikel).
2. Paleo, M. R.; Lamas, C.; Castedo, L.; Domínguez, D. *J. Org. Chem.* **1992**, *57*, 2029–2033.
3. Gray, M.; Tinkl, M.; Snieckus, V. In *Comprehensive Organometallic Chemistry II*; Abel, E. W., Stone, F. G. A., Wilkinson, G., Hrsg.; Pergamon: Exeter, **1995**; Bd. 11; S. 66. (Übersichtsartikel).
4. Gauthier, D. R., Jr.; Bender, S. L. *Tetrahedron Lett.* **1996**, *37*, 13–16.
5. Collado, M. I.; Manteca, I.; Sotomayor, N.; Villa, M.-J.; Lete, E. *J. Org. Chem.* **1997**, *62*, 2080–2092.
6. Mealy, M. M.; Bailey, W. F. *J. Organomet. Chem.* **2002**, *646*, 59–67. (Übersichtsartikel).
7. Sotomayor, N.; Lete, E. *Current Org. Chem.* **2003**, *7*, 275–300. (Übersichtsartikel).
8. González-Temprano, I.; Osante, I.; Lete, E.; Sotomayor, N. *J. Org. Chem.* **2004**, *69*, 3875–3885.
9. Moreau, A.; Couture, A.; Deniau, E.; Grandclaudon, P.; Lebrun, S. *Org. Biomol. Chem.* **2005**, *3*, 2305–2309.
10. Gribble, G. W. *Parham Cyclization.* In *Name Reactions for Homologations-Part II;* Li, J. J., Hrsg.; Wiley: Hoboken, NJ, **2009**, S. 749–764. (Übersichtsartikel).
11. Aranzamendi, E.; Sotomayor, N.; Lete, E. *J. Org. Chem.* **2012**, *77*, 2986–2991.
12. Farrokh, J.; Campos, C.; Hunt, D. A. *Tetrahedron Lett.* **2015**, *56*, 5245–5247.
13. Siitonen, J. H.; Yu, L.; Danielsson, J.; Di Gregorio, G.; Somfai, P. *J. Org. Chem.* **2018**, *83*, 11318–11322.
14. Melzer, B. C.; Plodek, A.; Bracher, F. *Beilst. J. Org. Chem.* **2019**, *15*, 2304–2310.

Passerini-Reaktion

Dreikomponentenkondensation (3CC), eine der Mehrkomponentenreaktionen (MCRs), von Carbonsäuren, *C*-Isocyaniden und Carbonylverbindungen zur Herstellung von α-Acyloxycarboxamiden. Auch bekannt als Dreikomponentenreaktion (3CR). *Vgl.* Ugi-Reaktion.

Beispiel 1 [3]

Beispiel 2 [5]

Beispiel 3 [6]

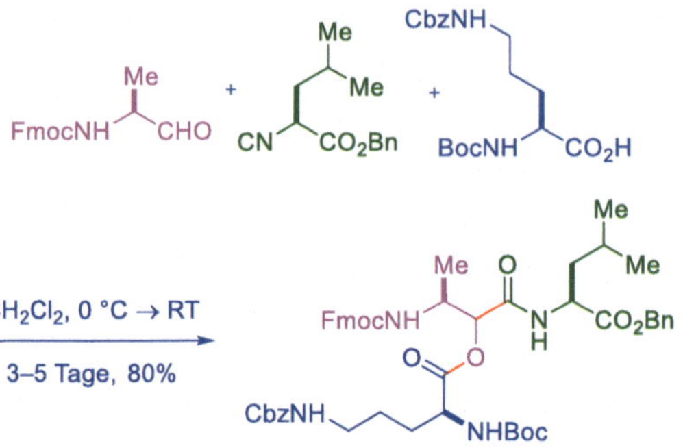

CH$_2$Cl$_2$, 0 °C → RT

3–5 Tage, 80%

Beispiel 4 [7]

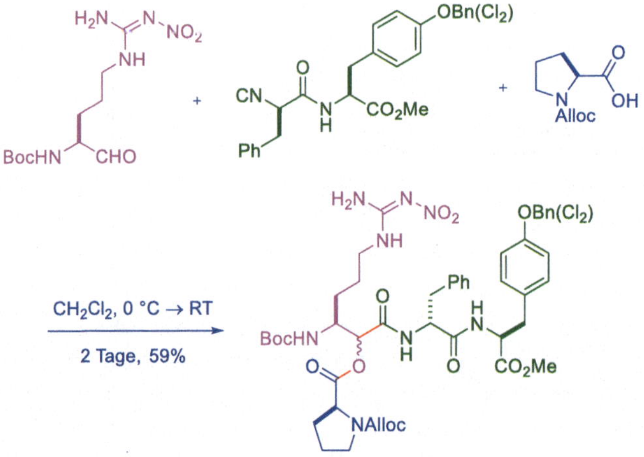

CH$_2$Cl$_2$, 0 °C → RT

2 Tage, 59%

Beispiel 5, Glycomimetika [12]

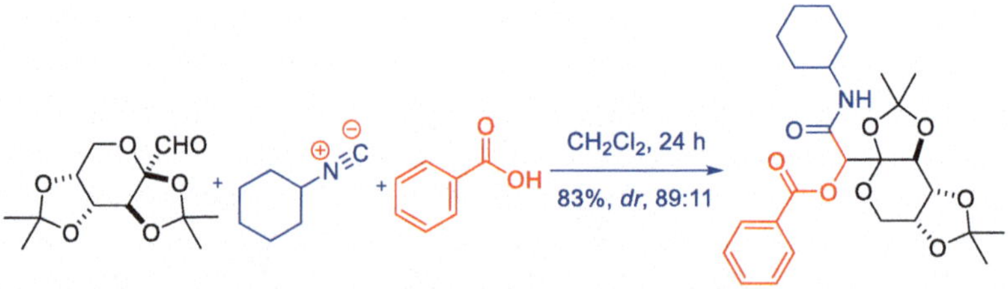

CH$_2$Cl$_2$, 24 h

83%, *dr*, 89:11

Beispiel 6, Geruchlose Isocyanide und *in situ* Einfang [13]

Referenzen

1. Passerini, M. *Gazz. Chim. Ital.* **1921**, *51*, 126–129. (b) Passerini, M. *Gazz. Chim. Ital.* **1921**, *51*, 181–188. Mario Passerini (1891–1962) wurde in Scandicci, Italien, geboren. Er promovierte in Chemie und Pharmazie an der Universität von Florenz, wo er den größten Teil seiner Karriere als Professor verbrachte.
2. Ferosie, I. *Aldrichimica Acta* **1971**, *4*, 21. (Überprüfung).
3. Barrett, A. G. M.; Barton, D. H. R.; Falck, J. R.; Papaioannou, D.; Widdowson, D. A. *J. Chem. Soc., Perkin Trans. 1* **1979**, 652-661.
4. Ugi, I.; Lohberger, S.; Karl, R. In *Comprehensive Organic Synthesis*; Trost, B. M.; Fleming, I., Hrsg.; Pergamon: Oxford, **1991**, Bd. 2, S.1083. (Überprüfung).
5. Bock, H.; Ugi, I. *J. Prakt. Chem.* **1997**, *339*, 385-389.
6. Banfi, L.; Guanti, G.; Riva, R. *Chem. Commun.* **2000**, 985–986.
7. Owens, T. D.; Semple, J. E. *Org. Lett.* **2001**, *3*, 3301–3304.
8. Xia, Q.; Ganem, B. *Org. Lett.* **2002**, *4*, 1631-1634.
9. Banfi, L.; Riva, R. *Org. React.* **2005**, *65*, 1-140. (Überprüfung).
10. Klein, J. C.; Williams, D. R. *Passerini Reaction*. In *Name Reactions for Homologations-Part II*; Li, J. J., Hrsg.; Wiley: Hoboken, NJ, **2009**, S. 765–785. (Überprüfung).
11. Sato, K.; Ozu, T.; Takenaga, N. *Tetrahedron Lett.* **2013**, *54*, 661–664.
12. Vlahoviček-Kahlina, K.; Vazdar, M.; Jakas, A.; Smrečki, V.; Jerić, I. *J. Org. Chem.* **2018**, *83*, 13146–13156.
13. Liu, N.; Chao, F.; Liu, M.-G.; Huang, N.-Y.; Zou, K.; Wang, L. *J. Org. Chem.* **2019**, *84*, 2366–2371.
14. So, W. H.; Xia, J. *Org. Lett.* **2020**, *22*, 214–218.

Paternó–Büchi-Reaktion

Photoinduzierte Elektrozyklisierung eines Carbonyls mit einem Alken zur Bildung von polysubstituierten Oxetan-Ringsystemen

Oxetan

n,π^* Triplett

Triplett-Diradikal   Singulett-Diradikal

Beispiel 1 [2]

Beispiel 2 [4]

Beispiel 3 [6]

Beispiel 4 [8]

Beispiel 5 [9]

Beispiel 6, Flusschemie, MPL = Mitteldrucklampe; FEP = Fluorethylenpropen [12]

Beispiel 7, Transponierte Paternó–Büchi-Reaktion: $\pi\pi^*$ anstelle von $n\pi^*$ angeregter Zustand [13]

Beispiel 8, Metall-zu-Ligand-Ladungstransfer (MLCT) als Alternative zur Paternó–Büchi-Reaktion: Cu-katalysierte Carbonyl–Olefin [2 + 2] Photocycloaddition (COPC) [14]

Tp = Tris(pyrazolyl)borat =

Referenzen

1. (a) Paternó, E.; Chieffi, G. *Gazz. Chim. Ital.* **1909**, *39*, 341-361. Emaubuele Paternó (1847-1935) wurde in Palermo, Sizilien, Italien geboren. Es war vor 104 Jahren, als er erstmals die photoinduzierte Oxetanbildung beschrieb. (b) Büchi, G.; Inman, C. G.; Lipinsky, E. S. *J. Am. Chem. Soc.* **1954**, *76*, 4327-4331. George H. Büchi (1921-1998) wurde in Baden, Schweiz, geboren. Er war Professor am MIT, als er die Struktur der Oxetane, die Produkte aus der lichtkatalysierten Addition von Carbonylverbindungen zu Olefinen, die von E. Paternó im Jahr 1909 beobachtet worden waren, aufklärte. Büchi starb an Herzversagen während einer Wanderung mit seiner Frau in seiner Heimat Schweiz.
2. Koch, H.; Runsink, J.; Scharf, H.-D. *Tetrahedron Lett.* **1983**, *24*, 3217-3220.
3. Carless, H. A. J. In *Synthetic Organic Photochemistry*; Horspool, W. M., Ed.; Plenum Press: New York, **1984**, 425. (Review).
4. Morris, T. H.; Smith, E. H.; Walsh, R. *J. Chem. Soc., Chem. Commun.* **1987**, 964-965.
5. Porco, J. A., Jr.; Schreiber, S. L. In *Comprehensive Organic Synthesis*; Trost, B. M.; Fleming, I., Eds.; Pergamon: Oxford, **1991**, *Vol. 5*, 151–192. (Review).
6. de la Torre, M. C.; Garcia, I.; Sierra, M. A. *J. Org. Chem.* **2003**, *68*, 6611–6618.
7. Griesbeck, A. G.; Mauder, H.; Stadtmüller, S. *Acc. Chem. Res.* **1994**, *27*, 70-75. (Review).
8. D'Auria, M.; Emanuele, L.; Racioppi, R. *Tetrahedron Lett.* **2004**, *45*, 3877–3880.
9. Liu, C. M. *Paternó–Büchi Reaction*. In *Name Reactions in Heterocyclic Chemistry*; Li, J. J., Ed.; Wiley: Hoboken, NJ, **2005**, pp 44-49. (Review).
10. Cho, D. W.; Lee, H.-Y.; Oh, S. W.; Choi, J. H.; Park, H. J.; Mariano, P. S.; Yoon, U. C. *J. Org. Chem.* **2008**, *73*, 4539–4547.
11. D'Annibale, A.; D'Auria, M.; Prati, F.; Romagnoli, C.; Stoia, S.; Racioppi, R.; Viggiani, L. *Tetrahedron* **2013**, *69*, 3782–3795.
12. Ralph, M.; Ng, S.; Booker-Milburn, K. I. *Org. Lett.* **2016**, *18*, 968–971.
13. Kumarasamy, R.; Raghunathan, R.; Kandappa, S. K.; Sreenithya, A.; Jockusch, S.; Sunoj, R. B.; Sivaguru, J. *J. Am. Chem. Soc.* **2017**, *139*, 655–662.
14. Flores, D. M.; Schmidt, V. A. *J. Am. Chem. Soc.* **2019**, *141*, 8741–8745.
15. Li, H.-F.; Cao, W.; Ma, X.; Ouyang, Z.; Xie, X.; Xia, Y. *J. Am. Chem. Soc.* **2020**, *142*, 3499–3505.

Pauson–Khand-Reaktion

Formale [2 + 2 + 1] Cycloaddition eines Alkens, Alkins und Kohlenmonoxids, vermittelt durch Octacarbonyldicobalt zur Bildung von Cyclopentenonen.

Hexacarbonyldicobalt-Komplex

exo Komplex

sterisch bevorzugtes Isomer

Beispiel 1 [3]

Beispiel 2, Eine katalytische Version [6]

Beispiel 3, Intramolekulare Pauson–Khand-Reaktion [9]

Beispiel 4, Intramolekulare Pauson–Khand-Reaktion [10]

Beispiel 5, Intramolekulare Pauson–Khand-Reaktion [12]

Beispiel 6, Intramolekulare Pauson–Khand-Reaktion zur Synthese von (±)-5-epi-cyanthiwigin I, NMO = N-Methylmorpholin N-Oxid (NMMO) [13]

Beispiel 7, In der Totalsynthese [14]

Beispiel 8, Vinylfluoride als Substrate [15]

Referenzen

1. (a) Pauson, P. L.; Khand, I. U.; Knox, G. R.; Watts, W. E. *J. Chem. Soc., Chem. Commun.* **1971,** 36. Ihsan U. Khand und Peter L. Pauson waren an der University of Strathclyde, Glasgow in Schottland. (b) Khand, I. U.; Knox, G. R.; Pauson, P. L.; Watts, W. E.; Foreman, M. I. *J. Chem. Soc., Perkin Trans. 1* **1973,** 975–977. (c) Bladon, P.; Khand, I. U.; Pauson, P. L. *J. Chem. Res. (S)*, **1977,** 9. (d) Pauson, P. L. *Tetrahedron* **1985,** *41*, 5855–5860. (Übersichtsartikel).
2. Schore, N. E. *Chem. Rev.* **1988,** *88*, 1081–1119. (Übersichtsartikel).
3. Billington, D. C.; Kerr, W. J.; Pauson, P. L.; Farnocchi, C. F. *J. Organomet. Chem.* **1988,** *356*, 213–219.
4. Schore, N. E. In *Comprehensive Organic Synthesis*; Paquette, L. A.; Fleming, I.; Trost, B. M., Hrsg.; Pergamon: Oxford, **1991,** *Bd. 5*, S.1037. (Übersichtsartikel).
5. Schore, N. E. *Org. React.* **1991,** *40*, 1–90. (Übersichtsartikel).
6. Jeong, N.; Hwang, S. H.; Lee, Y.; Chung, J. *J. Am. Chem. Soc.* **1994,** *116*, 3159–3160.
7. Brummond, K. M.; Kent, J. L. *Tetrahedron* **2000,** *56*, 3263–3283. (Übersichtsartikel).
8. Tsujimoto, T.; Nishikawa, T.; Urabe, D.; Isobe, M. *Synlett* **2005,** 433–436.
9. Miller, K. A.; Martin, S. F. *Org. Lett.* **2007,** *9*, 1113–1116.
10. Kaneda, K.; Honda, T. *Tetrahedron* **2008,** *64*, 11589–11593.
11. Torres, R. R. *The Pauson-Khand Reaction: Scope, Variations and Applications,* Wiley: Hoboken, NJ, 2012. (Überprüfung).
12. McCormack, M. P.; Waters, S. P. *J. Org. Chem.* **2013,** *78*, 1127–1137.
13. Chang, Y.; Shi, L.; Huang, J.; Shi, L.; Zhang, Z.; Hao, H.-D.; Gong, J.; Yang, Z. *Org. Lett.* **2018,** *20*, 2876–2879.
14. Hugelshofer, C. L.; Palani, V.; Sarpong, R. *J. Am. Chem. Soc.* **2019,** *141*, 8431–8435.
15. Román, R.; Mateu, N.; López, I.; Medio-Simon, M.; Fustero, S.; Barrio, P. *Org. Lett.* **2019,** *21*, 2569–2573.
16. Dibrell, S. E.; Maser, M. R.; Reisman, S. E. *J. Am. Chem. Soc.* **2020,** *142*, 6483–6487.

Payne-Umlagerung

Die Isomerisierung von 2,3-Epoxyalkohol unter dem Einfluss einer Base zu 1,2-Epoxy-3-ol wird als Payne-Reaktion bezeichnet. Auch bekannt als Epoxidmigration.

Beispiel 1 [2]

Beispiel 2, Chemo-selektive Payne-Umlagerung [3]

Beispiel 3, Aza-Payne-Umlagerung [8]

Beispiel 4, Aza-Payne-Umlagerung [9]

Beispiel 5, Lipase-vermittelte dynamische kinetische Auflösung über eine *vinyloge* Payne-Umlagerung [11]

Beispiel 6, Einfangen der Zwischenprodukte [13]

Beispiel 7, LiAlH$_4$-induzierte Thia-Aza-Payne Umlagerung [14]

Beispiel 8, Aza-Payne/Hydroaminierungs-Sequenz [15]

Referenzen

1. Payne, G. B. *J. Org. Chem.* **1962**, *27*, 3819–3822. George B. Payne war ein Chemiker bei Shell Development Co. in Emeryville, CA.
2. Buchanan, J. G.; Edgar, A. R. *Carbohydr. Res.* **1970**, *10*, 295–302.
3. Corey, E. J.; Clark, D. A.; Goto, G.; Marfat, A.; Mioskowski, C.; Samuelsson, B.; Hammerstrom, S. *J. Am. Chem. Soc.* **1980**, *102*, 1436–1439, und 3663–3665.

4. Ibuka, T. *Chem. Soc. Rev.* **1998**, *27*, 145–154. (Übersichtsartikel).
5. Hanson, R. M. *Org. React.* **2002,** *60*, 1-156. (Übersichtsartikel).
6. Yamazaki, T.; Ichige, T.; Kitazume, T. *Org. Lett.* **2004,** *6*, 4073–4076.
7. Bilke, J. L.; Dzuganova, M.; Froehlich, R.; Wuerthwein, E.-U. *Org. Lett.* **2005,** *7*, 3267–3270.
8. Feng, X.; Qiu, G.; Liang, S.; Su, J.; Teng, H.; Wu, L.; Hu, X. *Russ. J . Org . Chem.* **2006,** *42*, 514–500.
9. Feng, X.; Qiu, G.; Liang, S.; Teng, H.; Wu, L.; Hu, X. *Tetrahedron : Asymmetry* **2006,** *17*, 1394–1401.
10. Kumar, R. R.; Perumal, S. *Payne Rearrangement. In Name Reactions for Homologations-Part II;* Li, J. J., Hrsg.; Wiley: Hoboken, NJ, **2009**, S. 474–488. (Übersichtsartikel).
11. Hoye, T. R.; Jeffrey, C. S.; Nelson, D. P. *Org. Lett.* **2010,** *12*, 52–55.
12. Kulshrestha, A.; Salehi Marzijarani, N.; Dilip Ashtekar, K.; Staples, R.; Borhan, B. *Org. Lett.* **2012,** *14*, 3592–3595.
13. Jung, M. E.; Sun, D. L. *Tetrahedron Lett.* **2015,** *56*, 3082–3085.
14. Dolfen, J.; Van Hecke, K.; D'hooghe, M. *Eur. J . Org . Chem.* **2017,** 3229–3233.
15. Gholami, H.; Kulshrestha, A.; Favor, O. K.; Staples, R. J.; Borhan, B. *Angew. Chem. Int. Ed.* **2019,** *58*, 10110–10113.

Petasis-Reaktion

Benzylisches oder allylisches Amin aus der Dreikomponentenreaktion einer Aryl- oder Vinylboronsäure, einem Carbonyl und einem Amin. Auch bekannt als Boron-Mannich- oder Petasis-Boronsäure-Mannich-Reaktion. *Vgl.* Mannich-Reaktion.

Beispiel 1 [2]

Beispiel 2 [4]

Beispiel 3 [9]

J. J. Li, *Namensreaktionen*, https://doi.org/10.1007/978-3-031-52850-7_119

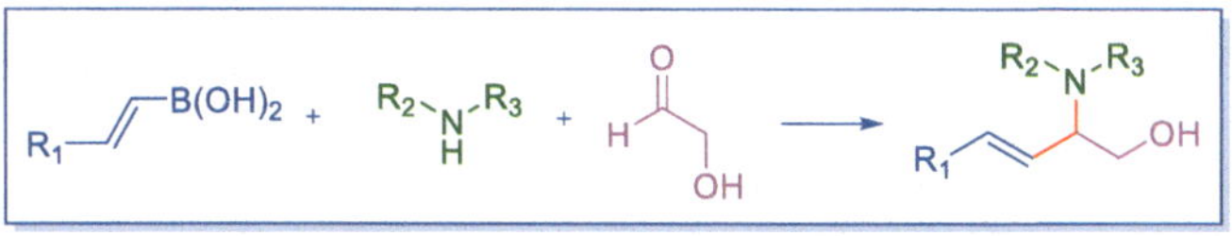

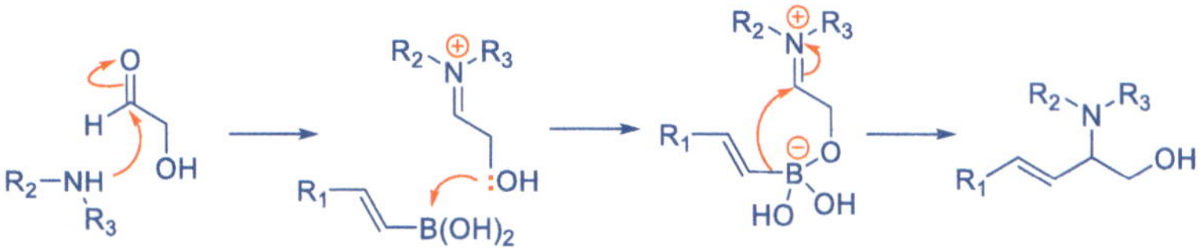

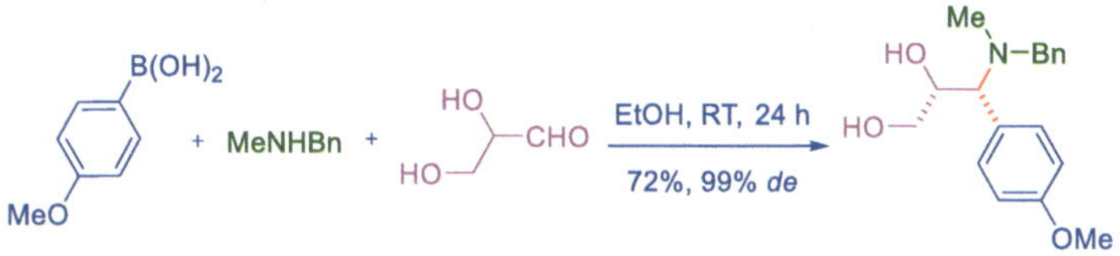

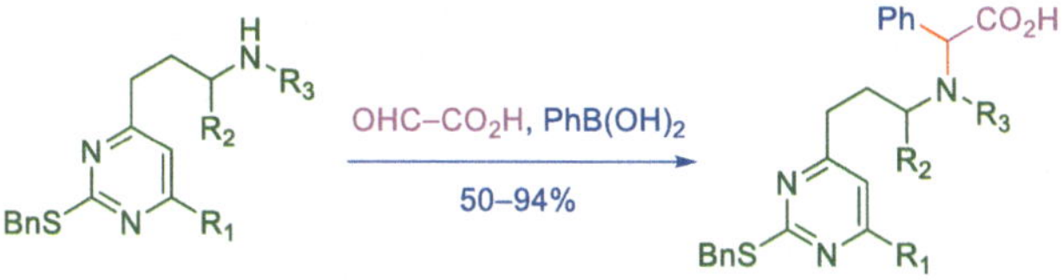

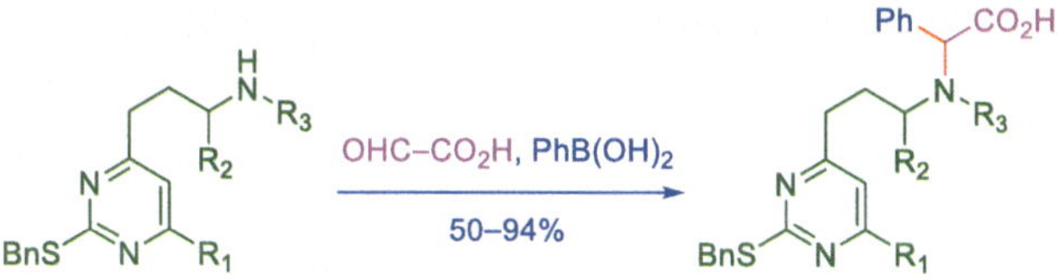

Beispiel 4, Asymmetrische Petasis-Reaktion, und VAPOL = 2,2′-Diphenyl-(4-biphenanthrol) [10]

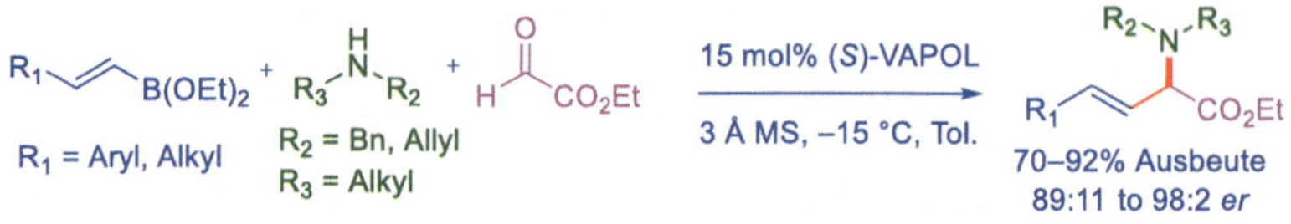
R1 B(OEt)2
R1 = Aryl, Alkyl
R3 N R2 H
R2 = Bn, Allyl
R3 = Alkyl
H CO2Et
15 mol% (S)-VAPOL
3 Å MS, −15 °C, Tol.
70–92% Ausbeute
89:11 to 98:2 er

Beispiel 5, Asymmetrische Petasis-Reaktion [11]

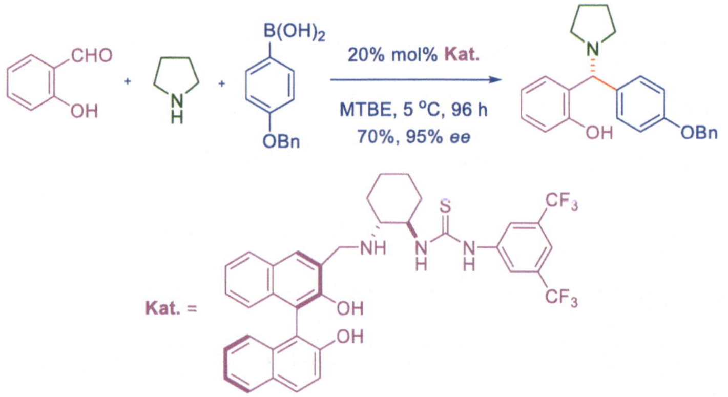
CHO
OH
B(OH)2
OBn
20% mol% Kat.
MTBE, 5 °C, 96 h
70%, 95% ee
Kat. =
CF3
NH
OH
OH

Beispiel 6, Amide anstelle von Amin funktioniert auch unter den richtigen Bedingungen [13]

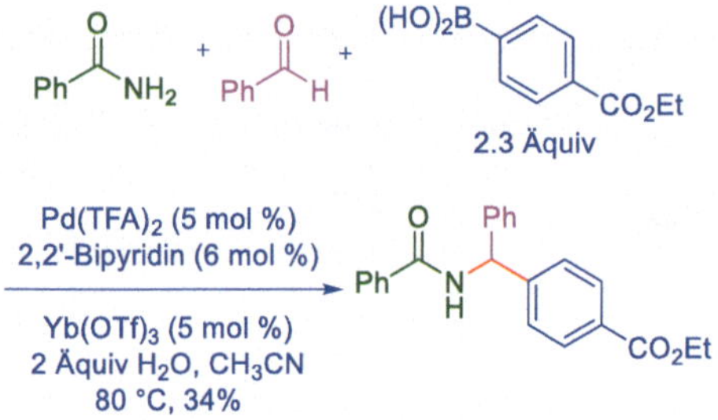
Ph NH2
Ph H
(HO)2B
CO2Et
2.3 Äquiv
Pd(TFA)2 (5 mol %)
2,2'-Bipyridin (6 mol %)
Yb(OTf)3 (5 mol %)
2 Äquiv H2O, CH3CN
80 °C, 34%

Beispiel 7, Enantioselektive Synthese von Allenen durch katalytische spurlose Petasis-Reaktion [14]

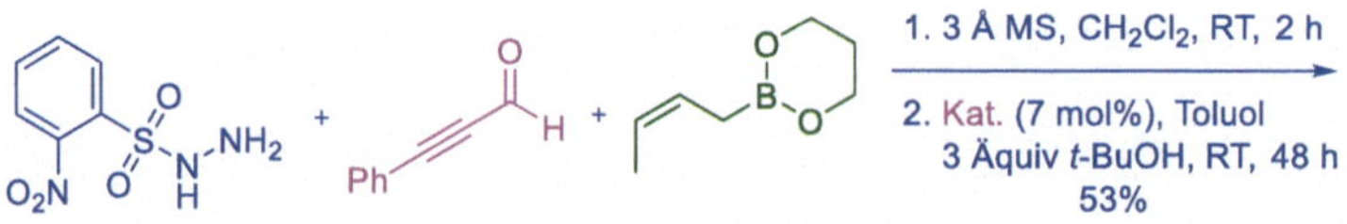
O2N
NH2
Ph
H
1. 3 Å MS, CH2Cl2, RT, 2 h
2. Kat. (7 mol%), Toluol
3 Äquiv t-BuOH, RT, 48 h
53%

> 20:1 dr, 98:2 er

Beispiel 8 [15]

Referenzen

1. (a) Petasis, N. A.; Akritopoulou, I. *Tetrahedron Lett.* **1993**, *34*, 583–586. (b) Petasis, N. A.; Zavialov, I. A. *J. Am. Chem. Soc.* **1997,** *119*, 445–446. (c) Petasis, N. A.; Goodman, A.; Zavialov, I. A. *Tetrahedron* **1997**, *53*, 16463–16470. (d) Petasis, N. A.; Zavialov, I. A. *J. Am. Chem. Soc.* **1998,** *120*, 11798–11799. Nicos A. Petasis ist ein Professor an der University of Southern California in Los Angeles.
2. Koolmeister, T.; Södergren, M.; Scobie, M. *Tetrahedron Lett.* **2002,** *43*, 5969–5970.
3. Orru, R. V. A.; deGreef, M. *Synthesis* **2003**, 1471–1499. (Übersichtsartikel).
4. Sugiyama, S.; Arai, S.; Ishii, K. *Tetrahedron: Asymmetry* **2004,** *15*, 3149–3153.
5. Chang, Y. M.; Lee, S. H.; Nam, M. H.; Cho, M. Y.; Park, Y. S.; Yoon, C. M. *Tetrahedron Lett.* **2005**, *46*, 3053–3056.
6. Follmann, M.; Graul, F.; Schaefer, T.; Kopec, S.; Hamley, P. *Synlett* **2005**, 1009–1011.
7. Danieli, E.; Trabocchi, A.; Menchi, G.; Guarna, A. *Eur. J . Org . Chem.* **2007,** 1659–1668.
8. Konev, A. S.; Stas, S.; Novikov, M. S.; Khlebnikov, A. F.; Abbaspour Tehrani, K. *Tetrahedron* **2007**, *64*, 117–123.
9. Font, D.; Heras, M.; Villalgordo, J. M. *Tetrahedron* **2007**, *64*, 5226–5235.
10. Lou, S.; Schaus, S. E. *J. Am. Chem. Soc.* **2008**, *130*, 6922–6923.

11. Abbaspour Tehrani, K.; Stas, S.; Lucas, B.; De Kimpe, N. *Tetrahedron* **2009**, *65*, 1957–1966.
12. Han, W.-Y.; Zuo, J.; Zhang, X.-M.; Yuan, W.-C. *Tetrahedron* **2013**, *69*, 537–541.
13. Beisel, T.; Manolikakes, G. *Org . Lett.* **2013**, *15*, 6046–6049.
14. Jiang, Y.; Diagne, A. B.; Thomson, R. J.; Schaus, S. E. *J. Am. Chem. Soc.* **2017**, *139*, 1998–2005.
15. Yi, J.; Badir, S. O.; Alam, R.; Molander, G. A. *Org . Lett.* **2019**, *21*, 4853–4858.
16. Wu, P.; Givskov, M.; Nielsen, T. E. *Chem. Rev.* **2019**, *119*, 11245–11290. (Überprüfung).
17. Sim, Y. E.; Nwajiobi, O.; Mahesh, S.; Cohen, R. D.; Reibarkh, M. Y.; Raj, M. *Chem. Sci.* **2020**, *11*, 53–61.

Peterson Olefinierung

Alkene aus α-Silylcarbanionen und Carbonylverbindungen. Auch bekannt als die Sila-Wittig-Reaktion.

Grundlegende Bedingungen:

β-Silylalkoxid-Zwischenprodukt

Saure Bedingungen:

β-Hydroxysilan

Beispiel 1 [6]

Beispiel 2 [7]

Beispiel 3 [8]

Beispiel 4 [10]

Beispiel 5 [12]

Beispiel 6, Flusschemie [13]

Beispiel 7, In der Totalsynthese [14]

Beispiel 8, Grignard-Addition gefolgt von der Eliminierung von Dimethylsilanol zur Herstellung von terminalen Olefinen [15]

Referenzen

1. Peterson, D. J. *J. Org. Chem.* **1968**, *33*, 780-784.
2. Ager, D. J. *Org. React.* **1990**, *38*, 1–223. (Übersichtsartikel).
3. Barrett, A. G. M.; Hill, J. M.; Wallace, E. M.; Flygare, J. A. *Synlett* **1991**, 764–770. (Übersichtsartikel).
4. van Staden, L. F.; Gravestock, D.; Ager, D. J. *Chem. Soc. Rev.* **2002**, *31*, 195–200. (Übersichtsartikel).
5. Ager, D. J. *Science of Synthesis* **2002**, *4*, 789–809. (Übersichtsartikel).
6. Heo, J.-N.; Holson, E. B.; Roush, W. R. *Org. Lett.* **2003**, *5*, 1697–1700.
7. Asakura, N.; Usuki, Y.; Iio, H. *J. Fluorine Chem.* **2003**, *124*, 81-84.
8. Kojima, S.; Fukuzaki, T.; Yamakawa, A.; Murai, Y. *Org. Lett.* **2004**, *6*, 3917-3920.
9. Kano, N.; Kawashima, T. *The Peterson and Related Reactions in Modern Carbonyl Olefination;* Takeda, T., Hrsg.; Wiley-VCH: Weinheim, Deutschland, **2004**, 18-103. (Überprüfung).
10. Huang, J.; Wu, C.; Wulff, W. D. *J. Am. Chem. Soc.* **2007**, *129*, 13366.
11. Ahmad, N. M. *Peterson Olefination. In Name Reactions for Homologations-Part I;* Li, J. J., Hrsg., Wiley: Hoboken, NJ, **2009**, S. 521–538. (Überprüfung).
12. Beveridge, R. E.; Batey, R. A. *Org. Lett.* **2013**, *15,* 3086-3089.
13. Hamlin, T. A.; Lazarus, G. M. L.; Kelly, C. B.; Leadbeater, N. E. *Org. Process Res. Dev.* **2014**, *18,* 1253-1258.
14. Wang, L.; Wu, F.; Jia, X.; Xu, Z.; Guo, Y.; Ye, T. *Org. Lett.* **2018**, *20,* 2213-2215.
15. Tiniakos, A. F.; Wittmann, S.; Audic, A.; Prunet, J. *Org. Lett.* **2019**, *21,* 589-592.
16. Britten, T. K.; McLaughlin, M. G. *J. Org. Chem.* **2020**, *85,* 301-305.

Pictet–Spengler Tetrahydroisoquinoline Synthese

Tetrahydroisoquinoline aus der Kondensation von β-Arylethylaminen und Carbonylverbindungen gefolgt von einer Cyclisierung.

Iminium-Ionen-Zwischenprodukt

Beispiel 1 [4]

Beispiel 2 [7]

Beispiel 3, Asymmetrische Acyl-Pictet-Spengler [9]

Beispiel 4, Oxa-Pictet-Spengler [10]

Beispiel 5, Eine diastereoselektive Pictet-Spengler-Reaktion zur Herstellung von Tetrahydro-β-Carbolin-Glykosiden [11]

Beispiel 6, Bildung von 7-gliedrigen Heterocyclen [12]

Beispiel 7, Eine unterbrochene Pictet-Spengler-Reaktion [13]

Beispiel 8, *Auf dem Weg* zur Synthese von Monoterpen-Indolalkaloid (−)-Alstoscholarin [14]

Referenzen

1. Pictet, A.; Spengler, T. *Ber.* **1911**, *44*, 2030-2036.
2. Cox, E. D.; Cook, J. M. *Chem. Rev.* **1995**, *95*, 1797-1842. (Übersichtsartikel).
3. Corey, E. J.; Gin, D. Y.; Kania, R. S. *J. Am. Chem. Soc.* **1996**, *118*, 9202-9203.
4. Zhou, B.; Guo, J.; Danishefsky, S. J. *Org. Lett.* **2002**, *4*, 43-46.
5. Yu, J.; Wearing, X. Z.; Cook, J. M. *Tetrahedron Lett.* **2003**, *44*, 543-547.
6. Tsuji, R.; Nakagawa, M.; Nishida, A. *Tetrahedron: Asymmetry* **2003**, *14*, 177-180.
7. Couture, A.; Deniau, E.; Grandclaudon, P.; Lebrun, S. *Tetrahedron: Asymmetry* **2003**, *14*, 1309-1320.
8. Tinsley, J. M. *Pictet–Spengler Isoquinoline Synthesis. In Name Reactions in Heterocyclic Chemistry;* Li, J. J., Hrsg.; Wiley: Hoboken, NJ, **2005**, 469-479. (Überprüfung).
9. Mergott, D. J.; Zuend, S. J.; Jacobsen, E. N. *Org. Lett.* **2008**, *10*, 745-748.
10. Eid, C. N.; Shim, J.; Bikker, J.; Lin, M. *J. Org. Chem.* **2009**, *74*, 423–426.
11. Pradhan, P.; Nandi, D.; Pradhan, S. D.; Jaisankar, P.; Giri, V. S. *Synlett* **2013**, *24*, 85–89.
12. Katte, T. A.; Reekie, T. A.; Jorgensen, W. T.; Kassiou, M. *J. Org. Chem.* **2016**, *81*, 4883–4889.
13. Gabriel, P.; Gregory, A. W.; Dixon, D. *Org. Lett.* **2019**, *21*, 6658-6662.
14. Yao, J.-N.; Liang, X.; Wei, K.; Yang, Y.-R. *Org. Lett.* **2019**, *21*, 8485-8487.
15. Zheng, C.; You, S.-L. *Acc. Chem. Res.* **2020**, *53*, 974-987. (Überprüfung).

Pinacol-Umlagerung

Säurekatalysierte Umlagerung von vicinalen Diolen (Pinacolen) zu Carbonylverbindungen.

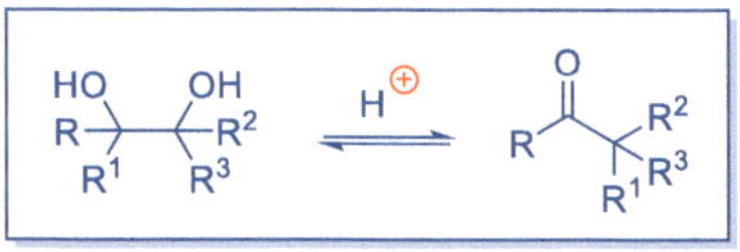

Die elektronenreichste Alkylgruppe (mehr substituiertes Kohlenstoff) wandert zuerst. Die allgemeine Wanderungsordnung:

tertiäres Alkyl > Cyclohexyl > sekundäres Alkyl > Benzyl > Phenyl >

primäres Alkyl > Methyl >> H.

Für substituierte Aryle:

p- MeO-Ar > *p*-Me-Ar > *p*-Cl-Ar > *p*-Br-Ar > *p*-O2N-Ar

Beispiel 1 [4]

Beispiel 2 [5]

J. J. Li, *Namensreaktionen*, https://doi.org/10.1007/978-3-031-52850-7_122

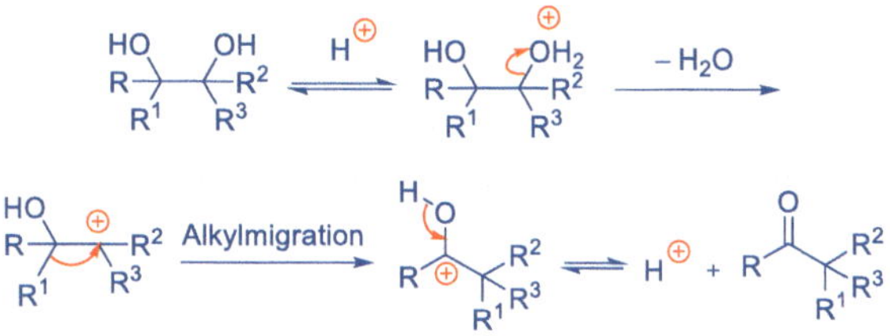

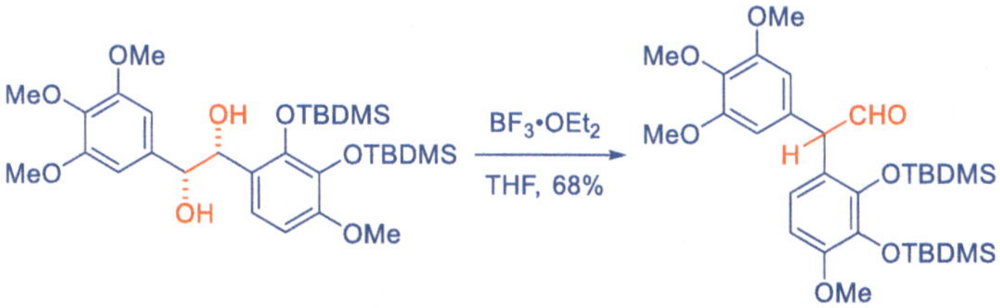

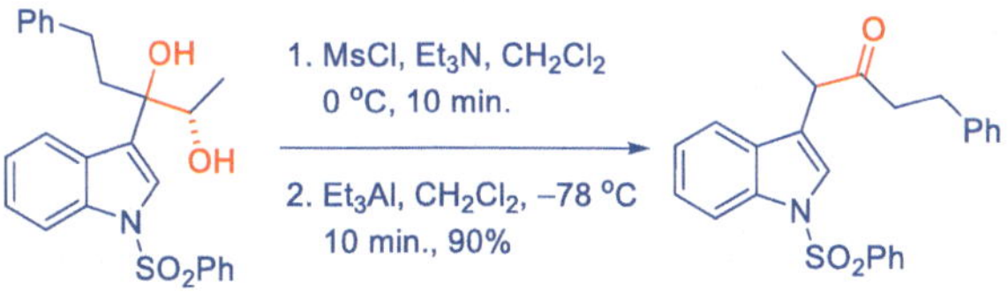

Beispiel 3 [7]

Beispiel 4 [9]

Beispiel 5, Eine trivalente Organophosphor-Reagenz induzierte Pinacol-Umlagerung [11]

Beispiel 6, Oxoniumion-induzierte Pinacol-Umlagerung [13]

Beispiel 7, Lewis-Säure-unterstützte elektrophile Fluor-Katalysierte Pinacol-Umlagerung von Hydrobenzoin-Substraten (NFSI = N-fluorbenzolsulfonimid) [14]

Beispiel 8, Katalytische enantioselektive Pinacol-Umlagerung [15]

Kat. =   Ar = 2,4,6-i-Pr$_3$C$_6$H$_2$

Referenzen

1. Fittig, R. *Ann.* **1860**, *114*, 54–63.
2. Magnus, P.; Diorazio, L.; Donohoe, T. J.; Giles, M.; Pye, P.; Tarrant, J.; Thom, S. *Tetrahedron* **1996**, *52*, 14147–14176.
3. Razavi, H.; Polt, R. *J. Org. Chem.* **2000**, *65*, 5693–5706.
4. Pettit, G. R.; Lippert III, J. W.; Herald, D. L. *J. Org. Chem.* **2000**, *65*, 7438–7444.
5. Shinohara, T.; Suzuki, K. *Tetrahedron Lett.* **2002**, *43*, 6937–6940.
6. Overman, L. E.; Pennington, L. D. *J. Org. Chem.* **2003**, *68*, 7143-7157. (Überprüfung).
7. Mladenova, G.; Singh, G.; Acton, A.; Chen, L.; Rinco, O.; Johnston, L. J.; Lee-Ruff, E. *J. Org. Chem.* **2004**, *69*, 2017–2023.
8. Birsa, M. L.; Jones, P. G.; Hopf, H. *Eur. J. Org. Chem.* **2005**, 3263–3270.
9. Suzuki, K.; Takikawa, H.; Hachisu, Y.; Bode, J. W. *Angew. Chem. Int. Ed.* **2007**, *46*, 3252–3254.
10. Goes, B. *Pinacol Rearrangement. In Name Reactions for Homologations-Part I;* Li, J. J., Hrsg., Wiley: Hoboken, NJ, **2009**, S. 319–333. (Überprüfung).
11. Marin, L.; Zhang, Y.; Robeyns, K.; Champagne, B.; Adriaensens, P.; Lutsen, L.; Vanderzande, D.; Bevk, D.; Maes, W. *Tetrahedron Lett.* **2013**, *54*, 526–529.
12. Yu, Y.; Li, G.; Zu, L. *Synlett* **2016**, *27*, 1303–1309. (Überprüfung).
13. Wang, P.; Gao, Y.; Ma, D. *J. Am. Chem. Soc.* **2018**, *140*, 11608-11612.
14. Shi, H.; Du, C.; Zhang, X.; Xie, F.; Wang, X.; Cui, S.; Peng, X.; Cheng, M.; Lin, B.; Liu, Y. *J. Org. Chem.* **2018**, *83*, 1312-1319.
15. Wu, H.; Wang, Q.; Zhu, J. *J. Am. Chem. Soc.* **2019**, *141*, 11372-11377.
16. Liang, X.-T.; Chen, J.-H.; Yang, Z. *J. Am. Chem. Soc.* **2020**, *142*, 8116-8121.

Pinner-Reaktion

Umwandlung eines Nitrils in ein Iminoether, das entweder in ein Ester oder ein Amidin umgewandelt werden kann.

gemeinsames Zwischenprodukt

Imidat-Hydrochlorid

Beispiel 1 [2]

Beispiel 2 [2]

© Der/die Autor(en), exklusiv lizenziert an
Springer Nature Switzerland AG 2024
J. J. Li, *Namensreaktionen*, https://doi.org/10.1007/978-3-031-52850-7_123

Beispiel 3 [6]

Beispiel 4 [10]

Beispiel 5 [11]

Beispiel 6, Intramolekulare 5-*oxo-dig* Cyclisierung [12]

Beispiel 7, Nutzen in der Arzneimittelforschung [13]

Beispiel 8, Pinner-Reaktion gefolgt von einer Dimroth-Umordnung [14]

Referenzen

1. (a) Pinner, A.; Klein, F. *Ber.* **1877**, *10*, 1889–1897. (b) Pinner, A.; Klein, F. *Ber.* **1878**, *11*, 1825.
2. Poupaert, J.; Bruylants, A.; Crooy, P. *Synthesis* **1972,** 622–624.
3. Lee, Y. B.; Goo, Y. M.; Lee, Y. Y.; Lee, J. K. *Tetrahedron Lett.* **1990,** *31*, 1169–1170.
4. Cheng, C. C. *Org. Prep. Proced. Int.* **1990,** *22*, 643–645.
5. Siskos, A. P.; Hill, A. M. *Tetrahedron Lett.* **2003,** *44*, 789–794.
6. Fischer, M.; Troschuetz, R. *Synthesis* **2003,** 1603–1609.
7. Fringuelli, F.; Piermatti, O.; Pizzo, F. *Synthesis* **2003,** 2331–2334.
8. Cushion, M. T.; Walzer, P. D.; Collins, M. S.; Rebholz, S.; Vanden Eynde, J. J.; Mayence, A.; Huang, T. L. *Antimicrob. Agents Chemother.* **2004,** *48*, 4209–4216.
9. Li, J.; Zhang, L.; Shi, D.; Li, Q.; Wang, D.; Wang, C.; Zhang, Q.; Zhang, L.; Fan, Y. *Synlett* **2008,** 233–236.
10. Racané, L.; Tralic-Kulenovic, V.; Mihalic, Z.; Pavlovic, G.; Karminski-Zamola, G. *Tetrahedron* **2008,** *64*, 11594–11602.
11. Pfaff, D.; Nemecek, G.; Podlech, J. *Beilst. J. Org. Chem.* **2013,** *9*, 1572–1577.
12. Henrot, M.; Jean, A.; Peixoto, P. A.; Maddaluno, J.; De Paolis, M. *J. Org. Chem.* **2016,** *81*, 5190-5201.
13. Sović, I.; Cindrić, M.; Perin, N.; Boček, I.; Novaković, I.; Damjanovic, A.; Stanojković, T.; Zlatović, M.; Hranjec, M.; Bertoša, B. *Chem. Res. Toxicol.* **2019,** *32*, 1880-1892.

14. Liu, Q.; Sui, Y.; Zhang, Y.; Zhang, K.; Chen, Y.; Zhou, H. *Synlett* **2020**, *31*, 275-279.

Polonovski-Reaktion

Behandlung eines tertiären *N*-Oxids mit einem aktivierenden Mittel wie Essigsäureanhydrid, was zu einer Umlagerung führt, bei der ein *N,N*-disubstituiertes Acetamid und ein Aldehyd erzeugt werden.

Der intramolekulare Weg ist ebenfalls wirksam:

Beispiel 1 [1]

Beispiel 2 [2]

Beispiel 3, Eisen-Salz-vermittelte Polonovski-Reaktion [9]

Beispiel 4 [11]

Beispiel 5, Eisen-katalysierte acylative Dealkylierung von N-Alkylsulfoximinen [12]

Beispiel 6, Eine nicht-klassische Polonovski-Reaktion [13]

Referenzen

1. Polonovski, M.; Polonovski, M. *Bull. Soc. Chim. Fr.* **1927**, *41*, 1190–1208.
2. Michelot, R. *Bull. Soc. Chim. Fr.* **1969**, 4377–4385.
3. Lounasmaa, M.; Karvinen, E.; Koskinen, A.; Jokela, R. *Tetrahedron* **1987**, *43*, 2135–2146.
4. Tamminen, T.; Jokela, R.; Tirkkonen, B.; Lounasmaa, M. *Tetrahedron* **1989**, *45*, 2683–2692.
5. Grierson, D. *Org. React.* **1990**, *39*, 85–295. (Überprüfung).
6. Morita, H.; Kobayashi, J. *J. Org. Chem.* **2002**, *67*, 5378–5381.
7. McCamley, K.; Ripper, J. A.; Singer, R. D.; Scammells, P. J. *J. Org. Chem.* **2003**, *68*, 9847–9850.
8. Nakahara, S.; Kubo, A. *Heterocycles* **2004**, *63*, 1849–1854.
9. Thavaneswaran, S.; Scammells, P. J. *Bioorg. Med. Chem. Lett.* **2006**, *16*, 2868–2871.
10. Volz, H.; Gartner, H. *Eur. J. Org. Chem.* **2007**, 2791–2801.
11. Pacquelet, S.; Blache, Y.; Kimny, T.; Dubois, M.-A. L.; Desbois, N. *Synth. Commun.* **2013**, *43*, 1092–1100.
12. Lamers, P.; Priebbenow, D. L.; Bolm, C. *Eur. J. Org. Chem.* **2015**, 5594–5602.
13. Bupp, J. E.; Tanga, M. J. *J. Label. Compd. Radiopharm.* **2016**, *59*, 291–293.
14. Bush, T. S.; Yap, G. P. A.; Chain, W. J. *Org. Lett.* **2018**, *20*, 5406–5409.

Polonovski–Potier-Reaktion

Eine Modifikation der Polonovski-Reaktion, bei der Trifluoressigsäureanhydrid anstelle von Essigsäureanhydrid verwendet wird. Da die Reaktionsbedingungen für die Polonovski–Potier-Reaktion mild sind, hat sie die Polonovski-Reaktion weitgehend ersetzt.

tertiäres *N*-oxid

Iminium-Ion

Enamin

Beispiel 1 [2]

Beispiel 2 [5]

Beispiel 3 [8]

Beispiel 4, Hier, *m*-CPBA oxidiert auch gleichzeitig das Aldehyd [10]

Beispiel 5, Oxidative α-Cyanierung [13]

Beispiel 6, Cyclisierung auf das Iminium-Zwischenprodukt [14]

Beispiel 7, Hier, *m* -CPBA oxidiert auch gleichzeitig das Aldehyd [15]

Referenzen

1. Ahond, A.; Cavé, A.; Kan-Fan, C.; Husson, H.-P.; de Rostolan, J.; Potier, P. *J. Am. Chem. Soc.* **1968,** *90,* 5622–5623.
2. Husson, H.-P.; Chevolot, L.; Langlois, Y.; Thal, C.; Potier, P. *J. Chem. Soc., Chem. Commun.* **1972,** 930–931.
3. Grierson, D. *Org. React.* **1990,** *39,* 85–295. (Übersichtsartikel).
4. Sundberg, R. J.; Gadamasetti, K. G.; Hunt, P. J. *Tetrahedron* **1992,** *48,* 277–296.
5. Kende, A. S.; Liu, K.; Brands, J. K. M. *J. Am. Chem. Soc.* **1995,** *117,* 10597–10598.
6. Renko, D.; Mary, A.; Guillou, C.; Potier, P.; Thal, C. *Tetrahedron Lett.* **1998,** *39,* 4251–4254.
7. Suau, R.; Nájera, F.; Rico, R. *Tetrahedron* **2000,** *56,* 9713–9720.
8. Thomas, O. P.; Zaparucha, A.; Husson, H.-P. *Tetrahedron Lett.* **2001,** *42,* 3291–3293.
9. Lim, K.-H.; Low, Y.-Y.; Kam, T.-S. *Tetrahedron Lett.* **2006,** *47,* 5037–5039.
10. Gazak, R.; Kren, V.; Sedmera, P.; Passarella, D.; Novotna, M.; Danieli, B. *Tetrahedron* **2007,** *63,* 10466–10478.
11. Nishikawa, Y.; Kitajima, M.; Kogure, N.; Takayama, H. *Tetrahedron* **2009,** *65,* 1608–1617.
12. Han-ya, Y.; Tokuyama, H.; Fukuyama, T. *Angew. Chem. Int. Ed.* **2011,** *50,* 4884–4887.
13. Perry, M. A.; Morin, M. D.; Slafer, B. W.; Rychnovsky, S. D. *J. Org. Chem.* **2012,** *77,* 3390–3400.

14. Benimana, S. E.; Cromwell, N. E.; Meer, H. N.; Marvin, C. C. *Tetrahedron Lett.* **2016,** *57,* 5062–5064.
15. Zhang, X.; Kakde, B. N.; Guo, R.; Yadav, S.; Gu, Y.; Li, A. *Angew. Chem. Int. Ed.* **2019,** *58,* 6053–6058.
16. Lee, S.; Kang, G.; Chung, G.; Kim, D.; Lee, H.-Y.; Han, S. *Angew. Chem. Int. Ed.* **2020,** *59,* 6894–6901.

Prins-Reaktion

Die Prins-Reaktion ist die säurekatalysierte Addition von Aldehyden an Alkene und liefert je nach Reaktionsbedingungen unterschiedliche Produkte.

das gemeinsame Zwischenprodukt

Beispiel 1 [5]

Beispiel 2 [7]

Beispiel 3 [9]

Beispiel 4 [10]

Beispiel 5, Eine Kaskade der Prins/Ritter Amidation Reaktion [11]

Beispiel 6 [12]

Beispiel 7, SnCl₄-geförderte Oxonium-Prins Cyclisierung [13]

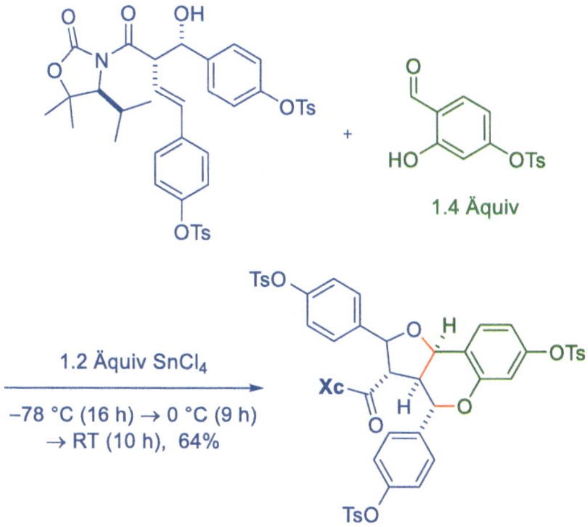

1.2 Äquiv SnCl₄

−78 °C (16 h) → 0 °C (9 h)
→ RT (10 h), 64%

1.4 Äquiv

Beispiel 8, Prins Reaktion von Homoallenylalkoholen: Zugang zu substituierten Pyranen in der Halichondrin-Serie [14]

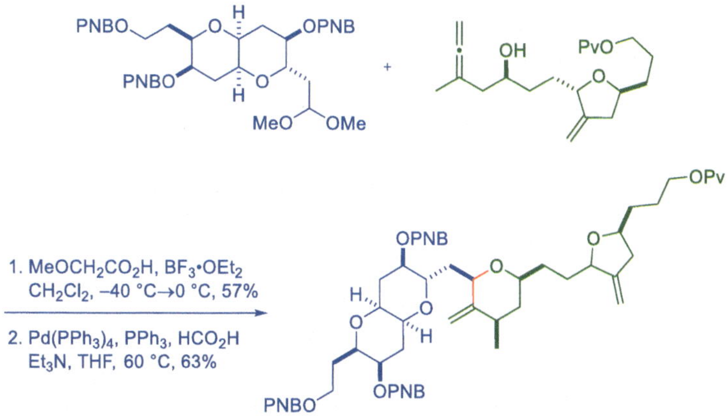

1. MeOCH₂CO₂H, BF₃·OEt₂
   CH₂Cl₂, −40 °C→0 °C, 57%

2. Pd(PPh₃)₄, PPh₃, HCO₂H
   Et₃N, THF, 60 °C, 63%

Beispiel 9, Aza-Prins Cyclisierung von endocyclischen *N* -Acyliminium Ionen [17]

Beispiel 10, Re_2O_7-katalysierter Ansatz zur Spirocyclischen Etherbildung aus acyclischen Vorläufern [19]

Referenzen

1. Prins, H. J. *Chem. Weekblad* **1919**, *16*, 1072-1023. Geboren in Zaandam, Niederlande, war Hendrik J. Prins (1889-1958) nicht einmal ein organischer Chemiker *per se* . Nachdem er einen Doktortitel in Chemieingenieurwesen erworben hatte, arbeitete Prins für ein ätherisches Ölunternehmen und dann für ein Unternehmen, das sich mit der Verwertung von verurteilten Fleisch und Kadavern beschäftigte. Aber er hatte ein kleines Labor in der Nähe seines Hauses, wo er seine Experimente in seiner Freizeit durchführte, was offensichtlich keine große Ablenkung war - denn er stieg zum Präsidenten-Direktor der Firma auf, für die er arbeitete.
2. Adam, D. R.; Bhatnagar, S. P. *Synthesis* **1977**, 661-672. (Übersichtsartikel).
3. Hanaki, N.; Link, J. T.; MacMillan, D. W. C.; Overman, L. E.; Trankle, W. G.; Wurster, J. A. *Org. Lett.* **2000**, *2*, 223-226.
4. Davis, C. E.; Coates, R. M. *Angew. Chem. Int. Ed.* **2002**, *41*, 491-493.
5. Marumoto, S.; Jaber, J. J.; Vitale, J. P.; Rychnovsky, S. D. *Org. Lett.* **2002**, *4*, 3919-3922.
6. Braddock, D. C.; Badine, D. M.; Gottschalk, T. *Synlett* **2003**, 345-348.
7. Sreedhar, B.; Swapna, V.; Sridhar, C.; *Synth. Commun.* **2005**, *35*, 1177-1182.
8. Aubele, D. L.; Wan, S.; Floreancig, P. E. *Angew. Chem. Int. Ed.* **2005**, *44*, 3485-3488.
9. Chan, K.-P.; Ling, Y. H.; Loh, T.-P. *Chem. Commun.* **2007**, 939-941.
10. Bahnck, K. B.; Rychnovsky, S. D. *J. Am. Chem. Soc.* **2008**, *130*, 13177-13181.
11. Yadav, J. S.; Reddy, Y. J.; Reddy, P. A. N. *Org. Lett.* **2013**, *15*, 546-549.
12. Subba Reddy, B. V.; Jalal, S.; Borkar, P. *Tetrahedron Lett.* **2013**, *54*, 1519-1523.
13. Abas, H.; Linsdall, S. M.; Mamboury, M.; Rzepa, H. S.; Spivey, A. C. *Org. Lett.* **2017**, *19*, 2486–2489.

14. Choi, H.-W.; Fang, F. G.; Fang, H.; Kim, D.-S.; Mathieu, S. R.; Yu, R. T. *Org. Lett.* **2017**, *19*, 6092–6095.
15. Subba Reddy, B. V.; Nair, P. N.; Antony, A.; Lalli, C.; Gree, R. *Eur. J. Org. Chem.* **2017**, 1805–1819 (Überprüfung).
16. Subba Reddy, B. V.; Nair, P. N.; Antony, A.; Srivastava, N. *Eur. J. Org. Chem.* **2017**, 5484–5496. (Überprüfung).
17. Das, M.; Saikia, A. K. *J. Org. Chem.* **2018**, *83*, 6178–6185.
18. Doro, F.; Akeroyd, N.; Schiet, F.; Narula, A. *Angew. Chem. Int. Ed.* **2019**, *58*, 7174–7179. (Überprüfung).
19. Afeke, C.; Xie, Y.; Floreancig, P. E. *Org. Lett.* **2019**, *21*, 5064–54067.
20. Han, M.-Y.; Pan, H.; Li, P.; Wang, L. *J. Org. Chem.* **2020**, *85*, 5825–5837.

Pummerer-Umlagerung

Die Umwandlung von Sulfoxiden in α-Acyloxythioether mit Essigsäureanhydrid.

Beispiel 1 [2]

Beispiel 2 [7]

Beispiel 3, Eine tandem Pummerer/Mannich Cyclisierungssequenz [8]

Beispiel 4 [9]

Beispiel 5, Stereoselektive Pummerer-Umlagerung [10,12]

Beispiel 6, Eine aromatische Pummerer-Umlagerung [13]

Beispiel 7, Stereoselektive Pummerer-Umlagerung [14]

Beispiel 8, Pummerer-Umlagerung zur Herstellung von Vinylsulfid durch α-Hydrogeneliminierung [15]

Referenzen

1. Pummerer, R. *Ber.* **1910**, *43*, 1401-1412. Rudolf Pummerer, geboren 1882 in Österreich, studierte unter von Baeyer, Willstätter und Wieland. Er arbeitete einige Jahre für BASF und wurde 1921 zum Leiter der organischen Abteilung des Münchner Labors ernannt, was seinem lang gehegten Wunsch entsprach.
2. Katsuki, T.; Lee, A. W. M.; Ma, P.; Martin, V. S.; Masamune, S.; Sharpless, K. B.; Tuddenham, D.; Walker, F. J. *J. Org. Chem.* **1982**, *47*, 1373-1378.

3. De Lucchi, O.; Miotti, U.; Modena, G. *Org. React.* **1991,** *40*, 157-406. (Übersichtsartikel).
4. Padwa, A.; Gunn, D. E., Jr.; Osterhout, M. H. *Synthesis* **1997,** 1353-1378. (Übersichtsartikel).
5. Padwa, A.; Waterson, A. G. *Curr. Org. Chem.* **2000,** *4*, 175-203. (Übersichtsartikel).
6. Padwa, A.; Bur, S. K.; Danca, D. M.; Ginn, J. D.; Lynch, S. M. *Synlett* **2002,** 851–862. (Übersichtsartikel).
7. Gámez Montaño, R.; Zhu, J. *Chem. Commun.* **2002,** 2448–2449.
8. Padwa, A.; Danca, M. D.; Hardcastle, K.; McClure, M. *J. Org. Chem.* **2003,** *68*, 929–941.
9. Suzuki, T.; Honda, Y.; Izawa, K.; Williams, R. M. *J. Org. Chem.* **2005,** *70*, 7317–7323.
10. Nagao, Y.; Miyamoto, S.; Miyamoto, M.; Takeshige, H.; Hayashi, K.; Sano, S.; Shiro, M.; Yamaguchi, K.; Sei, Y. *J. Am. Chem. Soc.* **2006,** *128*, 9722–9729.
11. Patil, M.; Loerbroks, C.; Thiel, W. *Org. Lett.* **2013,** *15*, 1682–1685.
12. Bao, X.; Yao, J.; Zhou, H.; Xu, G. *Org. Lett.* **2017,** *19*, 5780–5782.
13. Li, X.; Carter, R. G. *Org. Lett.* **2018,** *20*, 5546–5549.
14. Yan, Z.; Zhao, C.; Gong, J.; Yang, Z. *Org. Lett.* **2020,** *22*, 1644–1647.

Ramberg–Bäcklund-Reaktion

Olefinsynthese *via* α-Halosulfon-Extrusion.

Episulfon-Zwischenprodukt

Beispiel 1 [4]

Beispiel 2 [5]

Beispiel 3 [6]

Beispiel 4, *in situ* Chlorierung [7]

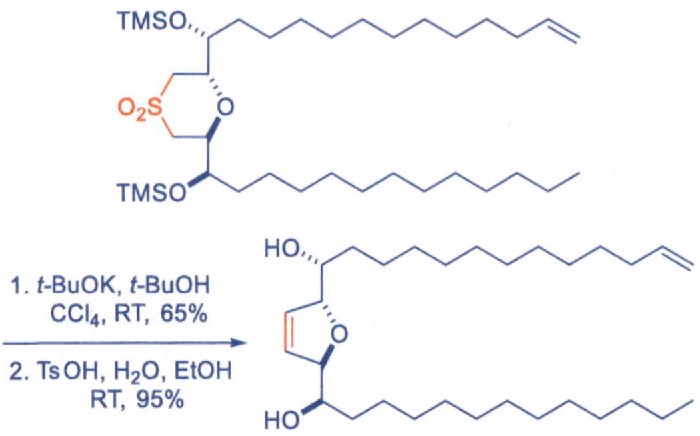
TMSO
O2S
O
TMSO
HO
1. t-BuOK, t-BuOH
CCl4, RT, 65%
2. TsOH, H2O, EtOH
RT, 95%
O
HO

Beispiel 5, Direkte Umwandlung von Dipropargylsulfonen in Ene-Diyne durch eine modifizierte Ein-Flaschen-Ramberg–Bäcklund- Reaktion [8]

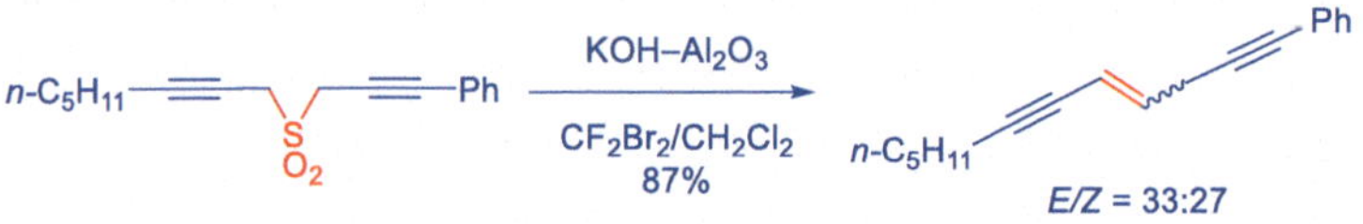
n-C5H11
S
O2
Ph
KOH–Al2O3
CF2Br2/CH2Cl2
87%
Ph
n-C5H11
E/Z = 33:27

Beispiel 6, Pyrrolin-Synthese [14]

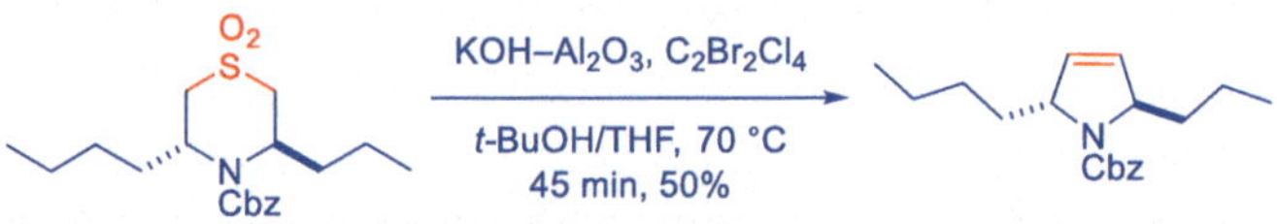
O2
S
N
Cbz
KOH–Al2O3, C2Br2Cl4
t-BuOH/THF, 70 °C
45 min, 50%
N
Cbz

Beispiel 7, Richtung Oseltamivir (Tamiflu) [15]

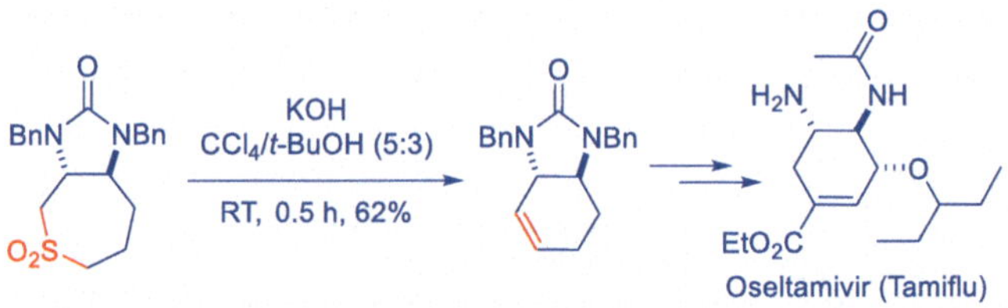
O
BnN
NBn
O2S
KOH
CCl4/t-BuOH (5:3)
RT, 0.5 h, 62%
O
BnN
NBn
O
H2N
NH
O
EtO2C
Oseltamivir (Tamiflu)

Beispiel 8, Zyklisches Olefin aus optisch reinen Alkoholen (Sulfon ist die abgehende Gruppe) [17]

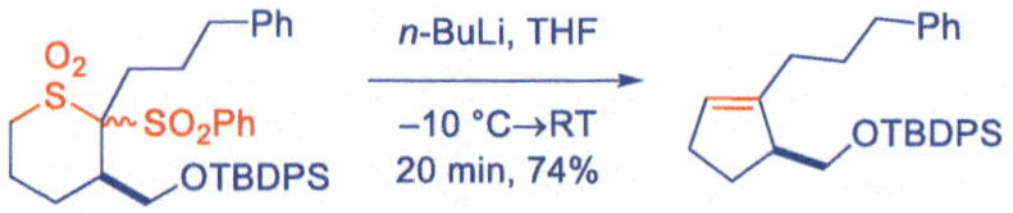
O2
S
Ph
SO2Ph
OTBDPS
n-BuLi, THF
–10 °C→RT
20 min, 74%
Ph
OTBDPS

Referenzen

1. Ramberg, L.; Bäcklund, B. *Arkiv. Kemi, Mineral Geol.* **1940**, *13A*, 1–50.
2. Paquette, L. A. *Acc. Chem. Res.* **1968**, *1*, 209–216. (Überprüfung).
3. Paquette, L. A. *Org. React.* **1977**, *25*, 1–71. (Überprüfung).
4. Becker, K. B.; Labhart, M. P. *Helv. Chim. Acta* **1983**, *66*, 1090–1100.
5. Block, E.; Aslam, M.; Eswarakrishnan, V.; Gebreyes, K.; Hutchinson, J.; Iyer, R.; Laffitte, J. A.; Wall, A. *J. Am. Chem. Soc.* **1986**, *108*, 4568–4580.
6. Boeckman, R. K., Jr.; Yoon, S. K.; Heckendorn, D. K. *J. Am. Chem. Soc.* **1991**, *113*, 9682–9684.
7. Trost, B. M.; Shi, Z. *J. Am. Chem. Soc.* **1994**, *116*, 7459–7460.
8. Cao, X.-P.; Chan, T.-L.; Chow, H.-F. *Tetrahedron Lett.* **1996**, *37*, 1049-1052.
9. Taylor, R. J. K. *Chem. Commun.* **1999**, 217–227. (Überprüfung).
10. Taylor, R. J. K.; Casy, G. *Org. React.* **2003**, *62*, 357–475. (Überprüfung).
11. Li, J. J. *Ramberg–Bäcklund olefin synthesis. In Name Reactions for Functional Group Trans-formations;* Li, J. J., Ed.; Wiley: Hoboken, NJ, **2007**, S. 386–404. (Überprüfung).
12. Pal, T. K.; Pathak, T. *Carbohydrate Res.* **2008**, *343*, 2826–2829.
13. Baird, L. J.; Timmer, M. S. M.; Teesdale-Spittle, P. H.; Harvey, J. E. *J. Org. Chem.* **2009**, *74*, 2271–2277.
14. Söderman, S. C.; Schwan, A. L. *Org. Lett.* **2013**, *15*, 4434–4437.
15. Chavan, S. P.; Chavan, P. N.; Gonnade, R. G. *RSC Adv.* **2014**, *4*, 62281–62284.
16. Lou, X. *Mini-Rev. Org. Chem.* **2015**, *412*, 449–454. (Überprüfung).
17. Pasetto, P.; Naginskaya, J. *Tetrahedron Lett.* **2018**, *59*, 2797–2899.

Reformatsky-Reaktion

Nukleophile Addition von Organzink-Reagenzien, die aus α-Haloestern zu Carbonylen erzeugt wurden.

Beispiel 1 [4]

Beispiel 2 [6]

Beispiel 3, Bor-vermittelte Reformatsky-Reaktion [8]

Beispiel 4, SmI$_2$-vermittelte Reformatsky-Reaktion [9]

Beispiel 5 [6]

Beispiel 6, SmI$_2$-vermittelte Reformatsky-Reaktion [13]

Beispiel 7, Diastereoselektive Reformatsky-Reaktion [14]

Referenzen

1. Reformatsky, S. *Ber.* **1887,** *20,* 1210-1211. Sergei Reformatsky (1860-1934) wurde in Russland geboren. Er studierte an der Universität von Kasan in Russland, der Wiege der russischen Chemie Professoren, wo er kompetente Anleitung eines

angesehenen Chemiker, Alexander M. Zaĭtsev. Reformatsky studierte dann in Göttingen, Heidelberg und Leipzig in Deutschland. Nach seiner Rückkehr nach Russland, wurde Reformatsky zum Lehrstuhl für Organische Chemie an der Universität von Kiew ernannt.

2. Rathke, M. W. *Org. React.* **1975**, *22*, 423-460. (Übersichtsartikel).
3. Fürstner, A. *Synthesis* **1989**, 571-590. (Übersichtsartikel).
4. Lee, H. K.; Kim, J.; Pak, C. S. *Tetrahedron Lett.* **1999**, *40*, 2173-2174.
5. Fürstner, A. In *Organozinc Reagents* Knochel, P., Jones, P., Hrsg.; Oxford University Press: New York, **1999**, S. 287–305. (Übersichtsartikel).
6. Zhang, M.; Zhu, L.; Ma, X. *Tetrahedron: Asymmetry* **2003**, *14*, 3447-3453.
7. Ocampo, R.; Dolbier, W. R., Jr. *Tetrahedron* **2004**, *60*, 9325-9374. (Übersichtsartikel).
8. Lambert, T. H.; Danishefsky, S. J. *J. Am. Chem. Soc.* **2006**, *128*, 426-427.
9. Moslin, R. M.; Jamison, T. F. *J. Am. Chem. Soc.* **2006**, *128*, 15106-15107.
10. Cozzi, P. G. *Angew. Chem. Int. Ed.* **2007**, *46*, 2568-2571. (Übersichtsartikel).
11. Ke, Y.-Y.; Li, Y.-J.; Jia, J.-H.; Sheng, W.-J.; Han, L.; Gao, J.-R. *Tetrahedron Lett.* **2009**, *50*, 1389-1391.
12. Grellepois, F. *J. Org. Chem.* **2013**, *78*, 1127–1137.
13. Segade, Y.; Montaos, M. A.; Rodríguez, J.; Jiménez, C. *Org. Lett.* **2014**, *16*, 5820–5823.
14. Fernández-Sánchez, L.; Sánchez-Salas, J. A.; Maestro, M. C.; García Runano, J. L. *J. Org. Chem.* **2018**, *83*, 12903–12910.
15. Maestro, A.; Martinez de Marigorta, E.; Palacios, F.; Vicario, J. *Org. Lett.* **2019**, *21*, 9473–9477.

Ritter-Reaktion

Amide aus Nitrilen und Alkoholen in starken Säuren.

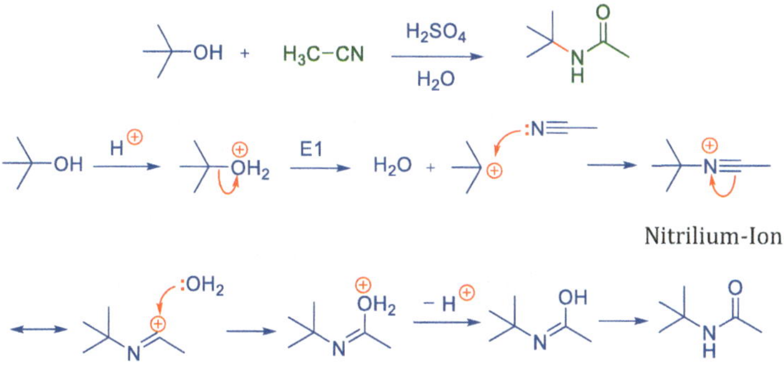

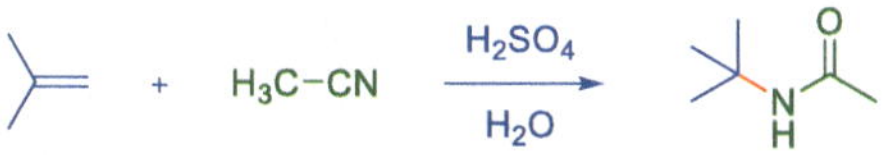

Allgemeines Schema:

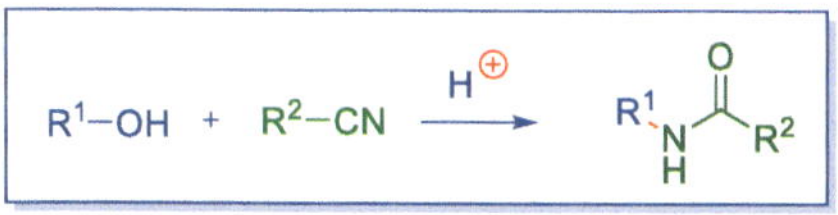

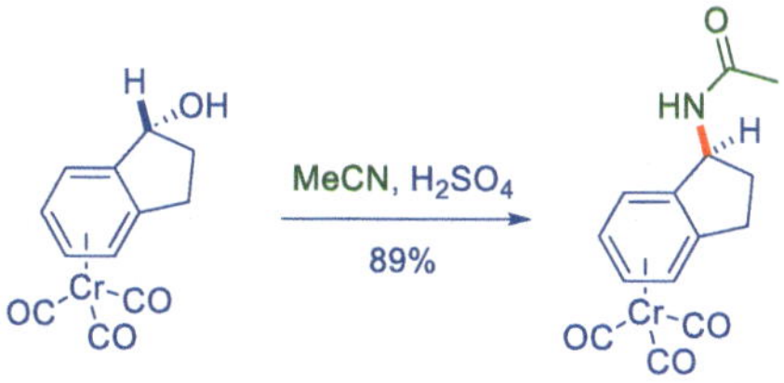

$$R^1-OH + R^2-CN \xrightarrow{H^\oplus} R^1\text{-NH-CO-}R^2$$

Beispiel 1

Nitrilium-Ion

Ähnlich:

Beispiel 2 [3]

Beispiel 3 [4]

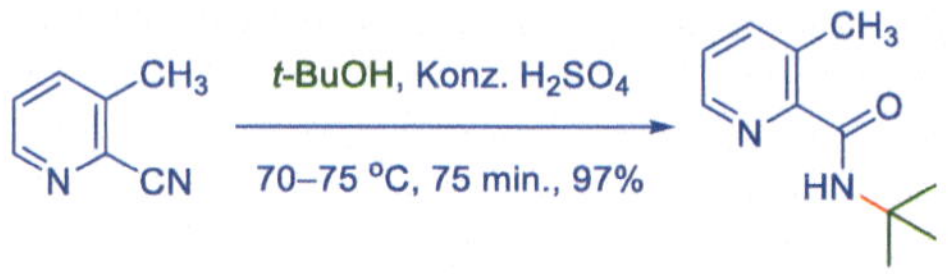

3-Methylpyridin-2-carbonitril + t-BuOH, Konz. H₂SO₄, 70–75 °C, 75 min., 97% → N-tert-butyl-3-methylpicolinamid

Beispiel 4 [5]

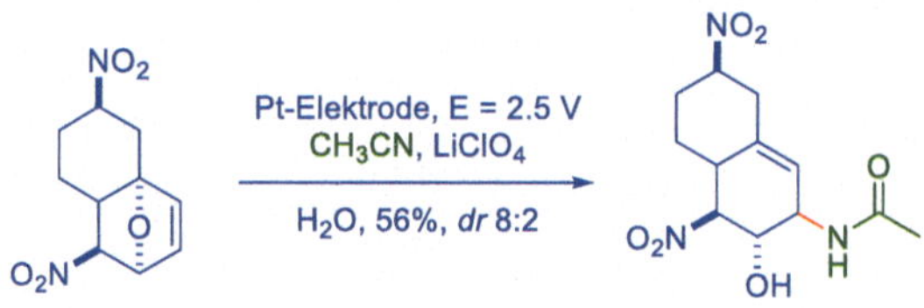

Pt-Elektrode, E = 2.5 V, CH₃CN, LiClO₄, H₂O, 56%, dr 8:2

Beispiel 5 [6]

CH₃CN, rauchendes H₂SO₄, RT, 30 min. dann H₂O, 100 °C, 2 h, 77%

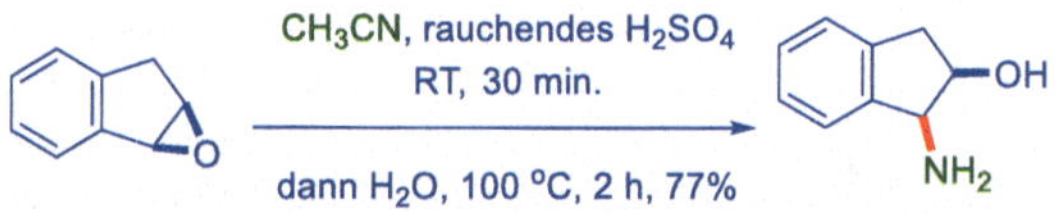

Beispiel 6, Eine Kaskade der Prins/Ritter-Amidierungsreaktion [12]

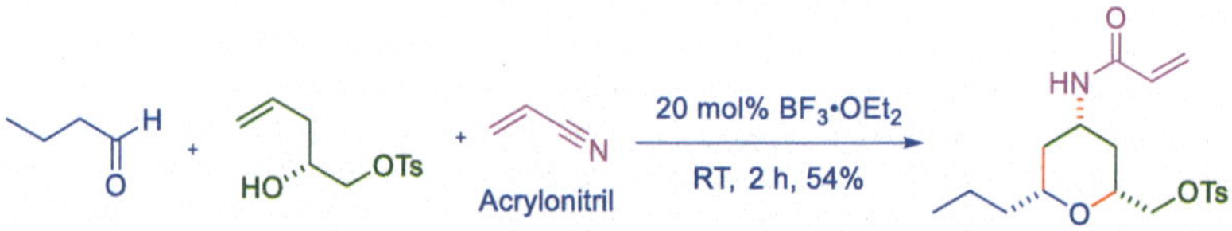

Butyraldehyd + HO-CH₂-CH=CH-CH₂-OTs + Acrylnitril, 20 mol% BF₃·OEt₂, RT, 2 h, 54%

Beispiel 7, Hypervalentes Iod(III)-vermittelte decarboxylative Ritter-Typ-Aminierung [13]

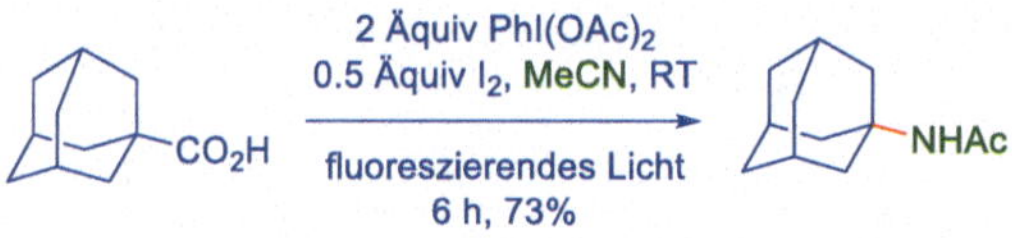

Adamantan-CO₂H → Adamantan-NHAc, 2 Äquiv PhI(OAc)₂, 0.5 Äquiv I₂, MeCN, RT, fluoreszierendes Licht, 6 h, 73%

Beispiel 8, Eine Mehrkomponentenreaktion mit einem Ritter-Typ-Weg [14]

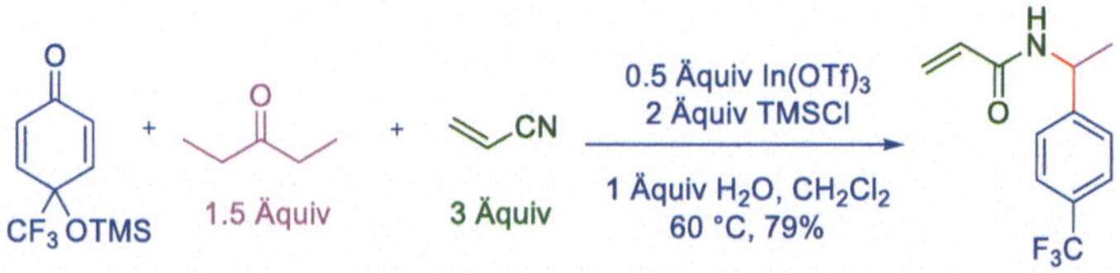

4-(CF₃)(OTMS)-Cyclohexa-2,5-dienon + Butan-2-on (1.5 Äquiv) + Acrylnitril (3 Äquiv), 0.5 Äquiv In(OTf)₃, 2 Äquiv TMSCl, 1 Äquiv H₂O, CH₂Cl₂, 60 °C, 79%

Beispiel 9, Prozessmaßstab Ritter-Reaktion [15]

Referenzen

1. (a) Ritter, J. J.; Minieri, P. P. *J. Am. Chem. Soc.* **1948,** *70,* 4045–4048. (b) Ritter, J. J.; Kalish, J. *J. Am. Chem. Soc.* **1948,** *70,* 4048–4050.
2. Krimen, L. I.; Cota, D. J. *Org. React.* **1969,** *17,* 213–329. (Überprüfung).
3. Top, S.; Jaouen, G. *J. Org. Chem.* **1981,** *46,* 78–82.
4. Schumacher, D. P.; Murphy, B. L.; Clark, J. E.; Tahbaz, P.; Mann, T. A. *J. Org. Chem.* **1989,** *54,* 2242–2244.
5. Le Goanvic, D; Lallemond, M.-C.; Tillequin, F.; Martens, T. *Tetrahedron Lett.* **2001,** *42,* 5175–5176.
6. Tanaka, K.; Kobayashi, T.; Mori, H.; Katsumura, S. *J. Org. Chem.* **2004,** *69,* 5906–5925.
7. Nair, V.; Rajan, R.; Rath, N. P. *Org. Lett.* **2002,** *4,* 1575–1577.
8. Concellón, J. M.; Riego, E.; Suárez, J. R.; García-Granda, S.; Díaz, M. R. *Org. Lett.* **2004,** *6,* 4499–4501.
9. Brewer, A. R. E. *Ritter reaction. In Name Reactions for Functional Group Transformations;* Li, J. J., Hrsg.; Wiley: Hoboken, NJ, **2007,** S. 471–476. (Überprüfung).
10. Baum, J. C.; Milne, J. E.; Murry, J. A.; Thiel, O. R. *J. Org. Chem.* **2009,** *74,* 2207–2209.
11. Guerinot, A.; Reymond, S.; Cossy, J. *Eur. J. Org. Chem.* **2012,** S. 19–28. (Überprüfung).
12. Yadav, J. S.; Reddy, Y. J.; Reddy, P. A. N.; Reddy, B. V. S. *Org. Lett.* **2013,** *15,* 546-549.
13. Kiyokawa, K.; Watanabe, T.; Fra, L.; Kojima, T.; Minakata, S. *J. Org. Chem.* . **2017,** *82,* 117711–11720.
14. Feng, C.; Li, Y.; Sheng, X.; Pan, L.; Liu, Q. *Org. Lett.* **2018,** *20,* 6449-6452.
15. Zhang, Y.; Chen, S.; Liu, Y.; Wang, Q. *Org. Process Res. Dev.* **2020,** *24,* 216-227.

Robinson-Anlagerung

Michael-Addition von Cyclohexanonen an Methylvinylketon gefolgt von intramolekularer Aldol-Kondensation zur Bildung von sechsgliedrigen α,β-ungesättigten Ketonen.

Methylvinylketon (MVK)

Beispiel 1, Homo-Robinson [7]

Beispiel 2 [8]

Beispiel 3, Doppelte Robinson-artige Cyclopenten-Anlagerung [9]

Beispiel 4 [10]

Beispiel 5, Das thermodynamisch weniger stabile Robinson-Anlagerungsprodukt wurde unter milden basischen Bedingungen in das thermodynamisch stabilere Produkt umgewandelt [13]

Beispiel 6, Enantioselektive Robinson-Anlagerung, PTSA = *p*-Toluolsulfonsäure [14]

Referenzen

1. Rapson, W. S.; Robinson, R. *J. Chem. Soc.* **1935,** 1285–1288. Robert Robinson (1886–1975) verwendete die Robinson-Anlagerung in seiner Totalsynthese von Cholesterin. Hier ist eine Geschichte, die Derek Barton über Robinson und Woodward erzählt: "Rein zufällig, trafen die beiden großen Männer früh an einem Montagmorgen auf einem Oxforder Bahnhofsplattform im Jahr 1951. Robinson fragte höflich Woodward, welche Art von Forschung er in diesen Tagen betrieb; Woodward antwortete, dass er dachte, dass Robinson an seiner jüngsten Totalsynthese von Cholesterin interessiert sein würde. Robinson, wütend und schreiend 'Warum stiehlst du immer mein Forschungsthema?', schlug Woodward mit seinem Regenschirm."—Ein Auszug aus Barton, Derek, H. R. *Some Recollections of Gap Jumping,* American Chemical Society, Washington, D.C., **1991** .
2. Gawley, R. E. *Synthesis* **1976,** 777–794. (Rezension).
3. Guarna, A.; Lombardi, E.; Machetti, F.; Occhiato, E. G.; Scarpi, D. *J. Org. Chem.* **2000,** *65,* 8093–8096.
4. Tai, C.-L.; Ly, T. W.; Wu, J.-D.; Shia, K.-S.; Liu, H.-J. *Synlett* **2001,** 214–217.
5. Jung, M. E.; Piizzi, G. *Org. Lett.* **2003,** *5,* 137–140.
6. Singletary, J. A.; Lam, H.; Dudley, G. B. *J. Org. Chem.* **2005,** *70,* 739–741.
7. Yun, H.; Danishefsky, S. J. *Tetrahedron Lett.* **2005,** *46,* 3879–3882.
8. Jung, M. E.; Maderna, A. *Tetrahedron Lett.* **2005,** *46,* 5057–5061.
9. Zhang, Y.; Christoffers, J. *Synthesis* **2007,** 3061–3067.
10. Jahnke, A.; Burschka, C.; Tacke, R.; Kraft, P. *Synthesis* **2009,** 62–68.
11. Bradshaw, B.; Parra, C.; Bonjoch, J. *Org. Lett.* **2013,** *15,* 2458–2461.
12. Gallier, F.; Martel, A.; Dujardin, G. *Angew. Chem. Int. Ed.* **2017,** *56,* 12424–12458. (Rezension).
13. Kapras, V.; Vyklicky, V.; Budesinsky, M.; Cisarova, I.; Vyklicky, L.; Chodounska, H.; John, U. *Org. Lett.* **2018,** *20,* 946–949.
14. Zhang, Q.; Zhang, F.-M.; Zhang, C.-S.; Liu, S.-Z.; Tian, J.-M.; Wang, S.-H.; Zhang, X.-M.; Tu, Y.-Q. *Nat. Commun.* **2019,** *10,* 2507.
15. Quevedo-Acosta, Y.; Jurberg, I. D.; Gamba-Sanchez, D. *Org. Lett.* **2020,** *22,* 239–243.
16. Zhang, Y.; Chen, S.; Liu, Y.; Wang, Q. *Org. Process Res. Dev.* **2020,** *24,* 216–227.

Sandmeyer-Reaktion

Haloarene aus der Reaktion eines Diazoniumsalzes mit CuX.

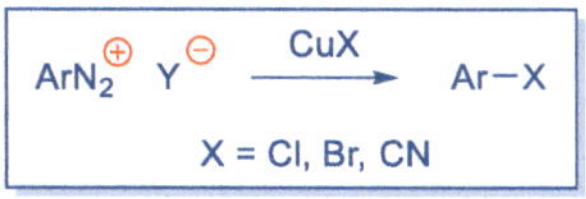

$$ArN_2^{\oplus} \; Y^{\ominus} \xrightarrow{CuX} Ar-X$$

$$X = Cl, Br, CN$$

Mechanismus:

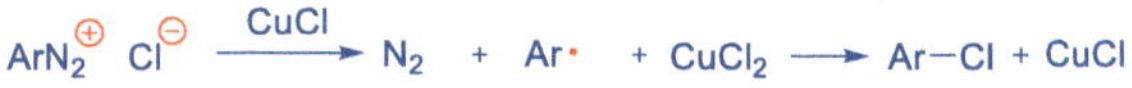

$$ArN_2^{\oplus} \; Cl^{\ominus} \xrightarrow{CuCl} N_2 \; + \; Ar^{\bullet} \; + \; CuCl_2 \longrightarrow Ar-Cl + CuCl$$

Beispiel 1 [4]

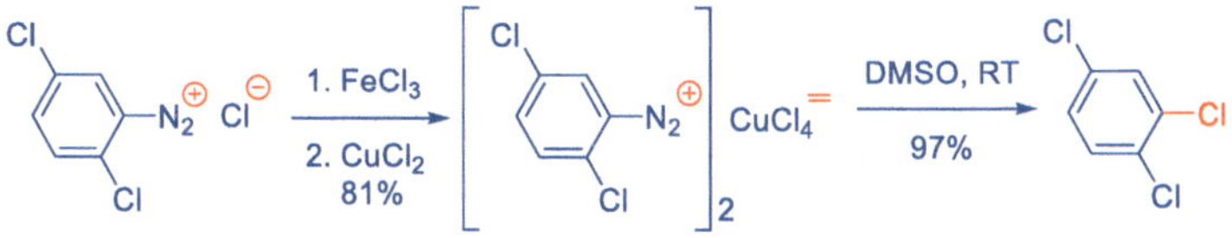

Beispiel 2 [7]

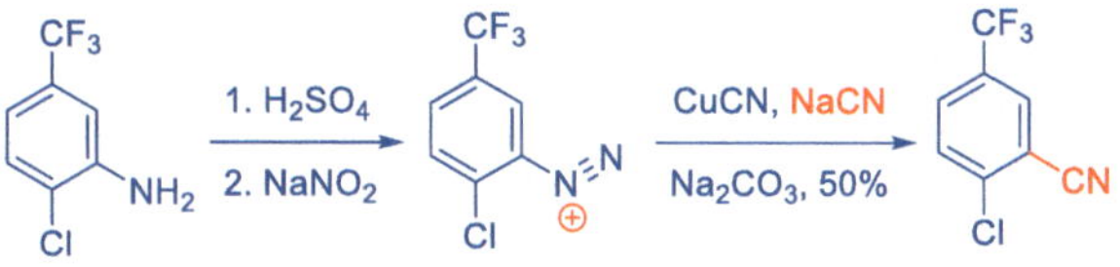

Beispiel 3 [8]

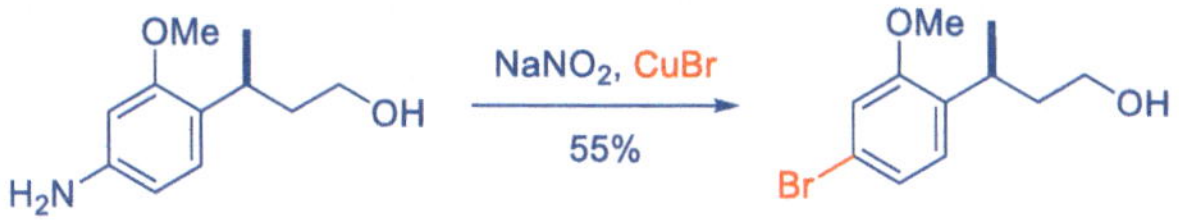

Beispiel 4 [9]

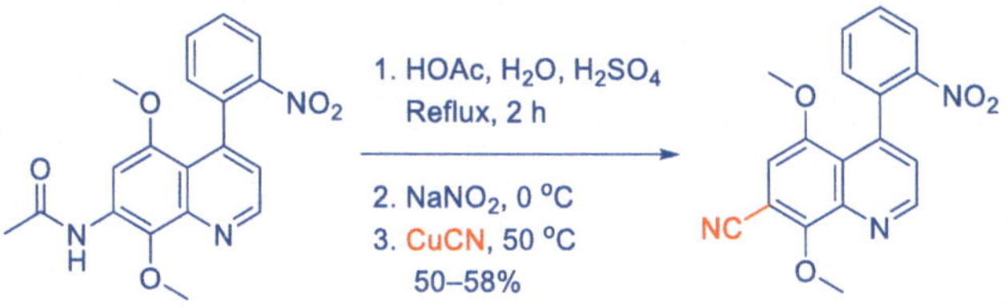

Beispiel 5, Trifluormethylierung [11]

Umemoto's Reagenz

Beispiel 6, Difluormethylierung von (Hetero-)Arenediazoniumsalzen [13]

Beispiel 7, Sicherer kontinuierlicher Prozess [14]

Beispiel 8, Silber-vermittelte Trifluormethylierung von (Hetero-)Arenediazoniumtetrafluorboraten [16]

Referenzen

1. Sandmeyer, T. *Ber.* **1884,** *17*, 1633. Traugott Sandmeyer (1854-1922) wurde in Wettingen, Schweiz geboren. Er war Lehrling bei Victor Meyer und Arthur Hantzsch, obwohl er nie promovierte. Später verbrachte er 31 Jahre bei der Firma J. R. Geigy, die heute Teil von Novartis ist.

2. Suzuki, N.; Azuma, T.; Kaneko, Y.; Izawa, Y.; Tomioka, H.; Nomoto, T. *J. Chem. Soc., Perkin Trans. 1* **1987**, 645–647.
3. Merkushev, E. B. *Synthesis* **1988**, 923–937. (Übersichtsartikel).
4. Obushak, M. D.; Lyakhovych, M. B.; Ganushchak, M. I. *Tetrahedron Lett.* **1998**, *39*, 9567–9570.
5. Hanson, P.; Jones, J. R.; Taylor, A. B.; Walton, P. H.; Timms, A. W. *J. Chem. Soc., Perkin Trans. 2* **2002**, 1135–1150.
6. Daab, J. C.; Bracher, F. *Monatsh. Chem.* **2003**, *134*, 573–583.
7. Nielsen, M. A.; Nielsen, M. K.; Pittelkow, T. *Org. Process Res. Dev.* **2004**, *8*, 1059–1064.
8. Kim, S.-G.; Kim, J.; Jung, H. *Tetrahedron Lett.* **2005**, *46*, 2437–2439.
9. LaBarbera, D. V.; Bugni, T. S.; Ireland, C. M. *J. Org. Chem.* **2007**, *72*, 8501–8505.
10. Gehanne, K.; Lancelot, J.-C.; Lemaitre, S.; El-Kashef, H.; Rault, S. *Heterocycles* **2008**, *75*, 3015–3024.
11. Dai, J.-J.; Fang, C.; Xiao, B.; Yi, J.; Xu, J.; Liu, Z.-J.; Lu, X.; Liu, L.; Fu, Y. *J. Am. Chem. Soc.* **2013**, 135, 8436–8439.
12. Browne, D. L. *Angew. Chem. Int. Ed.* **2014**, *53*, 1482–1484. (Review).
13. Matheis, C.; Jouvin, K.; Goossen, L. J. *Org. Lett.* **2014**, *16*, 5984–5987.
14. D'Attoma, J.; Camara, T.; Brun, P. L.; Robin, Y.; Bostyn, S.; Buron, F.; Routier, S. *Org. Process Res. Dev.* **2017**, 21, 44–51.
15. Mo, F.; Qiu, D.; Zhang, Y.; Wang, J. *Acc. Chem. Res.* **2018**, 53, 496–506. (Review).
16. Yang, Y.-M.; Yao, J.-F.; Yan, W.; Luo, Z.; Tang, Z.-Y. *Org. Lett.* **2019**, *21*, 8003–8007.
17. Schafer, G.; Fleischer, T.; Ahmetovic, M.; Abele, S. *Org. Process Res. Dev.* **2020**, *24*, 228–234.

Schiemann-Reaktion

Bildung von Fluoroarenen aus Anilinen. Auch bekannt als Balz–Schiemann-Reaktion.

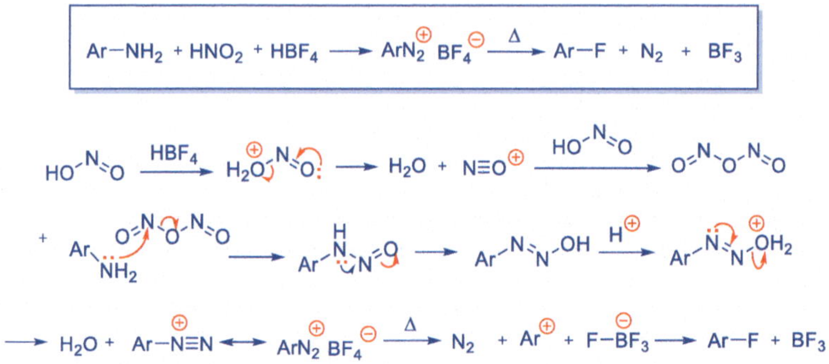

$$Ar-NH_2 + HNO_2 + HBF_4 \longrightarrow ArN_2^{\oplus} BF_4^{\ominus} \xrightarrow{\Delta} Ar-F + N_2 + BF_3$$

Beispiel 1 [4]

NaNO$_2$, HBF$_4$, H$_2$O, −10 → 0 °C, 25%

R = 2,3-5-Tri-O-acetyl-β-D-ribofuranos

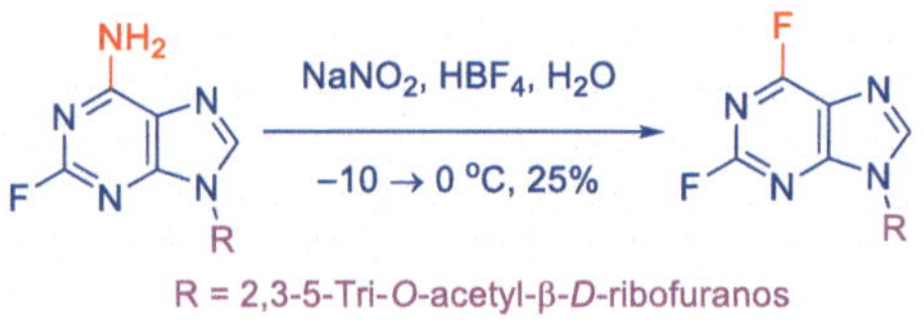

Beispiel 2, Photo-Schiemann-Reaktion [6]

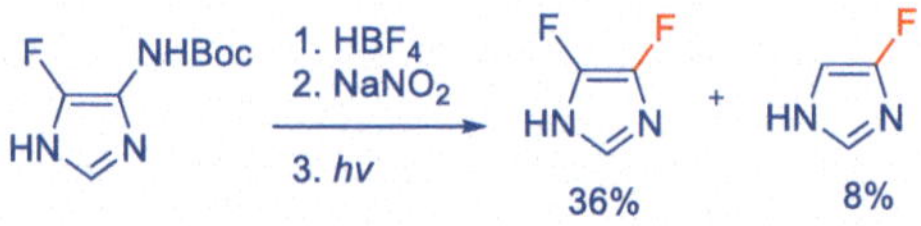

1. HBF$_4$
2. NaNO$_2$
3. hv

36%   8%

Beispiel 3, Photo-Schiemann-Reaktion, bmim = 1-Butyl-3-methylimidazolium [8]

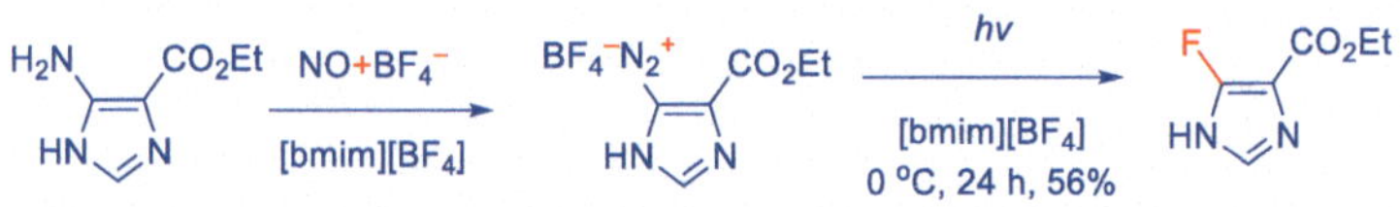

[bmim][BF$_4$], 0 °C, 24 h, 56%

Beispiel 4, Synthese von 3-Fluorothiophen [10]

NaNO$_2$, HBF$_4$, 93%; 160–200 °C, Sand, 67%

Beispiel 5, Aus Aminoquinolin-Substrat [12]

Reagenzien: 48% aq. HBF$_4$, NaNO$_2$, 1,2-Dichlrorobenzen, 100 °C, 2 h, 70%

Beispiel 6, Hypervalentes Iodin (III)-katalysierte Fluorierung unter milden Bedingungen [13]

Reagenzien: 2.5 Äquiv BF$_3$·OEt$_2$, 1.8 Äquiv t-BuONO, PhCF$_3$, 0 °C, 15 min; dann (20 mol%) Iodin(III)-Katalysator, PhCF$_3$, 40 °C, 36 h, 64%, 2 Stufen

Beispiel 7, Organotrifluoroborate als kompetente Quellen von Fluoridionen für Fluor-Dediazonierung [14]

Reagenzien: PhBF$_3$K; 1. 0.5 Äquiv Konz. H$_3$PO$_4$; 2. 1.5 Äquiv t-BuONO, t-BuOH, 40–50 °C, 2 h, 35%

Beispiel 8, Einstufige Synthese von 2-Fluoradenin unter Verwendung von Wasserstofffluorid-Pyridin im kontinuierlichen Durchflussbetrieb [15]

Bedingungen: 0.67 M in HF/Pyridin, 0 °C; t-BuONO in MeCN, 0 °C; 1. Hinzufügen zu EtOAc (25v); 2. Kristallisation (pH-Schwankung) H$_2$O, MeCN, NaOH, HOAc

Referenzen

1. Balz, G.; Schiemann, G. *Ber.* **1927**, *60*, 1186–1190. Günther Schiemann wurde 1899 in Breslau, Deutschland geboren. 1925 erhielt er seinen Doktortitel in Breslau, wo er Assistenzprofessor wurde. 1950 wurde er zum Lehrstuhlinhaber für Technische Chemie in Istanbul ernannt, wo er ausgiebig aromatische Fluorverbindungen studierte.
2. Roe, A. *Org. React.* **1949**, *5*, 193–228. (Übersichtsartikel).
3. Sharts, C. M. *J. Chem. Educ.* **1968**, *45*, 185–192. (Übersichtsartikel).

4. Montgomery, J. A.; Hewson, K. *J. Org. Chem.* **1969**, *34*, 1396–1399.
5. Laali, K. K.; Gettwert, V. J. *J. Fluorine Chem.* **2001**, *107*, 31–34.
6. Dolensky, B.; Takeuchi, Y.; Cohen, L. A.; Kirk, K. L. *J. Fluorine Chem.* **2001**, *107*, 147–152.
7. Gronheid, R.; Lodder, G.; Okuyama, T. *J. Org. Chem.* **2002**, *67*, 693–720.
8. Heredia-Moya, J.; Kirk, K. L. *J. Fluorine Chem.* **2007**, *128*, 674–678.
9. Gribble, G. W. *Balz-Schiemann reaction. In Name Reactions for Functional Group Transformations;* Li, J. J., Hrsg.; Wiley: Hoboken, NJ, **2007**, S. 552–563. (Übersichtsartikel).
10. Pomerantz, M.; Turkman, N. *Synthesis* **2008**, 2333–2336.
11. Cresswell, A. J.; Davies, S. G.; Roberts, P. M.; Thomson, J. E. *Chem. Rev.* **2015**, *115*, 566–611. (Übersichtsartikel).
12. Terzić, N.; Konstantinović, J.; Tot, M.; Burojević, J.; Djurković-Djaković, O.; Srbljanović, J.; Stajner, T.; Verbić, T.; Zlatović, M.; Machado, M.; et al. *J. Med. Chem.* **2016**, *59*, 264–281.
13. Xing, B.; Ni, C.; Hu, J. *Angew. Chem. Int. Ed.* **2018**, *57*, 9896–9900.
14. Mohy El Dine, T.; Sadek, O.; Gras, E.; Perrin, D. M. *Chem. Eur. J.* **2018**, *24*, 14933–14937.
15. Salehi Marzijarani, N.; Snead, D. R.; McMullen, J. P.; Lévesque, F.; Weisel, M.; Varsolona, R. J.; Lam, Y.-h.; Liu, Z.; Naber, J. R. *Org. Process Res. Dev.* **2019**, 23, 1522–1528.

Schmidt-Umlagerung

Die Schmidt-Reaktionen beziehen sich auf die säurekatalysierten Reaktionen von Hydrazoesäure mit Elektrophilen, wie Carbonylverbindungen, tertiären Alkoholen und Alkenen. Diese Substrate unterliegen einer Umlagerung und Ausscheidung von Stickstoff, um Amine, Nitrile, Amide oder Iminen zu liefern.

Azido-Alkohol

Nitrilium-Ionen-Zwischenprodukt (*Vgl.* Ritter-Zwischenprodukt)

Beispiel 1, Ein klassisches Beispiel [3]

Beispiel 2 [5]

Beispiel 3, Intramolekulare Schmidt-Umlagerung [6]

Beispiel 4, Intramolekulare Schmidt-Umlagerung [8]

Beispiel 5, Intermolekulare Schmidt-Umlagerung [9]

Beispiel 6 [11]

Beispiel 7, Intramolekulare Schmidt-Umlagerung [12]

Beispiel 8, Herstellung von 2-Oxoindolen [13]

Beispiel 9, Nitromethan als Stickstoffspender in der Schmidt-Typ-Bildung von Amiden und Nitrilen [14]

Referenzen

1. (a) Schmidt, K. F. *Angew. Chem.* **1923**, *36*, 511. Karl Friedrich Schmidt (1887-1971) arbeitete mit Curtius an der Universität Heidelberg zusammen, wo Schmidt nach 1923 Professor für Chemie wurde. (b) Schmidt, K. F. *Ber.* **1924**, *57*, 704–706.
2. Wolff, H. *Org. React.* **1946**, *3*, 307–336. (Übersichtsartikel).
3. Tanaka, M.; Oba, M.; Tamai, K.; Suemune, H. *J. Org. Chem.* **2001**, *66*, 2667–2573.
4. Golden, J. E.; Aubé, J. *Angew. Chem. Int. Ed.* **2002**, *41*, 4316–4318.
5. Johnson, P. D.; Aristoff, P. A. *Bioorg. Med. Chem. Lett.* **2003**, *13*, 4197–4200.
6. Wrobleski, A.; Sahasrabudhe, K.; Aubé, J. *J. Am. Chem. Soc.* **2004**, *126*, 5475–5481.
7. Gorin, D. J.; Davis, N. R.; Toste, F. D. *J. Am. Chem. Soc.* **2005**, *127*, 11260–11261.
8. Iyengar, R.; Schidknegt, K.; Morton, M.; Aubé, J. *J. Org. Chem.* **2005**, *70*, 10645–10652.
9. Amer, F. A.; Hammouda, M.; El-Ahl, A. A. S.; Abdel-Wahab, B. F. *Synth. Commun.* **2009**, *39*, 416–425.
10. Wu, Y.-J. *Schmidt Reactions.* In *Name Reactions for Homologations-Part II*; Li, J. J., Hrsg.; Wiley: Hoboken, NJ, **2009**, S. 353–372. (Übersichtsartikel).
11. Gu, P.; Sun, J.; Kang, X.-Y.; Yi, M.; Li, X.-Q.; Xue, P.; Li, R. *Org. Lett.* **2013**, *15*, 1124–1127.
12. Kim, C.; Kang, S.; Rhee, Y. H. *J. Org. Chem.* **2014**, *79*, 11119–11124.
13. Ding, S.-L.; Ji, Y.; Su, Y.; Li, R.; Gu, P. *J. Org. Chem.* **2019**, *84*, 2012–2021.
14. Liu, J.; Zhang, C.; Zhang, Z.; Wen, X.; Dou, X.; Wei, J.; Qiu, X.; Song, S.; Jiao, N. *Sci.* **2020**, *367*, 281–285.

Shapiro-Reaktion

Die Shapiro-Reaktion ist eine Variante der Bamford-Stevens-Reaktion. Die Erstere verwendet Basen wie Alkyl-Lithium und Grignard-Reagenzien, während die Letztere Basen wie Na, NaOMe, LiH, NaH, NaNH$_2$, usw. einsetzt. Folglich liefert die Shapiro-Reaktion in der Regel die weniger substituierten Olefine (die kinetischen Produkte), während die Bamford-Stevens-Reaktion die stärker substituierten Olefine (die thermodynamischen Produkte) liefert.

Beispiel 1, Kinetisches Produkt ist das Hauptprodukt [2]

Beispiel 2 [3]

Beispiel 3 [7]

Beispiel 4 [8]

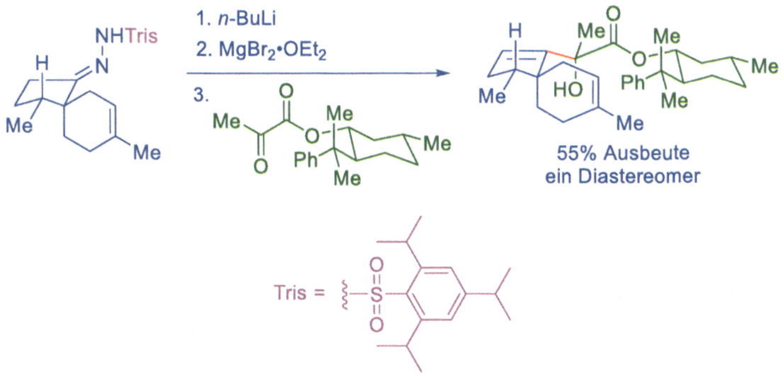

Tris = 2,4,6-Triisopropylbenzolsulfonyl

55% Ausbeute
ein Diastereomer

Beispiel 5, NFSI = N-Fluorbenzolsulfonimid [11]

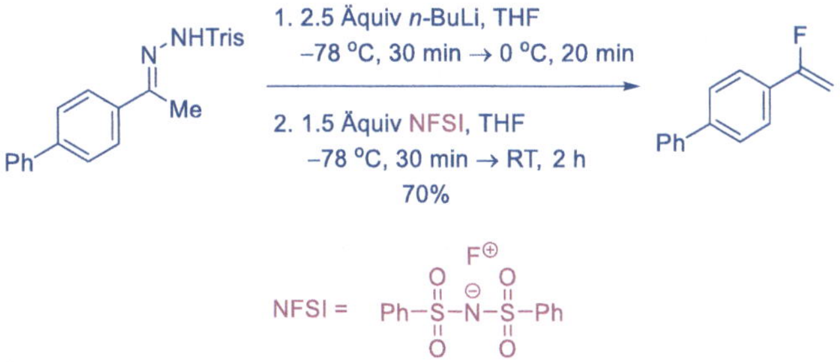

1. 2.5 Äquiv n-BuLi, THF
−78 °C, 30 min → 0 °C, 20 min

2. 1.5 Äquiv NFSI, THF
−78 °C, 30 min → RT, 2 h
70%

NFSI = Ph−S(O)$_2$−N$^⊖$(F$^⊕$)−S(O)$_2$−Ph

Beispiel 6, Hin zur Totalsynthese von Paspalin [12]

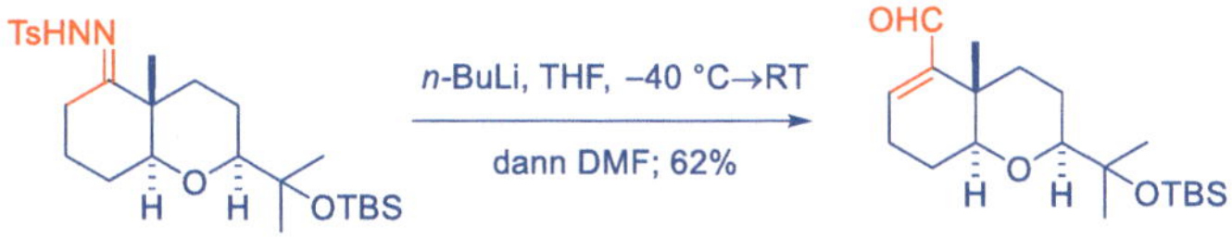

n-BuLi, THF, −40 °C→RT
dann DMF; 62%

Beispiel 7, Zur Herstellung von Ursodeoxycholsäure [13]

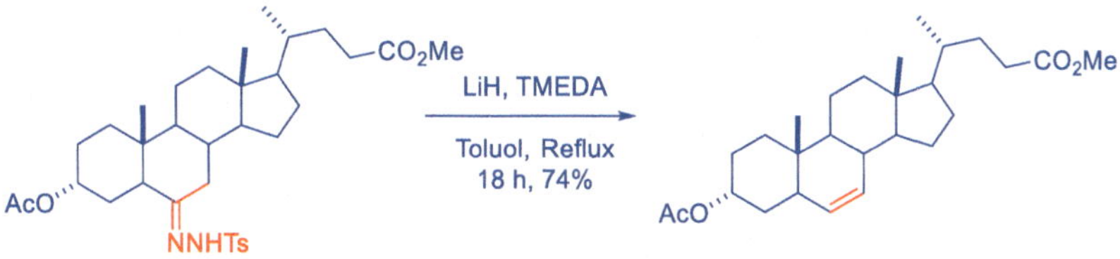

LiH, TMEDA
Toluol, Reflux
18 h, 74%

Beispiel 8 [13]

1. TsNNH$_2$, kat. p-TsOH
MeOH

2. 2 Äquiv n-BuLi
−78 → 25 °C

Referenzen

1. Shapiro, R. H.; Duncan, J. H.; Clopton, J. C. *J. Am. Chem. Soc.* **1967**, *89*, 471–472. Robert H. Shapiro veröffentlichte diesen Artikel im JACS 1967, als er Assistenzprofessor an der University of Colorado war. Trotz einer nach ihm benannten Reaktion wurde ihm die Professur verweigert.
2. Shapiro, R. H.; Heath, M. J. *J. Am. Chem. Soc.* **1967**, *89*, 5734–5735.
3. Dauben, W. G.; Lorber, M. E.; Vietmeyer, N. D.; Shapiro, R. H.; Duncan, J. H.; Tomer, K. *J. Am. Chem. Soc.* **1968**, *90*, 4762–4763.
4. Shapiro, R. H. *Org. React.* **1976**, *23*, 405–507. (Übersichtsartikel).
5. Adlington, R. M.; Barrett, A. G. M. *Acc. Chem. Res.* **1983**, *16*, 55–59. (Übersichtsartikel).
6. Chamberlin, A. R.; Bloom, S. H. *Org. React.* **1990**, *39*, 1-83. (Übersichtsartikel).
7. Grieco, P. A.; Collins, J. L.; Moher, E. D.; Fleck, T. J.; Gross, R. S. *J. Am. Chem. Soc.* **1993**, *115*, 6078–6093.
8. Tamiya, J.; Sorensen, E. J. *Tetrahedron* **2003**, *59*, 6921–6932.
9. Wolfe, J. P. *Shapiro reaction. In Name Reactions for Functional Group Transformations;* Li, J. J., Corey, E. J., Hrsg, Wiley: Hoboken, NJ, **2007**, S. 405–413.
10. Bettinger, H. F.; Mondal, R.; Toenshoff, C. *Org. Biomol. Chem.* **2008**, *6*, 3000–3004.
11. Yang, M.-H.; Matikonda, S. S.; Altman, R. A. *Org. Lett.* **2013**, *15*, 3894–3897.
12. Sharpe, R. J.; Johnson, J. S. *J. Org. Chem.* **2015**, *80*, 9740–9766.
13. Dou, Q.; Jiang, Z. *Synth.* **2016**, *48*, 588–594.
14. Erden, I.; Gleason, C. J. *Tetrahedron Lett.* **2018**, *59*, 284–286.
15. Pfaff, P.; Mouhib, H.; Kraft, P. *Eur. J. Org. Chem.* **2019**, 2643–2652.

Sharpless Asymmetrische Amino-Hydroxylierung

Osmium-vermittelte *cis*-Addition von Stickstoff und Sauerstoff zu Olefinen. Die Regioselektivität kann durch das Ligand gesteuert werden. Stickstoffquellen (X–NClNa) beinhalten:

Der katalytische Zyklus:

Beispiel 1 [1b]

(DHQD)₂-PHAL = 1,4-bis(9-O-dihydrochinidin)phthalazin:

Beispiel 2 [2]

Beispiel 3 [6]

Beispiel 4 [13]

Beispiel 5, Bromamin-T als effiziente Aminquelle [14]

Beispiel 6, Anti-Malaria-Medikament [15]

Beispiel 7, Verwendung von FmocNH·HCl als Aminquelle [16]

Referenzen

1. (a) Herranz, E.; Sharpless, K. B. *J. Org. Chem.* **1978,** *43,* 2544–2548. K. Barry Sharpless (USA, 1941–) teilte den Nobelpreis für Chemie im Jahr 2001 mit Herbert William S. Knowles (USA, 1917–) und Ryoji Noyori (Japan, 1938–) für seine Arbeit an chiral katalysierten Oxidationsreaktionen. (b) Li, G.; Angert, H. H.; Sharpless, K. B. *Angew. Chem. Int. Ed.* **1996,** *35,* 2813–2817. (c) Rubin, A. E.; Sharpless, K. B. *Angew. Chem. Int. Ed.* **1997,** *36,* 2637–2640. (d) Kolb, H. C.; Sharpless, K. B. *Transition Met. Org. Synth.* **1998,** *2,* 243–260. (Review). (e) Thomas, A.; Sharpless, K. B. *J. Org. Chem.* **1999,** *64,* 8379–8385. (f) Gontcharov, A. V.; Liu, H.; Sharpless, K. B. *Org. Lett.* **1999,** *1,* 783–786.

2. Nicolaou, K. C.; Boddy, C. N. C.; Li, H.; Koumbis, A. E.; Hughes, R.; Natarajan, S.; Jain, N. F.; Ramanjulu, J. M.; Braese, S.; Solomon, M. E. *Chem. Eur. J.* **1999**, *5*, 2602–2621.
3. Lohr, B.; Orlich, S.; Kunz, H. *Synlett* **1999,** 1139–1141.
4. Boger, D. L.; Lee, R. J.; Bounaud, P.-Y.; Meier, P. *J. Org. Chem.* **2000,** *65*, 6770–6772.
5. Demko, Z. P.; Bartsch, M.; Sharpless, K. B. *Org. Lett.* **2000,** *2*, 2221–2223.
6. Barta, N. S.; Sidler, D. R.; Somerville, K. B.; Weissman, S. A.; Larsen, R. D.; Reider, P. J. *Org. Lett.* **2000,** *2*, 2821–2824.
7. Bolm, C.; Hildebrand, J. P.; Muñiz, K. In *Catalytic Asymmetric Synthesis;* 2nd Aufl., Ojima, I., Hrsg.; Wiley-VCH: New York, **2000,** 399. (Übersichtsartikel).
8. Bodkin, J. A.; McLeod, M. D. *J. Chem. Soc., Perkin 1* **2002,** 2733–2746. (Übersichtsartikel).
9. Rahman, N. A.; Landais, Y. *Cur. Org. Chem.* **2000,** *6*, 1369–1395. (Übersichtsartikel).
10. Nilov, D.; Reiser, O. *Recent Advances on the Sharpless Asymmetric Aminohydroxylation.* In *Organic Synthesis Highlights.* Schmalz, H.-G.; Wirth, T., Hrsg.; Wiley-VCH: Weinheim, Deutschland **2003,** 118–124. (Übersichtsartikel).
11. Bodkin, J. A.; Bacskay, G. B.; McLeod, M. D. *Org. Biomol. Chem.* **2008,** *6*, 2544–2553.
12. Wong, D.; Taylor, C. M. *Tetrahedron Lett.* **2009,** *50*, 1273–1275.
13. Harris, L.; Mee, S. P. H.; Furneaux, R. H.; Gainsford, G. J.; Luxenburger, A. *J. Org. Chem.* **2011,** *76*, 358–372.
14. Kumar, J. N.; Das, B. *Tetrahedron Lett.* **2013,** *54*, 3865–3867.
15. Borah, A. J.; Phukan, P. *Tetrahedron Lett.* **2014,** *55*, 713–715.
16. Moreira, R.; Taylor, S. D. *Org. Lett.* **2018,** *20*, 7717–7720.
17. Heravi, M. M.; Lashaki, T. B.; Fattahi, B.; Zadsirjan, V. *RSC Adv.* **2018,** *8*, 6634–6659. (Überprüfung).
18. Moreira, R.; Diamandas, M.; Taylor, S. D. *J. Org. Chem.* **2019,** *84*, 15476–15485.
19. Jiang, Y.-L.; Yu, H.-X.; Li, Y.; Qu, P.; Han, Y.-X.; Chen, J.-H.; Yang, Z. *J. Am. Chem. Soc.* **2020,** *142*, 573–580.

Sharpless Asymmetrische Dihydroxylierung

Enantioselektive *cis*-Dihydroxylierung von Olefinen unter Verwendung von Osmium Katalysator in Gegenwart von Cinchona-Alkaloid-Liganden.

$(DHQ)_2$-PHAL = 1,4-bis(9-*O*-Dihydrochinin)Phthalazin:

Der konsertierte [3 + 2] Cycloadditionsmechanismus: [5]

Beispiel 1 [2]

Der katalytische Zyklus: (der sekundäre Zyklus wird durch Aufrechterhaltung einer niedrigen Konzentration von Olefin abgeschaltet):

Sekundärer Zyklus
niedriger *ee*

low *ee*

Primärzyklus
hohes *ee*

high *ee*

NMO = N-Methylmorpholin N-Oxid

NMM = N-Methylmorpholin

Beispiel 2 [4]

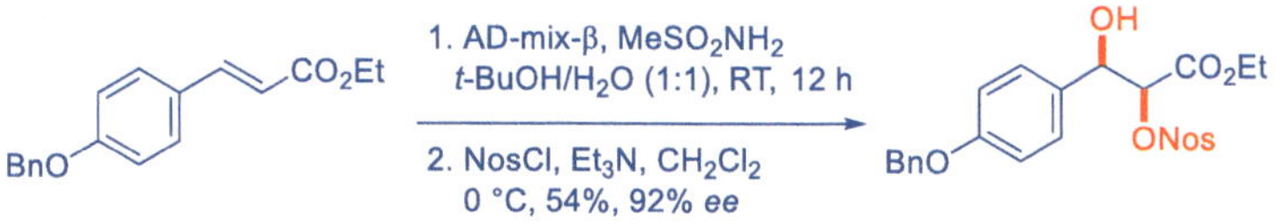

Reagents: 1. AD-mix-β, MeSO$_2$NH$_2$, t-BuOH/H$_2$O (1:1), RT, 12 h; 2. NosCl, Et$_3$N, CH$_2$Cl$_2$, 0 °C, 54%, 92% ee

Nos = Nosylat = 4-Nitrobenzolsulfonyl

Beispiel 3 [9]

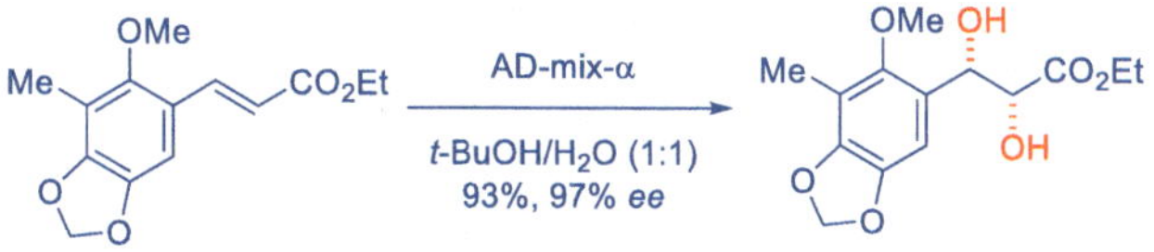

Reagents: AD-mix-α, t-BuOH/H$_2$O (1:1), 93%, 97% ee

Beispiel 4 [10]

Reagents: K$_2$OsO$_2$(OH)$_4$, (DHQD)$_2$PHAL, NMO, Aceton/H$_2$O, 89%, 70% ee

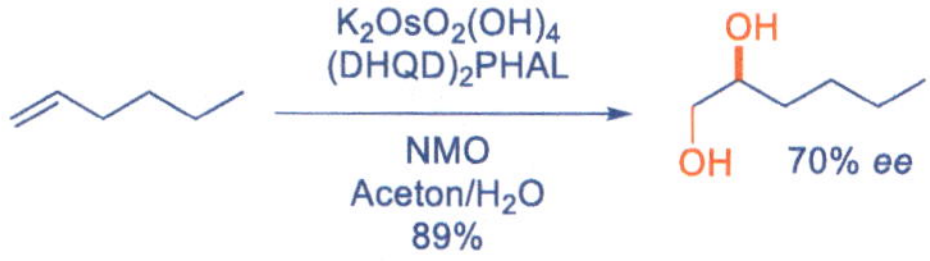

Beispiel 5, Eine skalierbare Synthese [13]

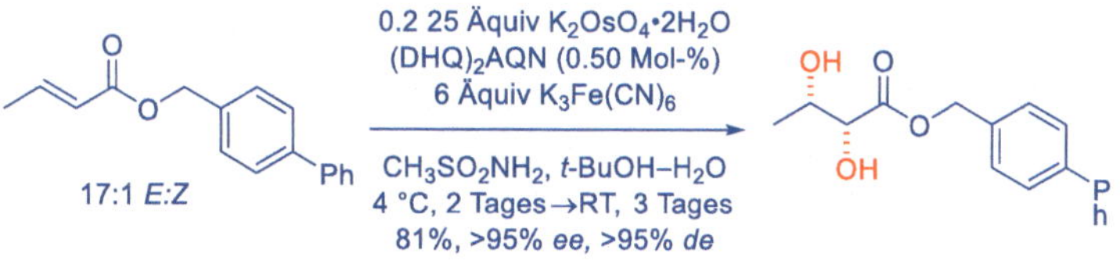

17:1 E:Z

Reagents: 0.2 25 Äquiv K$_2$OsO$_4$·2H$_2$O, (DHQ)$_2$AQN (0.50 Mol-%), 6 Äquiv K$_3$Fe(CN)$_6$, CH$_3$SO$_2$NH$_2$, t-BuOH–H$_2$O, 4 °C, 2 Tages→RT, 3 Tages, 81%, >95% ee, >95% de

Beispiel 5 [14]

Reagents: AD-mix-β, CH$_3$SO$_2$NH$_2$, i-BuOH:H$_2$O (1:1), 0 °C, 24 h, 89%

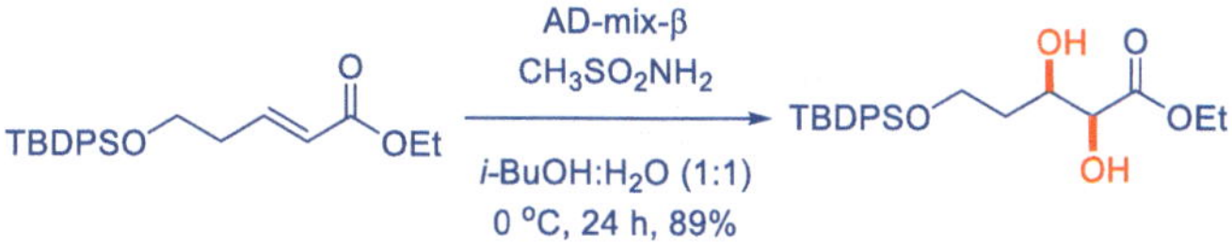

Beispiel 7 [15]

K₂OsO₂(OH)₄ (2 mol%)
(DHQD)₂PHAL (10 mol%)

K₃Fe(CN)₆, K₂CO₃
CH₃SO₂NH₂, t-BuOH/H₂O
96%, 95% ee,

Referenzen

1. (a) Jacobsen, E. N.; Markó, I.; Mungall, W. S.; Schröder, G.; Sharpless, K. B. *J. Am. Chem. Soc.* **1988**, *110*, 1968-1970. (b) Wai, J. S. M.; Markó, I.; Svenden, J. S.; Finn, M. G.; Jacobsen, E. N.; Sharpless, K. B. *J. Am. Chem. Soc.* **1989**, *111*, 1123-1125.
2. Kim, N.-S.; Choi, J.-R.; Cha, J. K. *J. Org. Chem.* **1993**, *58*, 7096-7699.
3. Kolb, H. C.; VanNiewenhze, M. S.; Sharpless, K. B. *Chem. Rev.* **1994**, *94*, 2483-2547. (Übersichtsartikel).
4. Rao, A. V. R.; Chakraborty, T. K.; Reddy, K. L.; Rao, A. S. *Tetrahedron Lett.* **1994**, *35*, 5043-5046.
5. Corey, E. J.; Noe, M. C. *J. Am. Chem. Soc.* **1996**, *118*, 319-329. (Mechanismus).
6. DelMonte, A. J.; Haller, J.; Houk, K. N.; Sharpless, K. B.; Singleton, D. A.; Strassner, T.; Thomas, A. A. *J. Am. Chem. Soc.* **1997**, *119*, 9907-9908. (Mechanismus).
7. Sharpless, K. B. *Angew. Chem. Int. Ed.* **2002**,
8. Zhang, Y.; O'Doherty, G. A. *Tetrahedron* **2005**, *61*, 6337-6351.
9. Chandrasekhar, S.; Reddy, N. R.; Rao, Y. S. *Tetrahedron* **2006**, *62*, 12098-12107.
10. Ferreira, F. C.; Branco, L. C.; Verma, K. K.; Crespo, J. G.; Afonso, C. A. M. *Tetrahedron Asymmetry* **2007**, *18*, 1637-1641.
11. Ramon, R.; Alonso, M.; Riera, A. *Tetrahedron: Asymmetry* **2007**, *18*, 2797-2802.
12. Krishna, P. R.; Reddy, P. S. *Synlett* **2009**, 209-212.
13. Smaltz, D. J.; Myers, A. G. *J. Org. Chem.* **2011**, *76*, 8554–8559.
14. Kamal, A.; Vangala, S. R. *Org. Biomol. Chem.* **2013**, *11*, 4442–4448.
15. Heravi, M. M.; Zadsirjan, V.; Esfandyari, M.; Lashaki, T. B. *Tetrahedron: Asym.* **2017**, *28*, 987–1043. (Überprüfung).
16. Qin, T.; Li, J.-P.; Xie, M.-S.; Qu, G.-R.; Guo, H.-M. *J. Org. Chem.* **2018**, *83*, 15512–15523.
17. Gao, D.; Li, B.; O'Doherty, G. A. *Org. Lett.* **2019**, *21*, 8334–8338.
18. Kopp, J.; Brueckner, R. *Org. Lett.* **2020**, *22*, 3607–3612.

Sharpless Asymmetrische Epoxidation

Enantioselektive Epoxidation von allylischen Alkoholen mit *t*-Butylhydroperoxid (TBHP), Titan-*iso*-propoxid und optisch reinem Diethyloleat (DET).

Der katalytische Zyklus:

Der mutmaßlich aktive Katalysator:

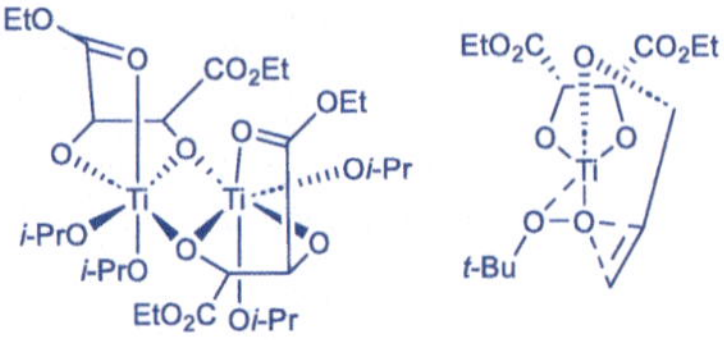
EtO
CO2Et
OEt
O
O
Ti
Ti
Oi-Pr
i-PrO
i-PrO
EtO2C
Oi-Pr
EtO2C
CO2Et
t-Bu

Beispiel 1 [3]

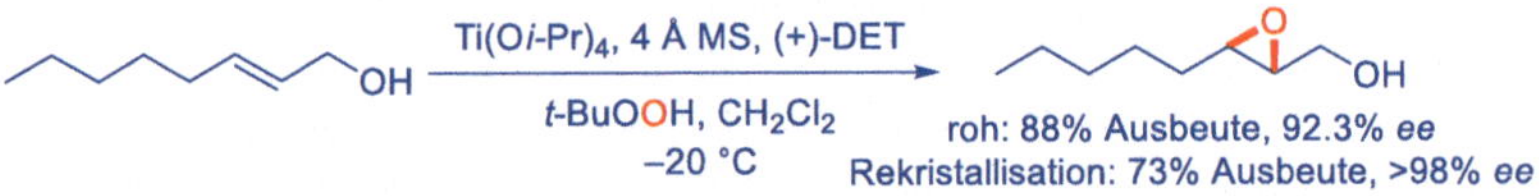
OH
Ti(Oi-Pr)4, 4 Å MS, (+)-DET
t-BuOOH, CH2Cl2
−20 °C
O
OH
roh: 88% Ausbeute, 92.3% ee
Rekristallisation: 73% Ausbeute, >98% ee

Beispiel 2, DIPT = Diisopropyltartrat [3]

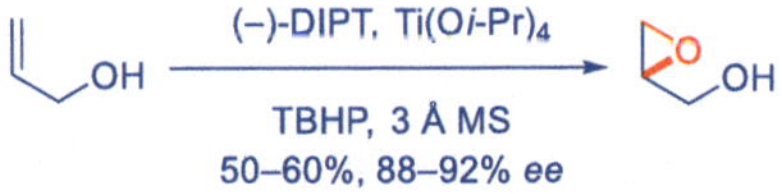
OH
(−)-DIPT, Ti(Oi-Pr)4
TBHP, 3 Å MS
50–60%, 88–92% ee
O
OH

Beispiel 3 [11]

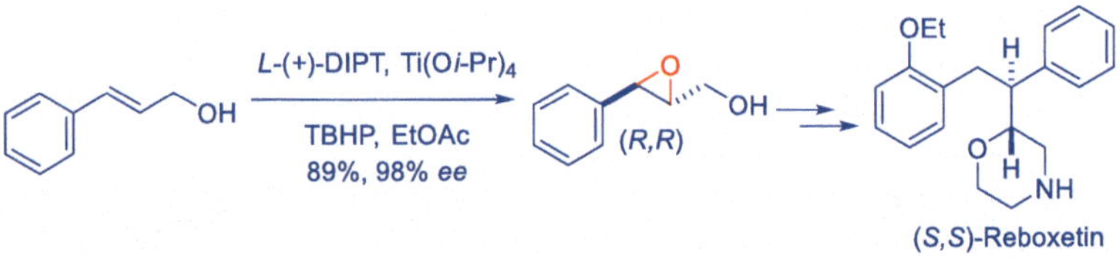
OH
L-(+)-DIPT, Ti(Oi-Pr)4
TBHP, EtOAc
89%, 98% ee
O
OH
(R,R)
OEt
H
O
H
NH
(S,S)-Reboxetin

Beispiel 4 [12]

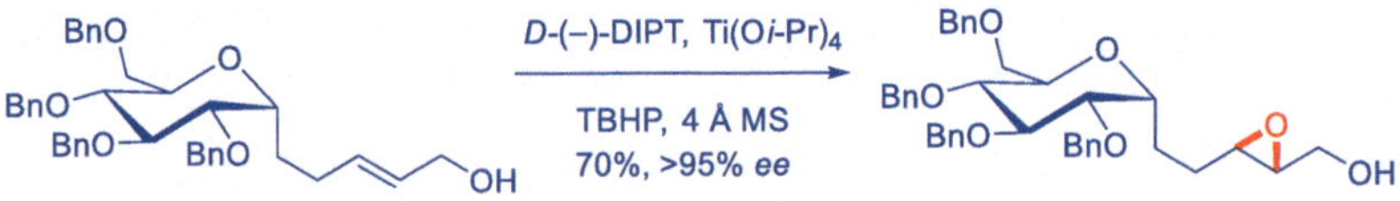
BnO
O
BnO
BnO
BnO
OH
D-(−)-DIPT, Ti(Oi-Pr)4
TBHP, 4 Å MS
70%, >95% ee
BnO
O
BnO
BnO
BnO
O
OH

Beispiel 5 [14]

t-BuOOH
Ti(O*i*-Pr)$_4$
(−)-D-DIPT

dr = 88:12

Beispiel 6, Anwendung in der medizinischen Chemie [16]

D-(−)-DET, Ti(O*i*-Pr)$_4$
TBHP, 4 Å MS
CH$_2$Cl$_2$, −20 °C

Beispiel 7, Totalsynthese von (+)-nivetetracyclat A [17]

(−)-DET, Ti(O*i*-Pr)$_4$
TBHP, 4 Å MS
82%, 93% ee

Beispiel 8, Anwendung in der medizinischen Chemie [18]

1. DIBAL-H, −78 °C
2. (−)-DET, Ti(O*i*-Pr)$_4$
TBHP, −20 °C
54%, 2 Stufen

Referenzen

1. (a) Katsuki, T.; Sharpless, K. B. *J. Am. Chem. Soc.* **1980**, *102*, 5974-5976. (b) Williams, I. D.; Pedersen, S. F.; Sharpless, K. B.; Lippard, S. J. *J. Am. Chem. Soc.* **1984**, *106*, 6430-6433. (c) Woodard, S. S.; Finn, M. G.; Sharpless, K. B. *J. Am. Chem. Soc.* **1991**, *113*, 106-113.
2. Pfenninger, A. *Synthesis* **1986**, 89-116. (Review).
3. Gao, Y.; Hanson, R. M.; Klunder, J. M.; Ko, S. Y.; Masamune, H.; Sharpless, K. B. *J. Am. Chem. Soc.* **1987**, *109*, 5765-5780.
4. Corey, E. J. *J. Org. Chem.* **1990**, *55*, 1693–1694. (Überprüfung).
5. Johnson, R. A.; Sharpless, K. B. In *Comprehensive Organic Synthesis;* Trost, B. M., Hrsg.; Pergamon Press: New York, **1991**; Band 7, Kapitel 3.2. (Überprüfung).
6. Johnson, R. A.; Sharpless, K. B. In *Catalytic Asymmetric Synthesis;* Ojima, I., Hrsg.; VCH: New York, **1993**; Kapitel 4.1, S. 103–158. (Überprüfung).

7. Schinzer, D. *Org. Synth. Highlights II* **1995**, 3. (Überprüfung).
8. Katsuki, T.; Martin, V. S. *Org. React.* **1996**, *48*, 1–299. (Überprüfung).
9. Johnson, R. A.; Sharpless, K. B. In *Catalytic Asymmetric Synthesis;* 2nd Aufl., Ojima, I., Hrsg.; Wiley-VCH: New York, **2000**, 231–285. (Überprüfung).
10. Palucki, M. *Sharpless–Katsuki Epoxidation.* In *Name Reactions in Heterocyclic Chemistry;* Li, J. J., Hrsg.; Wiley: Hoboken, NJ, **2005**, 50-62. (Überprüfung).
11. Henegar, K. E.; Cebula, M. *Org. Process Res. Dev.* **2007**, *11*, 354-358.
12. Pu, J.; Franck, R. W. *Tetrahedron* **2008**, *64*, 8618-8629.
13. Knight, D. W.; Morgan, I. R. *Tetrahedron Lett.* **2009**, *50*, 35-38.
14. Volchkov, I.; Lee, D. *J. Am. Chem. Soc.* **2013**, *135*, 5324-5327.
15. Heravi, M. M.; Lashaki, T. B.; Poorahmad, N. *Tetrahedron: Asymmetry* **2015**, *26*, 405-495. (Überprüfung).
16. Ghosh, A. K.; Osswald, H. L.; Glauninger, K.; Agniswamy, J.; Wang, Y.-F.; Hayashi, H.; Aoki, M.; Weber, I. T.; Mitsuya, H. *J. Med. Chem.* **2016**, *59*, 6826-6837.
17. Blitz, M.; Heinze, R. C.; Harms, K.; Koert, U. *Org. Lett.* **2019**, *21*, 785-788.
18. Yoshizawa, S.-i.; Hattori, Y.; Kobayashi, K.; Akaji, K. *Bioorg. Med. Chem.* **2020**, *28*, 115273.

Simmons–Smith-Reaktion

Cyclopropanierung von Olefinen mit CH_2I_2 und Zn(Cu).

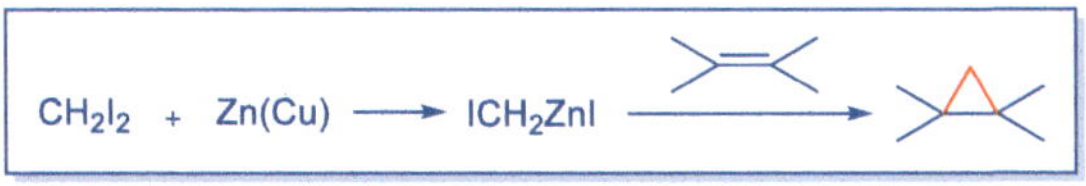
CH2I2 + Zn(Cu) ⟶ ICH2ZnI

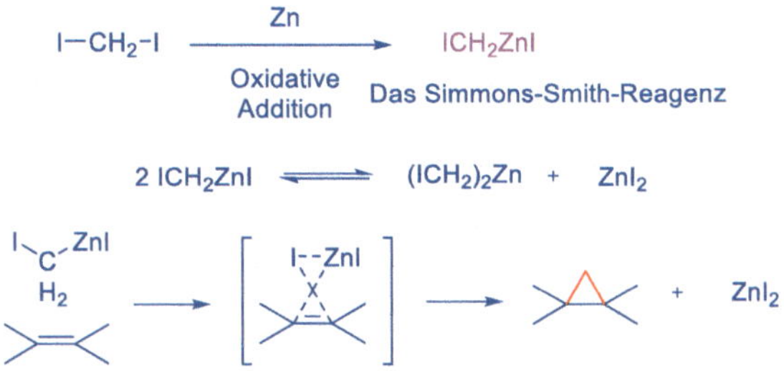
I—CH2-I
Zn
Oxidative Addition
ICH2ZnI
Das Simmons-Smith-Reagenz
2 ICH2ZnI ⇌ (ICH2)2Zn + ZnI2
ZnI
H2
+ ZnI2

Beispiel 1 [2]

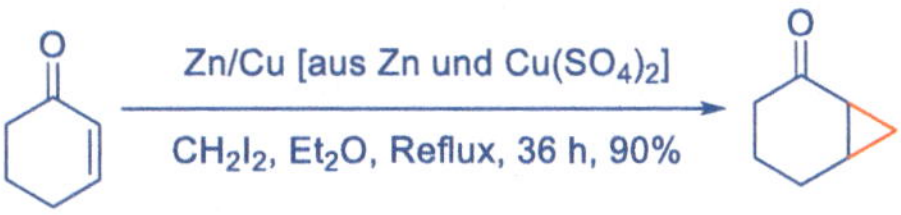
Zn/Cu [aus Zn und Cu(SO4)2]
CH2I2, Et2O, Reflux, 36 h, 90%

Beispiel 2, Eine asymmetrische Version [3]

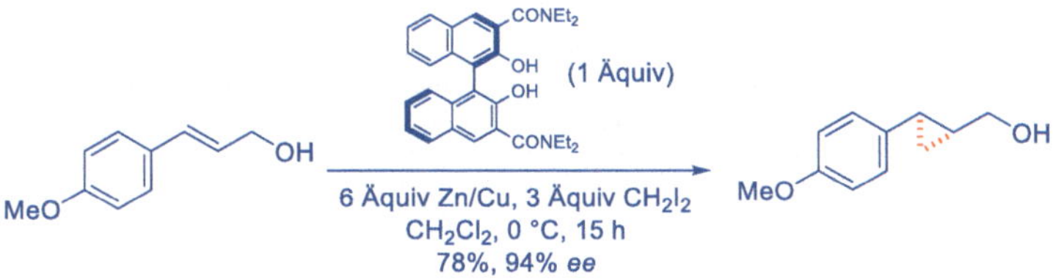
CONEt2
OH
OH
CONEt2
(1 Äquiv)
MeO
OH
6 Äquiv Zn/Cu, 3 Äquiv CH2I2
CH2Cl2, 0 °C, 15 h
78%, 94% ee
MeO
OH

Beispiel 3, Diastereoselektive Simmons–Smith-Cyclopropanierungen von allylischen Aminen und Carbamaten [9]

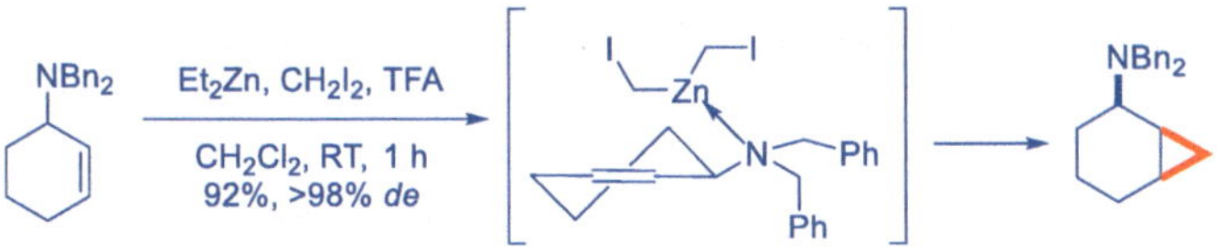
NBn2
Et2Zn, CH2I2, TFA
CH2Cl2, RT, 1 h
92%, >98% de
Zn
N
Ph
Ph
NBn2

J. J. Li, *Namensreaktionen*, https://doi.org/10.1007/978-3-031-52850-7_139

Beispiel 4 [10]

Beispiel 5, Umlagerung nach der Simmons–Smith-Cyclopropanierung [12]

Beispiel 6, EDTA = Ethylendiamintetraessigsäure [13]

Beispiel 7, Diastereoselektive Borocyclopropanierung von allylischen Ethern mit einem Boromethylzink-Carbenoid [14]

Beispiel 8 [15]

Referenzen

1. Simmons, H. E.; Smith, R. D. *J. Am. Chem. Soc.* **1958**, *80*, 5323–5324. Howard E. Simmons (1929–1997) wurde in Norfolk, Virginia geboren. Er absolvierte seine Graduiertenstudien am MIT unter John D. Roberts und Arthur Cope. Nachdem er seinen Ph.D. im Jahr 1954 erworben hatte, trat er in die Chemieabteilung der DuPont Company ein, wo er zusammen mit seinem Kollegen, R. D. Smith, die Simmons-Smith-Reaktion entdeckte. Simmons stieg zum Vizepräsidenten der Zentralen Forschung bei DuPont im Jahr 1979 auf. Seine Ansichten über körperliche Bewegung waren die gleichen wie die von Alexander Woollcot's: „Wenn ich an Bewegung denke, weiß ich, wenn ich lange genug warte, wird der Gedanke verschwinden."
2. Limasset, J.-C.; Amice, P.; Conia, J.-M. *Bull. Soc. Chim. Fr.* **1969**, 3981–3990.
3. Kitajima, H.; Ito, K.; Aoki, Y.; Katsuki, T. *Bull. Chem. Soc. Jpn.* **1997**, *70*, 207–217.
4. Nakamura, E.; Hirai, A.; Nakamura, M. *J. Am. Chem. Soc.* **1998**, *120*, 5844–5845.
5. Loeppky, R. N.; Elomari, S. *J. Org. Chem.* **2000**, *65*, 96–103.
6. Charette, A. B.; Beauchemin, A. *Org. React.* **2001**, *58*, 1–415. (Überprüfung).
7. Nakamura, M.; Hirai, A.; Nakamura, E. *J. Am. Chem. Soc.* **2003**, *125*, 2341–2350.
8. Long, J.; Du, H.; Li, K.; Shi, Y. *Tetrahedron Lett.* **2005**, *46*, 2737–2740.
9. Davies, S. G.; Ling, K. B.; Roberts, P. M.; Russell, A. J.; Thomson, J. E. *Chem. Commun.* **2007**, 4029–4031.
10. Shan, M.; O'Doherty, G. A. *Synthesis* **2008**, 3171–3179.
11. Kim, H. Y.; Salvi, L.; Carroll, P. J.; Walsh, P. J. *J. Am. Chem. Soc.* **2009**, *131*, 954–962.
12. Swaroop, T. R.; Roopashree, R.; Ila, H.; Rangappa, K. S. *Tetrahedron Lett.* **2013**, *54*, 147–150.
13. Young, I. S.; Qiu, Y.; Smith, M. J.; Hay, M. B.; Doubleday, W. W. *Org. Process Res. Dev.* **2016**, *20*, 2108–2115.
14. Benoit, G.; Charette, A. B. *J. Am. Chem. Soc.* **2017**, *139*, 1364–1367.
15. Truax, N. J.; Ayinde, S.; Van, K.; Liu, J. O.; Romo, D. *Org. Lett.* **2019**, *21*, 7394–7399.
16. Singh, U. S.; Chu, C. K. *Nucleos. Nucleot. Nucl.* **2020**, *39*, 52–68.

Smiles-Umlagerung

Intramolekulare nukleophile aromatische Umlagerung. Allgemeines Schema:

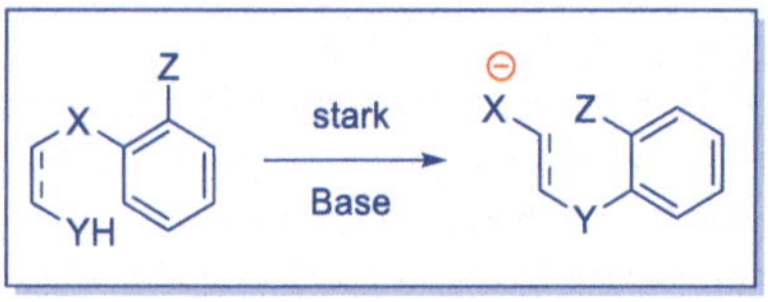

X = S, SO, SO$_2$, O, CO$_2$

YH = OH, NHR, SH, CH$_2$R, CONHR

Z = NO$_2$, SO$_2$R

Mechanismus:

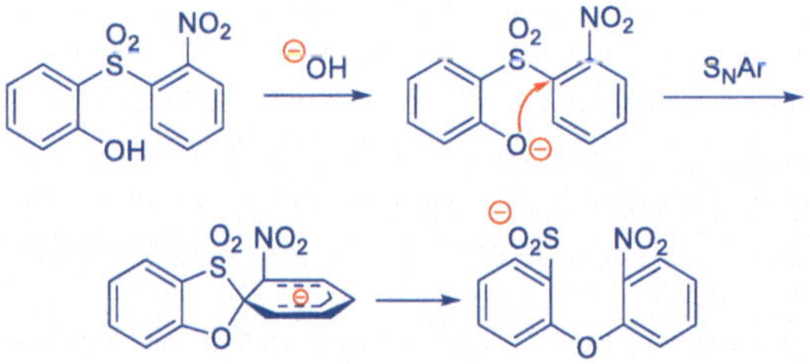

Spirocyclisches Anion-Intermediat (Meisenheimer-Komplex)

Beispiel 1 [7]

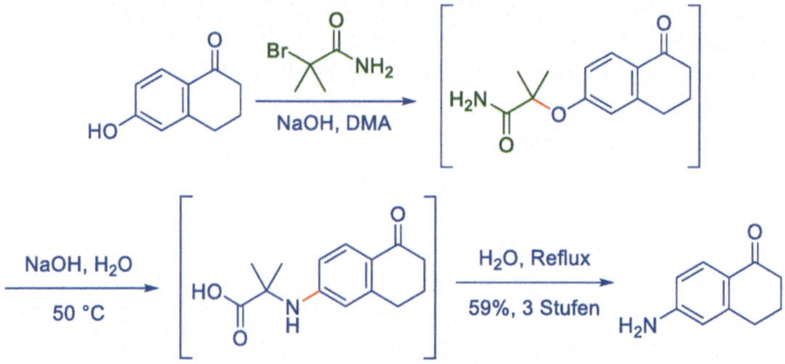

Beispiel 2, Mikrowellen-Smiles-Umlagerung [9]

Beispiel 3 [10]

Beispiel 4, Die Thiolgruppe greift zuerst das Chlor oben an, dann folgt die Smiles-Umlagerung [11]

Beispiel 5, Milde chemotriggered Erzeugung einer Fluorophor-verankerten Diazoalkan-Spezies über Smiles-Umlagerung [12]

Beispiel 6, S–N Typ Smiles-Umordnung [14]

Beispiel 7, Phenol zu Anilin [15]

Referenzen

1. Evans, W. J.; Smiles, S. *J. Chem. Soc.* **1935**, 181–188. Samuel Smiles begann seine Karriere am King's College London als Assistenzprofessor. Später wurde er dort Professor und Vorsitzender. Er wurde 1918 zum Fellow der Royal Society (FRS) gewählt.
2. Truce, W. E.; Kreider, E. M.; Brand, W. W. *Org. React.* **1970**, *18*, 99–215. (Übersichtsartikel).
3. Gerasimova, T. N.; Kolchina, E. F. *J. Fluorine Chem.* **1994**, *66*, 69–74. (Übersichtsartikel).

4. Boschi, D.; Sorba, G.; Bertinaria, M.; Fruttero, R.; Calvino, R.; Gasco, A. *J. Chem. Soc., Perkin Trans. 1* **2001,** 1751–1757.
5. Hirota, T.; Tomita, K.-I.; Sasaki, K.; Okuda, K.; Yoshida, M.; Kashino, S. *Heterocycles* **2001,** *55*, 741–752.
6. Selvakumar, N.; Srinivas, D.; Azhagan, A. M. *Synthesis* **2002,** 2421–2425.
7. Mizuno, M.; Yamano, M. *Org. Lett.* **2005,** *7*, 3629–3631.
8. Bacque, E.; El Qacemi, M.; Zard, S. Z. *Org. Lett.* **2005,** *7*, 3817–3820.
9. Bi, C. F.; Aspnes, G. E.; Guzman-Perez, A.; Walker, D. P. *Tetrahedron Lett.* **2008,** *49*, 1832–1835.
10. Jin, Y. L.; Kim, S.; Kim, Y. S.; Kim, S.-A.; Kim, H. S. *Tetrahedron Lett.* **2008,** *49*, 6835–6837.
11. Niu, X.; Yang, B.; Li, Y.; Fang, S.; Huang, Z.; Xie, C.; Ma, C. *Org. Biomol. Chem.* **2013,** *11*, 4102–4108.
12. Zhang, Z.; Li, Y.; He, H.; Qian, X.; Yang, Y. *Org. Lett.* **2016,** *18*, 4674–4677.
13. Holden, C. M.; Greaney, M. F. *Chem. Eur. J.* **2017,** *23*, 8992–9008.
14. Wang, P.; Hong, G. J.; Wilson, M. R.; Balskus, E. P. *J. Am. Chem. Soc.* **2017,** *139*, 2864–2867.
15. Chang, X.; Zhang, Q.; Guo, C. *Org. Lett.* **2019,** *21*, 4915–4918.
16. Wang, Z.-S.; Chen, Y.-B.; Zhang, H.-W.; Sun, Z.; Zhu, C.; Ye, L.-W. *J. Am. Chem. Soc.* **2020,** *142*, 3636–3644.

Truce–Smiles-Umlagerung

Eine Variante der Smiles-Umlagerung, bei der Y Kohlenstoff ist:

Beispiel 1 [6]

Beispiel 2 [7]

Beispiel 3 [8]

Beispiel 4 [10]

Beispiel 4, Truce–Smile-Umlagerung von substituierten Phenylethern [11]

Beispiel 5, Eine Benzyne Truce–Smile-Umlagerung [12]

Beispiel 6, Kupfer-katalysierter Ein-Topf-Ansatz zu α-Aryl-Amidinen über Truce–Smile-Umlagerung [13]

Referenzen

1. Truce, W. E.; Ray, W. J. Jr.; Norman, O. L.; Eickemeyer, D. B. *J. Am. Chem. Soc.* **1958**, *80*, 3625–3629. William E. Truce war Professor an der Purdue University.
2. Truce, W. E.; Hampton, D. C. *J. Org. Chem.* **1963**, *28*, 2276–2279.
3. Bayne, D. W; Nicol, A. J.; Tennant, G. *J. Chem. Soc., Chem. Comm.* **1975**, *19*, 782–783.
4. Fukazawa, Y.; Kato, N.; Ito, S.; *Tetrahedron Lett.* **1982**, *23*, 437–438.
5. Hoffman, R. V.; Jankowski, B. C.; Carr, C. S.; Düsler, E. N *J. Org. Chem.* **1986**, *51*, 130–135.
6. Erickson, W. R.; McKennon, M. J. *Tetrahedron Lett.* **2000**, *41*, 4541–4544.
7. Kimbaris, A.; Cobb, J.; Tsakonas, G.; Varvounis, G. *Tetrahedron* **2004**, *60*, 8807–8815.
8. Mitchell, L. H.; Barvian, N. C. *Tetrahedron Lett.* **2004**, *45*, 5669–5672.
9. Snape, T. J. *Chem. Soc. Rev.* **2008**, *37*, 2452–2458. (Übersichtsartikel).
10. Snape, T. J. *Synlett* **2008**, 2689–2691.
11. Kosowan, J. R.; W'Giorgis, Z.; Grewal, R.; Wood, T. E. *Org. Biomol. Chem.* **2015**, *13*, 6754–6765.
12. Holden, C. M.; Sohel, S. M. A.; Greaney, M. F. *Angew. Chem. Int. Ed.* **2016**, *55*, 2450–2453.
13. Huang, Y.; Yi, W.; Sun, Q.; Yi, F. *Adv. Synth. Catal.* **2018**, *360*, 3074–3082.

Sommelet–Hauser-Umlagerung

[2,3]-Wittig-Umlagerung von benzylischen quartären Ammoniumsalzen bei Behandlung mit Alkalimetallamiden *über* die Ammoniumylid- Zwischenprodukte. *Vgl.* Stevens-Umlagerung.

Beispiel 1, Zwischenuntersuchungen [3]

Beispiel 2, Wettbewerb zwischen Stevens- und Sommelet–Hauser-Umlagerung [4]

Beispiel 3, Diastereoselektive Sommelet–Hauser-Umlagerung [8]

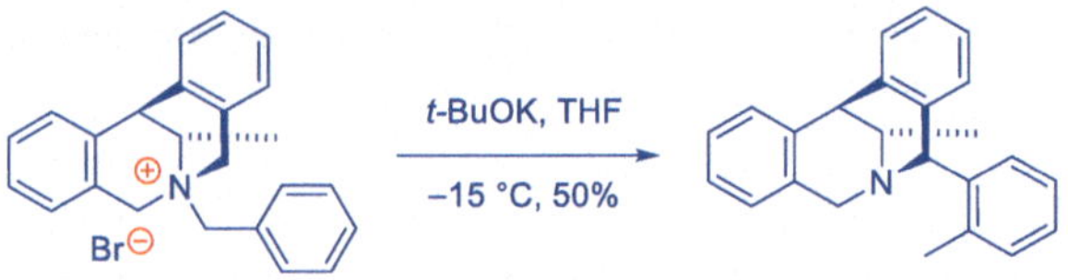
Br⊖
t-BuOK, THF
−15 °C, 50%

Beispiel 4, Quartäres Kohlenstoffatom aus einer diastereoselektiven Sommelet–Hauser-Umlagerung [10]

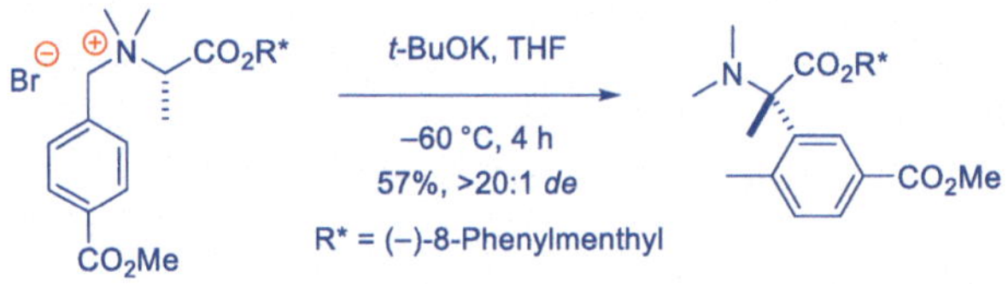
Br⊖
CO2R*
CO2Me
t-BuOK, THF
−60 °C, 4 h
57%, >20:1 de
R* = (−)-8-Phenylmenthyl
CO2R*
CO2Me

Beispiel 5, Potenzielle Methode zur Herstellung von Aminosäuren [12]

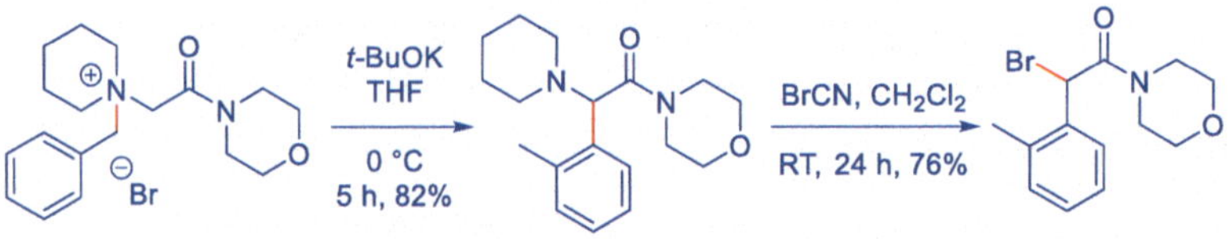
Br
t-BuOK
THF
0 °C
5 h, 82%
BrCN, CH2Cl2
RT, 24 h, 76%
Br

Beispiel 6, Ring-Spannungseffekte [13]

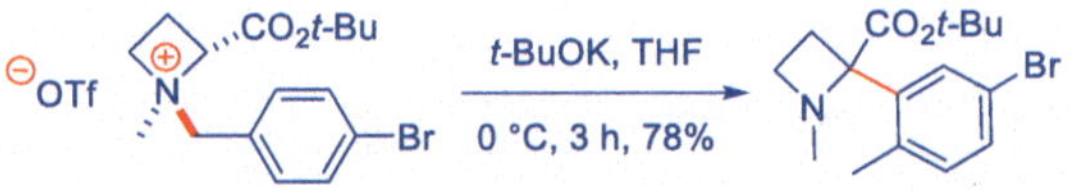
OTf
CO2t-Bu
Br
t-BuOK, THF
0 °C, 3 h, 78%
CO2t-Bu
Br

Beispiel 7, Cu-katalysierte Sommelet–Hauser-Umlagerung, resultierend in De-Aromatisierung [14]

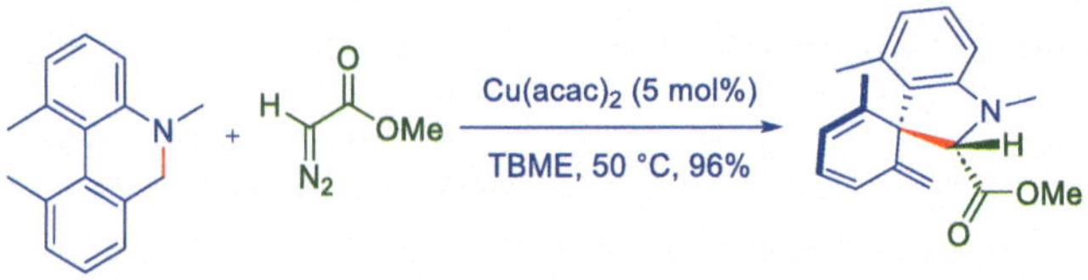
OMe
N2
Cu(acac)2 (5 mol%)
TBME, 50 °C, 96%
OMe

Beispiel 8, Die Aryne Sommelet–Hauser-Umlagerung [15]

Referenzen

1. (a) Sommelet, M. *Compt. Rend.* **1937**, *205*, 56–58. (b) Kantor, S. W.; Hauser, C. R. *J. Am. Chem. Soc.* **1951**, *73*, 4122–4131. Charles R. Hauser (1900–1970) war Professor an der Duke University.
2. Shirai, N.; Sato, Y. *J. Org. Chem.* **1988**, *53*, 194–196.
3. Shirai, N.; Watanabe, Y.; Sato, Y. *J. Org. Chem.* **1990**, *55*, 2767–2770.
4. Tanaka, T.; Shirai, N.; Sugimori, J.; Sato, Y. *J. Org. Chem.* **1992**, *57*, 5034–5036.
5. Klunder, J. M. *J. Heterocycl. Chem.* **1995**, *32*, 1687–1691.
6. Maeda, Y.; Sato, Y. *J. Org. Chem.* **1996**, *61*, 5188–5190.
7. Endo, Y.; Uchida, T.; Shudo, K. *Tetrahedron Lett.* **1997**, *38*, 2113–2116.
8. Hanessian, S.; Talbot, C.; Saravanan, P. *Synthesis* **2006**, 723–734.
9. Liao, M.; Peng, L.; Wang, J. *Org. Lett.* **2008**, *10*, 693–696.
10. Tayama, E.; Orihara, K.; Kimura, H. *Org. Biomol. Chem.* **2008**, *6*, 3673–3680.
11. Zografos, A. L. In *Name Reactions in Heterocyclic Chemistry-II*, Li, J. J., Ed.; Wiley: Hoboken, NJ, 2011, pp 197–206. (Review).
12. Tayama, E.; Sato, R.; Takedachi, K.; Iwamoto, H.; Hasegawa, E. *Tetrahedron* **2012**, *68*, 4710–4718.
13. Tayama, E.; Watanabe, K.; Matano, Y. *Eur. J. Org. Chem.* **2016**, 3631–3641.
14. Pan, C.; Guo, W.; Gu, Z. *Chem. Sci.* **2018**, *9*, 5850–5854.
15. Roy, T.; Gaykar, R. N.; Bhattacharjee, S.; Biju, A. T. *Chem. Commun.* **2019**, *55*, 3004–3007.
16. Tayama, E.; Hirano, K.; Baba, S. *Tetrahedron* **2020**, *76*, 131064.

Sonogashira-Reaktion

Pd/Cu-katalysierte Kreuzkupplung von Organohaliden mit terminalen Alkinen. *Vgl.* Cadiot–Chodkiewicz-Kupplung und Castro–Stephens-Reaktion. Die Castro-Stephens-Kupplung verwendet stöchiometrisches Kupfer, während die Sonogashira-Variante katalytisches Palladium und Kupfer verwendet.

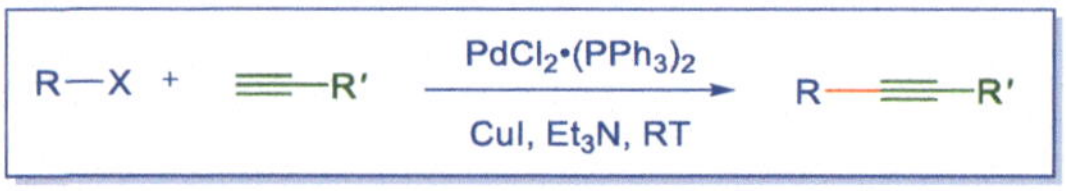

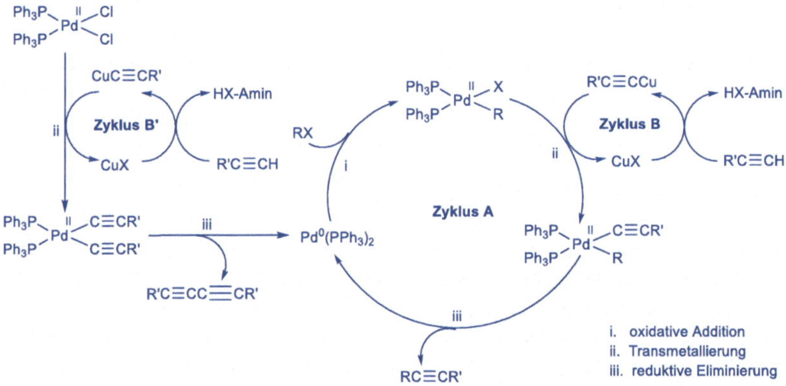

i. oxidative Addition
ii. Transmetallierung
iii. reduktive Eliminierung

Beachten Sie, dass Et$_3$N Pd(II) auch zu Pd(0) reduzieren kann, wobei Et$_3$N gleichzeitig zum Iminium-Ion oxidiert wird:

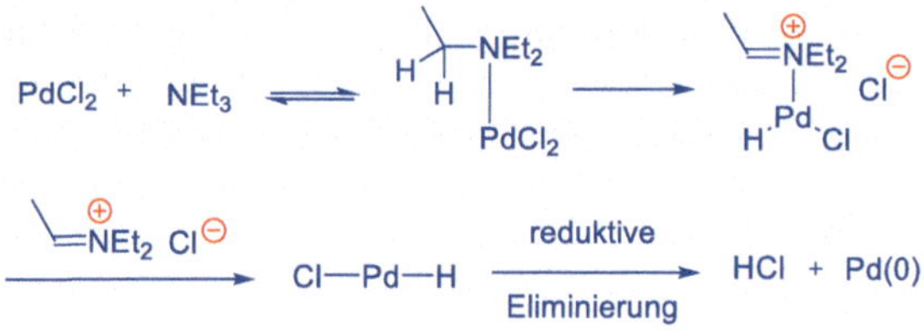

Beispiel 1 [2]

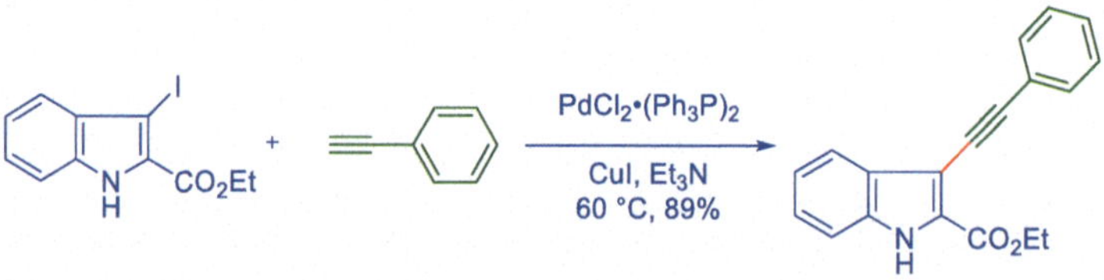

Beispiel 2, Chemoselektivität für 2,5-Dibrompyridin [3]

Beispiel 3, Homokupplung in der ionischen Flüssigkeit [8]

[bmim][BF$_4$] =

Beispiel 4, Totalsynthese des Maduropeptin-Chromophor-Aglykons [9]

Beispiel 5, Pd-katalysierte decarboxylative Sonogashira-Reaktion über eine decarboxylative Bromierung [14]

Beispiel 6, Sila-Sonogashira-Reaktion [15]

Beispiel 7, Ein-Topf-sequenzielle Sonogashira- und Cacchi-Reaktionen [16]

Referenzen

1. (a) Sonogashira K.; Tohda, Y.; Hagihara, N. *Tetrahedron Lett.* **1975**, *50,* 4467–4470. Kenkichi Sonogashira war Professor an der Universität Fukui. Richard Heck entdeckte auch die gleiche Transformation mit Palladium, aber ohne die Verwendung von Kupfer: *J. Organomet. Chem.* **1975**, *93,* 259–263.
2. Sakamoto, T.; Nagano, T.; Kondo, Y.; Yamanaka, H. *Chem. Pharm. Bull.* **1988**, *36*, 2248–2252.
3. Ernst, A.; Gobbi, L.; Vasella, A. *Tetrahedron Lett.* **1996**, *37*, 7959–7962.
4. Hundermark, T.; Littke, A.; Buchwald, S. L.; Fu, G. C. *Org. Lett.* **2000**, *2*, 1729–1731.
5. Batey, R. A.; Shen, M.; Lough, A. J. *Org. Lett.* **2002**, *4*, 1411–1414.
6. Sonogashira, K. In *Metal-Catalyzed Cross-Coupling Reactions;* Diederich, F.; de Meijere, A., Hrsg.; Wiley-VCH: Weinheim, **2004**; Bd. 1, 319. (Übersichtsartikel).
7. Lemhadri, M.; Doucet, H.; Santelli, M. *Tetrahedron* **2005**, *61*, 9839–9847.
8. Li, Y.; Zhang, J.; Wang, W.; Miao, Q.; She, X.; Pan, X. *J. Org. Chem.* **2005**, *70*, 3285–3287.
9. Komano, K.; Shimamura, S.; Inoue, M.; Hirama, M. *J. Am. Chem. Soc.* **2007**, *129*, 14184–14186.
10. Nakatsuji, H.; Ueno, K.; Misaki, T.; Tanabe, Y. *Org. Lett.* **2008**, *10*, 2131–2134.
11. Gray, D. L. *Sonogashira Reaction.* In *Name Reactions for Homologations-Part II;* Li, J. J., Hrsg.; Wiley: Hoboken, NJ, **2009**, S. 100–133. (Übersichtsartikel).
12. Shigeta, M.; Watanabe, J.; Konishi, G.-i. *Tetrahedron Lett.* **2013**, *54*, 1761–1764.
13. Karak, M.; Barbosa, L. C. A.; Hargaden, G. C. *RSC Adv.* **2014**, *4*, 53442–53466. (Übersichtsartikel).
14. Jiang, Q.; Li, H.; Zhang, X.; Xu, B.; Su, W. *Org. Lett.* **2018**, *20*, 2424–2427.
15. Capani, J. S.; Cochran, J. E.; Liang, J. *J. Org. Chem.* **2019**, *84*, 9378–9384.
16. Li, J.; Smith, D.; Krishnananthan, S.; Mathur, A. *Org. Process Res. Dev.* **2020**, *24,* 454–458.

Stetter-Reaktion

1,4-Dicarbonyl-Derivate aus Aldehyden und α,β-ungesättigten Ketonen und Estern. Der Thiazolium-Katalysator dient als sicherer Ersatz für $^-$CN. Auch bekannt als die Michael–Stetter Reaktion. *Vgl.* Benzoin-Kondensation.

Beispiel 1, Intramolekulare Stetter-Reaktion [2]

Beispiel 2 [3]

Beispiel 3 [5]

Beispiel 4, Sila-Stetter-Reaktion [9]

Beispiel 5, NHC-katalysierte intramolekulare asymmetrische Stetter-Reaktion unter lösungsmittelfreien Bedingungen [13]

NHC = N-heterozyklisches Carben

Beispiel 6, Aufbau von Bisbenzopyron über N-heterozyklische Carben-katalysierte intramolekulare Hydroacylierungs-Stetter-Reaktionskaskade [14]

Beispiel 7, Intramolekulare Stetter-Reaktion [15]

Referenzen

1. (a) Stetter, H.; Schreckenberg, H. *Angew. Chem.* **1973**, *85*, 89. Hermann Stetter (1917–1993), geboren in Bonn, Deutschland, war ein Chemiker an der Technischen Hochschule Aachen in Westdeutschland. (b) Stetter, H. *Angew. Chem.* **1976**, *88*, 695–704. (Rezension). (c) Stetter, H.; Kuhlmann, H.; Haese, W. *Org. Synth.* **1987**, *65*, 26.
2. Trost, B. M.; Shuey, C. D.; DiNinno, F., Jr.; McElvain, S. S. *J. Am. Chem. Soc.* **1979**, *101*, 1284–1285.
3. El-Haji, T.; Martin, J. C.; Descotes, G. *J. Heterocycl. Chem.* **1983**, *20*, 233–235.
4. Harrington, P. E.; Tius, M. A. *Org. Lett.* **1999**, *1*, 649–651.
5. Kikuchi, K.; Hibi, S.; Yoshimura, H.; Tokuhara, N.; Tai, K.; Hida, T.; Yamauchi, T.; Nagai, M. *J. Med. Chem.* **2000**, *43*, 409–419.
6. Kobayashi, N.; Kaku, Y.; Higurashi, K. *Bioorg. Med. Chem. Lett.* **2002**, *12*, 1747–1750.
7. Read de Alaniz, J.; Rovis, T. *J. Am. Chem. Soc.* **2005**, *127*, 6284–6289.

8. Reynolds, N. T.; Rovis, T. *Tetrahedron* **2005,** *61*, 6368–6378.
9. Mattson, A. E.; Bharadwaj, A. R.; Zuhl, A. M.; Scheidt, K. A. *J. Org. Chem.* **2006,** *71*, 5715–5724.
10. Cee, V. J. *Stetter Reaction. In Name Reactions for Homologations-Part I;* Li, J. J., Hrsg.; Wiley: Hoboken, NJ, **2009,** S. 576–587. (Rezension).
11. Zhang, J.; Xing, C.; Tiwari, B.; Chi, Y. R. *J. Am. Chem. Soc.* **2013,** *135*, 8113–8116.
12. Yetra, S. R.; Patra, A.; Biju, A. T. *Synth.* **2015,** *47*, 1357–1378. (Überprüfung).
13. Ema, T.; Nanjo, Y.; Shiratori, S.; Terao, Y.; Kimura, R. *Org. Lett.* **2016,** *18*, 5764–5767.
14. Zhao, M.; Liu, J.-L.; Liu, H.-F.; Chen, J.; Zhou, L. *Org. Lett.* **2018,** *20*, 2676–2679.
15. Hsu, D.-S.; Cheng, C.-Y. *J. Org. Chem.* **2019,** *84*, 10832–10842.
16. Bae, C.; Park, E.; Cho, C.-G.; Cheon, C.-H. *Org. Lett.* **2020,** *22*, 2354–2358.

Stevens-Umlagerung

Ein quartäres Ammoniumsalz, das eine elektronenziehende Gruppe Z an einem der an den Stickstoff gebundenen Kohlenstoffe enthält, wird mit einer starken Base behandelt, um ein umgelagertes tertiäres Amin zu ergeben. *Vgl.* Sommelet–Hauser Umlagerung.

Der zeitgenössische radikalische Mechanismus:

Der ursprüngliche ionische Mechanismus:

Beispiel 1, Stevens-Umlagerung/Reduktions-Sequenz [10]

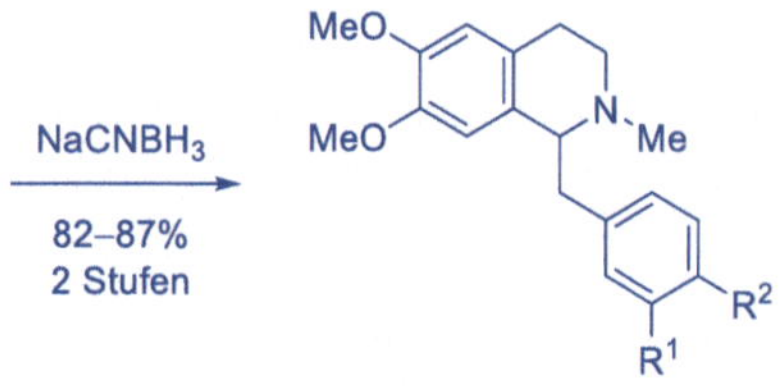

NaCNBH₃
82–87%
2 Stufen

Beispiel 2, Die aryne-induzierte enantiospezifische [2,3]-Stevens Umlagerung [11]

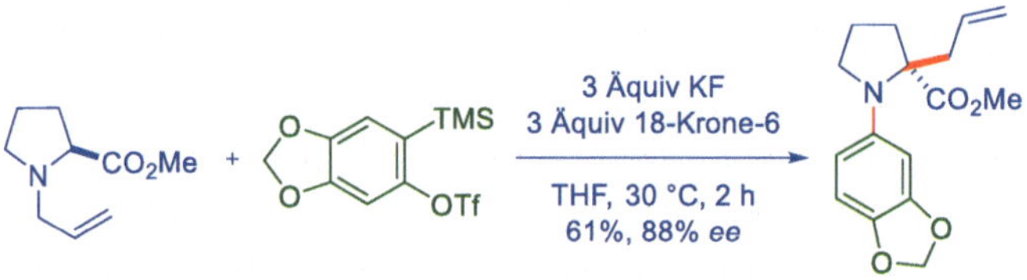

3 Äquiv KF
3 Äquiv 18-Krone-6

THF, 30 °C, 2 h
61%, 88% ee

Beispiel 3, Michael-Addition/[1,2]-Stevens Umlagerung [12]

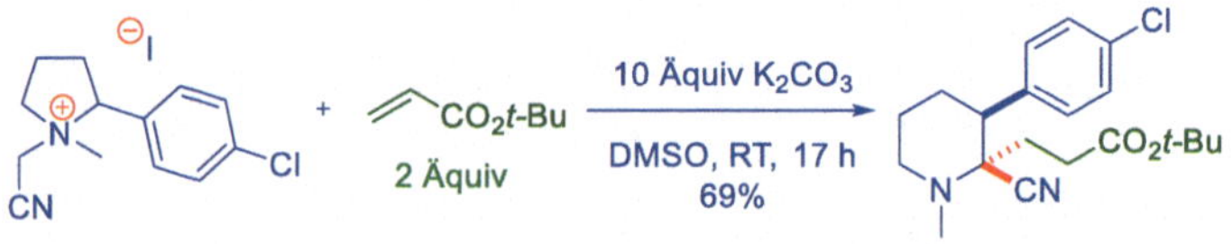

10 Äquiv K_2CO_3
2 Äquiv
DMSO, RT, 17 h
69%

Beispiel 4, Konstruktion von C α-substituiertem Prolinat über [2,3]-Stevens Umlagerung [13]

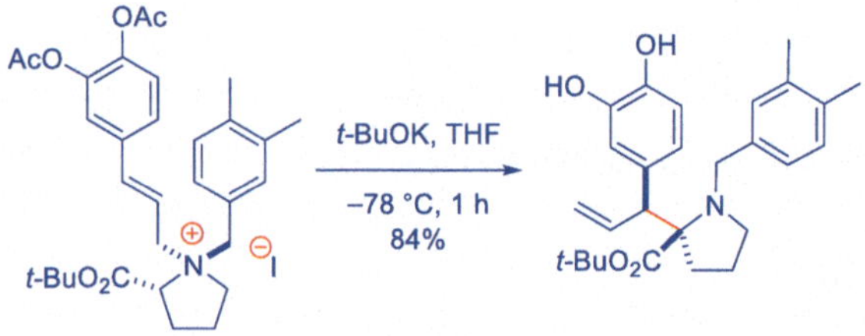

t-BuOK, THF
−78 °C, 1 h
84%

Beispiel 5, Epoxid-vermittelte Stevens-Umlagerung von L-Pipecolinsäure-Derivaten [14]

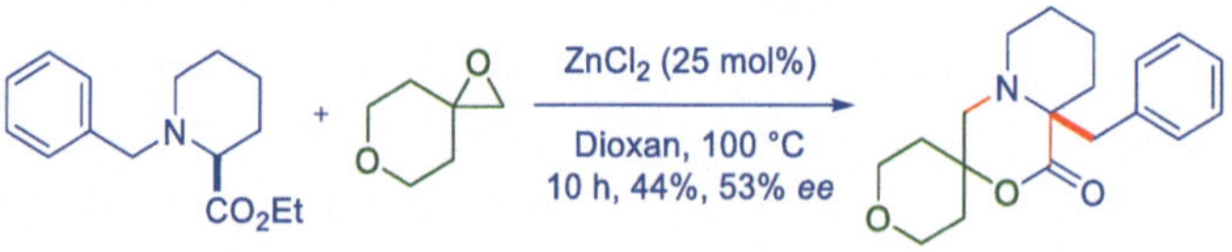

$ZnCl_2$ (25 mol%)
Dioxan, 100 °C
10 h, 44%, 53% ee

Referenzen

1. Stevens, T. S.; Creighton, E. M.; Gordon, A. B.; MacNicol, M. *J. Chem. Soc.* **1928**, 3193–3197.

2. Schöllkopf, U.; Ludwig, U.; Ostermann, G.; Patsch, M. *Tetrahedron Lett.* **1969**, *10*, 3415–3418.
3. Pine, S. H.; Catto, B. A.; Yamagishi, F. G. *J. Org. Chem.* **1970**, *35*, 3663–3665. (Mechanismus).
4. Doyle, M. P.; Ene, D. G.; Forbes, D. C.; Tedrow, J. S. *Tetrahedron Lett.* **1997**, *38*, 4367–4370.
5. Makita, K.; Koketsu, J.; Ando, F.; Ninomiya, Y.; Koga, N. *J. Am. Chem. Soc.* **1998**, *120*, 5764–5770.
6. Feldman, K. S.; Wrobleski, M. L. *J. Org. Chem.* **2000**, *65*, 8659-8668.
7. Kitagaki, S.; Yanamoto, Y.; Tsutsui, H.; Anada, M.; Nakajima, M.; Hashimoto, S. *Tetrahedron Lett.* **2001**, *42*, 6361–6364.
8. Knapp, S.; Morriello, G. J.; Doss, G. A. *Tetrahedron Lett.* **2002**, *43*, 5797–5800.
9. Hanessian, S.; Parthasarathy, S.; Mauduit, M.; Payza, K. *J. Med. Chem.* **2003**, *46*, 34–38.
10. Pacheco, J. C. O.; Lahm, G.; Opatz, T. *J. Org. Chem.* **2013**, *78*, 4985–4992.
11. Roy, T.; Thangaraj, M.; Kaicharla, T.; Kamath, R. V.; Gonnade, R. G.; Biju, A. T. *Org. Lett.* **2016**, *18*, 5428–5431.
12. Kowalkowska, A.; Jończyk, A.; Maurin, J. K. *J. Org. Chem.* **2018**, *83*, 4105–4110.
13. Jin, Y.-X.; Yu, B.-K.; Qin, S.-P.; Tian, S.-K. *Chem. Eur. J.* **2019**, *52*, 5169–5172.
14. Baidilov, D. *Synthesis* **2020**, *52*, 21–26. (Überprüfung des Mechanismus).

Stille-Kupplung

Palladium-katalysierte Kreuzkupplungsreaktion von Organostannanen mit organischen Halogeniden, Triflaten, *usw.* Für den katalytischen Zyklus, siehe Kumada-Kupplung.

$$R-X + R^1-Sn(R^2)_3 \xrightarrow{Pd(0)} R-R^1 + X-Sn(R^2)_3$$

$$R-X + L_2Pd(0) \xrightarrow[\text{Addition}]{\text{oxidative}} \underset{L}{\overset{L}{Pd}}\underset{X}{\overset{R}{<}} \xrightarrow[\text{Isomerisierung}]{R^1-Sn(R^2)_3 \\ \text{Transmetallierung}}$$

$$X-Sn(R^2)_3 + \underset{R}{\overset{L}{Pd}}\underset{R^1}{\overset{L}{<}} \xrightarrow[\text{Eliminierung}]{\text{reduktive}} R-R^1 + L_2Pd(0)$$

Beispiel 1 [4]

Beispiel 2 [5]

Sertralin (Zoloft)

Beispiel 3, π-Allyl Stille-Kupplung [8]

Beispiel 4, In der Totalsynthese [9]

Pd(PPh₃)₄, CuTC

DMF, 32%

Beispiel 5, In der Totalsynthese [11]

2.5 mol% Pd₂(dba)₃
10 mol% AsPh₃, THF

MW, 150 °C, 23 min.
73%

Beispiel 6, In der Totalsynthese [13]

Beispiel 7, Allylisch sp^3 Stannan [14]

Beispiel 8 [15]

(6S,11R)-Heliolacton

Referenzen

1. (a) Milstein, D.; Stille, J. K. *J. Am. Chem. Soc.* **1978**, *100*, 3636–3638. John Kenneth Stille (1930–1989) wurde in Tucson, Arizona geboren. Er entwickelte die nach ihm benannte Reaktion an der Colorado State University. Auf dem Höhepunkt seiner Karriere starb Stille leider bei einem Flugzeugunfall auf dem Rückweg von einem ACS-Treffen. (b) Milstein, D.; Stille, J. K. *J. Am. Chem. Soc.* **1979**, *101*, 4992–4998. (c) Stille, J. K. *Angew. Chem. Int. Ed.* **1986**, *25*, 508–524.
2. Farina, V.; Krishnamurphy, V.; Scott, W. J. *Org. React.* **1997**, *50*, 1–652. (Übersichtsartikel).
3. Duncton, M. A. J.; Pattenden, G. *J. Chem. Soc., Perkin Trans. 1* **1999**, 1235–1249. (Überblick über die intramolekulare Stille-Reaktion).
4. Li, J. J.; Yue, W. S. *Tetrahedron Lett.* **1999**, *40*, 4507–4510.
5. Lautens, M.; Rovis, T. *Tetrahedron*, **1999**, *55*, 8967–8976.
6. Mitchell, T. N. *Organotin Reagents in Cross-Coupling Reactions*. In *Metal-Catalyzed Cross-Coupling Reactions* (2. Aufl.) De Meijere, A.; Diederich, F. Hrsg., **2004**, 1, 125–161. Wiley-VCH: Weinheim, Deutschland. (Übersichtsartikel).

7. Schröter, S.; Stock, C.; Bach, T. *Tetrahedron* **2005**, *61*, 2245–2267. (Übersichtsartikel).
8. Snyder, S. A.; Corey, E. J. *J. Am. Chem. Soc.* **2006**, *128*, 740–742.
9. Roethle, P. A.; Chen, I. T.; Trauner, D. *J. Am. Chem. Soc.* **2007**, *129*, 8960–8961.
10. Mascitti, V. *Stille Coupling. In Name Reactions for Homologations-Part I*; Li, J. J., Hrsg.; Wiley: Hoboken, NJ, **2009**, S. 133–162. (Übersichtsartikel).
11. Chandrasoma, N.; Brown, N.; Brassfield, A.; Nerurkar, A.; Suarez, S.; Buszek, K. R. *Tetrahedron Lett.* **2013**, *54*, 913–917.
12. Cordovilla, C.; Bartolome, C.; Martinez-Ilarduya, J. M.; Espinet, P. *ACS Catal.* **2015**, *5*, 3040–3053. *(Überprüfung).*
13. Nicolaou, K. C.; Bellavance, G.; Buchman, M.; Pulukuri, K. K. *J. Am. Chem. Soc.* **2017**, *139*, 15636–15639.
14. Halle, M. B.; Yudhistira, T.; Lee, W.-H.; Mulay, S. V.; Churchill, D. G. *Org. Lett.* **2018**, *20*, 3557–3561.
15. Woo, S.; McErlean, C. S. P. *Org. Lett.* **2019**, *21*, 4215–4218.
16. Drescher, C.; Keller, M.; Potterat, O.; Hamburger, M.; Brueckner, R. *Org. Lett.* **2020**, *22*, 2559–2563.

Strecker-Aminosäure-Synthese

Natriumcyanid-fördernde Kondensation von Aldehyd oder Keton mit einem Amin zur Herstellung von α-Amino-Nitril, das zu einer α-Amino Säure hydrolysiert werden kann.

Beispiel 1, lösliche Cyanidquelle [2]

Beispiel 2 [3]

Beispiel 3 [8]

Beispiel 4 [9]

Beispiel 5, asymmetrische Strecker-Reaktion von Nitronen [11]

Beispiel 6 [13]

Beispiel 7, Iridium-katalysierte reduktive Strecker-Reaktion von Amiden [14]

Vaska's Komplex = IrCl(CO)[P(C$_6$H$_5$)$_3$]$_2$ =

TMDS = Tetramethyldisiloxan =

Beispiel 8, Chemoselektive Strecker-Reaktion von Acetalen katalysiert durch MgI$_2$-Etherat [15]

Beispiel 9, Borono-Strecker-Reaktion [16]

Referenzen

1. Strecker, A. *Ann.* **1850**, *75*, 27–45. Adolph Strecker hat diese Reaktion vor über 160 Jahren entwickelt. In seiner Arbeit beschrieb er: „Die größeren Kristalle von Alanin sind perlmuttglänzend, hart und knirschen zwischen den Zähnen."
2. Harusawa, S.; Hamada, Y.; Shioiri, T. *Tetrahedron Lett.* **1979**, *20*, 4663–4666.
3. Burgos, A.; Herbert, J. M.; Simpson, I. *J. Labelled Compd. Radiopharm.* **2000**, *43*, 891–898.
4. Ishitani, H.; Komiyama, S.; Hasegawa, Y.; Kobayashi, S. *J. Am. Chem. Soc.* **2000**, *122*, 762–766.
5. Yet, L. *Recent Developments in Catalytic Asymmetric Strecker-Type Reactions,* In *Organic Synthesis Highlights V,* Schmalz, H.-G.; Wirth, T. Hrsg.; Wiley–VCH: Weinheim, Deutschland, **2003**, S. 187–193. (Übersichtsartikel).
6. Meyer, U.; Breitling, E.; Bisel, P.; Frahm, A. W. *Tetrahedron: Asymmetry* **2004**, *15*, 2029–2037.
7. Huang, J.; Corey, E. J. *Org. Lett.* **2004**, *6*, 5027–5029.
8. Cativiela, C.; Lasa, M.; Lopez, P. *Tetrahedron: Asymmetry* **2005**, *16*, 2613–2523.
9. Wrobleski, M. L.; Reichard, G. A.; Paliwal, S.; Shah, S.; Tsui, H.-C.; Duffy, R. A.; Lachowicz, J. E.; Morgan, C. A.; Varty, G. B.; Shih, N.-Y. *Bioorg. Med. Chem. Lett.* **2006**, *16*, 3859–3863.
10. Galatsis, P. *Strecker Amino Acid Synthesis. In Name Reactions for Functional Group Transfor-mations;* Li, J. J., Ed.; Wiley: Hoboken, NJ, **2007**, S. 477–499. (Übersichtsartikel).
11. Belokon, Y. N.; Hunt, J.; North, M. *Tetrahedron: Asymmetry* **2008**, *19*, 2804–2815.
12. Sakai, T.; Soeta, T.; Endo, K.; Fujinami, S.; Ukaji, Y. *Org. Lett.* **2013**, *15*, 2422–2425.
13. Netz, I.; Kucukdisli, M.; Opatz, T. *J. Org. Chem.* **2015**, *80*, 6864–6869.
14. Fuentes de Arriba, A. L.; Lenci, E.; Sonawane, M.; Formery, O.; Dixon, D. J. *Angew. Chem. Int. Ed.* **2017**, *56*, 3655–3659.
15. Li, H.; Pan, H.; Meng, X.; Zhang, X. *Synth. Commun.* **2020**, *50*, 684–691.
16. Ming, W.; Liu, X.; Friedrich, A.; Krebs, J.; Marder, T. B. *Org. Lett.* **2020**, *22*, 365–370.

Suzuki–Miyaura-Kupplung

Palladium-katalysierte Kreuzkupplungsreaktion von Organoboranen mit organischen Halogeniden, Triflaten, *usw*. In Gegenwart einer Base (Transmetallation ist ohne die aktivierende Wirkung einer Base zögerlich). Für den katalytischen Zyklus siehe Kumada-Kupplung.

$$R-X + R^1-B(R^2)_2 \xrightarrow[NaOR^3]{L_2Pd(0)} R-R^1$$

$$R-X + L_2Pd(0) \xrightarrow{\text{oxidative Addition}} \underset{L}{\overset{L}{Pd}}\underset{X}{\overset{R}{}} + R^1-B(R^2)_2 \xrightarrow[\text{Base}]{NaOR^3} R^1\text{-}\overset{OR^3}{\underset{}{B}}(R^2)_2^{\ominus} + \underset{L}{\overset{L}{Pd}}\underset{X}{\overset{R}{}}$$

$$\xrightarrow[\text{Isomerisierung}]{\text{Transmetallierung}} R^3O-B(R^2)_2 + \underset{R}{\overset{L}{Pd}}\underset{R^1}{\overset{L}{}} \xrightarrow[\text{Eliminierung}]{\text{reduktive}} R-R^1 + L_2Pd(0)$$

Beispiel 1 [2]

Beispiel 2 [4]

Beispiel 3, Intramolekulare Suzuki–Miyaura-Kupplung [8]

© Der/die Autor(en), exklusiv lizenziert an
Springer Nature Switzerland AG 2024
J. J. Li, *Namensreaktionen*, https://doi.org/10.1007/978-3-031-52850-7_147

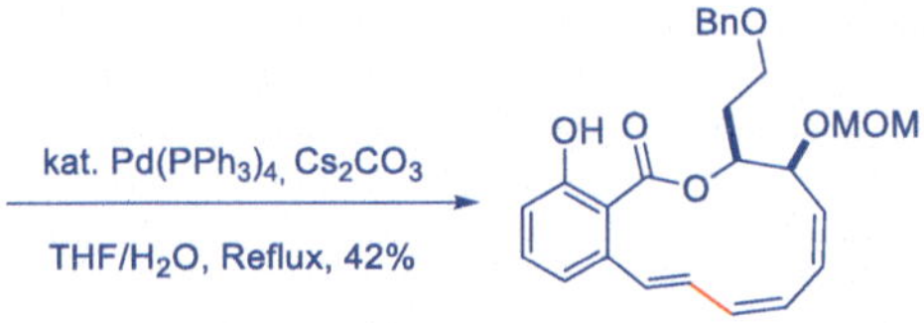

BnO
OH O
OMOM
O
kat. Pd(PPh3)4, Cs2CO3
THF/H2O, Reflux, 42%

Beispiel 4, Stille-Kupplung gefolgt von Suzuki-Kupplung [9]

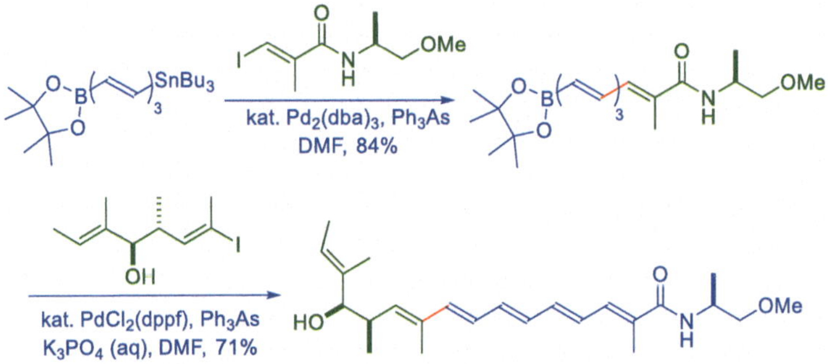

SnBu3
OMe
kat. Pd2(dba)3, Ph3As
DMF, 84%
OH
kat. PdCl2(dppf), Ph3As
K3PO4 (aq), DMF, 71%
HO

Beispiel 5, Nickel-katalysierte Suzuki–Miyaura-Kupplung [12]

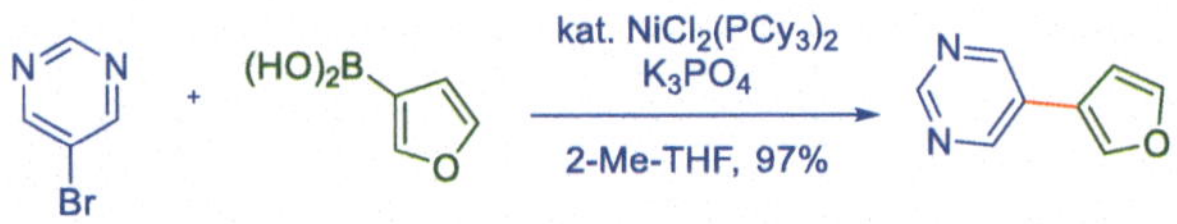

Br
(HO)2B
kat. NiCl2(PCy3)2
K3PO4
2-Me-THF, 97%

Beispiel 6, Suzuki–Miyaura-Kupplung von acyclischen Amiden in katalytischer Kohlenstoff-Stickstoff-Bindungsspaltung [15]

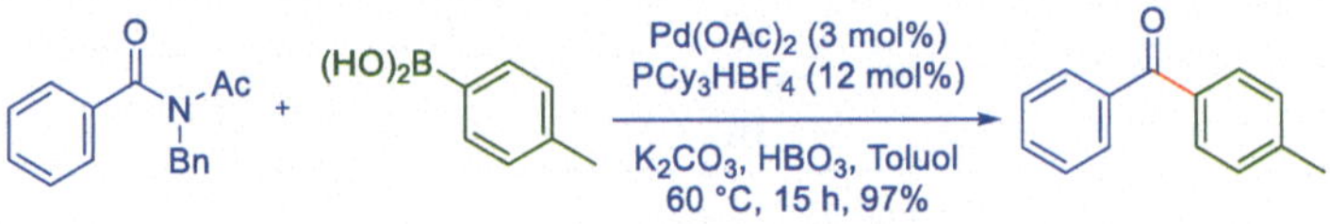

Ac
Bn
(HO)2B
Pd(OAc)2 (3 mol%)
PCy3HBF4 (12 mol%)
K2CO3, HBO3, Toluol
60 °C, 15 h, 97%

Beispiel 7, Palladium-katalysierte Suzuki–Miyaura-Kupplung von Pyrrolylsulfonaten [16]

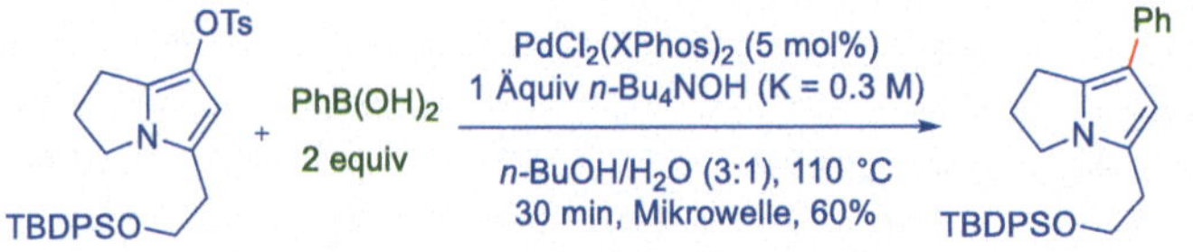

OTs
TBDPSO
PhB(OH)2
2 equiv
PdCl2(XPhos)2 (5 mol%)
1 Äquiv n-Bu4NOH (K = 0.3 M)
n-BuOH/H2O (3:1), 110 °C
30 min, Mikrowelle, 60%
Ph
TBDPSO

Beispiel 8, Sequenzielle Sandmeyer-Bromierung und Raumtemperatur-Suzuki–Miyaura-Kupplung (1 kg Maßstab) [17]

Referenzen

1. (a) Miyaura, N.; Yamada, K.; Suzuki, A. *Tetrahedron Lett.* **1979**, *36*, 3437–3440. (b) Miyaura, N.; Suzuki, A. *Chem. Commun.* **1979**, 866–867. Akira Suzuki gewann 2010 zusammen mit Richard F. Heck und Ei-ichi Negishi den Nobelpreis „für palladiumkatalysierte Kreuzkupplungen in der organischen Synthese".
2. Tidwell, J. H.; Peat, A. J.; Buchwald, S. L. *J. Org. Chem.* **1994**, *59*, 7164–7168.
3. Miyaura, N.; Suzuki, A. *Chem. Rev.* **1995**, *95*, 2457-2483. (Übersichtsartikel).
4. (a) Kawasaki, I.; Katsuma, H.; Nakayama, Y.; Yamashita, M.; Ohta, S. *Heterocycles* **1998**, *48*, 1887–1901. (b) Kawaski, I.; Yamashita, M.; Ohta, S. *Chem. Pharm. Bull.* **1996**, *44*, 1831–1839.
5. Suzuki, A. In *Metal-catalyzed Cross-coupling Reactions;* Diederich, F.; Stang, P. J., Hrsg.; Wiley–VCH: Weinheim, Deutschland, **1998**, 49–97. (Übersichtsartikel).
6. Stanforth, S. P. *Tetrahedron* **1998**, *54*, 263–303. (Übersichtsartikel).
7. Zapf, A. *Coupling of Aryl and Alkyl Halides with Organoboron Reagents (Suzuki Reaction).* In *Transition Metals for Organic Synthesis* (2. Aufl.); Beller, M.; Bolm, C. Hrsg., **2004**, 1, 211–229. Wiley–VCH: Weinheim, Deutschland. (Übersichtsartikel).
8. Molander, G. A.; Dehmel, F. *J. Am. Chem. Soc.* **2004**, *126*, 10313–10318.
9. Coleman, R. S.; Lu, X.; Modolo, I. *J. Am. Chem. Soc.* **2007**, *129*, 3826–3827.
10. Wolfe, J. P.; Nakhla, J. S. *Suzuki Coupling.* In *Name Reactions for Homologations-Part I;* Li, J. J., Hrsg.; Wiley: Hoboken, NJ, **2009**, S. 163–184. (Übersichtsartikel).
11. Weimar, M.; Fuchter, M. J. *Org. Biomol. Chem.* **2013**, *11*, 31-34.
12. Ramgren, S.; Hie, L.; Ye, Y.; Garg, N. K. *Org. Lett.* **2013**, *15*, 3950-3953.
13. Almond-Thynne, J.; Blakemore, D. C.; Pryde, D. C.; Spivey, A. C. *Chem. Sci.* **2017**, *8*, 40–62. (Übersichtsartikel).
14. Taheri Kal Koshvandi, A.; Heravi, M. M.; Momeni, T. *Appl. Organomet. Chem.* **2018**, *32(3)*, 1–59. (Übersichtsartikel).
15. Liu, C.; Li, G.; Shi, S.; Meng, G.; Lalancette, R.; Szostak, R.; Szostak, M. *ACS Catal.* **2018**, *8*, 9131–9139.
16. Sirindil, F.; Weibel, J.-M.; Pale, P.; Blanc, A. *Org. Lett.* **2019**, *21*, 5542–5546.
17. Schafer, G.; Fleischer, T.; Ahmetovic, M.; Abele, S. *Org. Process Res. Dev.* **2020**, *24*, 228–234.

Swern Oxidation

Oxidation von Alkoholen zu den entsprechenden Carbonylverbindungen unter Verwendung von (COCl)$_2$, DMSO und Quenching mit Et$_3$N.

Beispiel 1 [2]

Beispiel 2 [3]

Beispiel 3 [5]

Beispiel 4 [7]

Beispiel 5, Nitrile aus primären Amiden unter katalytischen Swern-Oxidationsbedingungen [12]

Beispiel 6, Scale-up-Synthese von Tesirin [13]

Beispiel 7, Synthese von Resolvin E3 [14]

Referenzen

1. (a) Huang, S. L.; Omura, K.; Swern, D. *J. Org. Chem.* **1976**, *41*, 3329–3331. (b) Huang, S. L.; Omura, K.; Swern, D. *Synthesis* **1978**, *4*, 297–299. (c) Mancuso, A. J.; Huang, S. L.; Swern, D. *J. Org. Chem.* **1978**, *43*, 2480–2482. Daniel Swern (1916–1982) war Professor an der Temple University.
2. Ghera, E.; Ben-David, Y. *J. Org. Chem.* **1988**, *53*, 2972–2979.
3. Smith, A. B., III; Leenay, T. L.; Liu, H. J.; Nelson, L. A. K.; Ball, R. G. *Tetrahedron Lett.* **1988**, *29*, 49–52.
4. Tidwell, T. T. *Org. React.* **1990**, *39*, 297–572. (Übersichtsartikel).
5. Chadka, N. K.; Batcho, A. D.; Tang P. C.; Courtney, L. F.; Cook C. M.; Wovliulich, P. M.; Usković, M. R. *J. Org. Chem.* **1991**, *56*, 4714–4718.
6. Harris, J. M.; Liu, Y.; Chai, S.; Andrews, M. D.; Vederas, J. C. *J. Org. Chem.* **1998**, *63*, 2407–2409. (Geruchslose Protokolle).
7. Stork, G.; Niu, D.; Fujimoto, R. A.; Koft, E. R.; Bakovec, J. M.; Tata, J. R.; Dake, G. R. *J. Am. Chem. Soc.* **2001**, *123*, 3239–3242.
8. Nishide, K.; Ohsugi, S.-i.; Fudesaka, M.; Kodama, S.; Node, M. *Tetrahedron Lett.* **2002**, *43*, 5177–5179. (Weitere geruchslose Protokolle).
9. Ahmad, N. M. *Swern Oxidation.* In *Name Reactions for Functional Group Transformations*; Li, J. J., Ed.; Wiley: Hoboken, NJ, **2007**, S. 291–308. (Übersichtsartikel).
10. Lopez-Alvarado, P; Steinhoff, J; Miranda, S; Avendano, C; Menendez, J. C. *Tetrahedron* **2009**, *65*, 1660–1672.
11. Zanatta, N.; Aquino, E. da C.; da Silva, F. M.; Bonacorso, H. G.; Martins, M. A. P. *Synthesis* **2012**, *44*, 3477–3482.
12. Ding, R.; Liu, Y.; Han, M.; Jiao, W.; Li, J.; Tian, H.; Sun, B. *J. Org. Chem.* **2018**, *83*, 12939–12944.
13. Tiberghien, A. C.; von Bulow, C.; Barry, C.; Ge, H.; Noti, C.; Collet Leiris, F.; McCormick, M.; Howard, P. W.; Parker, J. S. *Org. Process Res. Dev.* **2018**, *22*, 1241–1256.
14. Tanabe, S.; Kobayashi, Y. *Org. Biomol. Chem.* **2019**, *217*, 2393–2402.
15. Zhang, Z.-W.; Li, H.-B.; Li, J.; Wang, C.-C.; Feng, J.; Yang, Y.-H.; Liu, S. *J. Org. Chem.* **2020**, *85*, 537–547.

Takai-Reaktion

Stereoselektive Umwandlung eines Aldehyds in das entsprechende *E*-Vinyljodid unter Verwendung von CHI_3 und $CrCl_2$.

Ein radikaler Mechanismus wurde vorgeschlagen [10]

Beispiel 1 [2]

Beispiel 2 [3]

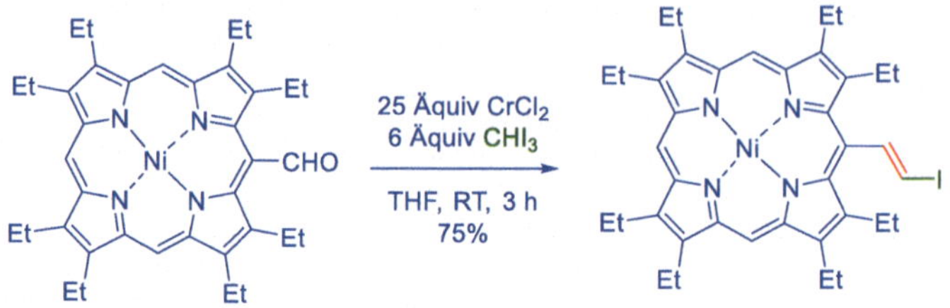

Beispiel 3 [4]

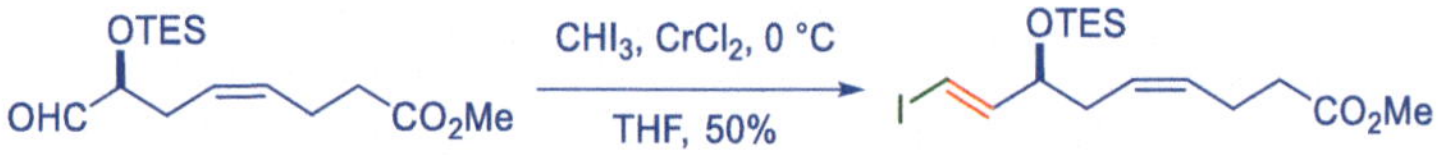

Beispiel 4, Eine Br/Cl-Variante [9]

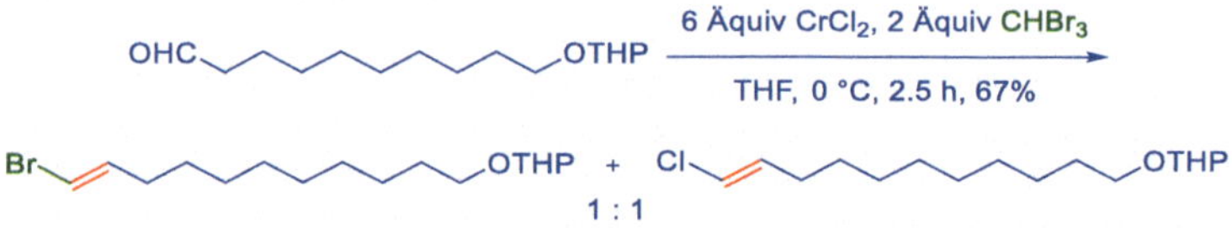

Beispiel 5 [10]

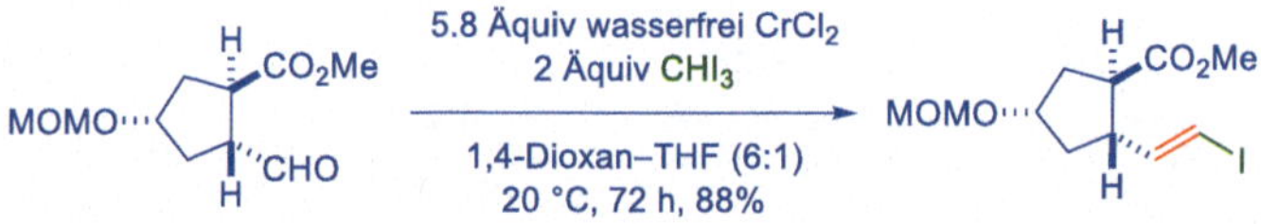

Beispiel 5 [10]

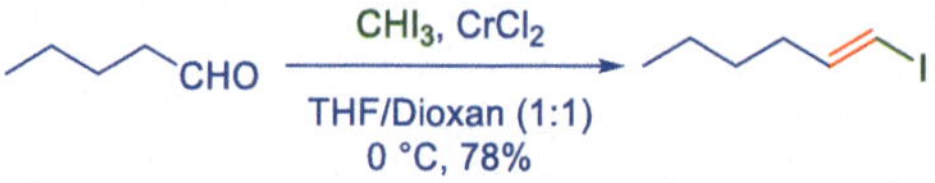

Beispiel 6, Synthese in Richtung Mandelalid A [12]

1. Dess–Martin Periodinan
NaHCO$_3$, CH$_2$Cl$_2$
0 °C → RT, 1 h

2. CHI$_3$, CrCl$_3$, Zn Staub
NaI, RT, 30 min
91%, 2 Stufen

Beispiel 7, Synthese in Richtung Pestalotioprolid E [13]

1. IBX, EtOAc, 80 °C
4 h, quant.

2. CHI$_3$, CrCl$_3$, LiAlH$_4$
THF, 0 °C → RT, 3 h
75%, 2 Stufen

Beispiel 8, Synthese in Richtung Raputindol A [14]

CHI$_3$, 10 Äquiv CrCl$_2$
THF, 0 °C, 87%

Beispiel 9, Synthese in Richtung MaR2$_{n-3\,DPA}$ [15]

CHI$_3$, CrCl$_2$
THF/Dioxan
0 °C, 73%

Referenzen

1. Takai, K.; Nitta, Utimoto, K. *J. Am. Chem. Soc.* **1986,** *108*, 7408–7410. Kazuhiko Takai war ein Professor an der Universität Kyoto.
2. Andrus, M. B.; Lepore, S. D.; Turner, T. M. *J. Am. Chem. Soc.* **1997,** *119*, 12159–12169.
3. Arnold, D. P.; Hartnell, R. D. *Tetrahedron* **2001,** *57*, 1335 – 1345.
4. Rodriguez, A. R.; Spur, B. W. *Tetrahedron Lett.* **2004,** *45*, 8717–8724.
5. Dineen, T. A.; Roush, W. R. *Org. Lett.* **2004,** *6*, 2043–2046.
6. Lipomi, D. J.; Langille, N. F.; Panek, J. S. *Org. Lett.* **2004,** *6*, 3533–3536.
7. Paterson, I.; Mackay, A. C. *Synlett* **2004,** 1359–1362.

8. Concellón, J. M.; Bernad, P. L.; Méjica, C. *Tetrahedron Lett.* **2005,** *46*, 569–571.
9. Gung, B. W.; Gibeau, C.; Jones, A. *Tetrahedron: Asymmetry* **2005,** *16*, 3107–3114.
10. Legrand, F.; Archambaud, S.; Collet, S.; Aphecetche-Julienne, K.; Guingant, A.; Evain, M. *Synlett* **2008,** 389–393.
11. Saikia, B.; Joymati Devi, T.; Barua, N. C. *Org. Biomol. Chem.* **2013,** *11*, 905–913.
12. Athe, S.; Ghosh, S. *Synthesis* **2016,** *48*, 917–923.
13. Paul, D.; Saha, S.; Goswami, R. K. *Org. Lett.* **2018,** *20*, 4606–4609.
14. Kock, M.; Lindel, T. *Org. Lett.* **2018,** *6*, 5444–5447.
15. Sønderskov, J.; Tungen, J. E.; Palmas, F.; Dalli, J.; Serhan, C. N.; Stenstrøm, Y.; Vidar Hansen, T. *Tetrahedron Lett.* **2020,** *61*, 151510.

Tebbe-Reagenz

Das Tebbe-Reagenz, μ-chlorobis(cyclopentadienyl)(dimethylaluminium)-μ-methylenetitanium, wandelt eine Carbonylverbindung in das entsprechende *exo*-Olefin um.

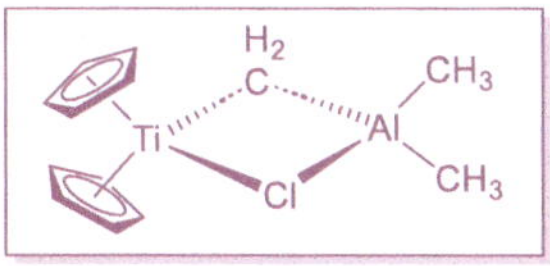

Vorbereitung: [2,6]

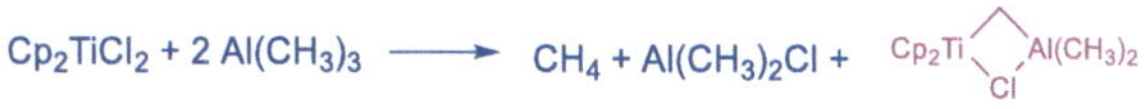

$$Cp_2TiCl_2 + 2\,Al(CH_3)_3 \longrightarrow CH_4 + Al(CH_3)_2Cl + Cp_2Ti(\mu\text{-}CH_2)(\mu\text{-}Cl)Al(CH_3)_2$$

Mechanismus: [3]

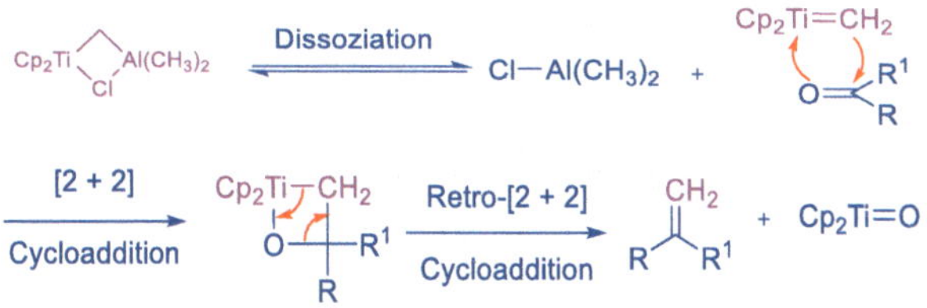

Oxatitanacyclobutanbildung Die Bildung der starken Ti=O-Bindung ist die treibende Kraft bei der.

Beispiel 1, Chemoselektiv für Ketone in Gegenwart eines Esters [2]

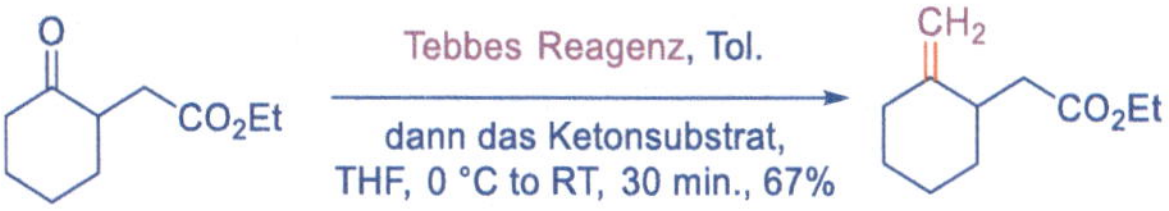

Tebbes Reagenz, Tol.
dann das Ketonsubstrat, THF, 0 °C to RT, 30 min., 67%

Beispiel 2, Doppelte Tebbe [4]

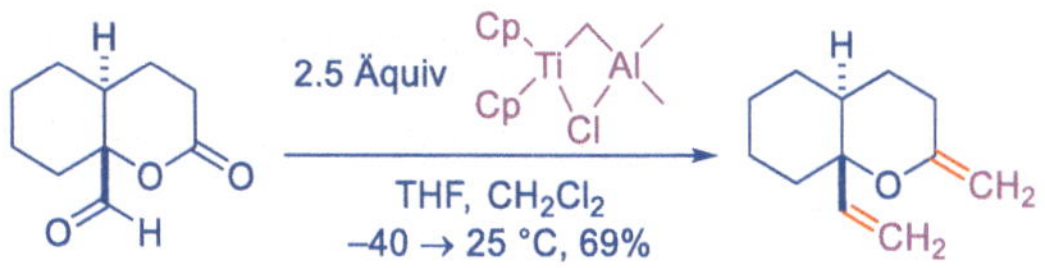

2.5 Äquiv
THF, CH$_2$Cl$_2$
−40 → 25 °C, 69%

Beispiel 3, Doppelte Tebbe [5]

Beispiel 4, *N*-Oxid [6]

Beispiel 5, Amid [11]

Beispiel 6, Olefinierung von Methylpyropheophorbid-α (Chlorophyll-Derivat) [14]

Beispiel 7, Synthese in Richtung eines Leiodermatolide-Analogs [15]

Beispiel 8, Eine Methylenierung-Claisen-Methylenierung-Kaskade [16]

Referenzen

1. Tebbe, F. N.; Parshall, G. W.; Reddy, G. S. *J. Am. Chem. Soc.* **1978**, *100*, 3611–3613. Fred Tebbe arbeitete bei DuPont Central Research.
2. Pine, S. H.; Pettit, R. J.; Geib, G. D.; Cruz, S. G.; Gallego, C. H.; Tijerina, T.; Pine, R. D. *J. Org. Chem.* **1985**, *50*, 1212 – 1216.
3. Cannizzo, L. F.; Grubbs, R. H. *J. Org. Chem.* **1985**, *50*, 2386–2387.
4. Philippo, C. M. G.; Vo, N. H.; Paquette, L. A. *J. Am. Chem. Soc.* **1991**, *113*, 2762–2764.
5. Ikemoto, N.; Schreiber, L. S. *J. Am. Chem. Soc.* **1992**, *114*, 2524 – 2536.
6. Pine, S. H. *Org. React.* **1993**, *43*, 1–98. (Übersichtsartikel).
7. Nicolaou, K. C.; Koumbis, A. E.; Snyder, S. A.; Simonsen, K. B. *Angew. Chem. Int. Ed.* **2000**, *39*, 2529–2533.
8. Straus, D. A. *Encyclopedia of Reagents for Organic Synthesis;* Wiley & Sons, **2000**, (Rezension).
9. Payack, J. F.; Hughes, D. L.; Cai, D.; Cottrell, I. F.; Verhoeven, T. R. *Org. Syn., Coll. Vol. 10*, **2004**, S. 355.
10. Beadham, I.; Micklefield, J. *Curr. Org. Synth.* **2005**, *2*, 231–250. (Rezension).
11. Long, Y. O.; Higuchi, R. I.; Caferro, T.s R.; Lau, T. L. S.; Wu, M.; Cummings, M. L.; Martinborough, E. A.; Marschke, K. B.; Chang, W. Y.; Lopez, F. J.; Karanewsky, D. S.; Zhi, L. *Bioorg. Med. Chem. Lett.* **2008**, *18*, 2967–2971.
12. Zhang, J. *Tebbe-Reagent.* In *Name Reactions for Homolotions-Part I*; Li, J. J., Corey, E. J., Hrsg., Wiley: Hoboken, NJ, **2009**, S. 319–333. (Rezension).
13. Yamashita, S.; Suda, N.; Hayashi, Y.; Hirama, M. *Tetrahedron Lett.* **2013**, *54*, 1389–1391.
14. Tamiaki, H.; Tsuji, K.; Machida, S.; Teramura, M.; Miyatake, T. *Tetrahedron Lett.* **2016**, *57*, 788–790.
15. Reiss, A.; Maier, M. E. *Eur. J. Org. Chem.* **2018**, 4246–4255.
16. Domzalska-Pieczykolan, A. M.; Furman, B. *Synlett* **2020**, *31*, 730–736.

Tsuji–Trost-Reaktion

Die Tsuji–Trost-Reaktion ist die Palladium-katalysierte Substitution von allylischen Abgangsgruppen durch Kohlenstoffnukleophile. Diese Reaktionen verlaufen über π-Allylpalladium-Zwischenstufen.

$$R^1 \diagup X \xrightarrow[\text{base}]{\text{Pd(0) (katalytisch)}} \left[\begin{array}{c} R^1 \diagup \\ Pd^{(II)} \\ | \\ X \end{array} \right] \xrightarrow{Nu^\ominus} R^1 \diagup Nu$$

2 π-Allylkomplex

$$R^1 \diagup R^2 \xleftarrow[\text{Hart Nu}^\ominus]{Pd(0)} R^1 \diagup R^2 \quad OR \quad R^1 \diagup R^2 \xrightarrow[\text{sanft Nu}^\ominus]{Pd(0)} R^1 \diagup R^2$$
Nu | X | X | Nu

Umkehrung $\qquad\qquad R^1 \gg R^2 \qquad\qquad$ Aufbewahrung
von Aufbau $\qquad\qquad\qquad\qquad\qquad\qquad$ von Aufbau

X = OCOR, OCO₂R, OCONHR, OP(O)(OR)₂, OPh, Cl, NO₂, SO₂Ph, NR₃X, SR₂X, OH

Der katalytische Zyklus:

[Katalytischer Zyklus-Diagramm]

A: Koordinierung
B: Oxidative Addition (Ionisation)
C: Ligandenaustausch
D: Dann Auswechslung reduktive Eliminierung

Beispiel 1, Allylischer Ether [3]

Beispiel 2, Allylacetat [3]

Beispiel 3, Allylepoxid [5]

Beispiel 4, Intramolekulare Tsuji–Trost-Reaktion [6]

Beispiel 5, Intramolekulare Tsuji–Trost-Reaktion [7]

Beispiel 6, Asymmetrische Tsuji-Trost-Reaktion [8]

e*nt*-kat. =

Beispiel 7, Tsuji–Trost-Decarboxylierung–Dehydrierungssequenz [12]

1. Allylalkohol, Toluol, Reflux, 93%
2. Allylbromid, K$_2$CO$_3$, Aceton, 89%
3. 5 mol% Pd(OAc)$_2$, 5 mol% PPh$_3$
   MeCN, Reflux, 90%

Beispiel 8, Intramolekulare Tsuji–Trost-Reaktion [13]

Pd$_2$(dba)$_3$, (*R*)-*t*-PHOX

THF, 50 °C, 52%

Beispiel 9, Stereoselektive Tsuji–Trost-Alkylierung [14]

Pd(acac)$_2$, PPh$_3$ (12 mol%)

THF, 0 °C–RT, 24 h, 91%

Beispiel 10, Diethylmalonat als Nukleophil [15]

Referenzen

1. (a) Tsuji, J.; Takahashi, H.; Morikawa, M. *Tetrahedron Lett.* **1965**, *6*, 4387–4388. (b) Tsuji, J. *Acc. Chem. Res.* **1969**, *2*, 144–152. (Übersichtsartikel). Jiro Tsuji (1927–), jetzt im Ruhestand, arbeitete bei der Toyo Rayon Company in Japan.
2. Godleski, S. A. In *Comprehensive Organic Synthesis;* Trost, B. M.; Fleming, I., Hrsg.; Vol. 4 . Kapitel 3.3. Pergamon: Oxford, 1991. (Übersichtsartikel).
3. Bolitt, V.; Chaguir, B.; Sinou, D. *Tetrahedron Lett.* **1992**, *33*, 2481–2484.
4. Moreno-Mañas, M.; Pleixats, R. In *Advances in Heterocyclic Chemistry;* Katritzky, A. R., Hrsg.; Academic Press: San Diego, **1996**, *66*, 73. (Übersichtsartikel).
5. Arnau, N.; Cortes, J.; Moreno-Mañas, M.; Pleixats, R.; Villarroya, M. *J. Heterocycl. Chem.* **1997**, *34*, 233–239.
6. Seki, M.; Mori, Y.; Hatsuda, M.; Yamada, S. *J. Org. Chem.* **2002**, *67*, 5527–5536.
7. Vanderwal, C. D.; Vosburg, D. A.; Weiler, S.; Sorenson, E. J. *J. Am. Chem. Soc.* **2003**, *125*, 5393–5407.
8. Trost, B. M.; Toste, F. D. *J. Am. Chem. Soc.* **2003**, *125*, 3090–3100.
9. Behenna, D. C.; Stoltz, B. M. *J. Am. Chem. Soc.* **2004**, *126*, 15044–15045.
10. Fuchter, M. J. *Tsuji–Trost Reaction.* In *Name Reactions for Homologations-Part I*; Li, J. J., Ed.; Wiley: Hoboken, NJ, **2009**, pp 185–211. (Review).
11. Shi, L.; Meyer, K.; Greaney, M. F. *Angew. Chem. Int. Ed.*, **2010**, *49*, 9250–9253.
12. Brehm, E.; Breinbauer, R. *Org. Biomol. Chem.* **2013**, *11*, 4750–4756.
13. Meng, L. *J. Org. Chem.* **2016**, *81*, 7784–7789.
14. Burtea, A.; Rychnovsky, S. D. *Org. Lett.* **2018**, *20*, 5849–5852.
15. Kučera, R.; Goetzke, F. W.; Fletcher, S. P. *Org. Lett.* **2020**, *22*, 2991–2994.

Ugi-Reaktion

Vierkomponentenkondensation (4CC) von Carbonsäuren, *C*-Isocyaniden, Aminen und Carbonylverbindungen zur Herstellung von Diamiden. Auch bekannt als Vierkomponentenreaktion (4CR). *Cf* Passerini-Reaktion.

Beispiel 1 [2]

Beispiel 2 [5]

Beispiel 3 [7]

Beispiel 4, "Doppelte Wucht" Ugi-Reaktion [8]

Beispiel 5 [11]

Beispiel 6, Synthese von Ivosidenib (Tibsovo), einem Isocitratdehydrogenase 1 (IDH1) Inhibitor [12]

Beispiel 7, Bor-basierte Peptidomimetika als potente Inhibitoren der menschlichen caseinolytischen Protease P (ClpP) [13]

Beispiel 8, Ein führender Thioredoxin-Reduktase (TrxR) Inhibitor [14]

Referenzen

1. (a) Ugi, I. *Angew. Chem. Int. Ed.* **1962**, *1*, 8–21. (b) Ugi, I.; Offermann, K.; Herlinger, H.; Marquarding, D. *Liebigs Ann. Chem.* **1967**, *709*, 1–10. (c) Ugi, I.; Kaufhold, G. *Ann.* **1967**, *709*, 11–28. (d) Ugi, I.; Lohberger, S.; Karl, R. In *Comprehensive Organic Synthesis*; Trost, B. M.; Fleming, I., Eds.; Pergamon: Oxford, **1991**, Vol. 2, 1083. (Review). (e) Dömling, A.; Ugi, I. *Angew. Chem. Int. Ed.* **2000**, *39*, 3168. (Review). (f)

Ugi, I. *Pure Appl. Chem.* **2001**, *73*, 187–191. (Rezension). Ivar Karl Ugi (1930–2005) erwarb seinen Doktortitel unter der Anleitung von Prof. Rolf Huisgen. Seit 1962 arbeitete er bei Bayer AG und stieg in den Rängen bis zum Direktor auf. Aber er verließ Bayer 1969, um seine unabhängige akademische Karriere an der University of Southern California (USC) zu verfolgen. Im Jahr 1973, zog er an die Technische Universität München, wo er bis zu seiner Pensionierung im Jahr 1999 blieb. Ugi war einer der Pioniere in Mehrkomponenten- Reaktionen (MCRs).

2. Endo, A.; Yanagisawa, A.; Abe, M.; Tohma, S.; Kan, T.; Fukuyama, T. *J. Am. Chem. Soc.* **2002**, *124*, 6552–6554.
3. Hebach, C.; Kazmaier, U. *Chem. Commun.* **2003**, 596–597.
4. *Multicomponent Reactions* J. Zhu, H. Bienaymé, Hrsg.; Wiley-VCH, Weinheim, **2005**.
5. Oguri, H.; Schreiber, S. L. *Org. Lett.* **2005**, *7*, 47–50.
6. Dömling, A. *Chem. Rev.* **2006**, *106*, 17–89.
7. Gilley, C. B.; Buller, M. J.; Kobayashi, Y. *Org. Lett.* **2007**, *9*, 3631–3634.
8. Rivera, D. G.; Pando, O.; Bosch, R.; Wessjohann, L. A. *J. Org. Chem.* **2008**, *73*, 6229–6238.
9. Bonger, K. M.; Wennekes, T.; Filippov, D. V.; Lodder, G.; van der Marel, G. A.; Overkleeft, H. S. *Eur. J. Org. Chem.* **2008**, 3678–3688.
10. Williams, D. R.; Walsh, M. J. *Ugi Reaction. In Name Reactions for Homologations-Part II;* Li, J. J., Hrsg.; Wiley: Hoboken, NJ, **2009**, S. 786–805. (Rezension).
11. Tyagi, V.; Shahnawaz Khan, S.; Chauhan, P. M. S. *Tetrahedron Lett.* **2013**, *54*, 1279–1284.
12. Popovici-Muller, J.; Lemieux, R. M.; Artin, E.; Saunders, J. O.; Salituro, F. G.; Travins, J.; Cianchetta, G.; Cai, Z.; Zhou, D.; Cui, D.; et al. *ACS Med. Chem. Lett.* **2018**, *9*, 300–305.
13. Wang, Q.; Wang, D.-X.; Wang, M.-X.; Zhu, J. *Acc. Chem. Res.* **2018**, *51*, 1290–1300. (Überprüfung).
14. Reguera, L.; Rivera, D. G. *Chem. Rev.* **2019**, *119*, 9836–9860. (Überprüfung).
15. Tan, J.; Grouleff, J. J.; Jitkova, Y.; Diaz, D. B.; Griffith, E. C.; Shao, W.; Bogdanchikova, A. F.; Poda, G.; Schimmer, A. D.; Lee, R. E.; et al. *J. Med. Chem.* **2019**, *62*, 6377–6390.
16. Jovanović, M.; Zhukovsky, D.; Podolski-Renić, A.; Žalubovskis, R.; Dar'in, D.; Sharoyko, V.; Tennikova, T.; Pešić, M.; Krasavin, M. *Eur. J. Med. Chem.* **2020**, *191*, 112119.

Ullmann-Kupplung

Homokupplung von Aryljodiden in Gegenwart von Cu oder Ni oder Pd zur Erzeugung von Biarylen.

Die gesamte Umwandlung von PhI zu PhCuI ist ein oxidativer Additionsprozess.

Beispiel 1 [3]

Beispiel 2, CuTC-katalysierte Ullmann-Kupplung, CuTC = Kupfer(I)-Thiophen-2-carboxylat [4]

Beispiel 3 [5]

Beispiel 4 [8]

Beispiel 5 [9]

Beispiel 6, Ullman-Typ C–N-Kupplung [11]

Beispiel 7, Ullman-Typ C–N-Kupplung [12]

Beispiel 8, Palladium-katalysierte Ullman-Kupplung [13]

Beispiel 9, Die Cao-Cheetham-Modifikation verwendet Natrium anstelle von Kupfer zur Herstellung von Graphen [13,14]

$$Br-C_6H_4-C_6H_4-Br + Na \rightarrow \text{Graphengürtel}$$

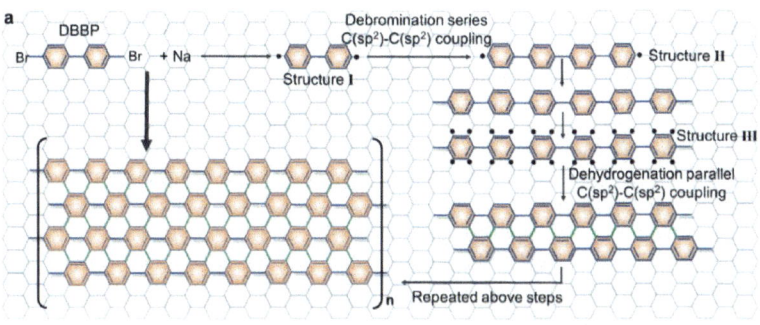

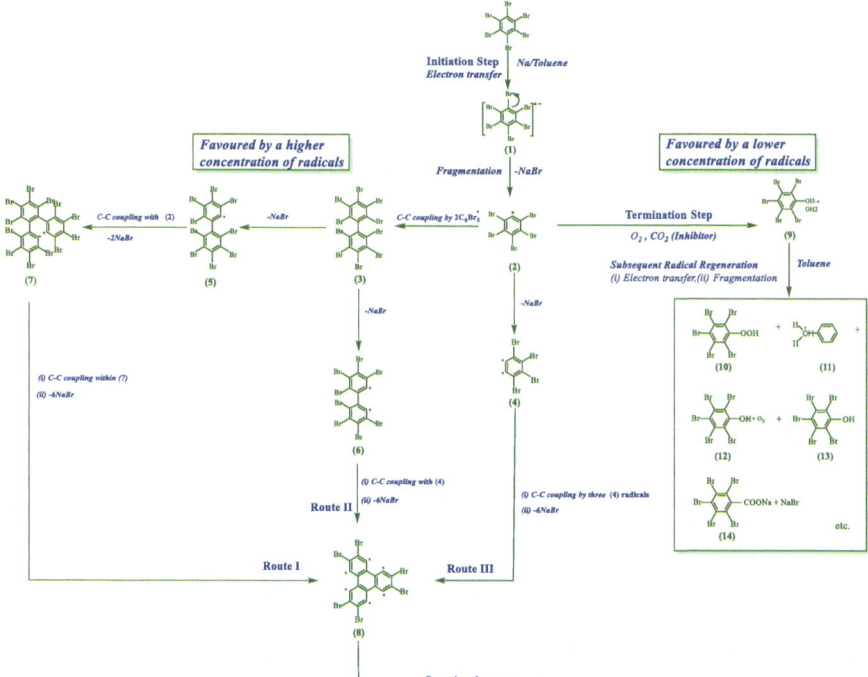

Referenzen

1. (a) Ullmann, F.; Bielecki, J. *Ber.* **1901**, *34*, 2174–2185. Fritz Ullmann (1875–1939), geboren in Fürth, Bayern, studierte unter Graebe in Genf. Er lehrt an der Technischen Hochschule in Berlin und der Universität von Genf. (b) Ullmann, F. *Ann.* **1904**, *332*, 38–81.
2. Fanta, P. E. *Synthesis* **1974**, 9–21. (Übersichtsartikel).
3. Kaczmarek, L.; Nowak, B.; Zukowski, J.; Borowicz, P.; Sepiol, J.; Grabowska, A. *J. Mol. Struct.* **1991**, *248*, 189–200.
4. Zhang, S.; Zhang, D.; Liebskind, L. S. *J. Org. Chem.* **1997**, *62*, 2312–2313.
5. Hauser, F. M.; Gauuan, P. J. F. *Org. Lett.* **1999**, *1*, 671–672.
6. Buck, E.; Song, Z. J.; Tschaen, D.; Dormer, P. G.; Volante, R. P.; Reider, P. J. *Org. Lett.* **2002**, *4*, 1623–1626.
7. Nelson, T. D.; Crouch, R. D. *Org. React.* **2004**, *63*, 265–556. (Übersichtsartikel).
8. Qui, L.; Kwong, F. Y.; Wu, J.; Wai, H. L.; Chan, S.; Yu, W.-Y.; Li, Y.-M.; Guo, R.; Zhou, Z.; Chan, A. S. C. *J Am. Chem. Soc.* **2006**, *128*, 5955–5965.
9. Markey, M. D.; Fu, Y.; Kelly, T. R. *Org. Lett.* **2007**, *9*, 3255–3257.
10. Ahmad, N. M. *Ullman Coupling. In Name Reactions for Homologations-Part I*; Li, J. J., Hrsg.; Wiley: Hoboken, NJ, 2009; S. 255–267. (Übersichtsartikel).
11. Chang, E. C.; Chen, C.-Y.; Wang, L.-Y.; Huang, Y.-Y.; Yeh, M.-Y.; Wong, F. F. *Tetrahedron* **2013**, *69*, 570–576.
12. Kelly, S. M.; Han, C.; Tung, L.; Gosselin, F. *Org. Lett.* **2017**, *19*, 3021–3024.
13. Cao, H.; Wang, C.; Li, B.; Chen, T.; Han, P.; Zhang, Y.; Yang, H.; Li, Q.; Cheetham, A. K *CCS Chem.* **2022**, *4*, 584-597.
14. Tian, Y.; Cao, H.; Yang, H.; Yao, W.; Wang, J.; Qiao, Z.; Cheetham, A. K. *Angew. Chem. Int. Ed.* **2023**, *62*, e202215295.

Vilsmeier-Haack-Reaktion

Das Vilsmeier-Haack-Reagenz, ein Chloriminiumsalz, ist ein schwaches Elektrophil. Daher funktioniert die Vilsmeier-Haack-Reaktion besser mit elektronenreichen Carbocyclen und Heterocyclen.

Beispiel 1 [2]

Beispiel 2 [3]

Beispiel 3 [9]

Beispiel 4, Reaktionsergebnisse unterscheiden sich je nach Temperatur [10]

Beispiel 5, Ein interessanter Mechanismus [11]

Beispiel 6, Ein-Topf-Vilsmeier-Haack-Cyclisierung und Azomethinylid-Cycloaddition [12]

DTBMP = 2,6-di-*tert*-butyl-4-methylpyridin

Beispiel 7, XtalFluor-E als Alternative zu POCl$_3$ in der Formylierung von C2-Glycal [13]

XtalFluor-E = [Et$_2$NSF$_2$]BF$_4$

Beispiel 8, Sequenzielle Ein-Topf-Vilsmeier-Haack- und organokatalysierte Mannich-Cyclisierung [14]

Referenzen

1. Vilsmeier, A.; Haack, A. *Ber.* **1927**, *60*, 119–122. Deutsche Chemiker Anton Vilsmeier und Albrecht Haack entdeckten diese Reaktion im Jahr 1927.
2. Reddy, M. P.; Rao, G. S. K. *J. Chem. Soc., Perkin Trans. 1* **1981**, 2662–2665.
3. Lancelot, J.-C.; Ladureé, D.; Robba, M. *Chem. Pharm. Bull.* **1985**, *33*, 3122–3128.
4. Marson, C. M.; Giles, P. R. *Synthesis Using Vilsmeier Reagents* CRC Press, **1994**, (Buch).
5. Seybold, G. *J. Prakt. Chem.* **1996**, *338*, 392–396 (Übersichtsartikel).
6. Jones, G.; Stanforth, S. P. *Org. React.* **1997**, *49*, 1–330. (Übersichtsartikel).
7. Jones, G.; Stanforth, S. P. *Org. React.* **2000**, *56*, 355–659. (Übersichtsartikel).
8. Tasneem, *Synlett* **2003**, 138–139. (Überblick über das Vilsmeier–Haack Reagenz).
9. Nandhakumar, R.; Suresh, T.; Jude, A. L. C.; Kannan, V. R.; Mohan, P. S. *Eur. J. Med. Chem.* **2007**, *42*, 1128–1136.
10. Tang, X.-Y.; Shi, M. *J. Org. Chem.* **2008**, *73*, 8317–8320.
11. Shamsuzzaman, Hena Khanam, H.; Mashrai, A.; Siddiqui, N. *Tetrahedron Lett.* **2013**, *54*, 874–877.
12. Hauduc, C.; Bélanger, G. *J. Org. Chem.* **2017**, *82*, 4703–4712.
13. Roudias, M.; Vallée, F.; Martel, J.; Paquin, J.-F. *J. Org. Chem.* **2018**, *83*, 8731–8738.
14. Outin, J.; Quellier, P.; Bélanger, G. *J. Org. Chem.* **2020**, *85*, 4712–4729.

von Braun Reaktion

Anders als die von Braun-Abbaureaktion (Amid zu Nitril), bezieht sich die von Braun-Reaktion auf die Behandlung von tertiären Aminen mit Cyanogenbromid, was zu einem substituierten Cyanamid führt.

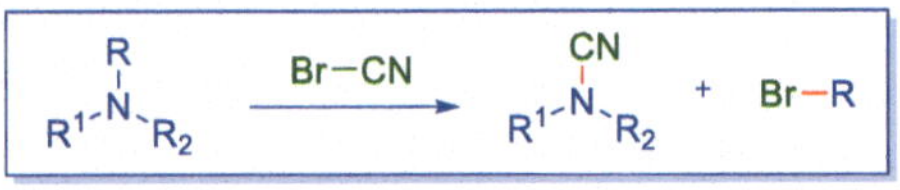

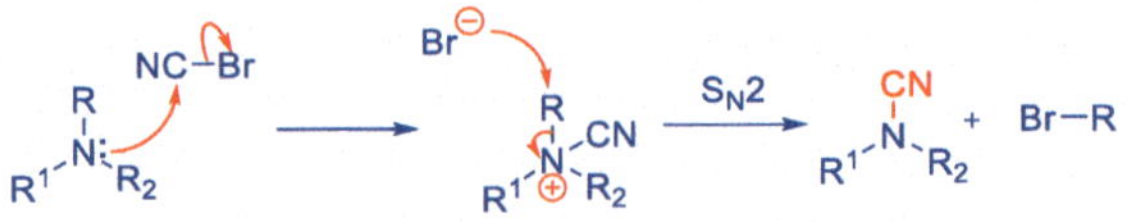

Beispiel 1 [4]

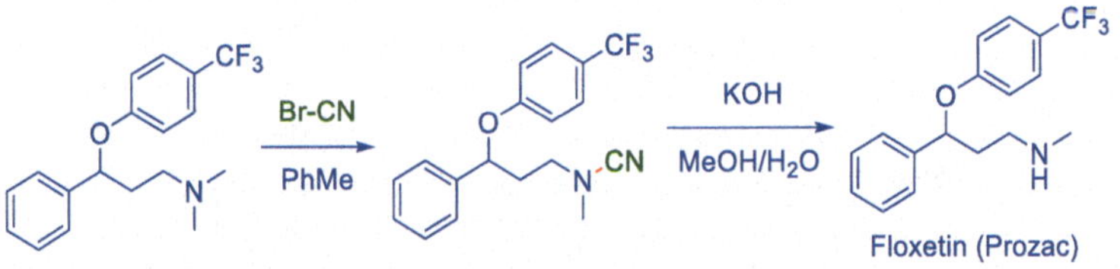

Floxetin (Prozac)

Beispiel 2 [5]

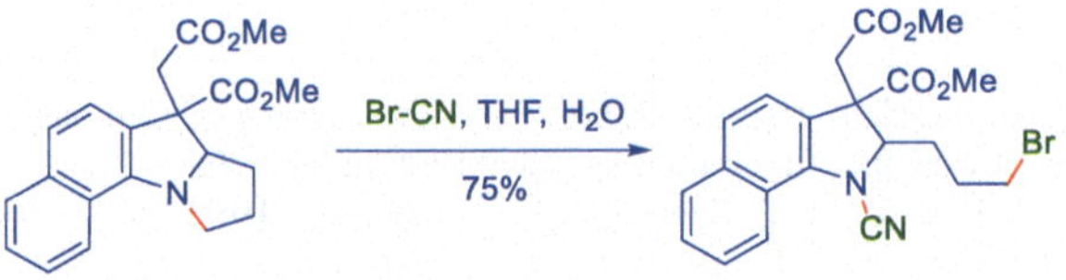

Beispiel 3 [9]

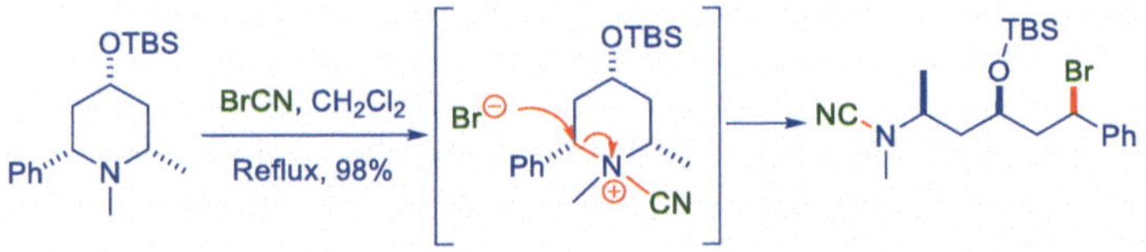

Beispiel 4, Eine vinyloge Rosenmund–von Braun-Reaktion [11]

Beispiel 5, Ringöffnung von Azetidin durch die von Braun-Reaktion [12]

Beispiel 6, Spaltung der C–N-Bindung durch Ringöffnung [13]

Referenzen

1. von Braun, J. *Ber.* **1907**, *40*, 3914–3933. Julius von Braun (1875–1940), geboren in Warschau, Polen, war ein Professor für Chemie in Frankfurt.
2. Hageman, H. A. *Org. React.* **1953**, *7*, 198–262. (Übersichtsartikel).
3. Fodor, G.; Nagubandi, S. *Tetrahedron* **1980**, *36*, 1279–1300. (Übersichtsartikel).
4. Mody, S. B.; Mehta, B. P.; Udani, K. L.; Patel, M. V.; Mahajan, Rajendra N. Indisches Patent IN177159 (1996).
5. McLean, S.; Reynolds, W. F.; Zhu, X. *Can. J. Chem.* **1987**, *65*, 200–204.
6. Chambert, S.; Thomasson, F.; Décout, J.-L. *J. Org. Chem.* **2002**, *67*, 1898–1904.
7. Hatsuda, M.; Seki, M. *Tetrahedron* **2005**, *61*, 9908–9917.
8. Thavaneswaran, S.; McCamley, K.; Scammells, P. J. *Nat. Prod. Commun.* **2006**, *1*, 885–897. (Übersichtsartikel).
9. McCall, W. S.; Abad Grillo, T.; Comins, D. L. *Org. Lett.* **2008**, *10*, 3255–3257.
10. Tayama, E.; Sato, R.; Ito, M.; Iwamoto, H.; Hasegawa, E. *Heterocycles* **2013**, *87*, 381–388.
11. Pradal, A.; Evano, G. *Chem. Commun.* **2014**, *50*, 11907–11910.
12. Wright, K.; Drouillat, B.; Menguy, L.; Marrot, J.; Couty, F. *Eur. J. Org. Chem.* **2017**, 7195–7201.
13. Wahl, M. H.; Jandl, C.; Bach, T. *Org. Lett.* **2018**, *20*, 7674–7678.

Wacker-Oxidation

Palladium-katalysierte Oxidation von Olefinen zu Ketonen und in einigen Fällen zu Aldehyden.

Beispiel 1 [5]

Beispiel 2 [7]

Beispiel 3 [9]

Beispiel 4 [10]

Beispiel 5 [10]

Beispiel 6, Aldehyd-selektive Wacker-Oxidation [16]

PdCl$_2$(PhCN)$_2$ (12 mol %)
CuCl·2H$_2$O (12 mol %)
AgNO$_2$ (6 mol %), O$_2$

15:1 *t*-BuOH/MeNO$_2$, 23 °C
64%

Beispiel 7, Asymmetrische intermolekulare Aza-Wacker-Typ-Reaktion [17]

Ligand = F$_3$C–(Pyridyl-oxazolin-*t*-Bu)

Ligand (10 Mol-%)
Pd(MeCN)$_2$(OTs)$_2$ (9.5 mol %)
3 Äquiv Benzochinon
3 Å MS, (CH$_2$Cl)$_2$, 74%, 95:5 er

Beispiel 8, Reaktion von ungeschützten kohlenhydratbasierten terminalen Olefinen durch das "Uemura-System" zu Hemiketalen und α,β-ungesättigten Diketonen [18]

0.3 Äquiv Pd(OAc)$_2$
0.6 Äquiv Pyridin
i-PrOH, 60 °C, 20 h
1 bar O$_2$, 53%

27%   26%

Referenzen

1. Smidt, J.; Sieber, R. *Angew. Chem. Int. Ed.* **1962**, *1*, 80–88. Wacker ist kein Mensch, sondern ein Ort in Deutschland, an dem Wacker Chemie diesen Prozess entwickelt hat. Da Hoechst AG die Reaktion später verfeinert hat, wird dies manchmal Hoechst–Wacker-Prozess genannt.
2. Tsuji, J. *Synthesis* **1984**, 369–384. (Überprüfung).
3. Hegedus, L. S. In *Comp. Org. Syn.* Trost, B. M.; Fleming, I., Eds.; Pergamon, **1991**, *Vol. 4*, 552. (Überprüfung).
4. Tsuji, J. In *Comp. Org. Syn.* Trost, B. M.; Fleming, I., Eds.; Pergamon, **1991**, *Vol. 7*, 449. (Überprüfung).
5. Larock, R. C.; Hightower, T. R. *J. Org. Chem.* **1993**, *58*, 5298–5300.
6. Hegedus, L. S. *Transition Metals in the Synthesis of Complex Organic Molecule* **1994**, University Science Books: Mill Valley, CA, S. 199–208. (Überprüfung).
7. Pellissier, H.; Michellys, P.-Y.; Santelli, M. *Tetrahedron* **1997**, *53*, 10733–10742.
8. Feringa, B. L. *Wacker Oxidation*. In *Transition Met. Org. Synth.* Beller, M.; Bolm, C., Hrsg.; Wiley-VCH: Weinheim, Deutschland. **1998**, *2*, 307–315. (Übersichtsartikel).
9. Smith, A. B.; Friestad, G. K.; Barbosa, J.; Bertounesque, E.; Hull, K. G.; Iwashima, M.; Qiu, Y.; Salvatore, B. A.; Spoors, P. G.; Duan, J. J.-W. *J. Am. Chem. Soc.* **1999**, *121*, 10468–10477.
10. Kobayashi, Y.; Wang, Y.-G. *Tetrahedron Lett.* **2002**, *43*, 4381–4384.

11. Hintermann, L. *Wacker-type Oxidations* in *Transition Met. Org. Synth. (2 nd Aufl.)* Beller, M.; Bolm, C., Hrsg., Wiley-VCH: Weinheim, Deutschland. **2004,** *2,* S. 379-388. (Übersichtsartikel).
12. Li, J. J. *Wacker-Tsuji Oxidation.* In *Name Reactions for Functional Group Transformations;* Li, J. J., Hrsg.; Wiley: Hoboken, NJ, **2007,** S. 309-326. (Übersichtsartikel).
13. Okamoto, M.; Taniguchi, Y. *J. Katal.* **2009,** *261,* 195-200.
14. DeLuca, R. J.; Edwards, J. L.; Steffens, L. D.; Michel, B. W.; Qiao, X.; Zhu, C.; Cook, S. P.; Sigman, M. S. *J. Org. Chem.* **2013,** *78,* 1682-1686.
15. Baiju, T. V.; Gravel, E.; Doris, E.; Namboothiri, I. N. N. *Tetrahedron Lett.* **2016,** *57,* 3993-4000. (Übersichtsartikel).
16. Kim, K. E.; Li, J.; Grubbs, R. H.; Stoltz, B. M. *J. Am. Chem. Soc.* **2016,** *138,* 13179-12182.
17. Allen, J. R.; Bahamonde, A.; Furukawa, Y.; Sigman, M. S. *J. Am. Chem. Soc.* **2019,** *141,* 8670-8674.
18. Runeberg, P. A.; Eklund, P. C. *Org. Lett.* **2019,** *21,* 8145-8148.
19. Tang, S.; Ben-David, Y.; Milstein, D. *J. Am. Chem. Soc.* **2020,** *142,* 5980-5984.

Wagner–Meerwein-Umlagerung

Säurekatalysierte Alkylgruppenmigration von Alkoholen zur Bildung stärker substituierter Olefine.

1,2-Alkylverschiebung

Beispiel 1 [3]

Beispiel 2 [6]

Beispiel 3 [7]

Beispiel 4 [9]

Beispiel 5, Vinylmigration bevorzugt vor Arylmigration [12]

Beispiel 6, Synthese von Cardiopetalin, Wagner–Meerwein-Umlagerung ohne Voraktivierung der entscheidenden Hydroxygruppe [13]

Cardiopetalin

Beispiel 7, Prins/Wagner–Meerwein-Umlagerungskaskade [14]

Beispiel 8, Synthese von Nortriterpenoid Propindilacton G [15]

Referenzen

1. Wagner, G. *J. Russ. Phys. Chem. Soc.* **1899**, *31*, 690. Wagner beobachtete diese Umlagerung erstmals im Jahr 1899 und der deutsche Chemiker Hans Meerwein enthüllte den Mechanismus im Jahr 1914.
2. Hogeveen, H.; Van Kruchten, E. M. G. A. *Top. Curr. Chem.* **1979**, *80*, 89–124. (Übersichtsartikel).
3. Kinugawa, M.; Nagamura, S.; Sakaguchi, A.; Masuda, Y.; Saito, H.; Ogasa, T.; Kasai, M. *Org. Process Res. Dev.* **1998**, *2*, 344–350.
4. Trost, B. M.; Yasukata, T. *J. Am. Chem. Soc.* **2001**, *123*, 7162–7163.
5. Guizzardi, B.; Mella, M.; Fagnoni, M.; Albini, A. *J. Org. Chem.* **2003**, *68*, 1067–1074.
6. Bose, G.; Ullah, E.; Langer, P. *Chem. Eur. J.* **2004**, *10*, 6015–6028.
7. Guo, X.; Paquette, L. A. *J. Org. Chem.* **2005**, *70*, 315–320.
8. Li, W.-D. Z.; Yang, Y.-R. *Org. Lett.* **2005**, *7*, 3107–3110.
9. Michalak, K.; Michalak, M.; Wicha, J. *Molecules* **2005**, *10*, 1084–1100.
10. Mullins, R. J.; Grote, A. L. *Wagner–Meerwein Rearrangement. In Name Reactions for Homologations-Part II;* Li, J. J., Hrsg.; Wiley: Hoboken, NJ, **2009**, S. 373–394. (Übersichtsartikel).
11. Ghorpade, S.; Su, M.-D.; Liu, R.-S. *Angew. Chem. Int. Ed.* **2013**, *52*, 4229–4234.
12. Fu, J.-G.; Ding, R.; Sun, B.-F.; Lin, G.-Q. *Tetrahedron* **2014**, *70*, 8374–8379.
13. Nishiyama, Y.; Yokoshima, S.; Fukuyama, T. *Org. Lett.* **2017**, *19*, 5833–5835.
14. Zhou, S.; Xia, K.; Leng, X.; Li, A. *J. Am. Chem. Soc.* **2019**, *141*, 13718–13723.
15. Wang, Y.; Chen, B.; He, X.; Gui, J. *J. Am. Chem. Soc.* **2020**, *142*, 5007–5012.

Williamson-Ethersynthese

Ether aus der Alkylierung von Alkoxiden durch Alkylhalogenide. Damit die Reaktion reibungslos abläuft, werden primäre Alkylhalogenide bevorzugt. Sekundäre Halogenide funktionieren manchmal auch, aber tertiäre Halogenide funktionieren überhaupt nicht, weil die E_2 Eliminierung der vorherrschende Reaktionsweg sein wird.

Beispiel 1, Diastereoselektive intermolekulare S_N2 Reaktion [9]

Beispiel 2, Phenolat offenbart durch Pd(PPh$_3$)$_4$ und K$_2$CO$_3$ [10]

Beispiel 3, Zyklische intramolekulare Etherifizierung [11]

Beispiel 4, Williamson-Ethersynthese mit Phenolen an einem tertiären stereogenen Kohlenstoff: formale enantioselektive Phenoxylierung von β-Ketoestern [12]

Beispiel 5, Intramolekulare S_N2 Verschiebung [13]

Beispiel 6, Eine Domino-Oxa-Michael/Aza-Michael/Williamson-Cycloetherifizierungs-Sequenz [15]

Beispiel 7, Ein-Topf-Synthese von Benzylethern mit einem stickstoffhaltigen Fahrrädern [16]

Referenzen

1. Williamson, A. W. *J. Chem. Soc.* **1852**, *4*, 229–239. Alexander William Williamson (1824–1904) entdeckte diese Reaktion im Jahr 1850 am University College, London.
2. Dermer, O. C. *Chem. Rev.* **1934**, *14*, 385–430. (Überprüfung).
3. Freedman, H. H.; Dubois, R. A. *Tetrahedron Lett.* **1975**, *16*, 3251–3254.
4. Jursic, B. *Tetrahedron* **1988**, *44*, 6677–6680.
5. Tan, S. N.; Dryfe, R. A.; Girault, H. H. *Helv. Chim. Acta* **1994**, *77*, 231–242.
6. Silva, A. L.; Quiroz, B.; Maldonado, L. A. *Tetrahedron Lett.* **1998**, *39*, 2055–2058.
7. Peng, Y.; Song, G. *Green Chem.* **2002**, *4*, 349–351.
8. Stabile, R. G.; Dicks, A. P. *J. Chem. Educ.* **2003**, *80*, 313–315.
9. Aikins, J. A.; Haurez, M.; Rizzo, J. R.; Van Hoeck, J.-P.; Brione, W.; Kestemont, J.-P.; Stevens, C.; Lemair, X.; Stephenson, G. A.; Marlot, E.; et al. *J. Org. Chem.* **2005**, *70*, 4695–4705.
10. Barnickel, B.; Schobert, R. *J. Org. Chem.* **2010**, *75*, 6716–6719.
11. Austad, B. C.; Benayoud, F.; Calkins, T. L.; et al. *Synlett* **2013**, *17*, 327–332.
12. Shibatomi, K.; Kotozaki, M.; Sasaki, N.; Fujisawa, I.; Iwasa, S. *Chem. Eur. J.* **2015**, *21*, 14095–14098.
13. Haase, R. G.; Schobert, R. *Org. Lett.* **2016**, *18*, 6352–6355.
14. Mandal, S.; Mandal, S.; Ghosh, S. K.; Sar, P.; Ghosh, A.; Saha, R.; Saha, B. *RSC Adv.* **2016**, *6*, 69605–69614. (Überprüfung).
15. El Bouakher, A.; Tasserie, J.; Le Goff, R.; Lhoste, J.; Martel, A.; Comesse, S. *J. Org. Chem.* **2017**, *82*, 5798–5809.
16. López, J. J.; Pérez, E. G. *Synth. Commun.* **2019**, *49*, 715–723.
17. Yearty, K. L.; Maynard, R. K.; Cortes, C. N.; Morrison, R. W. *J. Chem. Educ.* **2020**, *97*, 578–581.

Wittig-Reaktion

Olefinierung von Carbonylen mit Phosphor-Yliden, typischerweise ist das Z-Olefin das hauptsächlich erhaltene Isomer.

Der "gebauchte" Übergangszustand, irreversibel und konzertiert

Beispiel 1 [3]

Beispiel 2 [4]

Beispiel 3, Intramolekulare Wittig-Reaktion [5]

Beispiel 4 [9]

Beispiel 5 [11]

Beispiel 6, Prozess-Skala [14]

Beispiel 7, Herstellungsweg für Janus-Kinase (JAK) Inhibitor ASP3627 [16]

Beispiel 8, Aza-Wittig-Reaktion [17]

Referenzen

1. Wittig, G.; Schöllkopf, U. *Ber.* **1954**, *87*, 1318–1330. Georg Wittig (Deutschland, 1897–1987), geboren in Berlin, Deutschland, erhielt seinen Doktortitel von K. von Auwers. Er teilte den Nobelpreis für Chemie im Jahr 1981 mit Herbert C. Brown (USA, 1912–2004) für ihre Entwicklung von organischen Bor- und Phosphorverbindungen.
2. Maercker, A. *Org. React.* **1965**, *14*, 270–490. (Übersichtsartikel).
3. Schweizer, E. E.; Smucker, L. D. *J. Org. Chem.* **1966**, *31*, 3146–3149.
4. Garbers, C. F.; Schneider, D. F.; van der Merwe, J. P. *J. Chem. Soc. (C)* **1968**, 1982–1983.
5. Ernest, I.; Gosteli, J.; Greengrass, C. W.; Holick, W.; Jackman, D. E.; Pfaendler, H. R.; Woodward, R. B. *J. Am. Chem. Soc.* **1978**, *100*, 8214–8222.
6. Murphy, P. J.; Brennan, J. *Chem. Soc. Rev.* **1988**, *17*, 1–30. (Überprüfung).
7. Maryanoff, B. E.; Reitz, A. B. *Chem. Rev.* **1988**, *89*, 863–927. (Überprüfung).
8. Vedejs, E.; Peterson, M. J. *Top. Stereochem.* **1994**, *21*, 1–157. (Überprüfung).
9. Nicolaou, K. C. *Angew. Chem. Int. Ed.* **1996**, *35*, 589–607. (Überprüfung).
10. Rong, F. *Wittig reaction in. In Name Reactions for Homologations-Part I*; Li, J. J., Hrsg.; Wiley: Hoboken, NJ, **2009**, S. 588–612. (Überprüfung).
11. Kajjout, M.; Smietana, M.; Leroy, J.; Rolando, C. *Tetrahedron Lett.* **2013**, *38*, 1658–1660.
12. Rocha, D. H. A.; Pinto, D. C. G. A.; Silva, A. M. S. *Eur. J. Org. Chem.* **2018**, 2443–2457. (Überprüfung).

13. Karanam, P.; Reddy, G. M.; Lin, W. *Synlett* **2018**, *29*, 2608–2622. (Überprüfung).
14. Zhu, F.; Aisa, H. A.; Zhang, J.; Hu, T.; Sun, C.; He, Y.; Xie, Y.; Shen, J. *Org. Process Res. Dev.* **2018**, *22*, 91–96.
15. Longwitz, L.; Werner, T. *Pure Appl. Chem.* **2019**, *91*, 95–102. (Rezension).
16. Hirasawa, S.; Kikuchi, T.; Kawazoe, S. *Org. Process Res. Dev.* **2019**, *23*, 2378–2387.
17. Luo, J.; Kang, Q.; Huang, W.; Zhu, J.; Wang, T. *Synth. Commun.* **2020**, *50*, 692–699.

[1,2]-Wittig-Umlagerung

Die Behandlung von Ethern mit Basen wie Alkyl-Lithium führt zu Alkoholen.

$$R^2\text{-O-}R^1 \xrightarrow{R^2\text{Li}} R^1\text{-CH(}R^2\text{)-OH}$$

Die [1,2]-Wittig-Umlagerung wird angenommen, über einen radikalischen Mechanismus zu verlaufen:

(Deprotonierung → homolytische Spaltung → Umlagerung → Aufarbeitung)

Beispiel 1, Aza-[1,2]-Wittig-Umlagerung [2]

Ph-N(CH₃)-CH₂-SnBu₃ → (n-BuLi) → Ph-N(CH₃)-CH₂-Li → (Aufarbeitung) → Ph-CH₂-CH₂-NH-CH₃, 83%

Beispiel 2 [3]

(Furan-CH₂-O-geranyl) → (t-BuLi, 58%) → (Furan-CH₂-CH(OH)-geranyl)

Beispiel 3 [4]

Substrat mit OTBDPS, O-CH₂-CH=CH-TMS → (n-BuLi, THF, Ether, 0 °C, 60%, > 98:2 dr) → Produkt mit OH, CH=CH-TMS, OTBDPS

Beispiel 4 [6]

4-MeO-C₆H₄-C(=NOMe)-O-CH₂-CH=CH₂ → (2 Äquiv LDA, THF, –78 °C, 82%) → 4-MeO-C₆H₄-C(=NOMe)-CH(OH)-CH=CH₂

Beispiel 5 [8]

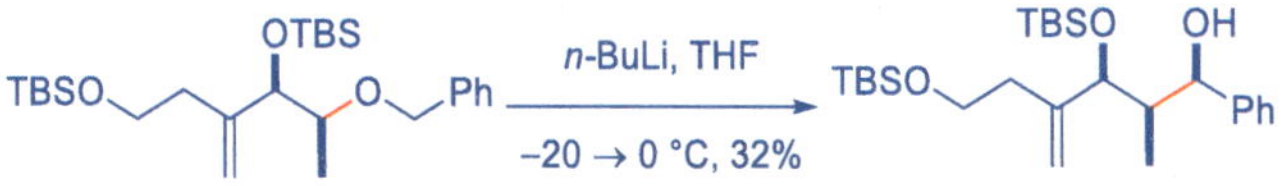

[Reaktionsschema: TBSO-Verbindung mit OTBS und OCH₂Ph, n-BuLi, THF, −20 → 0 °C, 32%, zu TBSO/OH-Produkt mit Ph]

Beispiel 6 [9]

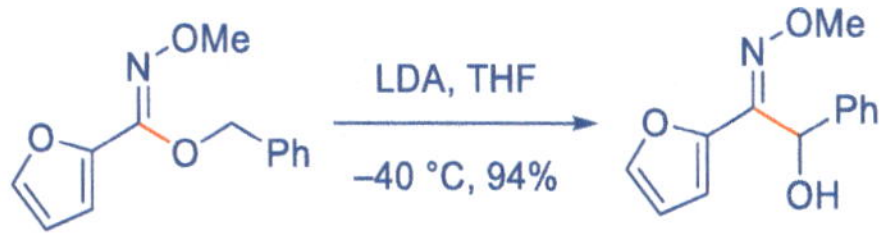

[Reaktionsschema: Furan-Derivat mit N-OMe und OCH₂Ph, LDA, THF, −40 °C, 94%, zu Produkt mit OH und Ph]

Beispiel 7 [11]

[Reaktionsschema: Me-CH=CH-CH(OCH₂Ph)-TMS, 1.5 Äquiv s-BuLi, THF, −78 °C, 40 min., liefert TMS/OH-Produkt (Me-CH=CH-CH(OH)-CH₂Ph mit TMS) [1,2]-Wittig 15% + Me-CH₂-CH₂-C(=O)-CH(Ph)-TMS [1,4]-Wittig 59%]

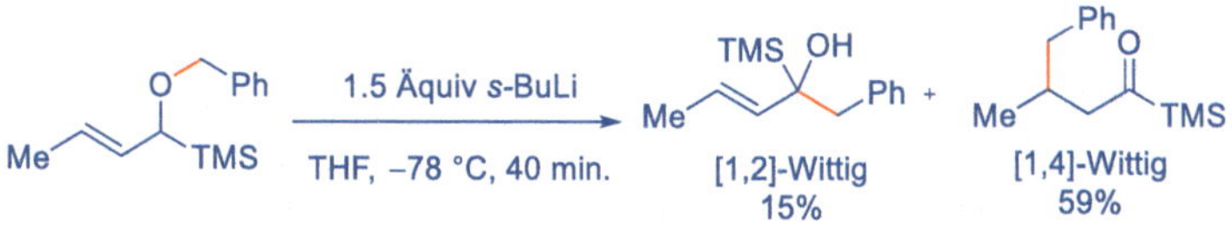

Beispiel 8, Synthese von (Z)-allylischem Alkohol [12]

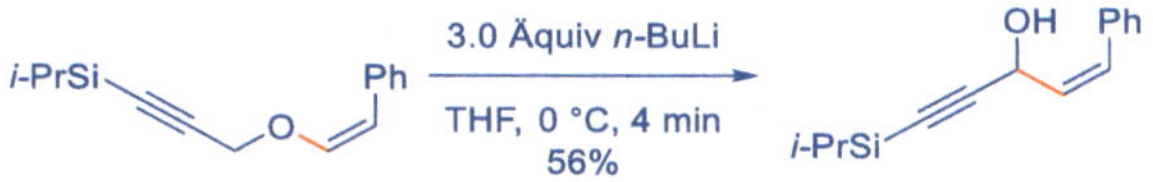

[Reaktionsschema: i-PrSi-C≡C-CH₂-O-CH=CH-Ph, 3.0 Äquiv n-BuLi, THF, 0 °C, 4 min, 56%, zu i-PrSi-C≡C-CH₂-CH(OH)-CH=CH-Ph]

Beispiel 9, [1,2]-Wittig-Umlagerung von 6H-benzo[c]chromen [13]

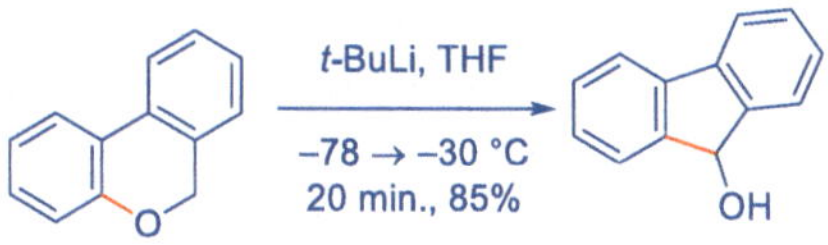

[Reaktionsschema: 6H-Benzo[c]chromen, t-BuLi, THF, −78 → −30 °C, 20 min., 85%, zu Fluoren-9-ol-Derivat]

Beispiel 10, CPME = Cyclopentylmethylether [14]

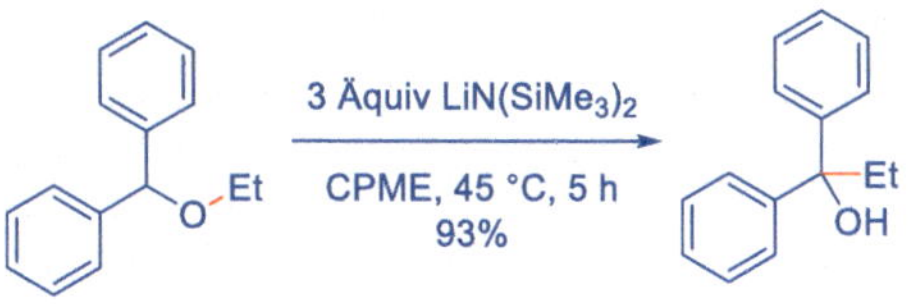

[Reaktionsschema: Ph₂CH-O-Et, 3 Äquiv LiN(SiMe₃)₂, CPME, 45 °C, 5 h, 93%, zu Ph₂C(OH)-CH(Et)]

Referenzen

1. Wittig, G.; Löhmann, L. *Ann.* **1942**, *550*, 260–268.
2. Peterson, D. J.; Ward, J. F. *J. Organomet. Chem.* **1974**, *66*, 209–217.

3. Tsubuki, M.; Okita, H.; Honda, T. *J. Chem. Soc., Chem. Commun.* **1995**, 2135–2136.
4. Tomooka, K.; Yamamoto, H.; Nakai, T. *J. Am. Chem. Soc.* **1996**, *118*, 3317–3318.
5. Maleczka, R. E., Jr.; Geng, F. *J. Am. Chem. Soc.* **1998**, *120*, 8551–8552.
6. Miyata, O.; Asai, H.; Naito, T. *Synlett* **1999**, 1915–1916.
7. Katritzky, A. R.; Fang, Y. *Heterocycles* **2000**, *53*, 1783–1788.
8. Tomooka, K.; Kikuchi, M.; Igawa, K.; Suzuki, M.; Keong, P.-H.; Nakai, T. *Angew. Chem. Int. Ed.* **2000**, *39*, 4502–4505.
9. Miyata, O.; Asai, H.; Naito, T. *Chem. Pharm. Bull.* **2005**, *53*, 355–360.
10. Wolfe, J. P.; Guthrie, N. J. *[1,2]-Wittig Rearrangement. In Name Reactions for Homologations-Part II;* Li, J. J., Hrsg.; Wiley: Hoboken, NJ, **2009**, S. 226–240. (Übersichtsartikel).
11. Onyeozili, E. N.; Mori-Quiroz, L. M.; Maleczka, R. E., Jr. *Tetrahedron* **2013**, *69*, 849–860.
12. Kurosawa, F.; Nakano, T.; Soeta, T.; Endo, K.; Ukaji, Y. *J. Org. Chem.* **2015**, *80*, 5696–5703.
13. Velasco, R.; Silva López, C.; Nieto Faza, O.; Sanz, R. *Chem. Eur. J.* **2016**, *22*, 15058–15068.
14. Liu, Z.; Li, M.; Wang, B.; Deng, G.; Chen, W.; Kim, B.-S.; Zhang, H.; Yang, X.; Walsh, P. J. *Org. Chem. Front.* **2018**, *5*, 1870–1876.

[2,3]-Wittig-Umlagerung

Umwandlung von Allyl-Ethern in Homoallyl-Alkohole durch Behandlung mit Base. Auch bekannt als Wittig–Still-Umlagerung oder Still [2,3]-Wittig-Umlagerung. *Vgl.* Sommelet–Hauser Umlagerung.

R^1 = Alkynyl, Alkenyl, Ph, COR, CN.

Beispiel 1 [4]

Beispiel 2 [5]

Beispiel 3, Totalsynthese des Pseudopterolid Kalllolide A [6]

Beispiel 4, Tandem Wittig-Umlagerung/alkylative Cyclisierungsreaktionen [11]

Beispiel 5, Aza-[2,3]-Wittig-Umlagerung [12]

Beispiel 6, Treue der erhaltenen Chiralität [14]

Beispiel 7, Der Homoallyl-Alkohol wurde als ein einzelnes Stereoisomer erhalten [15]

Beispiel 8, Herstellung von mechanismusbasierten Inhibitoren (MBIs) von α-L-arabino-Furanosidasen [16]

Referenzen

1. Cast, J.; Stevens, T. S.; Holmes, J. *J. Chem. Soc.* **1960**, 3521–3527.
2. Thomas, A. F.; Dubini, R. *Helv. Chim. Acta* **1974**, *57*, 2084–2087.
3. Nakai, T.; Mikami, K.; Taya, S.; Kimura, Y.; Mimura, T. *Tetrahedron Lett.* **1981**, *22*, 69–72.
4. Nakai, T.; Mikami, K. *Org. React.* **1994**, *46*, 105–209. (Übersichtsartikel).
5. Kress, M. H.; Yang, C.; Yasuda, N.; Grabowski, E. J. J. *Tetrahedron Lett.* **1997**, *38*, 2633–2636.
6. Marshall, J. A.; Liao, J. *J. Org. Chem.* **1998**, *63*, 5962–5970.
7. Maleczka, R. E., Jr.; Geng, F. *Org. Lett.* **1999**, *1*, 1111–1113.
8. Tsubuki, M.; Kamata, T.; Nakatani, M.; Yamazaki, K.; Matsui, T.; Honda, T. *Tetrahedron: Asymmetry* **2000**, *11*, 4725–4736.
9. Schaudt, M.; Blechert, S. *J. Org. Chem.* **2003**, *68*, 2913–2920.
10. Ahmad, N. M. *[2,3]-Wittig Rearrangement. In Name Reactions for Homologations-Part II*; Li, J. J., Hrsg.; Wiley: Hoboken, NJ, 2009, S. 241–256. (Übersichtsartikel).
11. Everett, R. K.; Wolfe, J. P. *Org. Lett.* **2013**, *15*, 2926–2929.
12. Everett, R. K.; Wolfe, J. P. *J. Org. Chem.* **2015**, *80*, 9041–9056.
13. Rycek, L.; Hudlicky, T. *Angew. Chem. Int. Ed.* **2017**, *56*, 6022–6066. (Übersichtsartikel).
14. Han, P.; Zhou, Z.; Si, C.-M.; Sha, X.-Y.; Gu, Z.-Y.; Wei, B.-G.; Lin, G.-Q. *Org. Lett.* **2017**, *19*, 6732–6735.
15. Leon, R. M.; Ravi, D.; An, J. S.; del Genio, C. L.; Rheingold, A. L.; Gaur, A. B.; Micalizio, G. C. *Org. Lett.* **2019**, *21*, 3193–3197.
16. McGregor, N. G. S.; Artola, M.; Nin-Hill, A.; Linzel, D.; Haon, M.; Reijngoud, J.; Ram, A.; Rosso, M.-N.; van der Marel, G. A.; Codee, J. D. C.; et al. *J. Am. Chem. Soc.* **2020**, *142*, 4648–4662.

Wolff-Umlagerung

Umwandlung eines α-Diazoketons in ein Ketene. Häufig verwendet, um Ringkontraktionen durchzuführen.

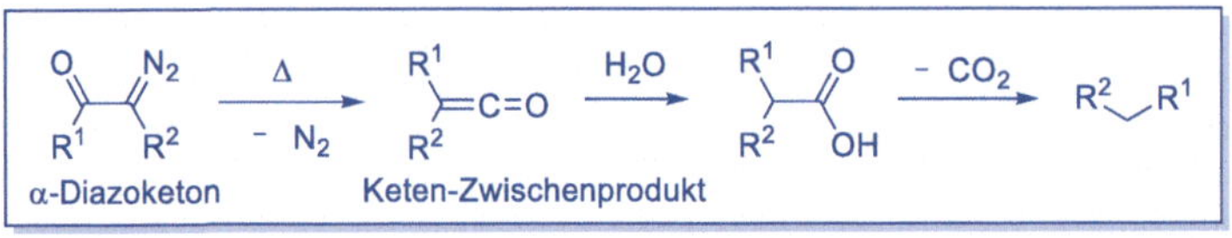

$$\underset{\alpha\text{-Diazoketon}}{\underset{R^1}{\overset{O}{\|}}\underset{R^2}{\overset{N_2}{\|}}} \xrightarrow[-N_2]{\Delta} \underset{\text{Keten-Zwischenprodukt}}{\overset{R^1}{\underset{R^2}{>}}C=O} \xrightarrow{H_2O} \underset{R^2}{\overset{R^1}{\underset{OH}{\|}}\overset{O}{\|}} \xrightarrow{-CO_2} R^2\text{—}R^1$$

Schrittweiser Mechanismus:

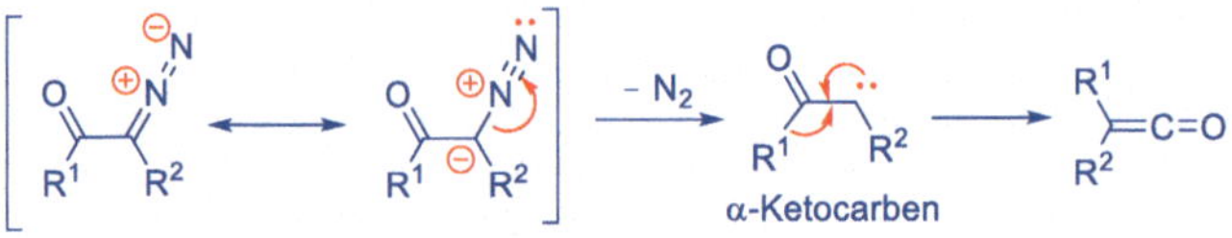

[Mechanismus mit α-Ketocarben als Zwischenstufe]

Behandlung des Keten mit Wasser würde die entsprechende homologierte Carbonsäure ergeben.

Konzertierter Mechanismus:

[Konzertierter Mechanismus]

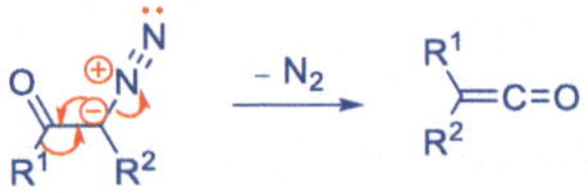

Beispiel 1, Hydrid wandert mit höherer Wanderungspriorität [2]

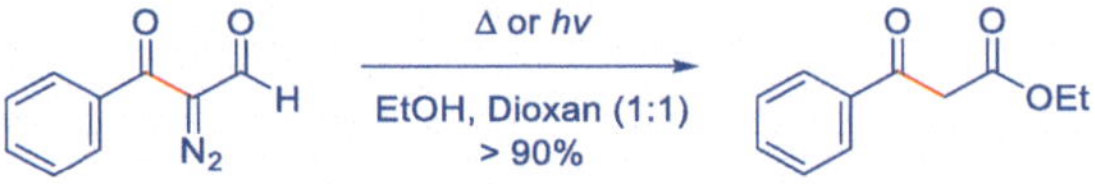

[Reaktionsschema: Phenyl-Diazoketon mit Aldehyd → β-Ketoester; Δ or hv, EtOH, Dioxan (1:1), > 90%]

Beispiel 2, Oxindole [3]

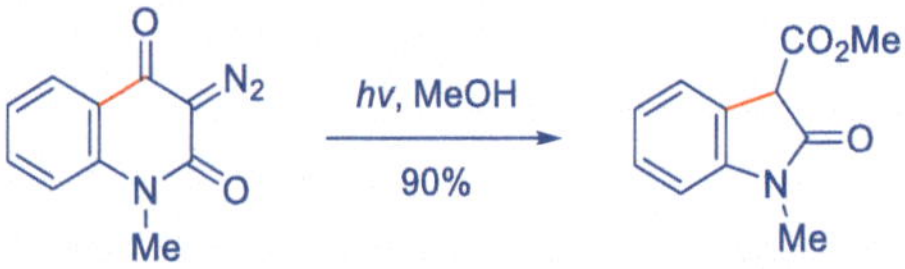

[Reaktionsschema: N-Methyl-diazochinolindion → Oxindol mit CO₂Me; hv, MeOH, 90%]

Beispiel 3, TFEA = Trifluorethyltrifluoracetat [4]

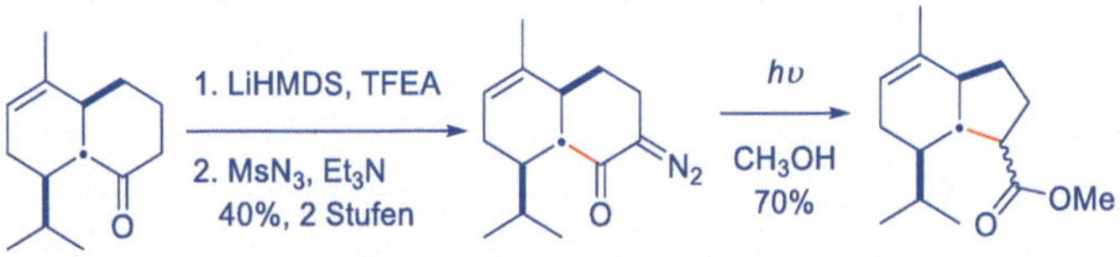

[Reaktionsschema: Decalinon → Diazoketon → Ringkontraktionsprodukt; 1. LiHMDS, TFEA; 2. MsN₃, Et₃N; 40%, 2 Stufen; hv, CH₃OH, 70%]

Beispiel 4, Indolring wandert [9]

55% Wolff Umlagerung

39% N–H Einfügung

Beispiel 5 [11]

Beispiel 6, Das erste Beispiel einer Tandem-Wolff-Umlagerung/katalytischen Ketenzusatz [12]

Beispiel 7, Indole als Nucleophile, die zu den Ketenintermediaten der Wolff-Umlagerung hinzufügen [13]

Beispiel 8, Ringkontraktion [14]

1. trisylN$_3$, KOt-Bu, THF, −78 °C
2. UVA (350 nm), THF/H$_2$O (1:1), NaHCO$_3$
75%, 2 Stufen

Referenzen

1. Wolff, L. *Ann.* **1912**, *394*, 23–108. Johann Ludwig Wolff (1857–1919) erwarb 1882 seinen Doktortitel unter Fittig in Straßburg, wo er später Dozent wurde. 1891 trat Wolff in die Fakultät von Jena ein, wo er 27 Jahre lang mit Knorr zusammenarbeitete.
2. Zeller, K.-P.; Meier, H.; Müller, E. *Tetrahedron* **1972**, *28,* 5831–5838.
3. Kappe, C.; Fäber, G.; Wentrup, C.; Kappe, T. *Ber.* **1993**, *126,* 2357–2360.
4. Taber, D. F.; Kong, S.; Malcolm, S. C. *J . Org . Chem.* **1998**, *63,* 7953–7956.
5. Yang, H.; Foster, K.; Stephenson, C. R. J.; Brown, W.; Roberts, E. *Org. Lett.* **2000**, *2,* 2177–2179.
6. Kirmse, W. "100 Jahre Wolff-Umlagerung" *Eur. J. Org. Chem.* **2002**, 2193–2256. (Übersichtsartikel).
7. Julian, R. R.; May, J. A.; Stoltz, B. M.; Beauchamp, J. L. *J. Am. Chem. Soc.* **2003**, *125,* 4478–4486.
8. Zeller, K.-P.; Blocher, A.; Haiss, P. *Minirev. Org. Chem.* **2004**, *1,* 291–308. (Übersichtsartikel).
9. Davies, J. R.; Kane, P. D.; Moody, C. J.; Slawin, A. M. Z. *J . Org . Chem.* **2005**, *70,* 5840–5851.
10. Kumar, R. R.; Balasubramanian, M. *Wolff Rearrangement. In Name Reactions for Homologations-Part II;* Li, J. J., Hrsg.; Wiley: Hoboken, NJ, **2009**, S. 257–273. (Übersichtsartikel).
11. Somai Magar, K. B.; Lee, Y. R. *Org. Lett.* **2013**, *15,* 4288–4291.
12. Chapman, L. M.; Beck, J. C.; Wu, L.; Reisman, S. E. *J. Am. Chem. Soc.* **2016**, *138,* 9803–9806.
13. Hu, X.; Chen, F.; Deng, Y.; Jiang, H.; Zeng, W. *Org. Lett.* **2018**, *20,* 6140–6143.
14. Hancock, E. N.; Kuker, E. L.; Tantillo, D. J.; Brown, M. K. *Angew. Chem. Int. Ed.* **2020**, *59,* 436–441.

Wolff–Kishner-Huang-Reaktion

Carbonylreduktion zu Methylengruppe unter Verwendung von basischem Hydrazin.

Beispiel 1, Die Huang Minlon-Modifikation, mit Verlust von Ethylen [5]

Beispiel 2 [7]

Beispiel 3 [8]

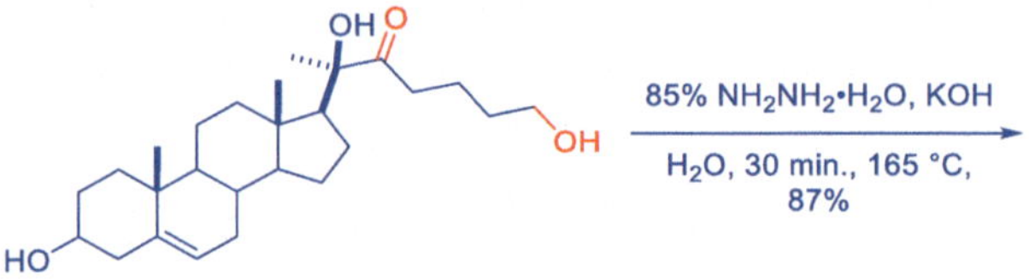

85% NH$_2$NH$_2$·H$_2$O, KOH

H$_2$O, 30 min., 165 °C, 87%

Beispiel 4, Huang Minlon-Modifikation [10]

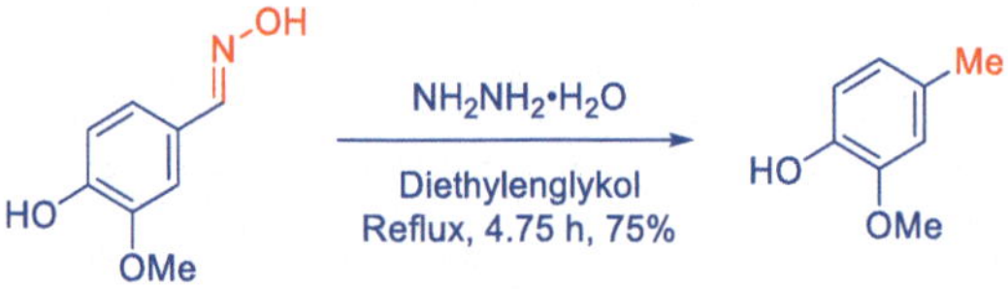

NH$_2$NH$_2$·H$_2$O

Diethylenglykol
Reflux, 4.75 h, 75%

Beispiel 3, Großmaßstäbliche Wolff–Kishner-Reaktion [13]

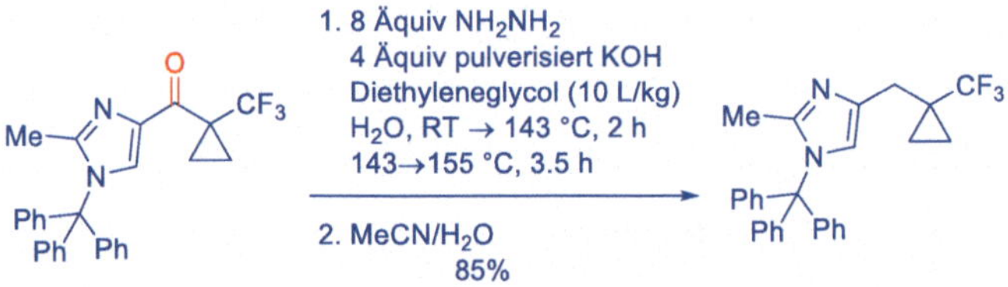

1. 8 Äquiv NH$_2$NH$_2$
4 Äquiv pulverisiert KOH
Diethyleneglycol (10 L/kg)
H$_2$O, RT → 143 °C, 2 h
143→155 °C, 3.5 h

2. MeCN/H$_2$O
85%

Beispiel 4, Oxidative Deoxygenierung gefolgt von der Wolff–Kishner-Reaktion [14]

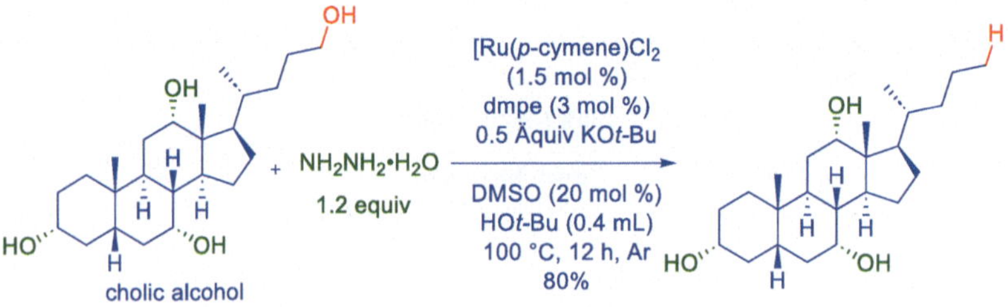

cholic alcohol + NH$_2$NH$_2$·H$_2$O
1.2 equiv

[Ru(p-cymene)Cl$_2$] (1.5 mol %)
dmpe (3 mol %)
0.5 Äquiv KOt-Bu

DMSO (20 mol %)
HOt-Bu (0.4 mL)
100 °C, 12 h, Ar
80%

Beispiel 5, Die Wolff–Kishner-Reaktion funktioniert besser als die Barton–McCombie-Reaktion zur Deoxygenierung hier: [15,16]

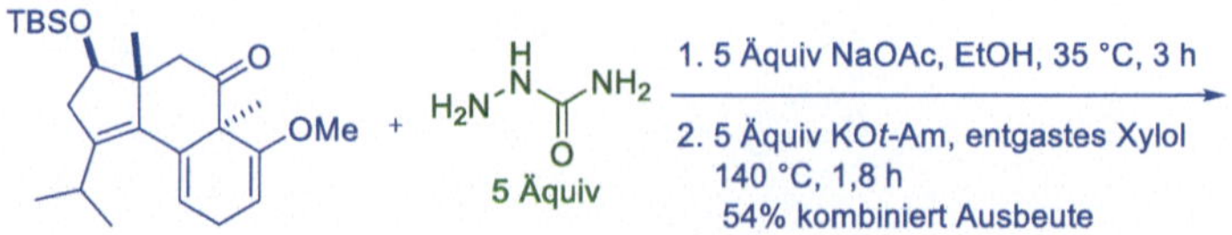

5 Äquiv

1. 5 Äquiv NaOAc, EtOH, 35 °C, 3 h

2. 5 Äquiv KOt-Am, entgastes Xylol
140 °C, 1,8 h
54% kombiniert Ausbeute

36%   18%

Referenzen

1. (a) Kishner, N. *J. Russ. Phys. Chem. Soc.* **1911**, *43*, 582–595. Nicolai Kishner war ein russischer Chemiker. (b) Wolff, L. *Ann.* **1912**, *394*, 86. (c) Huang, Minlon *J. Am. Chem. Soc.* **1946**, *68*, 2487–2488. (d) Huang, Minlon *J. Am. Chem. Soc.* **1949**, *71*, 3301–3303. (Die Huang Minlon-Modifikation).
2. Cram, D. J.; Sahyun, M. R. V.; Knox, G. R. *J. Am. Chem. Soc.* **1962**, *84*, 1734–1735.
3. Szmant, H. H. *Angew. Chem. Int. Ed.* **1968**, *7*, 120–128. (Übersichtsartikel).
4. Murray, R. K., Jr.; Babiak, K. A. *J. Org. Chem.* **1973**, *38*, 2556–2557.
5. Lemieux, R. P.; Beak, P.
6. Taber, D. F.; Stachel, S. J. *Tetrahedron Lett.* **1989**, *30*, 1353–1356.
7. Taber, D. F.; Stachel, S. J. *Tetrahedron Lett.* **1992**, *33*, 903–906.
8. Gadhwal, S.; Baruah, M.; Sandhu, J. S. *Synlett* **1999**, 1573–1592.
9. Szendi, Z.; Forgó, P.; Tasi, G.; Böcskei, Z.; Nyerges, L.; Sweet, F. *Steroide* **2002**, *67*, 31–38.
10. Bashore, C. G.; Samardjiev, I. J.; Bordner, J.; Coe, J. W. *J. Am. Chem. Soc.* **2003**, *125*, 3268–3272.
11. Pasha, M. A. *Synth. Kommun.* **2006**, *36*, 2183–2187.
12. Song, Y.-H.; Seo, J. *J. Heterocycl. Chem.* **2007**, *44*, 1439–1443.
13. Shibahara, M.; Watanabe, M.; Aso, K.; Shinmyozu, T. *Synthesis* **2008**, 3749–3754.
14. Kuethe, J. T.; Childers, K. G.; Peng, Z.; Journet, M.; Humphrey, G. R.; Vickery, T.; Bachert, D.; Lam, T. T. *Org. Process Res. Dev.* **2009**, *13*, 576–580.
15. Dai, X.-J.; Li, C.-J. *J. Am. Chem. Soc.* **2016**, *138*, 5433–5440.
16. Wu, G.-J.; Zhang, Y.-H.; Tan, D.-X.; Han, F.-S. *Nat. Kommun.* **2018**, *9*, 1–8.
17. Wu, G.-J.; Zhang, Y.-H.; Tan, D.-X.; He, L.; Cao, B.-C.; He, Y.-P.; Han, F.-S. *J. Org. Chem.* **2019**, *84*, 3223–3238.
18. Wang, S.; Cheng, B.-Y.; Srsen, M.; Koenig, B. *J. Am. Chem. Soc.* **2020**, *142*, 7524–7531.

Stichwortverzeichnis

A
1-Butyl-3-methylimidazolium, 506
1,2-Alkylverschiebung, 592
[1,2]-Wittig-Umlagerung, 602
1,3-Verschiebung, 363
1,4-bis(9-O-Dihydrochinidin)Phthalazin, 516, 519
1,4-Dicarbonyl-Derivate, 543
2-Fluoradenin, 507
2-Oxoindole, 511, 605–606
2,2′-Diphenyl-(4-biphen-anthrol), 460
[2,3]-Wittig-Umlagerung, 537
2,4-Bis(4-methoxyphenyl)-1,3-dithiadiphosphetan-2,4-disulfid, 331
2,5-Dibrompyridin, 540
2,6-di-*tert*-butyl-4-methylpyridin (DTBMP), 585
3-Cyanopyrrole, 2-substituierte, 442
3-Fluorothiophen, 506
4-Nitrobenzolsulfonyl, 521
5-*oxo-dig*-Cyclisierung, intramolekulare, 473
6H-benzo[c]chrome, 603
Abemaciclib, 192
α-Acetylamino-Alkyl-Methylketon, 148
Acetyl-CoA-Carboxylase (ACC), 397
Acrolylgruppe, 213
Acylazide, 141
Acylhalogenid, 212
Acylium-Ion, 212, 224
α-Acyloxyketone, 14
α-Acyloxythioether, 488
Acyl-Pictet-Spengler, asymmetrische, 467
Acyltransferreaktion, Base-katalysierte, 14
Adalat, 255

Addition
  1,4-Addition, 366, 368
  asymmetrische konjugierte, 246
  nukleophile, 41, 42
  barrierefreie, 44
  oxidative, 79, 80
  γ-Addition, 366, 394
Addition-Oppenauer-Oxidation, Tandem-nukleophile, 434
Additionsprozess, oxidativer, 579
Addukt
  kinetisches, 277, 281
  thermodynamisches, 277
Aglykon, 282, 541
Aktivitäten, antimikrobielle, 368
Al(Oi-Pr) 3, 357
Aldehyde, 262, 299, 303, 307, 424, 483
Aldehydhydrate, 299
Alder-Ene-Reaktion, 1, 94
  Pd-katalysierte intramolekulare (BBEDA = Bis-Benzyliden-Ethylendiamin), 2
Aldolkondensation, 4
  intramolekulare, 500
Aldol-Reaktion
  intermolekulare, 5
  intermolekulare vinyloge, 6
  intramolekulare vinyloge, 5
Alkene, 483
Alken-Isomerisierung, 407
Alkenylierung, 258
Alkin-de Mayo-Reaktion, 156
Alkine, 219
  terminale, 74, 139, 234, 237, 540

© Der/die Herausgeber bzw. der/die Autor(en), exklusiv lizenziert an
Springer Nature Switzerland AG 2024
J. J. Li, *Namensreaktionen*, https://doi.org/10.1007/978-3-031-52850-7

Alkinylhalogenide, 73
Alkinyl-Hypervalent-Jod-Reagenzien, 74
Alkinylierung, radikale, 257
Alkinyl-Kupfer-Reagenzien, 73
Alkoxide, 595
α-Alkoxycarbonylketone, 385
Alkyl-Alkyl-Kreuzkupplungen,
    deaminative, 412
Alkylgruppenmigration, 592
Alkylhalogenide, 224, 595
Alkylierung, 47, 79, 84
    allylische, 246
Alkylierungsmittel, 216
Alkyllithium, 17
Alkylpyridiniumsalze, 412
Allene, 460
Allylacetat, 571
Allylepoxid, 571
Allyl-Ether, 605
Allylierung, 123
Allylisch-$sp3$-Stannan, 552
ϖ-Allylpalladium-Zwischenstufen, 570
ϖ-Allyl-Stille-Kupplung, 550
Allyl-Trimethylsilyl-Ketene-Acetal, 110
(–)-Alstoscholarin, 468
Aluminiumphenolat, 224
Amidbildung, 395
Amide, 28, 84, 88, 107, 195, 271, 561, 568
    primäre, 411, 561
    γ,δ-ungesättigte, 107
Amidin, 472
Amine, 66, 84
    allylische, 527
    katalytische tertiäre, 385
    primäre, 141, 159, 224, 271, 352, 440
    tertiäre, 586
Aminierung, 64
    asymmetrische reductive (ARA), 193
    Eschweiler–Clarke-reduktive, 335
    reduktive, 335
    von flüchtigen Aminen, 66
α-Aminoaldehyd, 218
β-Aminoalkohol, 161
α-Aminoketon, 403
Amino-Hydroxylierung, sharpless asymmetrische, 515–517
α-Amino-Nitril, 554
Aminoquinolin-Substrat, 507
Aminosäuren, 235, 610
α-Aminosäure, 538, 554
α-Aminosäure, 148

Aminothiophen-Bildung, 230
Aminquelle, 517
Amlodipin, 255
Ammoniak, flüssiger, 46
Ammoniumcarbonat, 58
Ammoniumsalze, 270
    benzylische quartäre, 537
Ammoniumylid-Zwischenprodukte, 537
Analoga, nicht-immunsuppressive, 260
Ando-Typ-Horner–Wadsworth–Emmons
    Reagenz, 283
Andrographolid, 30
Anhydrid, 212
Anilin, 285
Aniline, 506
Anion-Intermediat, spirocyclisches, 530
(*R*)-(*Z*)-Antazirin, 404
Anti-Arenavirus-Aktivitäten, 324
Antikrebsaktivitäten, 319
Anti-Malaria-Medikament, 517
Anti-Markovnikov, 350–352
    Addition zu Alkinen, 352
    Hydroaminierung, 350, 351, 352
    Hydroheteroarylierung, 351
    Oxidation von allylischen Estern, 350
Anti-Markovnikov's Regel, 55, 350, 351, 352
Antitumor-Agent, 319
Antiulzerogen, 322
α-L-arabino-Furanosidase, 606
Arenediazoniumsalze, 504
Arenediazoniumtetrafluorboraten, 504
Arndt–Eistert-Homologisierung, 8
Arndt–Eistert-Reaktion/Wolff-Umlagerung, 9
Aromatisierung durch Chugaev-
    Eliminierung, 94
Arylaldehyde, 145
α-Aryl-Amidine, 535
α-Arylamino Diazoketone, 9
β-Arylethylamine, 466
Aryl-Aryl-Kupplung, 81
Arylazetidin, 267
Arylboronate, 381
Arylboroxine, 86
Arylcarbamat, 223
Arylhydrazone, 208
Arylierung, 84, 291
Aryljodide, 579
Arylketon, 145
Arylmigration, 593
Arylnitromethane, 407
Arylsulfonylhydrazon, 18

Aryl-Umlagerung, thermische, 88
Arzneimittelmetabolite, sekundäre, 378
ASP3627, 600
Auflösung, dynamische kinetische, 457
Auflösung, dynamische kinetische (DKR), 193
Ausgangshydroxamsäure, 338
Autooxidation, 407, 412
Aza-[1,2]-Wittig-Umlagerung, 602
Aza-[2,3]-Wittig-Umlagerung, 606
Aza-Cannizzaro-Reaktion, intramolekulare, 77
Aza-Cope-Umlagerung, 122, 123
Aza-Corey–Chaykovsky Reaktion, 136
Aza-Darzens-Reaktion
   asymmetrische vinyloge, 153
   enantioselektive, 153
Aza-Diels–Alder-Reaktion, 178
Aza-Grob-Fragmentierung, 249
Aza-Henry-Reaktion, 262
Azalacton, 148
Aza-Lossen-Umlagerung, 340
Aza-Michael-Addition, asymmetrische, 366
Aza-Morita-Baylis-Hillman-Reaktion, intramolekulare, 387
Aza-Payne/Hydroaminierungs-Sequenz, 456
Aza-Payne-Umlagerung, 456
Aza-Prins-Cyclisierung, 486
Aza-Wacker-Typ-Reaktion, asymmetrische intermolekulare, 590
Azetidin, 587
Azido-Alkohol, 509
Aziridin, 135, 136
Aziridine, 245
Aziridinierung, diastereoselektive, 136
Azirin-Zwischenprodukt, 403
Azobisisobutyronitril (AIBN), 25
Azodicarbonyldipiperidin (ADDP), 378
Azomethinylid-Cycloaddition, 584

B
Baeyer–Villiger-Oxidation, 11, 145
Baker–Venkataraman-Umlagerung, 14
Balz–Schiemann-Reaktion, 506
Bamford–Stevens-Reaktion, 17, 512
   in-flow, 18
   thermische, 18
Barbier-Reaktion, 21
   Co(I)-katalysierte, 23
   intramolekulare, 22
Barton–McCombie-Deoxygenierung, 25
Barton–McCombie-Reaktion, 612

Base, organische, 77
Baylis–Hillman-Reaktion, 385
   intramolekulare, 386
Beckmann-Umlagerung, 28
   abnormale, 32
   organokatalytische, 29
   radikalische, 29
Belluš–Claisen-Umlagerung, 98
Benzen-diyl-Diradikalbildung, 40
Benzil, 34
Benzilatanion, 34
Benzilsäure, 34
Benzilsäure-Umlagerung, 34
   biomimetische, 35, 36
Benzo[1,6]naphthyridinonen, 81
Benzoin-Kondensation, 37, 543
Benzoin-Reaktion, asymmetrische, 38, 39
Benzoquinon-Ansamycin, 35
Benzothiazol (BT), 303
Benzylether, 372, 579
Benzyne, 41, 42, 371
Benzyne-Truce–Smile-Umlagerung, 535
Bergman-Cyclisierung, 40–42
Biaryle, 80, 82, 579
Biaryl-Synthese, unsymmetrische, 82
Bibliotheken, DNA-kodierte, 182
Biginelli-Kondensation, 44
Biginelli-Pyrimidon-Synthese, 43
Biginelli-Reaktion, 43
Biindolyl, 382
Bindungswinkelverzerrung, 3
Birch-Reduktion, 46
   Alkylierung, 47
   chemoselektive ammoniakfreie, 48
Bis(trifluorethyl)-phosphonate, 281
Bisbenzopyron, 545
Bischler–Napieralski-Reaktion, 49
Bleitetraacetat, 272
   bmim, 506
Boger-Pyridin-Synthese, 178, 179
Boran-Reduktion, enantioselektive, 131
Borocyclopropanierung, diastereoselektive, 528
Boromethylzink-Carbenoid, 528
Boron-Mannich, 459
Borono-Catellani-Arylierung, 82
Borono-Strecker-Reaktion, 556
Boronsäure, 95
Borsäure, 59
Bromamin-T, 517
Bromierung, decarboxylative, 541

Brook-Umlagerung, 38, 52–54
  Cyclopropane, 54
Brown-Hydroborierung, 55
Bucherer-Bergs-Reaktion, 58
Büchner-Reaktion
  intermolekulare, 62
  intramolekulare, 61
Büchner-Ringerweiterung, 61
  intermolekulare, 62
  intramolekulare, 62
Buchwald–Hartwig-Aminierung, 64, 84
  bei Raumtemperatur, 65
Buchwald–Hartwig-Kreuzkupplung, Pd-katalysierte, 84
Burgess-Dehydratisierungsreagenz, 353
Burgess-Reagenz, 69

C
C1-Synthon, 247
C2-Glycal, 585
C3-Neoglykoside von Digoxigenin, 319
Cacchi-Reaktion, 542
Cadiot–Chodkiewicz-Kupplung, 73, 540
Cannizzaro-Disproportionierungsreaktion,
  intramolekulare, 76
Cannizzaro-Reaktion, 76
Cao-Cheetham-Modifikation, 581
Carbamate, 527
Carbamoyl Baker–Venkataraman-Umlagerung, 14
Carbamoylsulfonylierung, 71
Carbazol-Gerüst, 253
Carben, N-heterozyklisches (NHC), 37, 38, 39, 544, 545
Carbocyclen, elektronenreiches, 583
Carbocyclisierung, 201, 202
γ-Carboline, 270
Carbonsäure, 8, 195, 574
  homologierte, 608
  γ,δ-ungesättigte, 110
Carbonyl-Olefin-[2 + 2]-Photocycloaddition (COPC), 451
Carbonylreduktion, 611
Carbonylverbindungen, α,β-ungesättigte, 363
Carboxylat, 34
Cardiopetalin, 594
Carroll-Umlagerungs-Umlagerung, 98
C-Aryl Glykosid, 15
Castro–Stephens-Reaktion, 73, 540
Catellani-Reaktion, 79–82

Catharidin, 176
CBS (Corey–Bakshi–Shibata)
  Reduktion, 56
CBS (Corey–Bakshi–Shibata) Reagenz, 56
  131, 175, 255
C–C-Bindungsspaltung, 249
C–C-Kupplung, Fe-katalysierte, 329
CD4, 228
Cephalostatin, 168
C–H-Aktivierung, 269
Chan–Lam C–X-Kupplungsreaktion, 84–86
Chapman-Umlagerung, 88–89, 414
  doppelte, 89
C–H-Bis-Silylierung, iterative, 81
CHI3, 563
Chichibabin (Tschitschibabin)-Pyridin-Synthese, 90–92
Chinolin, 241
Chlorammoniumsalz, 274
Chlorierung, 492
Chloriminiumsalz, 583
μ-chlorobis(cyclopentadienyl)
  (dimethylaluminium)-μ-methylenetitanium, 567
Chlorophyll-Derivat, 568
Chrom (VI), 294
Chromene, 302
Chromtrioxid, 294
Chromtrioxid-Pyridin-Komplex, 294
Chugaev-Eliminierung, 93–94
  Aromatisierung, 94
Cinchona-Alkaloid-Liganden, 519
cis-Dihydroxylierung, enantioselektive, 519
cis-Epoxid, 290
C-Isocyanide, 574
Claisen-Kondensation, 96–97, 170
  intramolekulare, 97
  vinyloge, 97
Claisen–Schmidt-Kondensation, 223
Claisen-Umlagerung, 98–99, 122
  abnormale, 104–106
  asymmetrische, 99
  enantioselektive aromatische, 105
Clavulacton-Analoga, 250
Clemmensen-Reduktion, 116–118
ClpP, 577
Clustern des Differenzierungsantigens 4, 228
C-Nukleophile, 204
Collins/Sarett-Oxidation, 294
Collins-Oxidation, 297–298
Collins-Reagenz, 297

Cope-Eliminierung, 101, 119–121
Cope-Umlagerung, 122–123
Corey–Bakshi–Shibata (CBS)-Reduktion, 131–133
Corey–Chaykovsky-Reaktion, 135–136
Corey–Claisen-Umlagerung, 98
Corey–Fuchs-Reaktion, 138–140
Coreys Oxazaborolidin, 131
Coreys PCC, 294
Coreys Ylid, 135
Cr(III), 294
$CrCl_2$, 563
CrO_3 •2Pyr, 297
Cross-McMurry-Kupplung, 341, 342
C-Typ-Lectin-Rezeptoragonisten, Makrophagen-induzierbare, 320
Cu(III)-Zwischenprodukt, 73
Cumarine, 302
  bipyrido-fusionierte, 326
Cuprat-Barbier-Protokoll, 22
Curtius-Umlagerung, 141–143
Curtius-Umordnung, Weinstock-Variante, 142
CuX, 503
Cyanamid, 586
Cyanidquelle, lösliche, 554
α-Cyanierung, oxidative, 480
α-Cyanoester, 322
Cyanogenbromid, 586
Cyanohydrine, 58
Cyclisierung, 14, 473
  intermolekulare, 226
  photochemische, 155
Cyclisierungsreaktion, alkylative, 606
Cycloaddition, 131
  asymmetrische, 133
  formale [2 + 2 + 1], 453
Cycloaddition, dearomative (3 + 2), 401
Cycloadditionsmechanismus, konsertierter [3 + 2], 519
Cycloadditionsreaktionen, 174
Cyclobutan-1,2-dione, 35
Cyclodehydratisierung, 71
Cyclohepta-2,4,6-triencarbonsäureester, 61
Cyclohexadiene, 46
Cyclohexadienone, 4,4-disubstituierte, 184
Cyclohexanone, 201, 500
Cyclopenten-Anlagerung, doppelte Robinson-artige, 501
Cyclopentenon, 399
Cyclopentenonen, 453
Cyclopentylmethylether (CPME), 27, 407, 412, 603

Cyclopropane, 135, 136
  aus Brook-Umlagerung, 54
Cyclopropanierung, 63, 527
Cyclopropanon-Zwischenprodukt, 195

D
D3-Dopamin-Rezeptor-Agonisten, 229
Dakin-Oxidation, 145–147
Dakin-Oxidationsprotokoll, lösungsmittelfreies, 145
Dakin–West-Reaktion, 148–150
  enantioselektive, 150
Darzens-Kondensation, 152–154
Darzens-Reaktion
  asymmetrische, 153
  substratgesteuerte stereoselektive, 153
Dealkylierung von N-Alkylsulfoximinen, Eisen-katalysierte acylative, 477
De-Aromatisierung, 538
Decarboxylierung, 170, 241, 288, 322, 338
  nukleophile, 322
Dehydratisierung, 69–71
de Mayo-Reaktion, 155–157
Demetallisierung, oxidative, 417
Demjanov-Umlagerung, 159–160
Deoxygenierung, 612
  oxidative, 612
Dess–Martin-Periodinan (DMP), 165–168
Dess–Martin-Periodinan (DMP) Oxidation, 165–168
Desymmetrisierung, 77
$(DHQ)_2$-PHAL, 519
$(DHQD)_2$-PHAL, 516
Diamide, 574
Diazoacetamid, 153
Diazoalkan-Spezies, Fluorophor-verankerte, 532
Diazoessigsäureester, 61
Diazoestersynthese, 18
Diazointermediat, 163
α-Diazoketon, 608
Diazoketonen, 9
Diazoniumsalz, 159, 161, 503
Diazoniumsalze, 503, 504, 507, 532, 608
Diazotisierung, 159, 161
Dibarrelan, 118
Diboron-Reagenzien, 381
Dibromolefin, 138
β-Dicarbonyl-Verbindung, 43
Dicarbonylverbindungen, 314

Dicobalt-Maskierungsgruppe zum Schutz von Alkinen, 240
Dieckmann-Kondensation, 170–172
Diels–Alder-Reaktion, 174–176
  asymmetrische, 131
  exo-selektive intermolekulare, 176
  intramolekulare, 175
  mit inversem Elektronenbedarf, 174
Dien, 174, 178, 181
Dienon-Phenol-Umlagerung, 184–185
  decarboxylative, 185
  intramolekulare, 184, 185
Dienophile, 174, 181
Diethylazodicarboxylat (DEAD), 377
Diethylmalonat, 573
Difluormethylierung, 504
Dihydroisoquinoline, 49
Dihydropyridin, 255
Dihydropyrin, 255, 442
Dihydroxylierung, sharpless asymmetrische, 519
Diidopropyl-Phenylimidazolium-Derivat, 330
Diisopropyltartrat (DIPT), 524
Diketone, 155, 440
α,β-ungesättigte, 590
β-Diketonen, 14
Dimethylpropylenharnstoff (DMPU), 329
Dimethylsilanol, 466
Dimethylsulfoniummethylid, 135
Dimethylsulfoxoniummethylid, 135
Dimroth-Umordnung, 474
Diole, vicinale, 469
Dipeptidyl Peptidase IV (DPP-4), 192
Dipeptidyl-Peptidase-4 (DPP-4), 315
Diphenylphosphorylazid (DPPA), 142
Dipropargylsulfone, 492
DIPT, 524
Di-*tert*-butylperoxid DTPB), 217
Dithian, 301
Di-Vinyl-Keton, 399
DNA-encoded Libraries (DEL), 182
Domino-Oxa-Michael/Aza-Michael/Williamson-Cycloetherifizierungs-Sequenz, 596
Doppelimin, 208
Doppel-Michael-Addition, organokatalytische asymmetrische, 368
Dötz-Benzannulation, 189
Dötz-Benzoanellierung, 187
Dötz-Reaktion, 187–189
DPP-4-Inhibitor, 358

Dreikomponenten-Aminomethylierung, 344
Dreikomponentenkondensation (3CC), 447
Dreikomponentenreaktion, 79
Dreikomponentenreaktion (3CR), 447, 460
Drei-Modus-Pyrolyse-Reaktor, 243
Dual-Organokatalyse-System, 44
Durchflussbetrieb, kontinuierlicher, 507

E
E2, 269, 386, 463
E2-Eliminierung, 595
Eburnamonin, 220
Echinopine, 162
Eglinton-Kopplung, 237–240
  intramolekulare, 239
Eglinton-Kupplung, 237
Ei-Mechanismus, 69
Ein-Elektron-Oxidation, 415
Ein-Elektron-Prozess, 341
Einfang, kinetische, 213
Ein-Flaschen-Ramberg–Bäcklund-Reaktion, 492
Ein-Topf-Baeyer-Villiger-Oxidation, 13
Ein-Topf-Mikrowelle-Hunsdiecker–Borodin, 287
Ein-Topf-Parham-Aldol-Sequenz, 445
Ein-Topf-PCC-Wittig-Reaktion, 299
Ein-Topf-Vilsmeier-Haack-Cyclisierung, 584
  sequenzielle, 585
Einzelektronentransfer (SET), 21, 247
Einzelelektronentransfer, 46
Electron-Donating Group (EDG), 81, 174, 181
Electron-Withdrawing Group (EWG), 174, 181
Elektrophil, 21, 135, 245, 385, 401, 412, 444, 470, 509
  schwaches, 583
Elektrozyklisierung, 40
  photoinduzierte, 450
Elimination, reduktive, 80
Eliminierung
  bimolekulare, 386
  thermische, 93, 119
Eliminierungsreaktion, 269
Enamin, 479
Enediyne, 40
Ene-Diyne, 40, 492
Ene-Hydrazin, 208
Ene-Nitrosoacetale, 368
Ene-Reaktion, intramolekulare, 2, 93
Enolisierung, weiche, 16

Enon, 155, 324, 332
Enone, 155
Entecavir, 12
(±)-5-epi-cyanthiwigin I (NMO), 454
Episulfon, 491
　Zwischenprodukt, 491
Epoxid, 135
Epoxidation
　enantioselektive, 523
　sharpless asymmetrische, 523–525
Epoxidierung, asymmetrische, 290–292
Epoxidmigration, 456
α,β-Epoxyester, 152
Erythro, 277, 281
Erythro-Isomer, 281
Eschenmoser-Claisen-Amid-Acetal-Umlagerung, 107
Eschenmoser–Claisen-Umlagerung, 98, 107–109
Eschenmoser-Hydrazone, 18
Eschenmosers Salz, 344
Eschweiler-Clarke-Methylierung, 191–193
Essigsäureanhydrid, 448
Ester, 12, 96, 195
　Redox-aktive, 329
　γ,δ-ungesättigter, 113
Ester-Enolat–Claisen-Umlagerung, enantioselektive, 110
Ether, allylischer, 571
Etherbildung, spirocyclische,
　Re207-katalysierter Ansatz, 486
Etherifizierung, zyklische intramolekulare, 596
Ethylendiamindiacetat (EDDA), 311, 312
Ethylendiamintetraessigsäure (EDTA), 528
E-Vinyljodid, 563
Evogliptin, 192
exo-Komplex, 453
exo-Olefin, 567

F
Favorskii-Umlagerung, 195–198
　intramolekulare, 195
Felodipin, 255
Ferrier Glycal Allylic Rearrangement, 204–206
Ferrier-Carbocyclisierung, 201–202
Ferrier-Umlagerung, 204–206
Ferrocenylhydantoin, 60
Festphasen-Cope-Eliminierung, 119
Fischer Indol-Synthese, 208–210

Fischer-Carben-Komplex, 211
Fischer-Indolisierung, reduktive unterbrochene, 209
FK506, 260
Flavin-Katalysatorumsatz, 146
Flavone, 14
Flavonoide, 14
Fließchemie, 336
Fluor-Dediazonierung, 507
Fluorethylenpropen (FEP), 451
Fluorierung, 507
Fluoroarene, 506
Fluoro-Meisenheimer-Komplex, 360
Flusschemie, 451, 464
Flüssigkeit -Ethylammoniumnitrat, ionisches (EAN), 311
Formaldehyd, 335
Formylierung, 585
Fotochemie, 257
Friedel–Crafts Alkylierung, 216–220
　diastereoselektive, 216
　intramolekulare, 216
Friedel–Crafts-Acylierung, 212–214
　intermolekulare, 212, 213
　intramolekulare, 212, 238
Friedel–Crafts-Alkylierung-Kaskade, 216–217
Friedel–Crafts-Reaktion, 212–217
Friedländer-Kondensation, 218–220
Friedländer-Quinolin-Heteroannulation, atroposelektive, 220
Friedländer-Quinolin-Synthese, 218–220
Fries–Finck-Umlagerung, 221
Fries-Umlagerung, 221–223
Fulleren-Akzeptoren, 19
Furan-Ringöffnung-Pyrrol-Ringschluss, 441
Fused-Indolin, 210

G
Gabriel-Synthese, 224–226
　enantioselektive, 226
GDC-0994, 329
gem-Aminoalkohol, 335
Gemcitabin-Analogon, 298
Gewald-Aminothiophen-Synthese, 230–232
Glaser–Hay-Kupplung, 234
　makrozyklische, 235
Glaser-Kupplung, 234–235
Glaser-Kupplungsreaktion, 234–235
Glucoronidation, 426
Glycidester, 152

Glycomimetika, 448
Glykole, 205
Gould–Jacobs-Reaktion, 241–243
 Mikrowellen-unterstützte, 242
Graphen, 581
Grignard, 17–19
Grignard-Addition, 465
Grignard-Carboxylierung, 247
Grignard-Reagenzien, 17, 245
Grignard-Reaktion, 21, 245–247
Grob-Fragmentierung, 249–250
Grubbs' Katalysator, 61
Grubbs, Robert H., 431
Gruppe
 abgehende, 360
 Elektronen-entziehende (EWG), 174, 181, 385
 Elektronen-spendende (EDG), 174, 181
 elektronenziehende, 46, 174, 547
 o-Elektronen-donierende, 81
β-Glycosid, 317

H

Hajos–Parrish–Eder–Sauer–Wiechert-Typ-Reaktion, 254
Hajos–Wiechert-Keton, 252–254
Hajos–Wiechert-Reaktion, 252–254
 intramolekulare, 252
Halichondrin-Serie, 485
Haloarene, 503
α-Halocarbohydrat, 317
α-Haloestern, 152
α-Haloketone, enolisierbare, 195
α-Halosulfon-Extrusion, 492
β-Hydrogen Elimination, 79
α-Hydrogeneliminierung, 489
β-Hydroxycarbonyls, 4
β-Hydroxysilan, 463
Halogenid
 aromatisches, 23
 organisches, 550, 557, 595
Halogen-Lithium-Austausch, 444
Haloindene, 401
Halo-Nazarov-Cyclisierung, 401
Hantsch's Ester, 146
Hantzsch-Dihydropyridin-Synthese, 255–257
Hantzsch-Ester, 257
Haouamin A, 250
HCV NS3/4A-Inhibitoren, 305
HCV NS5A-Polymeraseinhibitor, 67

Heck-Carbonylierung, asymmetrische, 260
Heck-Reaktion, 79, 258–261
 asymmetrische intermolekulare, 258
 intramolekulare, 259
 reduktive, 259
Hemiacetal-Oxidation, 299
Hemiketale, 590
Henry-Nitroaldol-Reaktion, 262–264
Henry-Reaktion
 asymmetrische, 263, 264
 intramolekulare, 263
Hestisin-Typ C20-Diterpenoid-Alkaloide, 168
Hetero-Arenediazoniumsalze, 504
Hetero-Arenediazoniumtetrafluorboraten, 504
Heteroaromate, elektronenarme, 373
Heteroaromatenkern, protonierter, 373
Heteroarylsulfone, 303
Heterocyclen, 241, 468, 583
Hetero-Diels–Alder-Reaktion, 174, 178–180
 asymmetrische, 179
Heterodienophil-Addition, 178
Hetero-Michael-Addition, 367
Heteropolysäure-Katalysator, 149
Hex-5-enopyranoside, 202
Hexacarbonyldicobalt, 417
Hexacarbonyldicobalt-Komplex, 417, 453
Hexopyranose-Derivate, 5,6-ungesättigte, 201
Hinderung, sterische, 23
Hiyama-Reaktion, 265–267
Hoch–Campbell-Aziridin-Synthese, 245
Hofmann-Abbaureaktion, 271
Hofmann-Eliminierung, 269–270
Hofmann–Löffler–Freytag-Reaktion, 274–276
Hofmann-Umlagerung, 271–273
Homoallenylalkohole, 485
Homoallyl-Alkohol, 605, 606
Homo-Favorskii-Umlagerung, 196
Homokupplung, 570, 541
 in der ionischen Flüssigkeit, 541
Homo-Kupplung, 235, 267
 oxidative, 234
Homologisierung einer Aminosäure, 8
Homo-McMurry-Kupplung, 341
Homo-Robinson, 500
Horner–Wadsworth–Emmons-Reaktion, 277–279
 intramolekulare, 278, 314
Hosomi–Miyaura-Borylierung, 381
Houben–Hoesch-Reaktion, 284–286
 intramolekulare, 284, 285
Hoveyda, Amir H., 432

Huang-Minlon-Modifikation, 611, 612
Hunsdiecker–Borodin-Reaktion, 287–288
Hunsdiecker-Reaktion, aromatische, 288
Hydrazin, 314, 611
Hydrazoesäure, 509
Hydridquelle, 191
Hydrierung, Noyori-asymmetrische, 420
Hydroacylierungs-Stetter-Reaktionskaskade, N-heterozyklische Carben-katalysierte intramolekulare, 544
Hydro-Allyl-Addition, 1
Hydroaminierung, 351, 352
Hydrobenzoin, 470
Hydroborierung von Alkenen, 348
Hydroborierung, asymmetrische, 55
Hydrothiolierung von Styrolen, 348
Hydroxychinolin, 241
Hydroxygruppe, entscheidende, 593
Hydroxyphthalimid, 351
Hypohalite, 271

I
IBX-Zwischenprodukt, 165
Imid, α,β-ungesättigtes, 48
Imidat-Hydrochlorid, 472
Imidoalkyltriarylphosphoniumsalze, 371
Imin, 23, 346
Imine, 284, 574
　vorgeformte, 346
Iminium-Ion, 476, 479, 540
　Zwischenprodukt, 466
Iminium-Ionen-Zwischenstufe, 335, 466
Iminium-Zwischenprodukt, 481
Iminochlorid, 403
Iminoether, 472
Indium(III)-Isopropoxid, 434
Indole, 208, 355, 401, 609
　elektrophile, 401
Indolisierung, reduktive unterbrochene, 209
Indolring, 609
Ing–Manske Verfahren, 228–229
Inhibitor, mechanismusbasierter, 606
In-situ-Chlorierung, 492
Inverse-Elektronenbedarf-Diels–Alder-Reaktion (IEDDA), 181–183
　katalytische asymmetrische, 181
　oxa-IEDDA, 183
Iod(III), hypervalentes, 507
Iodierung, decarboxylative, 288
Iodin(III), hypervalentes, 498

Iodoazetidin, 267
Iodosobenzendiacetat (IBDA), 272, 276
Iodosobenzol-Ditrifluoracetat, 271
Iodoxybenzoesäuretosylat (IBX-OTs), 167
IPr, 330
ipso-Substitution, 360
Ireland–Claisen-Acetal)-Umlagerung, 110–111
Ireland–Claisen-Umlagerung, 98, 110–111
　Chiralität-übertragende, 111
　von α-Alkoxyestern (Stereodivergenz), 111
Isatin, 153
Isocitratdehydrogenase 1 (IDH1), 576
Isocyanat, 271, 381
　Zwischenprodukt, 271, 338
Isocyanate, 141
Isocyanat-Zwischenprodukt, 58, 141
Isocyanide, geruchlose, 449
Isomer, sterisch bevorzugtes, 453
　iso-Nazarov, 401
Ivosidenib, 576

J
Jacobsen–Katsuki-Epoxidierung, 290–292
Janus-Kinase (JAK)-Inhibitor, 600
Johnson–Claisen Orthoester-Umlagerung, 113–114
Jones-Oxidation, 294–295
Julia–Kocienski-Olefinierung, 303–305, 308
Julia–Lythgoe-Olefinierung, 307–309

K
Kaliumcyanid (KCN), 58
Kaliumphthalimid, 224
Kalziumkanalblocker (CCB), 255
Kaskade der Prins/Ritter-Amidierungsreaktion, 484, 498
Kaskade, kationische, 401
Katalysator,
　Cr–Ni-bimetallischer, 424
　mutmaßlich aktiver, 524
　Nd/Na heterobimetallischer, 264
Katalysatorumsatz, 64
Kation, sekundäres, 347
Kazmaier–Claisen-Umlagerung, 98
Ketenacetal, 113
Ketene, 608
Ketenintermediate, 609
Ketenzusatz, katalytischer, 609

Ketimino-Ester, 130
α-Ketoaldehyd, 76
β-Ketoamid, 301
β-Ketoester, 59, 322, 596
α-Keton,
Ketone, 284, 324, 588
  sechsgliedrige α,β-ungesättigte, 500
  α,β-ungesättigte, 324, 407
Ketonhydrate, 299
Ketophenolen, 221
Ketoxime, 245, 403
Kharasch-Kreuzkupplungsreaktion, 327
Kinase
  4/6, zyklinabhängige (CDK4/6), 192
  extrazelluläre Signal-regulierte (ERK), 329
Knoevenagel-Kondensation, 230, 231, 310–312
  intramolekulare, 312
Knorr-Pyrazol-Synthese, 314–316, 440
Knorr-Pyrazol-Thioester, 316
Knorr-Thiophen-Synthese, 331
Koenig–Knorr-Glycosidierung, 317–320
β-Kohlenstoff, 104
Kohlenstoffatom, quartäres, 538
Kohlenstoff-Elektrophile-Aldehyde, 385
Kohlenstoff-Ferrier-Reaktion, 204
Kohlenstoff-Homologation, 138
Kohlenstoff-Homologisierung, 8
Kohlenstoff-Kohlenstoff-Bindungsbildung,
  radikalbasierte, 373
Kohlenstoffnukleophile, 204, 570
Kohlenstoff-Stickstoff-Bindungsspaltung,
  katalytische, 558
Kohlenstoffzentrum, quaternäres, 217
Kohlenstoff-zu-Stickstoff-Migration, thermische, 141
Kopf-an-Kopf-Ausrichtung, 155
Kopf-an-Schwanz-Ausrichtung, 155
Krapcho-Decarboxylierungsschritt, 323
Krapcho-Reaktion, 122, 322–323
Kreuz-Benzoin-Reaktion, 38
Kreuzkupplung, 237
Kreuzkupplung, oxidative, 84
Kröhnke-Pyridin-Synthese, 324–326
Kugelmühle-Cannizzaro-Reaktion, 78
Kumada-Kupplung, 265, 327–330, 550, 557
Kumada-Reaktion, 327
  Nickel-katalysierte, 329
Kumada–Tamao–Corriu-Kupplung, 327
Kupfer(I)-Thiophen-2-carboxylat, 579
Kupfer(II)-Komplexe, chirale, 263

L
Lactam, 12
Lactamisierung, 396
Lacton, 12, 117, 301, 332
  14-gliedriges, 314
Lacton-Alkylierung, reduktive, 117
Lactonisierung, 421
Latam, 332
Lawesson-Reaktion, doppelte, 331
Lawessons-Reagenz, 331–333
Lebel-Modifikation, 143
Leiodermatolide-Analog, 568
Leuckart-Wallach Reaktion, 191
Leuckart–Wallach-Reaktion, 335–336
Lewis-Säure, 1, 216
Licht, sichtbares, 275
Liganden, elektronenreiche, 64
Ligationsstrategie, native chemische (NCL), 357
Linoxepin, 80
Liposom, 183
Lithiumamid, chirales, 405
Lossen-Umlagerung, 338–340
Lycoperdinoside, 316
Lycopladin A, 325
Lycopodium-Alkaloid, 325

M
Macrolactam, 35
Maduropeptin-Chromophor-Aglykon, 541
Malonateester, 322
Mandelalid A, 565
Manganaoxetan-Zwischenprodukt, 290
Manganstaub, 23
Mannich-Cyclisierung, organokatalysierte, 488
Mannich-Reaktion, 344–346, 459
  asymmetrische, 344, 345
Mannich-Typ-Reaktion, asymmetrische, 345
Maoecrystal, 167
MaR2n-3 DPA, 565
Marineosin A, 442
Markovnikov-Regel, 347–348
Martins Sulfuran-Dehydratisierungsreagenz, 353–355
MBIs, 606
McMurry-Kupplung, 341–343
  intramolekulare, 342
m-CPBA, 480

Meerwein-Eschenmoser-Claisen
    (EMC)-Umlagerung, 108
Meerwein–Ponndorf–Verley-Reduktion,
    357–359, 433
Meerwein–Ponndorf–Verley-Typ-Reduktion,
    358
Mehrkomponentenreaktion (MCR), 46, 65,
    43, 58, 417
    mit einem Ritter-Typ-Weg, 498
Meisenheimer–Jackson-Salz, 360
Meisenheimer-Komplex, 360–361, 530
    fluoreszierender zwitterionischer
        spirozyklischer, 360
Metall-zu-Ligand-Ladungstransfer (MLCT),
    451
Methylengruppe, 611
Methylenierung-Claisen-Methylenierung-
    Kaskade, 569
Methylenverbindung, aktivierte, 310
Methylierung, reduktive, 191
Methyl-N-(triethylammoniumsulfonyl)carba-
    mat, 69
Methylpyropheophorbid-α, 568
Methylvinylketon (MVK), 500
Meyer–Schuster-Umlagerung, 363–365
    Gold-katalysierte, 364
MgI$_2$-Etherat, 555
Mg-Oppenauer-Oxidation, 433
Michael-Addition, 366–368, 501
    asymmetrische, 366
    intramolekulare, 367
    Lewis-Säure-katalysierte, 392
Michael-Akzeptor, 385
Michael–Dieckmann-Kondensation, 171
Michaelis–Arbuzov-Phosphonat-Synthese,
    418
Michaelis-Arbuzov-Reaktion, alkoholbasierte,
    419
Michael–Stetter Reaktion, 543
Mikrowellen (μW)-Reaktion, 29, 44
Mikrowellenbestrahlung (MWI), 278
Mikrowellen-Smiles-Umlagerung, 531
Mincle, 320
Minisci-Reaktion, 373–375
    intramolekulare, 374
Mitsunobu-Reaktion, 377–380
    intramolekulare, 378
    Redox-neutrale organokatalytische, 380
Mitteldrucklampe (MPL), 451
Miyaura-Borylierung, 381–383
    Nickel-katalysierte, 383

Monofluoroalkylierung, Nickel-katalysierte,
    267
Monoterpen-Indolalkaloid, 468
Morita–Baylis–Hillman-Reaktion, 385–388
    katalytische enantioselektive transannulare,
        388
Mukaiyama-Aldol-Reaktion, 389
    asymmetrische, 390
    intramolekulare, 389
    vinyloge, 390
Mukaiyama-Aldol-Reaktion,
    enantioselektive, 5, 390
Mukaiyama-Michael-Addition, 392–394
Mukaiyama–Michael-Reaktion
    enantioselektive, 393
    intramolekulare, 393
Mukaiyama-Reagenz, 395–397
    fluorisches, 396
    polymergestutztes, 395

N

N,O-Ketenacetale, 107
NaAlO$_2$, 232
N-Acetyl-Sarcosin, 149
N-Acyliminium-Ione, endocyclische, 486
Natriumcyanid, 554
Natriumdiisopropylamid (NaDA), 223
Natriumhypochlorit, 272
Natriummethylcarbonat, 247
Nazarov-Cyclisierung, 399–401
N-aziridinyl imine, 18
N-Boc-Piperidon, 163
NBS-Variante, 271
Neber-Reaktion, 404
    Et3N-vermittelte, 405
Neber-Umlagerung, 403–405
Nef-Reaktion, 406–408
Negishi-Kreuzkupplungsreaktion, 410–412
Newman–Kwart-Umlagerung, 414–416
N-Fluorbenzolsulfonimid (NFSI), 470, 513
N-Haloamine, protonierte, 274
NHC, 544
N-Hydroxylamine, 119
Nicholas–Pauson–Khand-Sequenz, 418
Nicholas-Reaktion, 417–419
    Chrom-Variante, 417
    intramolekulare mit Chrom, 418
Nifedipin, 255
Nitren, 141
Nitril, 32, 284, 322, 561, 586

chirales homoallylisches, 322
Nitrilium-Ion, 497
   Zwischenprodukt, 509
Nitriliumsalz-Zwischenprodukt, 49
Nitroalkane, 262, 406
Nitromethan, 511
Nitronate, 262
   (+)-nivetetracyclat A, 525
N-Methylmorpholin (NMM), 520
N-Methylmorpholin-N-Oxid (NMMO), 454, 520
N-Nitrosonium-Ion, 161
Noradrenalin-Wiederaufnahmeinhibitor (NRI), 387
Norbornen (NBE), 79–82
Nortriterpenoid Propindilacton G, 594
Norvasc, 255
Nos, 521
Nosylat, 521
N-Oxide, 119, 568
   tertiäre, 476
Nozaki–Hiyama–Kishi-Makrolactonisierung, 425
Nozaki–Hiyama–Kishi-Reaktion, 424–426
   asymmetrische, 425
   intramolekulare, 425
N-Sulfonylimin, 163
N-Tosylhydrazon, 163

O

O-Aryliminoether, 88
O-Acylierung, 338
o Aminophenone, fluorinierte, 219
O-Arylierung, 338
Octacarbonyldicobalt, 453
o-Elektronen, 81
o-Iodoxybenzoesäure (IBX), 165
Olefine, 93, 119, 155, 258, 281, 520, 527, 588
   (E)-Olefine, 303, 307
   (Z)-Olefine, 290
   kohlenhydratbasierte terminale, 590
   terminale, 465
Olefinierung, 568, 601
Olefin-Metathese, 428–431
   intermolekulare, 431
Olefinsynthese, 491
Omarigliptin, 358
Oppenauer-Oxidation, 357, 433–434

Organoboran-Addukte, 55
Organoborane, 557
Organohalide, 540
Organokatalysator, 5
Organophosphor-Reagenz, trivalente, 470
Organosiliciumverbindungen, 265
Organostannane, 550
Organotrifluoroborate, 507
Organozinkverbindungen, 410
Organzink-Reagenzien, 494
$ortho$-Arylierung, 80
$ortho$-Claisen-Umlagerungsprodukt, 101
$ortho$-Effekt, 80, 338
Orthoester, gemischtes, 113
Orthoester-Johnson–Claisen-Umlagerung, 98
$ortho$-Fries-Umlagerung, 222
Orthosodierung, 223
Oseltamivir, 132, 171, 492
O-Sulfonylierung, 338
Overman-Umlagerung, 436–438
   kaskadenartige, 437
Oxa-Diels–Alder-Reaktion, enantioselektive intramolekulare, 178, 180
Oxa-Pictet-Spengler, 467
Oxatitanacyclobutanbildung, 567
Oxazepan-Noradrenalin-Wiederaufnahmeinhibitor, 387
Oxazet-Zwischenprodukt, 88
Oxazolon, 148
Oxetan, 450
Oxidation
   aerobe organokatalytische, 146
   alkalische, 55
   Alkoxid-katalysierte, 433
   allylische, 299
   Palladium-katalysierte, 588
   von Alkoholen, 560
   von Lactol zu Lacton, 301
   Wacker-artige, 161
Oxidationsmittel, terminales, 165, 167, 294
Oximen, 28
Oxindole, 511
Oxo-Diels–Alder-Reaktion, 178
Oxone, 165
Oxonium-Prins-Cyclisierung, 485
Oxy-Cope-Ringerweiterung, thermisch induzierte, 128
Oxy-Cope-Umlagerung, 122, 127
   anionische, 122, 125–126

P

P_4S_{10}, 332
Paal–Knorr-Pyrrol-Synthese, 314, 440–442
Palladazyklus, 80
Palladium, 79
Palladium-Katalysator, wiederverwendbarer
    Polystyrol-geträgerter, 266
para-Claisen-Umlagerung, 98, 101–102
Paracyclophan-Ringspannung, 282
Parham-Cyclisierung, 444–445
Paspalin, 513
Passerini-Reaktion, 447–449, 574
Paternó–Büchi-Reaktion, 450–452
    transponierte, 451
Pauson–Khand-Reaktion, 453–455
    intramolekulare, 454
Payne-Reaktion, 456
Payne-Umlagerung, 456–457
    chemoselektive, 456
    vinyloge, 457
p-Benzynen, 41, 42
PEPPSI, 330
Peptidomimetika, Bor-basierte, 577
Pestalotioprolid E, 565
Petasis-Boronsäure-Mannich-Reaktion, 459
Petasis-Reaktion, 459–461
    asymmetrische, 460
    katalytische spurlose, 460
Peterson Olefinierung, 463–465
Pfau–Platter Azulen-Synthese, 61
β-Phenethylamiden, 49
Phenol, 378
Phenole, 84, 145, 284, 596
    3,4-disubstituierte, 184
    oxygenierte, 189
Phenylether, substituierte, 535
Phenylhydrazin, 208
Phenylhydrazon, 208
Phenyljoddiacetat (PIDA), 276
Phenyltetrazolyl (PT), 303
Phospha-Michael-Addition, 366
Phosphatester, 201
Phosphinyl-Dipeptid-Isostere (PDI), 332
Phosphite, 370
Phosphonate, 277, 368
    (Z)-α,β-ungesättigte, 282
Phosphonat-Synthese, aliphatische, 370
Phosphoroxychlorid, 49
Phosphorsäure (PPA), 209
Phosphor-Ylide, 598
Photo-Favorskii-Umlagerung, 196

Photo-Fries-Umlagerung, 222
Photo-Schiemann-Reaktion, 506
Photovoltaik, organische, 19
Phthalimid, 225, 228
PI3Kδ-Inhibitoren, 383
Piancatelli-Umlagerung, 302
Pibrentasvir, 67
Pictet–Spengler-Reaktion
    diastereoselektive, 467
    unterbrochene, 468
Pictet–Spengler-Tetrahydroisoquinoline-
    Synthese, 466–468
Pinacole, 469–471
Pinacol-Umlagerung, 469–471
    Fluor-katalysierte, 470
    katalytische enantioselektive, 471
Pinner-Reaktion, 472–474
Piperidine, 274
Plendil, 255
Polonovski–Potier-Reaktion, 479–481
Polonovski-Reaktion, 476–478
    Eisen-Salz-vermittelte, 477
    nicht-klassische, 478
Poly(ADP-Ribosyl) Polymerase (PARP), 216
Polyphosphorsäure (PPA), 29
Position, benzylische, 347
Pramipexol-Prozess, 379
Prenylgruppe, 99
Prins/Ritter-Amidation-Reaktion, 484, 498
Prins/Wagner–Meerwein-Umlagerungs-
    kaskade, 594
Prins-Reaktion, 483–486
Produkt
    kinetisches, 17, 512
    thermodynamisches, 17, 512
    (S)-(−)-Prolin, 252
Propagation, 350
Propargyl
    Halogenide, 424
    Kation, 417
    Zwischenprodukt, 417
Propylphosphonsäureanhydrid, 219
Protease P, caseinolytische, 577
Protein-Synthese, chemische, 316
Protonenquelle, intramolekulare, 480
Protonierung, 208
Prozess, konzertierter, 98
Pseudopterolid-Kallolid A, 606
p-Toluolsulfonsäure (PTSA), 567
Pummerer-Umlagerung, 488–489
    aromatische, 489

stereoselektive, 489
Pyrane, 485
Pyrazol, 314
Pyrazolon-Ringsystem, 314
Pyridiniumchlorochromat (PCC), 294, 299–300
    Oxidation, 299
Pyridiniumdichromat (PDC), 294, 301–302
    Oxidation, 301
Pyridiniumhalogenid-Reagenz, 395
α-Pyridiniummethylketonsalze, 324
Pyrrole, 440
Pyrrolidine, 274
Pyrrolin-Synthese, 492
Pyrrolylsulfonate, 558

Q
Quasi-Favorskii-Umlagerung, 199

R
Racematspaltung
    dynamische kinetische (DKR), 421
    hydrolytisch-kinetische, 292
    Jacobsen hydrolytisch-kinetische, 290–292
Radikal-Anion, 46, 116
Radikal-Anion-Zwischenprodukt, 341
Radikalmechanismus, 395
Ramberg–Bäcklund-Reaktion, 491–492
Raputindol A, 565
Rauhut–Currier-Typ-Produkt, 393
Rawal-Diens, 178
Reaktion, pericyclische, 1
Reaktor, mikrofluidische, 210
Rebamipid, 322
Redox-Addition, 424
Reduktion von Aromaten, 46
Reformatsky-Reaktion, 494–495
    Bor-vermittelte, 494
    diastereoselektive, 495
    SmI2-vermittelte, 495
Resonanzstruktur, 172
Retro-Aldol-Reaktion, 155
    stereospezifische, 5
Retro-Benzilsäure-Umlagerung, 35
Retro-Brook-Umlagerung, 53
Retro-Büchner-Reaktion, 63
Retro-Claisen-Kondensation, 96
Retro-Cope-Eliminierung, 120
Retro-Henry-Reaktion, 262

Rezeptor-1, Protease-aktivierter (PAR-1), 174
Rezeptor-Modulatoren, 228
Ring-Erweiterung, 71, 156, 163
    über Umlagerung, 161
Ring-Kontraktion, 217, 610
Ringöffnung, 587
Ring-Spannungseffekte, 538
Ritter-Reaktion, 497–499
Ritter-Typ-Aminierung, decarboxylative, 498
Ritter-Zwischenprodukt, 509
Robinson-Anellierung, asymmetrische, 284
Robinson-Anlagerung, 500–502
    enantioselektive, 502
Rosenmund–von Braun-Reaktion,
    vinylogische, 587
Rotaxane, 74
Rubraca, 192
Rucaparib, 192
Rückdruckregler (BPR), 62
Rupe-Umlagerung, 363
Ruthenium(II)
    BINAP-Komplex, 420
    NNN-Komplex als Katalysator, 434

S
Salen-Co(III)-Katalysator, 292
Samenerguss, vorzeitiger (PE), 192
Sandmeyer-Bromierung, 559
Sandmeyer-Reaktion, 503–504
Sangers Reagenz, ipso Angriff, 360
Saucy–Claisen-Umlagerung, 98
Sauerstoffübertragung, 290
    konzertierte, 290
Säure, protische, 28
Schiemann-Reaktion, 506–507
S-N-Typ-Smiles-Umordnung, 532
Schmidt-Umlagerung, 509–511
    intermolekulare, 510
    intramolekulare, 510
Schönberg-Umlagerung, 414
Schrock, Richard R., 431
Schwefel, elementarer, 230
Schwefylid, 135, 560
Selektive Serotonin-Wiederaufnahmehemmer (SSRI), 192
Seleno-Newman–Kwart-Umlagerung, 415
Semi-Favorskii-Umlagerung, 197
Senke, thermodynamische, 127
SET, 21, 116, 247, 278
Shapiro-Reaktion, 17, 512–514

Shioiri-Ninomiya-Yamada-Modifikation, 142
Shuttle, schaltbares molekulares, 74
Si→C Alkyl-Umlagerung, anionische, 223
Sila-Sonogashira-Reaktion, 542
Sila-Stetter-Reaktion, 544
Sila–Wittig-Reaktion, 463
Silbercarboxylat, 287
Silbersalz, 317
Siliziumintermediat, pentakoordiniertes, 52
Siloxane, 84
Siloxy-Cope-Umlagerung, 129–130
β-Silylalkoxid-Zwischenprodukt, 463
α-Silylcarbanione, 463
Silylenolether, 389, 392
α-Silylimine, 358
Silyl-Ketene-Acetal-Umlagerung, 110
Silyl-Migration bekannt, 52
Silyl-Oxyanionen, 52
Silyloxy-Carbanionen, 52
Simmons–Smith-Cyclopropanierungen, diastereoselektive, 527–528
Simmons–Smith-Reaktion, 527
Singulett-Diradikal, 450
Skraup-Typ, 241
SMC, 247
Smiles-Reaktion, 414
Smiles-Umlagerung, 530–532
S_N2-Inversion, 377
S_N2-Reaktion, 69, 116, 152, 165, 224, 228, 370, 491, 595
  diastereoselektive intermolekulare, 595
S_N2-Verschiebung, intramolekulare, 596
S_NAr, 339, 360
Snieckus–Fries-Umlagerung, 223
Sommelet–Hauser-Umlagerung, 537–539, 547, 605
  aryne, 539
  diastereoselektive, 538
Sonogashi-Kupplung, 75
Sonogashira-Reaktion, 540–542
  decarboxylative, 541
Sonogashira-Vorläufer, 139
Spaltung der C–N-Bindung, 587
Spaltung, radikale, 25
Spirocyclopropyloxindolen, 136
Stannane, 84
Stereodivergenz in der Ireland-Claisen-Umlagerung von α-Alkoxyestern, 111
Stetter-Reaktion, 543–545
  intramolekulare, 543, 545
  asymmetrische NHC-katalysierte, 544

Stevens-Umlagerung, 537, 547–548
  Reduktions-Sequenz, 547
Stickstoffradikalkation, 274
Still [2,3]-Wittig-Umlagerung, 605
Stille-Kupplung, 550–552
  gefolgt von Suzuki-Kupplung, 558
Still–Gennari-Phosphonate, 281–283
Strecker-Aminosäure-Synthese, 554
Strecker-Reaktion
  chemoselektive, 556
  von Amiden, Iridium-katalysierte reduktive, 555
  von Nitronen, asymmetrische, 555
Suárez-Modifikation der Hofmann–Löffler–Freytag-Reaktion, 275
Substituent
  elektronenspendender, 46
  elektronenziehender, 46
Suganon, 192
Sulfone, 307
Sulfonimide, 275
Sulfonreduktionsschritt, 303
α-Sulfonylester, 322
Sulfoxide, 488
Suzuki, 287
Suzuki–Miyaura-Kupplung, 557–559
  intramolekulare, 557
  Nickel-katalysierte, 558
Swern Oxidation, 560–561
Swern-Oxidationsbedingungen, 561
syn-Eliminierung, 93
System, α,β-ungesättigtes, 366, 392

T

T3P, 219
Takai-Reaktion, 563–565
Tamiflu, 132, 171, 492
Tandem Bamford-Stevens/thermische aliphatische Claisen-Umlagerungssequenz, 18
Tandem Wittig-Umlagerung/alkylative Cyclisierungsreaktionen, 606
Tandem-1,3-Acyloxymigration, Gold(I)-katalysierte, 206
Tandem-Aldol-Reaktion, 130
Tandem-Pummerer/Mannich-Cyclisierungssequenz, 448
Tandem-Wolff-Umlagerung, 609
t-Butylhydroperoxid (TBHP), 523
Tebbe-Reagenz, 567–569
  doppelte, 567, 568

Teneligliptin, 315
Termination, 74, 79, 80, 139, 234, 237, 465, 540, 590
Tesirin, 561
Tetrahydroisoquinoline, 466
Tetrahydroxydiboron, 382, 383
Tetrahydro-β-Carbolin-Glykoside, 467
Tetra-Indol-Synthese, 343
Tetramethylguanidin (TMG), 77
Tetramethylharnstoff (TMU), 318
Tetra-n-butylammoniumbibenzoat (TBABB), 386, 392
Tetra-*n*-butylammoniumiodid (TBAI),
Tetrazol, 303
TFEA, 608
Thia-Aza-Payne-Umlagerung, 457
Thia-Fries-Umlagerung, 222
 fernanionische, 222
Thia-Michael-Addition, 366
Thiazepine, 333
Thiazolium-Katalysator, 543
Thiazoliumsalze, 37
Thiiran, 135
Thiocarbonyl-Derivate, 25
Thiocarbonylverbindungen, 331
Thionierungsreagenz, 332
Thiophen, 332
Thiophenol, 414
Thiophosphinyl-Dipeptid-Isostere (TDI), 332
Thioredoxin-Reduktase-Inhibitor (TrxR),
 führender, 577
Threo, 277
Ti=O-Bindung, 567
Tibsovo, 576
Tiffeneau–Demjanov-Umlagerung, 159, 161–163
Titan, niedervalentes (Ti(0)), 341
Titanoberfläche, oxidbeschichtete, 341
Titanocen(III)-Katalysator, 23
TMG, 77
Tosylalkane, 329
Tosylketoxim, 403
Transamidation, intramolekulare, 336
trans-Epoxid, 290
Transferhydrierung, asymmetrische (ATH), 421, 422
Transmetallation, 558
Transmetallierung, 369
Triacetoxy-1,1-dihydro-1,2-benziodoxol-3(1*H*)-one, 165
Triacetoxyperiodinan, 165

Trialkylorthoacetat, 113
Trichloracetamid, allylisches, 436
Trichloracet-*imidat*-Zwischenprodukt, 436
Trifluoracetylierung, diastereoselektive, 149
Trifluorborate, tertiäre, 86
Trifluordiazoethan, 345
Trifluoressigsäureanhydrid, 479
Trifluorethyltrifluoracetat (TFEA), 608
Trifluormethyl-acylloin, 150
Trifluormethyl-Azirine, 405
Trifluormethylierung, 504
 oxidative, 276
 Silber-vermittelte, 504
Tri-O-acetyl-D-glucal, 204
Triphenylphosphin, 377
Triphenylphosphinoxid (TPPO), 379
Triplett
 Diradikal, 450
 n,π^*, 450
Truce–Smiles-Umlagerung, 534–535
Tryptanthrin, 146
Tschitschibabin-Reaktion
 abnormale, 91
 radiomarkierte, 92
Tsuji–Trost-Alkylierung
 stereoselektive, 572
Tsuji–Trost-Decarboxylierung–Dehydrierungssequenz, 572
Tsuji–Trost-Reaktion, 570–573
 asymmetrische, 572
 intramolekulare, 571, 572

U
Übergangszustand
 gebauchter, irreversibel und konzertiert, 598
 zyklischer, 357, 433
UDP-3-*O*-(acyl)-N-acetylglucosamin-Deacetylase (LpxC), 397
Uemura-System, 590
Ugi-Reaktion, 447, 574–577
 doppelte Wucht, 576
Ullman-Kupplung, 579–581
 CuTC-katalysierte, 579
 Palladium-katalysierte, 580
Ullman-Typ-C–N-Kupplung, 580
Umemoto's Reagenz, 504
Umlagerung,
 [3,3]-sigmatrope, 107, 113
 allylische, 1

carbokationische, 161
Chapman-ähnliche thermische, 89
intramolekulare nukleophile aromatische, 530
Umordnung
Clemensen-reduktive, 117
photochemische, 141
thermische, 141
Ursodeoxycholsäure, 513

V
VAPOL, 460
Veresterung, 395
Verseifung, 241
Verzanio, 192
Vierkomponentenkondensation (4CC), 576
Vierkomponentenreaktion (4CR), 576
Vilsmeier-Haack-Reagenz, 583–585
Vilsmeier-Haack-Reaktion, 583
Vinylaziridine, 153
Vinylfluoride, 455
Vinylierung, 84
Vinylmigration, 593
Vinylogous-Henry-Reaktion, 263
Vinylogous-Mannich-Reaktion (VMR), 345
Vinyloxy Pentacarbonyl-Chrom-Carben, 211
Vinylsulfid, 489
von Braun-Abbaureaktion, 586–587
von Braun-Reaktion, 586, 587
Vorapaxar, 174
Vorstufenkatalysator, 428

W
Wacker-Oxidation, 167, 588–590
Aldehyd-selektive, 590
Wagner–Meerwein-Umlagerung, 336, 592–594
Wanderungsordnung, 11, 469
Wanderungspriorität, 608
Wasserextrakt aus Reisstrohasche (WERSA), 147
Wasserstofffluorid-Pyridin, 507
Wasserstoffübertragungskatalysator, 434
Weg, intramolekularer, 476
Weinreb-Amid, 278
Weinstock-Variante der Curtius-Umordnung, 142
Wieland–Miescher-Keton, 253

Williamson-Ethersynthese, 595–597
Wittig-Reaktion, 138, 463, 537, 598–600
intramolekulare, 599
Wittig–Still-Umlagerung, 605
Wittig-Umlagerung, 41, 602–603, 605–606
Wolff–Kishner-Huang-Reaktion, 611–613
Wolff–Kishner-Reaktion, 611–613
Wolff-Umlagerung, 9, 41, 608–610

X
Xanthogenat-Ester, 93
XtalFluor-E, 585

Y
Ylidene-Schwefel-Addukt, 230, 232
Ylid-Übertragung in Indolen, direkte, 355

Z
Zersetzung, photochemische, 309
Zimtsäure-Substrate, 288
Zink, amalgamierter, 116
Zink-Carbenoid, 116
Zn(Cu), 527
Z-Olefin, 281, 290, 598
Zontivity, 174
Zwischenprodukte
radikale, 299
β-Silylalkoxid, 463
Zyklus, katalytischer, 74, 132, 258, 265, 327, 420, 424, 428, 515, 520, 524, 550, 570

SPRINGER NATURE

GPSR Compliance

The European Union's (EU) General Product Safety Regulation (GPSR) is a set of rules that requires consumer products to be safe and our obligations to ensure this.

If you have any concerns about our products, you can contact us on ProductSafety@springernature.com

In case Publisher is established outside the EU, the EU authorized representative is:

Springer Nature Customer Service Center GmbH
Europaplatz 3
69115 Heidelberg, Germany

The manufacturer's authorised representative in the EU is Springer Nature Customer Service Centre GmbH, Europaplatz 3, 69115 Heidelberg, Germany. If you have any concerns regarding our products, please contact ProductSafety@springernature.com

Printed and bound by CPI Group (UK) Ltd, Croydon, CR0 4YY

26/03/2026

02078942-0010